植物发育生物学

主　编　严海燕

参编人员　龙　艳（北京农业科学学院）
　　　　　葛贤宏（华中农业大学）
　　　　　陈　鹏（华中农业大学）

武汉大学出版社

图书在版编目(CIP)数据

植物发育生物学/严海燕主编.—武汉:武汉大学出版社,2015.2(2021.1重印)
ISBN 978-7-307-15108-6

Ⅰ.植…　Ⅱ.严…　Ⅲ.植物—发育生物学　Ⅳ.Q945.4

中国版本图书馆 CIP 数据核字(2015)第 021861 号

责任编辑:黄汉平　　　责任校对:汪欣怡　　　版式设计:马　佳

出版发行:武汉大学出版社　(430072　武昌　珞珈山)
　　　　　(电子邮箱:cbs22@whu.edu.cn　网址:www.wdp.com.cn)
印刷:荆州市鸿盛印务有限公司
开本:787×1092　1/16　印张:21.25　字数:502 千字　插页:1
版次:2015 年 2 月第 1 版　　2021 年 1 月第 2 次印刷
ISBN 978-7-307-15108-6　　定价:48.00 元

版权所有,不得翻印;凡购我社的图书,如有质量问题,请与当地图书销售部门联系调换。

前　言

　　植物发育的过程是其一生的经历。了解植物的发育过程，传统的解剖学从形态结构上展现这些过程，显微镜延伸了视野，从细胞和亚细胞结构展现发育过程中的变化。生理学从代谢变化上解释发育过程中营养需要、环境互作和变化的关系。分子生物学从分子水平解析植物中的分子水平的具体反应机理。现代各类科学技术，使得植物发育过程中各种形态变化从动态的、互相联系的基因表达过程(染色质水平、DNA复制、转录前、转录中、转录后、翻译前、翻译中、翻译后、代谢、运输等)中的物质变化在亚细胞、细胞、组织、器官结构水平得到综合展现。在发育过程中的前因后果不仅在现代显微技术允许的可观察的形态结构上了解其变化过程，现代生物化学、物理学技术的综合将分子水平的变化标记后也展现在可视的结构上，使得人们可以从分子水平全面、深入、透彻地了解植物发育过程中各类因子纵横交错的动态调控与形态变化的关系。植物发育生物学就是这样一门学科，综合利用各种现有的知识和技术，全方位透彻解释分析植物发育全过程的前因后果，使得植物在各种因素的影响下各种形态发生和结构变化的原因和机理得到阐明。

　　本书是在2012年5月出版的科学出版社《植物发育分子生物学》的基础上改编而成的。该书是作者2006年以来教学内容的积累。本书中的内容同该书一样，是按照植物发育的自然顺序，从开花决定(营养生长到开花生长的转变)开始，顺序介绍开花决定、花器官发生、配子和配子体的形成、传粉受精、胚胎发生、果实发育、根的发育、地上部茎端的发育过程和机制。内容是从可以接触到的浩瀚的科学论文中收集相关资料综合而成的现代植物发育的知识。由于植物发育的分子机理在植物各类组织中具有系统性和规律性，本书在2012年版的基础上增加了第一章，专门系统介绍各类组织和细胞发生的共同规律。本书将2012年版书中第六章光形态建成和第七章激素与植物发育的作用内容合并简化，作为第二章进行介绍。从第三章开始系统介绍植物发育过程的决定机制。后面的章节中，内容也进行了更新和修改。如开花决定中春化作用的机理在几类不同的植物中不同，几种早年提出的光周期模型被删除，取而代之的是现代科学技术的结果来解释光周期机理。该章中原来的赤霉素信号转导途径中RGA对开花作用的机理被移到第四章性别决定和花器官形成中，因为RGA决定的主要是配子体发生过程。由于篇幅限制、价格因素和教学方便，本书删除了原来的第九章逆境中植物的发育。在修改过程中，本书的第三章由北京农科院的龙艳老师添加了开花决定的年龄因素，第四章经华中农业大学葛贤宏老师修改，第九章经华中农业大学陈鹏老师修改并添加部分内容。此外，因为学生可接受的销售价格限制，本书取消了彩色印刷，改为黑白版本，同时也因为版权限制和使用方便，本书中图片改用了一些可方使使用的图片，并自绘和重绘了一些示意图。这里作者感谢那些提供使用图片的期刊和作者。

由于时间限制，本书的内容有许多不足之处，有待进一步修改补充更新，欢迎读者给予批评指正。

严海燕

2015 年 1 月

目　　录

第一章　植物形态发育的组织、细胞和分子基础 ··· 1
　第一节　植物生长发育的细胞学基础和组织类型决定的分子机制 ················· 2
　　一、细胞类型的衍生性和组织位置效应交织作用 ································· 2
　　二、细胞类型决定的分子机制在植物体中的系统性 ······························ 3
　第二节　植物发育中基因表达调控的系统性 ·· 8
　　一、表观遗传与 Polycomb Group 和 Trithorax Group 蛋白对发育的调控 ······ 9
　　二、转录因子在空间、时间变化上的动态调控 ···································· 11
　　三、MiRNA 调控 ·· 12
　　四、泛素蛋白酶系统 UPS（Ubiquitin Proteasome System） ···················· 14
　参考文献 ·· 18

第二章　光和激素在植物发育中的作用 ··· 23
　第一节　光形态建成 ··· 23
　　一、作用于植物的光质和植物的光受体 ··· 23
　　二、植物的光形态建成 ·· 29
　　三、其他因素与光反应作用 ··· 33
　第二节　植物激素在植物发育中的作用 ··· 36
　　一、植物激素作用的细胞机制 ··· 36
　　二、植物激素的信号传导 ··· 40
　　三、植物激素在生长发育中的作用 ·· 53
　　四、细胞分裂素在植物发育中的作用 ··· 54
　　五、乙烯在植物形态发育中的作用 ·· 55
　参考文献 ·· 58

第三章　植物开花决定与花型决定 ··· 81
　第一节　开花决定 ·· 81
　　一、解除抑制、使开花能够进行的途径 ··· 81
　　二、促进开花的途径 ··· 85
　　三、开花因素的综合作用 ··· 91
　　四、年龄途径 ·· 92
　第二节　花序（inflorescence）的发育 ·· 93

一、无限花序形成的分子机理 ·· 93
　　二、有限花序形成的分子机理 ·· 95
　第三节　花芽和花器官的发育 ··· 96
　　一、花芽的发育 ·· 96
　　二、花器官决定 ·· 97
　第四节　花型的发育 ··· 100
　参考文献 ·· 101

第四章　高等植物的性别决定和生殖器官的发育 ··········· 107
　第一节　开花植物的性多态现象 ··· 107
　第二节　单性同株植物的性别决定 ·· 108
　第三节　单性异株被子植物 ··· 109
　第四节　雄蕊和雄配子体的发育 ··· 110
　　一、雄蕊原基的分化 ··· 110
　　二、花药和花粉的形成 ·· 113
　　三、花药的开裂 ·· 126
　　四、赤霉素在雄蕊发育中的作用 ··· 128
　第五节　雌蕊和雌配子体的发育 ··· 129
　　一、雌蕊和雌配子的形态发生 ·· 129
　　二、雌蕊和雌配子发育的分子机理 ······································ 130
　　三、雌配子体与雄配子体发育的协调控制 ··························· 139
　参考文献 ·· 140

第五章　植物的传粉和受精 ·· 150
　第一节　花粉的萌发 ··· 150
　　一、花粉的种类和结构 ·· 150
　　二、柱头的类型和多样性 ··· 153
　　三、花粉在柱头的识别、附着、水化和萌发 ······················· 153
　　四、花粉与柱头相互作用基因组水平的研究 ······················· 160
　第二节　花粉管的结构、生长与细胞骨架 ······························ 160
　　一、花粉管的结构 ··· 160
　　二、花粉管的生长 ··· 161
　第三节　花粉管与花柱的相互作用 ·· 162
　　一、花粉管入侵进入柱头 ··· 162
　　二、花柱中花粉管生长的引导 ·· 163
　第四节　同型花自交不亲和的分子机理 ································· 169
　　一、配子体自交不亲和 ·· 170
　　二、孢子体自交不亲和 ·· 171

参考文献 ··· 172

第六章 植物胚胎发育和种子形成 ·· 177
第一节 胚发生的起始控制 ··· 178
一、等位基因印记 ··· 178
二、位点印记和分子机理 ··· 179
第二节 极性的建立 ··· 181
一、合子中的顶端基部极性 ··· 181
二、生长素的极性分布决定顶端基部极性 ·· 182
三、转录调控 ··· 183
四、表观遗传调控 ··· 184
五、细胞内物质的极性运输 ··· 185
六、细胞壁上极性分化的信号分子 ·· 186
七、其他与极性有关的调控 ··· 187
第三节 组织分化概述 ··· 187
一、种子结构的细胞衍生作用 ··· 187
二、组织间的位置效应 ·· 188
第四节 胚胎区域类型的形成 ·· 188
一、顶端区域类型的形成 ··· 188
二、顶端中心-周围区域的形成 ·· 190
三、表皮的分化 ··· 191
四、胚中心区域类型的形成 ··· 191
五、基部区域的形成 ·· 192
第五节 胚乳和胚柄的形成和作用 ·· 193
一、胚乳的起源 ··· 193
二、胚乳的发育过程 ·· 195
三、胚乳的结构和功能 ·· 196
第六节 种子大小的决定 ··· 198
一、母体珠被影响胚乳的发育和种子大小 ·· 198
二、雌配子体和胚乳控制种皮的细胞繁殖和分化 ··· 199
三、决定种子大小的调控因子 ··· 200
四、胚乳发育中转录的基因种类 ··· 200
第七节 无融合生殖 ··· 201
一、无融合生殖的种类 ·· 201
二、无融合生殖相关基因的研究 ··· 201
参考文献 ··· 202

第七章　果实发育 ··· 209
第一节　果实的结构和发育过程 ··· 209
一、肉果及类型 ··· 209
二、干果及类型 ··· 210
三、果实发育的形态学变化过程 ··· 210
第二节　拟南芥果实发育和成熟的分子调控 ··································· 216
一、影响心皮特性的调控 ·· 216
二、果实中极性轴的决定 ·· 231
三、果实发育中的受精与激素的作用 ··· 234
四、其他因素引起的未受精的果实发育 ··· 235
参考文献 ··· 237

第八章　植物根的发育 ·· 242
第一节　主根的结构和发育机制 ··· 242
一、根的发育过程和结构 ·· 242
二、根发育控制的综合因素 ··· 245
第二节　根辐射对称组织的发育机制 ·· 248
一、表皮细胞的分化机制 ·· 248
二、皮层/内皮层组织的分化 ··· 251
三、根中维管束的分化 ··· 253
第三节　根毛细胞分化过程和形成影响因子 ·································· 258
一、激素对根毛细胞特化的影响 ··· 258
二、根毛的发生过程 ·· 258
三、根毛形成的其他影响因子 ··· 261
第四节　侧根和不定根的形成与分化 ·· 263
一、侧根起始的机制和影响生长的因素 ··· 263
二、不定根形成和生长的机制 ··· 265
第五节　根边缘细胞的形成、分离与功能 ····································· 265
参考文献 ··· 267

第九章　植物茎顶端和叶的发育 ··· 278
第一节　侧生原基的定位和起始 ··· 278
一、光和激素对茎顶端分生组织的作用 ··· 279
二、茎顶端分生组织发育的分子机制 ··· 283
三、侧生原基的定位起始 ·· 287
第二节　叶发育及叶形态建成 ·· 294
一、叶脉网络的定位和形成 ··· 295
二、叶片生长、极性的确定和组织分化 ··· 299

三、叶型的决定 ·· 305
第三节　叶表皮毛和气孔的发育 ··· 313
　　一、表皮毛的发育 ·· 313
　　二、气孔发育机理 ·· 317
参考文献 ·· 322

第一章　植物形态发育的组织、细胞和分子基础

在新的植物体形成过程中，在母体中，父母双方提供的单倍体卵子和精子融合，形成二倍体的合子。由单细胞合子开始，经过初次的极性分裂及以后的多次协调控制的分裂和分化，逐步形成植物的各种组织和器官。在这个过程中，始终贯穿着由母细胞内位置及物质传递到子细胞的，保持组织特性的细胞衍生作用和基于细胞和细胞之间通讯构成的组织位置效应。伴随着细胞分裂，随着组织中细胞数目和组织类型的增多，组织位置效应在后续细胞系也发生着内容的演变和增多。

在细胞衍生作用中，分子遗传学中表观遗传的染色质修饰和 DNA 甲基化、遗传物质传递过程中的 DNA 复制以及相应的细胞学水平的细胞分裂、与基因表达相关的 DNA 转录和 RNA 加工修饰和降解以及蛋白质翻译、加工、包装和运输（细胞学水平的小泡运输）在植物发育过程的时间进程和空间展开中呈现出定时定位的特殊连续而有规律的复杂变化，从而决定植物各种器官和组织在特定空间和时间的形成和分布。

造成组织位置效应的进行细胞间移动的物质有多肽、转录因子、小分子 RNA。例如多肽 CLE 系列，转录因子 KNOX 家族的 STM、KNAT1、2 等，转录因子 CPC、TRY 等，小分子 RNA166、165 等，这些移动的物质在不同的组织中通过影响关键组织特性决定基因的表达和分布，从而决定相应组织的特性和范围。

传统的植物学将成熟的植物组织根据其分化状态和功能，分类为分生组织、薄壁组织、保护组织、输导组织、机械组织、分泌组织。在现代植物发育过程中，分子、细胞和组织水平的研究发现植物各器官中组织分化具有相似的分子机制。都由中心干细胞起始周围分生组织，再由周围分生组织细胞分裂形成相应组织器官薄壁细胞，在极性基因的作用下进一步进行分化。

干细胞特性决定基因 *WOX* 家族、分生组织特性基因 *KNOX* 家族、*BELL* 家族，以及极性和分化相关的 *HDZIP* 家族都属于 HOMEODOMAIN（OX）类的转录调控因子基因。KNOX 和 BELL 家族蛋白都含有 TALE（three-amino acid loop extension），共归于 TALE 家族。KNOX 有九个，分别属于 Ⅰ（STM、BP/KNAT1、KNAT2、KNAT6）、Ⅱ（KNAT3、4、5、7）、Ⅲ（KNATM，缺乏 homeodomain 区域）。BELL 有 13 个，包括功能清楚的 RPL/BLH9、PNF/BLH8、ATH1、SAW1/BLH2、SAW2/BLH8、BEL1 和功能未知的 BLH1、3、5、6、7、10、11（Mukherjee et al., 2009）。KNOXs 和 BLHs 之间在不同条件下选择性地形成异源复合体，调控植物的发育（Bellaoui et al., 2001；Kumar et al., 2007；Li et al., 2012）。

光、生长素、细胞分裂素、赤霉素等各种激素也在各器官、各类条件下通过相应的信号转导途径和各种微调发挥其调控功能。

本章将讨论决定器官分化的分子机制在植物中各器官作用的系统性。

第一节　植物生长发育的细胞学基础和组织类型决定的分子机制

由合子开始的胚胎发育中细胞类型的衍生性和组织位置效应是形态建成的主要作用类型，也是未来各种组织器官形成的基本作用类型。

一、细胞类型的衍生性和组织位置效应交织作用

种子包括母体组织种皮、三倍体胚乳和二倍体胚。在母体中受精前和受精后早期的短时间内，母体基因的母方印迹作用在种子各部位发育中起重要作用。然而多数母方印迹作用发生在胚乳的发育过程。最近发现拟南芥胚发生过程中，由11个母方印迹和一个父方印迹基因在胚发育过程中表达。表观遗传沉默复合物 Polycomb Repressive Complex2 (PRC2)在胚中部分控制基因组印迹，在晚期胚和早期幼苗阶段，这种印迹被消除，父方和母方基因都表达 (Raissig et al., 2013)。

受精启动种子和胚的发育。单细胞合子本身内部不对称，顶端细胞质密集，大液泡分布于下半部分。细胞质内含物分布也不均匀。这些不均匀分布的物质通过不对称分裂分布到子细胞的，决定未来胚发生的顶部基部极性。

合子的第一次分裂是不对称分裂，上边是小细胞，下面是大细胞。上面的细胞以后分裂形成球胚。干细胞特性决定基因 WOX (WUSCHEL-RELATED HOMEOBOX) 家族的 WOX2 和 WOX8 在卵细胞和合子中就已经共同表达 (Haecker et al., 2004)。在第一次细胞不对称分裂后，WOX2 和 WOX8 分别特异在顶部小细胞和基部大细胞中表达 (Haecker et al., 2004)。WOX9 首次表达是在合子分裂的基部子细胞，两次横向分裂后限制在垂体细胞表达。8 细胞胚期间 WOX9 扩展到胚中心，限制在原表皮层表达，同时从垂体中消失。接着 WOX9 转而在未来的根和胚轴表皮表达，反映了中心区域的分化 (Haecker et al., 2004)。WOX2 决定顶部胚的发生，WOX8 在胚根和胚柄表达，决定其发生 (Haecker et al., 2004)。小分子多肽 CLE8 在胚乳和胚中表达，决定种子的发育，同时限制 WOX8 在其所在位置的表达，使 WOX8 限制在胚根和胚柄表达 (Fiume and Fletcher, 2012)。这种作用反映了位置效应在胚发育早期就存在。

WOX1 和 WOX3 在茎顶端分生组织和子叶原基起始阶段在侧生分生组织表达，WOX1 在心形胚和鱼雷胚的维管束原基处表达，WOX3 在心形胚子叶外侧表达，在鱼雷胚期消失。WOX5 在胚顶端基部极性建立后，在胚根静止中心表达 (Haecker et al., 2004)。

合子分裂形成的下面的大细胞经过一系列横向分裂形成胚柄，其最上的一个细胞称为垂体细胞 (hypophysis)，垂体细胞横向分裂形成上面一个小的透镜细胞 (lens) 和下面一个大基部细胞 (basal cell)，由透镜细胞衍生的细胞 (lens cell descendents, LCD) 在未来形成根的静止中心 (quiescent center, QC；干细胞)，由基部细胞衍生的细胞 (basal cell descendents, bcd) 到心形胚期形成两列细胞，到胚发生结束时形成三列细胞，组成根冠中心干细胞。垂体细胞和其衍生细胞在胚柄上方对称排列，32 球胚与透镜细胞阶段前维管束向下沿着茎端-根轴向延伸，底部在透镜衍生细胞终止 (Jenik et al., 2005)。垂体细胞的特性在四细胞球胚阶段开始确定，从四细胞球胚到 32 球胚期间和从 32 球胚到 150 细胞

球胚期间都只分裂一次，且都是横向（水平）分裂。因此，这样长的细胞周期需要与球胚发育协调控制，保证胚轴向的正确形成。控制细胞分裂的多种因素通过决定细胞分裂的时期、细胞周期的长短、频率、细胞分裂面的分布（分裂方向、对称性）等，决定胚的形态（Jenik et al., 2005）。拟南芥控制DNA复制的DNA聚合酶ε基因 *TILTED1* 的突变影响球胚前和早期球胚形态，延长垂体衍生细胞的细胞周期。突变体许多垂体细胞第一次分裂时期正常，细胞分裂面却异常，导致子细胞位置和形状异常。而子细胞透镜细胞和基部细胞的纵向分裂过早进行。这些变化影响生长素的正常分布，进而影响决定皮层和维管束发育的 *SCR* 基因的正确表达分布，从而造成胚轴弯曲，形成异常的胚形态（Jenik et al., 2005）。

在位置效应中，细胞之间的胞间连丝（plasmodesmata，PD）在组织和细胞之间信号传递中起重要作用。例如在根中维管束与皮层之间的位置效应中，维管束中转录和翻译的转录因子SHR通过胞间连丝移动到内皮层，促进皮层特性基因 *SCR* 的表达。同时，在内皮层中SCR和SHR共同促进小分子RNA *MIR165A* 和 *MIR166B* 表达。RNA *MIR165A* 和 *MIR166B* 反向迁移到中柱内外围，在内皮层和中柱内外围下调HD-ZIP III类基因，抑制木质部在中柱外围和内皮层的发生，使木质部正常地在维管束内部形成（Carlsbecker et al., 2010; Sevilem et al., 2013）。这些转录因子和 *MIRs* 的细胞间移动是通过胞间连丝进行的，而胞间连丝的通透性由堆积在其中的胼胝质（Callose）筛的大小决定。胼胝质是由β1,3葡聚糖形成的大分子复合物，分别由胞间连丝专一的胼胝质合酶（Callose synthases3, 7, CALs3 和 7）和β1,3葡聚糖酶（PDβ-1, 3-glucanases1, 2, PDBG1, 2）控制合成与降解，调控通过胞间连丝的运输（De Storme and Gleen, 2014）。

二、细胞类型决定的分子机制在植物体中的系统性

茎顶端分生组织（Shoot apical meristem，SAM）由中心的干细胞区域和周围分生组织组成。干细胞具有细胞分裂少、未分化的原始分生细胞特性，传统植物学中称为原分生组织。决定茎顶端分生组织干细胞特性的转录调控因子是WUS（Wuschel），只在分生组织干细胞中心表达。周围分生组织具有细胞分裂活性强的特点。在其周围分生组织细胞膜上分布的多种CLV（CLAVATA）类受体激酶复合物与CLV2形成复合体，并结合细胞外移动而来的小分子多肽CLV3，这类复合物激发细胞内信号转导，抑制WUS在其细胞内的表达，从而将WUS的表达范围限制在干细胞区域，继而控制干细胞区域的大小。组成这类复合物的位于质膜的结构包括膜内激酶、跨膜区域、膜外LRR受体的受体激酶CLV1、结构只有跨膜区域和膜外LRR受体的CLV2、结构只有膜内激酶和跨膜结构的CRN或SOL（CORYNE或SUPPRESSOR of LLP1-2）及CLV1类似的三种BAM（BARLEY ANY MERISTEM）受体激酶（DeYoung and Clark, 2008; Zhu et al., 2010）。这些膜上受体之间形成不同组合的受体激酶复合物，其中CLV1和BAM1、BAM2协同作用，CLV2、CLV2、CRN形成复合物，CLV1、CRN形成复合物，与质膜外CLV3和CLE小分子多肽结合后通过系列磷酸化将信号转导到细胞内，控制WUS的表达（DeYoung and Clark, 2008; Zhu et al., 2010）。在花药维管束形成中，BAM1、BAM2通过接收CLE信号，控制维管束范围（DeYoung and Clark, 2008）。

WUS 在干细胞区直接与分化有关转录因子基因的启动子结合，抑制它们的转录。这些转录因子基因有远轴及外侧特性因子 *KANADI1*（*KAN1*）、*KANADI2*（*KAN2*）、*YABBY3*（*YAB3*）、*ASYMMETRICLEAVES2*（*AS2*），茎顶端分生组织中周围分生区域表达的 *BLH5*（*BELL1-LIKE-HOMEODOMAIN 5*）、KNOX 类的 *KNAT1*，与叶子分化有关的保卫细胞特性基因 *BHLH093*，维管束分化有关基因 *DOF2.4*、*AT4G24060*、*ANAC083*/*VND-INTERACTING2*，皮层特性基因 *SCR*、*GRF6*（Yadav et al.，2013）。WUS 在茎顶端分生组织促进表达的基因有 *CUC1*（Yadav et al.，2013），该基因可诱导茎顶端分生组织特性基因 *STM*（*Shoot meristemless*）的表达（Aida et al.，1999）。STM 表达后抑制自身所在 *CUC2* 的表达，因此 CUC 标定顶端分生组织与侧生分生组织的界限（Aida et al.，1999）。

在植物的各种生长中心，如茎顶端和花序顶端或花分生组织、侧生分生组织、根顶端的生长中心、维管束中的形成层都存在分生组织类型，都有干细胞和周围分生组织类型的细胞。而在植物中各类分生组织中都存在类似 *WUS* 的 *WOX* 家族基因，分布在不同的位置，发挥相似的作用（表 1.1）（van der Graaff et al.，2009）。

表 1.1　WOX 家族蛋白在植物中的表达分布和功能（van der Graaff *et al.*，2009）

蛋白	别名	表达区域	功能	物种
WUS		SAM、胚珠、花药	干细胞特性，胚珠、花药发育	拟南芥、金鱼草、矮牵牛
WOX1		侧生器官原基	侧生器官形成	拟南芥、矮牵牛
WOX2		胚顶端	胚形态建成	拟南芥
WOX3	PRS1（玉米 NS1/2）	SAM 周围区域	促进细胞繁殖、侧生器官形成	拟南芥、玉米、矮牵牛、水稻
WOX4		维管束形成层	促进形成层发育和韧皮部形成	拟南芥
WOX5		RAM	保持干细胞特性	拟南芥、水稻
WOX6	PFS2，HOS9	雌配子体	防止分化，冷反应	拟南芥
WOX7				拟南芥
WOX8		胚基部	胚形态建成	拟南芥
WOX9	STIMPY	胚基部	胚形态建成	拟南芥、番茄、矮牵牛
WOX10		未知		拟南芥
WOX11		SAM 和 RAM	根冠发育	拟南芥、水稻
WOX12		未知	未知	拟南芥
WOX13		根，花序	花转变、根冠、侧根发育	拟南芥
WOX14		根、花序、花药	开花转变、花药、根发育	拟南芥

SAM-shoot apical meristem；RAM-root apical meristem

与 CLV1、CLV2/CLV3 相似的多肽信号转导机制 CLAVATA3/ESR-RELATED（CLE）多

肽、CLV 系列同样也在其他部位控制相应 WOX 的表达范围（表 1.2）(Jun et al., 2010)。如 CLE8 在胚和胚乳表达，抑制 WOX8 在其所在部位表达，使 WOX8 限制在胚根和胚柄表达(Fiume and Fletcher, 2012)。

表 1.2　　　　　　　　　　　*pCLE*：*GUS* 在营养器官中的分布

CLE 基因	茎端					根				
	茎顶端[1]	胚轴	维管束	叶片	其他[2]	尖部[3]	维管束	基本组织	表皮	其他[4]
CLE1						+	+	+		
CLE2										+
CLE3					+		+	+		
CLE4					+					
CLE5					+		+			+
CLE6					+					+
CLE7						+	+			
CLE8										
CLE9				+						
CLE10					+	±[5]				
CLE11		+			+	+				+
CLE12		+	+				+			
CLE13						+				
CLE14									+	+
CLE15										
CLE16	+	+		+	+	+	+		+	+
CLE17	+	+			+	+	+		+	+
CLE18			+			+	+			
CLE20							+			+
CLE21		+			+					
CLE22		+	+			+	+			
CLE25						+	+			
CLE26			+	+		+	+			
CLE27	+	+	+	+		+				+

注：1. 包括 SAM 和叶原基；2. 包括髓、托叶、气孔、排水器、叶边缘、表皮毛、叶基部；3. 包括根冠、分生区和细胞分裂区；4. 包括根毛和侧根分支点；5. 15 个之中 8 个阳性；(Jun et al., 2010)

WUS 和 WOX 的功能是保持干细胞特性，促进细胞繁殖。过量表达 WUS，将在器官基数上过量。例如，决定雄蕊特性的 *AP3* 启动子和决定珠被特性的 *ANT* 启动子控制的 *WUS* 转基因植物分别表现出过量雄蕊数(Lohmann et al., 2001)和过量珠被(Gross-Hardt et al., 2002)的表型。而限制 WUS 分布范围的 CLV 信号转导系统任一元素的失效都会导致 WUS 范围扩大，相应器官数目增多。例如拟南芥果实心皮数目在 *clv1*、*clv2*、*clv3* 以及 CLV 类似的 *bam1*、*bam2* 突变体中都增多(DeYoung and Clark, 2008)。

ERECTA(ER)家族蛋白 ER、ERL1、ERL2 是具有亮氨酸重复序列的受体激酶，通过 MAPK 系列磷酸化进行信号转导，其下游途径激酶系列为 YDA-MKK4/ MKK5-MPK3/ MPK6，这些激酶的突变都影响细胞的繁殖(Meng et al., 2012)。几个 WRKY 家族的转录因子是 MAPK 作用的目标。ER 家族的信号途径不干涉 CLV1 信号途径(Shpak et al., 2003)。*WUS* 的表达受到 CK 刺激而增加，CK 对 *CLV3* 的表达和 SAM 形态影响不大，当 ER 突变后，*CLV3* 的表达和 SAM 形态都受到很大影响，出现显著变化。因此推测以 ER 缓冲干细胞对细胞分裂素的反应，使其保持相对稳定(Uchida et al., 2013)。一个 er-20 突变体能增强 *jba-1D* 的效果，该突变体中 *MiR166g* 上调表达，引起几种 *HD ZIP III* 基因的下调，提高 *WUS* 的表达水平，从而增加 SAM 的范围，进一步证明 ER 对 WUS 范围的抑制(Mandel et al., 2014)。YUCCA 家族是黄素单加氧酶，催化生长素的合成。由 *SUPER1* 编码的 YUCCA5 过量表达引起游离 IAA 和生长素反应增加，造成生长素过量的表型。*SUPER1* 是部分丧失功能的突变体 *er-103* 的抑制基因，说明生长素与 ER 有联系(Woodward et al., 2005)。最近发现 ER 家族蛋白在叶原基起始中通过控制 PIN1 的表达，控制生长素由 L1 层向未来叶的中脉运输，从而影响叶的形成和发育(Chen et al., 2013)。

ER 在拟南芥花茎表皮和皮层促进细胞繁殖，抑制未成熟细胞分化，保持细胞分化的同步性(Bundy et al., 2012)。三个 ER(ER、ERL1、ERL2)重叠作用在拟南芥侧生器官大小、花发育(包括花瓣极性扩张、心皮延长、花药和胚珠分化)中，通过影响细胞繁殖影响器官生长和类型建立(Shpak et al., 2004)。

在干细胞周围决定细胞分生活性的是 KNOTTED1 LIKE HOMEOBOX I(KNOX I)家族的转录因子，包括 STM、BP/KNAT1、KNAT2、KNAT6。这类转录因子具有促进细胞分裂的活性。在茎顶端分生组织，决定分生组织特性的 STM 转录因子不仅通过促进细胞分裂素的合成促进细胞分裂，还促进 *KNAT1*、*KNAT2* 的表达。此外 STM 对干细胞特性基因 *WUS* 的表达是必需的，从而保持干细胞特性，保证顶端分生组织干细胞组织中心特性和顶端分生组织未分化特性(Scofield et al., 2014)，从而保持顶端分生组织的结构，同时使分生组织具有自维持的特性。分生组织边缘基因 *CUC* 在染色质修饰的促进(Kwon et al., 2006)和 *MiR164a* 的抑制(Laufs et al., 2004)下将顶端分生组织和侧生器官分开，在叶中保持特定叶边缘结构(Nikovics et al., 2006)。

顶端分生组织中侧生器官的起始需要在起始原基处积累生长素和降低 KNOXI 的表达。拟南芥 SAM 和 RAM 中，侧生器官边界区域家族蛋白 JAGGED LATERAL ORGANS(JLO)和 AS2、AS1 形成异源三聚体，下调 *KNOXI* 的表达，调控生长素运出载体基因 *PIN1* 表达和生长素运输(Rasta and Simona, 2012)。在花分生组织，AS1、AS2、JAGGED(JAG)抑制边界特性基因 *CUC1*、*CUC2* 表达，促进花萼和花瓣的形成(Xu et al., 2008)。AP2 类型的基

因 *AINTEGUMENTA*(*ANT*)在器官原基处表达，上调 *AP3* 表达，结合到 *YABBY* 类远轴特性基因 *YAB1/FIL* 启动子保守元件，与 YAB1/FIL 共同作用，控制侧生器官发生(Nole-Wilson and Krizek，2006)。YAB1/FIL 在茎顶端分生组织周围区域器官原基起始处表达，离 WUS、CLV3 决定的中心区域有 3 到 7 个细胞的距离。在这两个区域之间和中心区域，表达有 LATERAL SUPPRESSOR(LAS)的 GRAS 蛋白，部分抑制 YAB1 的表达。YAB1/FIL 的突变引起侧生器官发生异常，说明它们通过 LAS 决定侧生器官的起始(Goldshmidt et al.，2008)。在侧生器官，YAB1/FIL 也介导对 KNOX 类的 STM、KNAT1、KNAT2 的抑制(Kumaran et al.，2002)。

器官发育过程中，KNOX 蛋白不仅通过极性基因被下调，而且通过 KNOX 与不同 BLH 的结合，以及不同 BLH 和不同 KNOXI 的空间分布和组合调控 KNOX 的活性，从而控制顶端分生区域和侧生器官以及叶片不同部位组织的发育，影响叶序和干细胞命运。BLH 与 KNOXI 的结合对 KNOX 蛋白进入细胞核是不可缺的，拟南芥顶端分生组织中 BLH RNA *BEL1*(*ATH1*)主要分布在 STM 分布的区域，*BLH3* 分布在除了中心区域以外的杯形区域，包括 *ATH1* 所在区域。*BLH9* 分布在 SAM 周围(Cole et al.，2006；Byrne et al.，2003)，与 KNAT6 的分布一致(Belles-Boix et al.，2006)。KNAT6 的活性依赖 STM 和边界蛋白 CUC1 和 CUC2，并且与 STM 一起决定 CUC3 的表达，具有保持 SAM 特性和确定 SAM 边界的作用，而 KNAT2 无此功能(Belles-Boix et al.，2006)。在胚囊中，卵细胞命运由 BLH1 和 KNAT3 的组合决定(Pagnussat et al.，2007)。在花序中，ATH1 和 KNAT2 为主，决定花序结构。KNAT2 与 KNAT6 作用相重叠，它们受 KNAT1 的抑制，ATH1 和 KNAT1 限制 KNAT2 和 KNAT6 的分布，使花序具有正确形态(Li et al.，2012；Ragni et al.，2008)。在拟南芥叶中，BLH2(SAW1)、BLH4(SAW2)通过影响 KNOX 的表达控制叶边缘的发育，而实验证明 BLH2 与 KNAT1、KNAT2、KNAT5、STM 可以相互作用(Kumar et al.，2007)。

分生组织特性基因 KNOXI 类的 *STM*、*KNAT1*、*KNAT2*、边缘基因 *CUC*、细胞分裂有关的周期蛋白基因 *CYCA1*；*1*、*CYCA2*；*3* 的表达都受到 TCP 类(TEOSINTE BRANCHED1-CYCLOIDEA-PROLIFERATING CELL FACTOR1)转录因子的负调控。TCP 类转录因子含有 60 个氨基酸的 TCP 区域，该区域与 DNA 结合并形成蛋白二聚体，其碱性的 N 端识别 DNA，接着是 BHLH 螺旋环区，特异识别的核心 DNA 序列为 GGnCC。拟南芥基因组含有 24 个 *TCP* 基因，编码 PCF(class I，PCF or TCP-P)和 CYC/TB(class II or TCP-C)两个亚家族的 TCP。TCP 之间具有功能重叠性，具有剂量叠加效应。I 类 TCP 有 13 个，II 类有 11 个。II 类 TCP 中，*AtTCP2*、*AtTCP3*、*AtTCP4*、*AtTCP10*、*AtTCP24* 受 JAW 位点的 *MiR319a* 抑制。TCP3 抑制重叠基因 *CUC2*、*CUC3* 的表达，与 AS2 相互作用，调控 *KNAT1* 和 *KNAT2* 的表达。TCP3 还激活 *AS1*、*MiR164*、*IAA3/SHY2*、*SAUR* 的表达，间接抑制 *CUC* 和 *STM* 的表达，从而抑制细胞分裂和边缘形态。AtTCP1 调控参与合成油菜类甾醇的 *DWARF4* 基因，AtTCP4 调控茉莉酸生物合成基因 *LIPOXYGENASE2* 表达。I 类 TCP 中 AtTCP21/CHE(CCA1 HIKING EXPEDITION)参与生物钟活性调控，AtTCP15 和 AtTCP11 与生物钟核心元件相互作用，同时 AtTCP15 还通过对细胞周期关键基因的控制调控内复制。AtTCP16 参与花粉发育。AtTCP8 与 PNM1(PPR protein to the nucleus and mitochondria 1)相互作用，可能是线粒体和核基因组表达调控的共调控因子。AtTCP11 和 AtTCP20 是抑制因

子，对多种发育过程起作用。AtTCP14、AtTCP15 在节间长度和叶型决定上发挥作用，AtTCP14 在胚发生中的生长势调控中发挥作用。Ⅱ类的 AtTCP3 和 Ⅰ类的 AtTCP15 都与 *MiR164*、*IAA3/SHY2*、*SAUR* 启动子结合，激活它们的表达，间接调控 *CUC* 的表达，影响叶边缘特性。在 Ⅰ类 *attcp8 attcp15 attcp22 attcp21 attcp23* 五突变体中，*STM*、*KNAT1*、*KNAT2*、*CYCA1；1、CYCA2；3、AS1* 上调表达。AtTCP7、AtTCP7-AtTCP22、AtTCP7-AtTCP23、AtTCP22-AtTCP23 在体外可以直接与 *STM* 启动子中 K-box 结合。在 AS1-AS2、KNOXI、TCP、细胞分裂关键因子的相互作用关系中可以看到，AS1-AS2 复合物结合在 *KNAT1* 和 *KNAT2* 启动子中，Ⅱ类 TCP 与 AS2 结合，并且也结合在 *KNAT1* 和 *KNAT2* 启动子上。Ⅰ类 TCP 结合在 STM 启动子上，抑制 *STM*、*KNAT1*、*KNAT 2*、*CYCA1；1、CYCA2；3、AS1* 表达，影响叶子的起始。AS1 影响叶子的起始速率，叶子起始速率主要受细胞分裂影响，而 TCP 影响细胞分裂。因此 TCP 在分生组织范围和特性上是负调控因子（Aguilar-Martínez and Sinha，2013）。

植物各组织器官都有三个轴向：近轴-远轴、顶部-基部、最接近-末梢。决定近轴远轴特性的基因在植物各部位都有相似性。

近轴特性基因有 *AS1*、*2* 和 HD ZIP Ⅲ 类基因，远轴特性基因有 *YABBY* 类和 *KANADI*（*KAN*）类型的基因。近轴特性因子和远轴特性因子在各自负责的位置抑制对方的作用。在侧生器官叶发育中，AS1、AS2 与 ERECTA（ER）在同一途径中决定近轴特性（Xu et al.，2003）。AS2 抑制 KNOX 活性，同时也抑制远轴特性基因 *KANADI* 和 *YABBY* 类，以及 *ARF3/ETT* 的表达，其对近轴基因 HD ZIP Ⅲ 中的 *PHB* 略有促进（Lin et al.，2003；Takahashi et al.，2013）。而 KAN1、KAN2 则直接作用在 *AS2* 启动子上，与 ARF3/ETT 协同作用，抑制 *AS2* 的表达，决定所在位置的远轴特性（Wu et al.，2008）。在近轴远轴界限决定中，抑制近轴基因 HDZIP Ⅲ 的小分子 RNA *MIR165/166* 与 *FIL* 在叶原基中的动态分布中起重要作用。近轴处 *MIR165/166* 活跃，远轴区没有 *MIR165/166* 表达。而负责叶绿体-细胞核通讯的 *GENOMES UNCOUPLED1*（*GUN1*）基因通过信号转导控制叶原基中 *FIL* 表达分布和无 *MIR165/166* 表达的状态，从而控制近轴远轴的分界（Tameshige et al.，2013）。

顶部基部极性由生长素的极性分布决定，影响生长素合成、代谢、运输、相关信号转导的因素都会影响顶部基部极性，从而影响器官形态发生。

从外向内决定花器官各部位的分布的 ABC 类 MADS 基因在其他器官发生中也有相似功能。如 A 类 AP2 类型的 *ANT* 基因在胚珠决定外侧的珠被发生以及侧生器官原基细胞表达。

第二节 植物发育中基因表达调控的系统性

在发育过程中，基因表达的调控受到多层次的调控，从表观遗传的染色质结构和修饰、DNA 甲基化，以及基因转录过程的前、中、后的各阶段、RNA 加工修饰、降解到蛋白质合成、修饰、运输等。为了更好地理解发育过程中一些分子机理，这里将一些分子生物学调控机理系统性地进行简单介绍。

一、表观遗传与 Polycomb Group 和 Trithorax Group 蛋白对发育的调控

表观遗传是通过染色质结构影响基因表达并可遗传，但不涉及 DNA 序列的现象。表观遗传包括了与染色质有关的各种修饰，包括 DNA 甲基化、组蛋白变异、组蛋白翻译后修饰、各种染色质结合蛋白。基因组中对特定序列中胞嘧啶甲基化的 DNA 甲基化类型和染色质修饰类型可以随分裂传递到子细胞，这种遗传与染色质包装和组蛋白传递复合物有关，涉及一系列复杂过程和蛋白（Alvarez-Venegas, 2010）。

组蛋白翻译后修饰有乙酰基化、甲基化、泛素化、磷酸化、SUMO 化。拟南芥四个核心组蛋白 H2A、H2B、H3、H4 上的赖氨酸乙酰基化有：H4 的 K20、H2A 的 K144、H2B 的 K6、K11、K27、K32，磷酸化的有：H2A 的 S129、S141、S145、H2B 的 S15，泛素化的有：H2B 的 K143。组蛋白赖氨酸甲基化常见的有 H3K4、H3K9、H3K27、H3K36、H3K79、H4K20、H1K26，每个赖氨酸上甲基化的次数可以是多级，每一级可出现不同的表型。组蛋白上不同类型的修饰之间在特定结构和情况下可能有一定联系。如酵母 H2B 的单泛素化对 H3K4 和 H3K79 的三甲基化是必需的。春化过程中 *FLC* 位点 H3K9 和 H3K27 二甲基化增加，同时 H3K4 三甲基化和乙酰基化减少，使得 *FLC* 表达被抑制（Alvarez-Venegas, 2010）。物种不同，甲基化类型也会有不同。如大豆 H3 上 K4、K27、K36 的单、双、三甲基化和 K14、K18、K23 的乙酰基化在叶中检测到，K27 主要是单甲基化，K36 主要是三甲基化，且 K27 和 K36 的甲基化在大豆中互相排斥。H3K79 在拟南芥未见报道，在大豆中检测到单和双甲基化（Alvarez-Venegas, 2010）。

对染色质组蛋白进行修饰的是各种复合物。对组蛋白进行甲基化修饰的就有以果蝇为代表的 *Polycomb* group（PcG）和 *trithorax* group（trxG）复合物。果蝇中的 PcG 复合物有 POLYCOMB REPRESSIVE COMPLEX 1、2（PRC1、2），果蝇 trxG 复合物至少有三类，PcG 对 *HOX* 的表达起抑制作用，而 TrxG 作用相反。PcG 和 trxG 都含有 SET（Su（var）3-9、E（z）、Trithorax related）区域，为甲基化酶活性区域。在植物中也发现了相似基因或复合物。拟南芥有 43 个含有 SET 区域的蛋白，命名为 SDG1-43（Alvarez-Venegas, 2010）。

拟南芥有 12 个 PRC2 复合物亚单位，3 个 E（z）类似蛋白：CLF、MEDEA（MEA 或 SDG5）、SWINGER（SWN 或 SDG10）；三个 Supressor of zeaste（Su（z）12）类似物：EMF2、FERTILIZATION INDEPENDENT SEEDS2（FIS2）、VERNALIZATION2（VRN2）；the single Extra sex combs（Esc）类似蛋白：FERTILIZATION INDEPENDENT ENDOSPERM（FIE）；5 个 p55 类似蛋白：MULTICOPY SUPRESSOR OF IRA（MSI 1-5）。拟南芥中至少有 3 个 PRC2 类似复合物：控制种子发育的 FIS PRC2 或 MEA-FIE 复合物，控制春化反应的 VRN 复合物，抑制早开花和花发育的 EMF 复合物（Alvarez-Venegas, 2010）。FIE 和 MSI1 可能是三类 PRC2 复合物中的共有成分，而三类不同的 E（z）3（CLF、SWN、MEA）和 Su（z）12（EMF2、VRN2、FIS2）则分布在不同的 PRC2 中，特异修饰不同的目标基因，具有不同的功能（Alvarez-Venegas, 2010）。FIS、MSI1、MEA、FIS2 复合物在种子发育起始中起重要作用，并在配子体母方效应中起作用。EMF 复合物（CLF/SWN、EMF2、FIE、MSI1）在配子发育中沉默一些基因，CLF、SWN 在配子发育晚期取代 MEA 的作用。春化作用中沉默 *FLC*（*FLOWER LOCUS C*）的 VRN 类 PRC2 复合物含有 VRN2、SWN、FIE、MSI1、三个

PHD 指蛋白 VRN5、VIN3(VERNALIZATION INSENSITIVE3)、VEL1，这种 VRN 复合物增加 *FLC* 位点染色质中 H3K27me3 水平，导致春化中稳定的 *FLC* 沉默。春化开始时 VRN5 和 H3K27me3 标记只分布于 *FLC* 第一个内含子的开始和起始部位，在恢复到温暖条件后扩展到整个 *FLC* 位点。因此 *FLC* 整个位点的 H3K27me3 标记和春化沉默涉及不同的 PcG 复合物成分(Alvarez-Venegas，2010)。在拟南芥中，*VIN3* 和 *FLC* 类似的基因各有一个家族，都通过染色质修饰复合物进行修饰。在春化过程中 *VIN3* 和 *FLC* 家族不同基因对应性地行使细微变异的调控功能(Kim and Sung，2013)。EMF(EMBRYONIC FLOWERING)复合物在抑制早开花和抑制开花因子中起重要作用，其中 CLF、EMF2、FIE 复合物抑制 *FLC* 和其相关基因 *MAF4*、*MAF5*(*MADS AFFECTING FLOWERING4、5*)。CLF、EMF2、FIE 也通过将 H3K27me3 放置于 *FT* 位点而直接将其沉默(Alvarez-Venegas，2010)。

PRC1 复合物在有些物种不存在，有些物种中其结构成分发生变化。果蝇 PRC1 复合物中的 PC 蛋白通过结合到 H3K27me3 上而保持稳定、长期的沉默，拟南芥中染色质蛋白 LIKE HETEROCHROMATIN PROTEIN1(LHP1，又名 TERMINAL FLOWER2，TFL2)具有相同的功能。LHP1 作用于常染色质基因的沉默(Alvarez-Venegas，2010)。EMF1、LHP1 和 RAWUL 可能是植物中 PRC1 的组成成分(Scofield et al.，2008)。

拟南芥 *TRX* 基因有 5 个拷贝，分成两组：ATX1、ATX2(ARABIDOPSIS HOMOLOG of TRITHORAX1(SDG27)、TRITHORAX(SDG30))和 ATX3(SDG14)、ATX4(SDG16)、ATX5 (SDG29)。ATX1 具有多重甲基化酶活性，将 H3K4me3 标记在 *AG* 染色质处，对开花关键基因 *AP1*、*AP2*、*AG* 保持正常的表达水平是必需的，*PI* 和 *AP3* 的表达对 ATX1 的活性也有一定需要。ATX1 在开花前直接结合在 *FLC* 核小体上标记 H3K4me3，同时 H3K27me2 减少，伴随着开花转变，ATX1 从该位点释放。ATX1 与拟南芥中类似人类 H3K4 核心甲基化酶 WDR5 的 WRD5a 相互作用，共同在 *FLC* 位点富含 FRI 的复合物中将 H3K4 甲基化，激活 *FLC*，并在核小体的 H3K4me3 类型建立中起作用(Alvarez-Venegas，2010)。ATX2 具有将 H3K4 二甲基化的活性，ATX3 主要在雌配子体中的卵细胞和中心细胞表达。除了 ATX 家族外，拟南芥还有 7 个 *Trithorax-related*(*ATXR*)基因。ATXR5(SDG15)位于质体和核仁，ATXR6(SDG34)只位于细胞核，它们可将 H3K27 单甲基化，参与染色质浓缩和基因沉默。ATXR7(SDG25)也具有 H3K4 甲基化酶活性，可促进 *FLC* 表达。因此，ATX1 和 ATXR7 对 *FLC* 的表达具有正的调控作用(Alvarez-Venegas，2010)。

拟南芥与果蝇 trxG 类基因 *Ash1*(*absent*，*small*，*orhomeotic discs 1*)相似的有四组：*ASHH1/SDG26*、*ASHH2/SDG8*、*ASHH3/SDG7*、*ASHH4/SDG24*，另外还有三个相关基因：*ASHR1/SDG37*、*ASHR2/SDG39*、*ASHR3/SDG4*。*ASHH2/SDG8* 与染色质 H3K6 甲基化有关，在拟南芥最早以 *efs*(*early flowering in short days*)被发现，参与 *FLC* 启动子和第一个内含子位点的 H3K36 的甲基化，也与 *FLC* 位点的 H3K4 三甲基化有关。此外，SDG8 还参与调控茎分枝和类胡萝卜素合成有关基因的表达调控。*ASHH1/SDG26* 与基因表达抑制有关，其突变导致晚开花。*ASHR3/SDG4* 与雄性育性有关，突变后导致雄性不育(Alvarez-Venegas，2010)。

在植物发育过程中，PcG 和 TrxG 对基因表达的控制具有拮抗作用。如对 *AG* 位点染色质的甲基化修饰，PRC2 的组成成员、PcG 基因 *CLF* 在叶中介导 H3K27 的三甲基化，直接抑制 AG 的转录，而 TrxG 成员 ATX1 通过 H3K4 的三甲基化，在花中保持 AG 的高转录水平，另一个 TrxG 成员 ULT1（ULTRAPETALA-1）在核中与 ATX1 相互作用，在花的发育过程中参与连续的 H3K4 甲基化或为转录起始和延长阅读染色质标记（Alvarez-Venegas，2010）。春化过程中 FLC 位点的 H3K9 和 H3K27 的二甲基化的增加，H3K4 三甲基化和组蛋白乙酰基化的减少导致 FLC 的转录沉默，以 VRN2 参与的 PRC2 复合物（包括 SWN、CLF、FIE）起抑制的主导作用。而 TrxG 成员 ATX1 以及含有 ELF7 的复合物 PAF1c 通过 H3K4me3 的增加上调 FLC 的表达。常见的组蛋白激活修饰为乙酰基化和 H3K4 和 H3K36 的甲基化，沉默修饰为去乙酰基化和 H3K9 和 H3K27 的甲基化。还有复杂的组蛋白修饰组合，如在胚性干细胞中在沉默的基因位点同时存在 H3K4me3 和 H3K27me3，建立起双价染色质修饰态。AG 位点染色质在沉默态同样也存在 H3K4me3 和 H3K27me3 双价态。拟南芥基因位点在不同的组织、不同发育时期可以有不同 H3K9、H3K4、H3K27 的甲基化标记组合。这个领域目前未知空间很大（Alvarez-Venegas，2010）。

二、转录因子在空间、时间变化上的动态调控

转录因子对基因表达的调控同样是十分重要的。从简单的干细胞到多样化的组织的形成过程中，表现出多种分化的特殊因子的增多和积累，在果蝇发育过程中存在同样的现象（Insco et al.，2009）。这些转录因子之间发生复杂的相互作用。

在时间和空间的发育进程中不同组织或器官区域的分化常常是由相互抑制的基因分别在各自区域发挥作用，如果实结构中果瓣特性转录因子 FUL 和果脊特性转录因子 RPL 分别与瓣边缘特性转录因子 SHP 和 ALC、IND 之间的关系。又如干细胞特性转录因子 WUS 对决定分化的特性基因 AS2、远轴特性基因 KAN、YABBY 类基因、促进周围细胞分裂活性的 KNAT 类基因以及相关蛋白 BLH 等很多与分化有关的基因的表达起抑制作用，在胚胎原基中抑制 ANT 的表达，保持干细胞区域的未分化状态，同时促进边缘类基因 CUC 的表达，而 CUC2 促进周围分生组织特性基因 STM 的表达，STM 表达后在其区域抑制 CUC2 的表达，CLV 系统通过抑制 WUS 的表达促进细胞的分裂和分化，这种动态平衡作用建立起不同分化特性的组织区域（Yadav et al.，2013；Aida et al.，1999）。这也可以解释 WUS 过量表达和 CLV 系统的缺陷引起多个单位器官的形成，如拟南芥 AP3 启动子控制的 WUS 导致过多花瓣和雄蕊形成，珠被特性基因启动子 ANT 控制的 WUS 导致多层珠被的形成（Skinner et al.，2004），CLV1、CLV2、CLV3 等基因的突变导致果实多心皮的形成（Roeder and Yanofskya，2006）。

AG 转录因子是在花分生组织中决定雄蕊和雌蕊特性的基因，从其表达开始到果实形成，一直表达，但其所受的调控和与其结合的因子在雄蕊和雌蕊是不同的，且随着果实形态的变化，表达的数量和位置发生变化，受到调控的因素及与其作用的各种因子在不同的时期和部位也发生变化，从而决定相应区域的分化结果。通过不同组合结构的转基因载体 AG 基因表达分别得到正常类型、只有正常雄蕊、只有正常雌蕊的转基因植株，而分析表明，正常类型对 ap2 和 lug 突变都有反应，只有正常雄蕊的转基因植株只对 lug 突变有反应，只有正常雌蕊的转基因植株只对 ap2 突变有反应，说明在不同部位，AG 受到的调控不同（Deyholos MK and Sieburth，2000；Sieburth et al.，1995）。这些不同的调控是由于 AG

基因结构中不同部位与不同的调控因子结合，不同植物调控因子结合的位点不同，如 *AG* 基因第二个内含子是重要的调控区域，其调控结构如图 1.1 所示。在果实发育过程中，*AG* 的表达随着细胞和组织类型的增多，被限制在特定的细胞类型中（图 1.2）（Bowman *et al.*, 1991; Sieburth and Meyerowitz, 1997）。

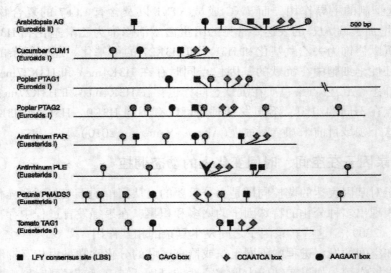

图 1.1　几种双子叶植物 AG 基因内含子顺式元件的分布（Hong *et al.*, 2003, ©ASPB）

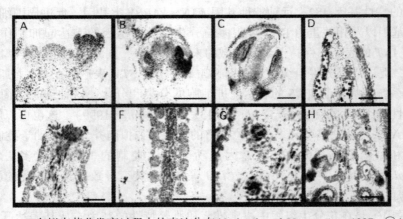

图 1.2　*AG* 在拟南芥花发育过程中的表达分布（Sieburth and Meyerowitz, 1997. ©ASPB）

三、MiRNA 调控

MiRNA（MicroRNA）是一类小分子 RNA，其大小在拟南芥为 20~24bp。这些小分子 RNA 通过转录后与互补 RNA 分子的结合促进它们的降解或抑制翻译，从而调控活性基因最终表达的水平。这种调控方式在整个植物发育过程的各个阶段以及植物的抗逆反应中都起着重要作用。

MiRNA 也是由基因编码的，与正常基因一样具有完整的结构，也受转录因子调控，也有内含子，在 RNA 聚合酶Ⅱ作用下转录出 Pri-MiRNA。MiRNA 转录产物具有 5'帽子和 3'多聚 A 尾巴，且能形成发夹结构，多数形成一个发夹，少数形成多个发夹。细胞核帽子结合复合物（nuclear Cap-Binding Complex）CBC 在 Pri-MiRNA 加工过程中起作用。CBC 由 CBP80 和 CBP20 两个蛋白亚单位组成异源复合体，它们突变后未加工的 Pri-MiRNA 水平上升，造成多种形态异常。拟南芥中 CBP80 又称为 ABSCISCIC ACID HYPERSENSITIVE1（ABH1），与激素脱落酸有关。拟南芥 C2H2 锌指蛋白 SE（SERRATE）也参与 Pri-MiRNA 的加工。SE 与双链 RNA 结合蛋白 HYL1（HYPONASTIC LEAVES 1）、结合双链 RNA 并将其切割的 RNA 酶Ⅲ DCL1（DICER-LIKE 1）形成 DCL1-HYL1-SE（DCL1 复合物）复合物，它们共同位于一个核亚小体。DCL1 在 N 端具有解旋酶活性，中间是 PAZ 区域，结合到双链 RNA 末端，C 端具有 RNAase Ⅲ 和双链 RNA 结合的双重特性。DCL1 本身从 PAZ 到 RNAase Ⅲ 区域之间就有测量双链 RNA 尺度和切割的双重作用。HYL1 和 SE 具有稳定 Pri-MiRNA 结构、帮助 DCL1 正确定位的作用。重组 HYL1 和 SE 增加 DCL1 加工 Pri-MiRNA 的速率和精确性。具有叉头结构结合区域的 DAWDLE（DDL）蛋白也能与 DCL1 和 Pri-MiRNA 结合，能够增加 DCL1 作用的效率和精确性，可能也是 DCL1 复合物的成员（图 1.3）（Xie *et al.*，2010）。

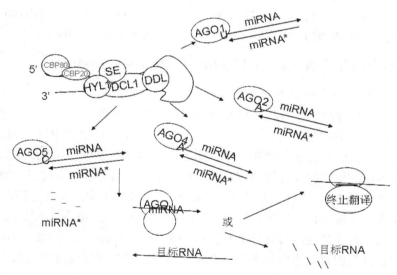

图 1.3　miRNA 加工流程和作用示意图（严海燕绘）

DCL1 位于核中，作用底物是未剪切加工的 Pri-MiRNA 和剪切加工后的 Pre-MiRNA，产物是 miRNA：miRNA＊双链，其 3'末端悬挂 2 个碱基。该产物被依赖 S-腺苷甲硫氨酸的小分子 RNA 甲基化酶 HEN1（HUA ENHENCER1）在 3'末端核苷的 2-羟基进行甲基化（Xie *et al.*，2010），增加小分子 RNA 的稳定性，缺乏甲基化常与小分子 RNA 被切断和

3'尿嘧啶化有关(Zhao et al.,2012),3'尿嘧啶化使未甲基化的小分子RNA不稳定(Zhao et al.,2012)。拟南芥中3'尿嘧啶化由HSO1(HEN SUPRESSOR1)添加,可以添加十个以上,这种活性被3'末端2-O甲基化抑制。尿嘧啶化导致miRNA降解。拟南芥具有3'—5'小分子RNA外切酶活性的SDN(Small RNA Degrading Nuclease)降解成熟的miRNA单链(Zhao et al.,2012)。

miRNA:miRNA*双链被含有ARGONAUTE(AGO)的效应复合物(又称为RNA诱导的沉默复合物-RNA-induced silencing complex,RISC)选择性地整合,将miRNA单链装入AGO复合物,而miRNA*单链被排除在复合物外而降解。AGO携带miRNA,指导与特异目标基因的识别和结合。miRNA:miRNA*双链5'末端不稳定,选择性地与AGO结合,不同的AGO具有不同的5'亲和性。AGO1倾向与具有5'U的小分子RNA结合,AGO2和AGO4倾向与具有5'A的小分子RNA结合,AGO5倾向与具有5'C的小分子RNA结合(图1.3)(Xie et al.,2010)。成熟的MiRNA运输到细胞质发挥作用,也有在细胞核中作用的(Xie et al.,2010)。

MiRNA也受到转录后调控。如参与Pri-MiRNA加工的SE的表达在拟南芥发育过程的特定时间和空间表达,如拟南芥茎和根顶端分生组织以及早期胚子叶的近轴,花和叶的特定空间部位。参与miR390指导的TAS3-ta-siRNA形成的*AGO7*基因表达被高度限制在茎顶端分生组织下面的维管束和髓以及发育中叶原基最近轴处,AGO7与*TAS3*一起建立*MiR390*表达类型,控制*TAS3*-ta-siRNA介导的叶型发生(Xie et al.,2010)。*DCL1*和*AGO1*的mRNA也是miRNA的目标,miR162介导*DCL1* mRNA的降解,miR168介导*AGO1* mRNA的降解。而*AGO2*的mRNA是miR403的目标(Xie et al.,2010)。

四、泛素蛋白酶系统UPS(Ubiquitin Proteasome System)

1. 泛素蛋白酶系统UPS的结构和功能

蛋白质降解调控在植物发育和对环境的适应过程中普遍存在。其中通过泛素蛋白酶复合体降解的途径是一类重要的途径。泛素(Ubiquitin)是在真核生物中保守的、含有76个氨基酸的多肽,通过泛素化途径被连接在目标蛋白的赖氨酸残基上,泛素化后的蛋白被送到识别泛素化蛋白的蛋白酶复合体酶切降解。目标蛋白质的泛素化通过三个酶E1(泛素激活酶)、E2(泛素聚合酶)、E3(泛素连接酶)催化。E1水解ATP,将之与泛素C末端的甘氨酸形成硫酯键,并将活化的泛素转接到E2半胱氨酸残基上。各种E3从E2介导泛素到目标蛋白的连接,是选择性降解特异底物蛋白的关键酶(Wang and Deng,2011)。被蛋白酶复合物识别和降解的目标蛋白是多聚泛素化的蛋白,多个泛素经过重复的三步泛素化过程积累而成。多聚泛素链也可被去泛素化的酶(deubiquitinating enzyme)DUB拆卸(图1.4),单位泛素可被重新用于泛素化(Wang and Deng,2011)。

降解目标蛋白的蛋白酶复合体是26S的分子量为2.5Mu、依赖ATP的蛋白酶复合体(图1.5)。它中间是一个空桶柱状的20S核心颗粒(core particle,CP),由两个α亚单位组成外环,两个具有蛋白酶活性的β亚单位组成内环。两端有19S的调控颗粒(Regulation particle)RP,包括盖子和基部。RP具有识别泛素化底物、移除和循环泛素单体、解开目标蛋白、并将其送入CP中心桶状结构降解的功能,这些作用具有专一性,在特异发育时

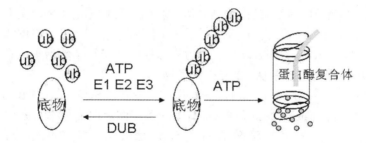

图 1.4　泛素蛋白酶系统的作用过程（Wang and Deng, 2011, 严海燕重绘）

期和反应中作用。例如 PR10 是基部亚单位，作为泛素受体，对 ABA 信号途径中的 ABI5 的稳定性有影响。桶状 CP 内部是蛋白酶活性区域，将目标蛋白降解成氨基酸（Wang and Deng, 2011）。

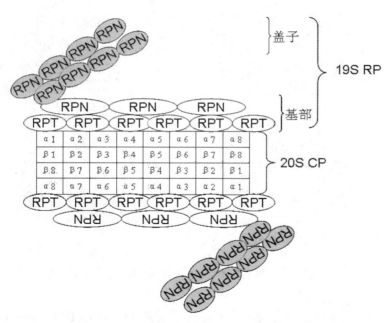

图 1.5　26S 蛋白酶复合体结构示意图（Wang and Deng, 2011, 严海燕重绘）

泛素蛋白酶系统 UPS 包括泛素化途径 E1、E2、E3 和蛋白酶复合体，编码 UPS 的位点在拟南芥超过 1600 个，占全基因组的 6% 以上。其中 E1 两个、E2 37 个、E3 多于 1400 个，说明了 E3 的对底物识别的特异性，也说明蛋白质降解的调控在植物生长发育中起着重要作用（Wang and Deng, 2011）。

2. 泛素连接酶 E3 的结构、分类及功能特异性

E3 从 E2 接受泛素，转移到底物上，因此，既有与底物结合的区域，也有与 E2 结合的区域，还有转移泛素的方式是一步还是两步。根据与 E2 结合区域结构的不同，分为

HECT 和 RING 两类。HECT 区域包括了 E3 结合位点和泛素结合位点，含有 350 个氨基酸，RING 只有约 70 个氨基酸的锌指状结合区域，而一种修饰的 RING 类 E3 只有 64 个氨基酸，不用锌离子保持二级结构，称为 U 类。拟南芥基因组中有七个 HECT 成员，477 个 RING 的亚单位成员。HECT 从 E2 接受泛素后先形成中间产物，然后再从自身转移泛素到目标底物，而 RING 直接将泛素从 E2 转移到底物。

在 RING 类的 E3 中，现在已知有四类不同的亚类：SCF、CUL3-BTB、CUL4-DDB、APC（图 1.6），由于它们都是含有与 Cullin 有关的多聚体蛋白复合物，故称为 Cullin RING Ligase（CRL）。最丰富且研究较清楚的一类 CRL 是由四个亚单位组成的 SCF 复合物（Skp1—植物中称为 ASK，Cullin 1-CUL1，F-box 蛋白，RING finger containing protein-RBX1）。SCF 复合物的 F-box 可与 WD-40、KELCH 重复、富含亮氨酸的重复等多类底物蛋白结合。而植物中 F-box 家族中有 700 多个成员，可见 SCF 作用底物的多样性和专一性，以及它们在植物发育中的重要性（Wang and Deng，2011）。

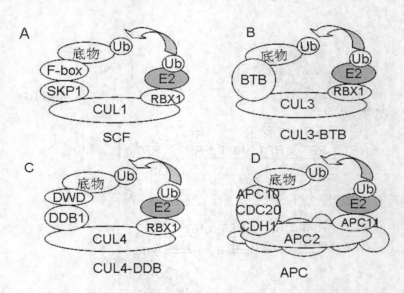

图 1.6　CRL 结构示意图（Wang and Deng，2011，严海燕重绘）

含有 RBX1 蛋白的 CRL 复合物的形成也通过泛素相关的 RUB（Related Ubquitin）蛋白被添加到 Cullin 蛋白上以稳定和促进 CRL 的形成；而 CSN 复合物则将 Cullin 上的 RUB 移除，RUB 在 CRL 复合物上的聚集度受到动态的调控，CAND1 结合到未结合 RUB 的 Cullin 复合物，阻止 CRL 的组装（图 1.7）（Wang and Deng，2011）。

泛素蛋白酶系统 UPS 与植物发育过程的调控密切相关，在光形态建成中调控大量转录因子水平的 COP1，就是一种 RING 类的 E3，几种光敏素、隐花素、光敏素作用因子，以及光信号转导中重要因子 HY5 就受到其调控（Wang and Deng，2011）。泛素蛋白酶系统与植物激素生长素、赤霉素、茉莉酸、乙烯、脱落酸、独角金内酯的信号转导都密切相关。生长素受体 TIR 本身就是 SCF 复合物的 F-box 蛋白，与生长素结合后，识别生长素反

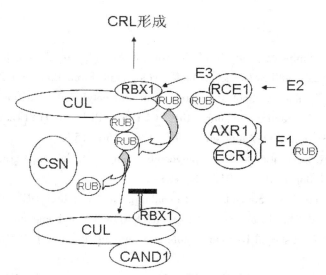

图 1.7 CRL 组装受到 RUB 聚合度动态调控(Wang and Deng,2011,严海燕重绘)

应蛋白 AUX/IAA 并将其降解，而 AUX/IAA 与生长素反应转录因子 ARF 结合，控制生长素反应基因的表达。拟南芥和水稻赤霉素受体 GID1 与赤霉素结合后，与赤霉素信号转导关键因子 DELLA 类蛋白结合，SCF 的 F-box 蛋白 SLY(拟南芥)/GID2(水稻)识别有 GID1-GA 的 DELLA 并结合到 DELLA 上，将其降解。而当 DELLA 与 GID1-GA 结合的同时，原来与 DELLA 结合而被屏蔽的转录因子得到释放，作用于赤霉素控制基因的启动子上，控制该基因的转录。Jasmonate ZIM-domain(JAZ)蛋白家族是茉莉酸信号转导过程中的转录因子，与控制茉莉酸信号转导的转录因子 MYC2 相互作用。SCF 复合物中的 F-box 蛋白 COI1 识别 JAZ 并将其降解，从而控制茉莉酸信号反应。SCF 复合物中的 F-box 蛋白 MAX2/RMS4 与独角金内酯反应有关。乙烯信号转导途径中正调控因子 EIN2(Ethylene Insensitive 2)受到两个 F-box 蛋白 EIN2 Targeting Protein 1 和 2(ETP1、ETP2)的调控，另外两个乙烯信号转导正调控因子 EIN3 和 EIN3-like(EIL)也受到两个 F-box 蛋白 EIN3 Binding F-box 1 和 2(EBF1、2)的调控。催化乙烯合成的关键酶 ACC synthases(ACS)有三类，其中第二类 ACS 受到专一的 E3 CUL3-BTB$^{ETO1/EOL1/EOL2}$ 的调控。ETO1(Ethelene Overproducer 1)、EOL1(ETO Like 1)、EOL2 在控制二类 ACS 水平中作用有加和性。ABA 信号转导途径中关键调控因子 ABI3、ABI5 受到 RING 类的 E3 连接酶 AIP2(ABI3 Interacting Protein 2)和 KEG(Keep on Going)的调控，另一个 RING 类的 E3 连接酶 RHA2a 也在种子萌发和早期发育中调控 ABA 的信号转导，这种调控与 ABI3、ABI4、ABI5 无关(Santner and Estelle,2010)。最近发现细胞分裂素反应蛋白 ARR3、ARR5、ARR7、ARR16、ARR17，可能还有 ARR8、ARR15 受到蛋白酶系统降解的调控(Ren et al.,2009)。

参考文献

Aguilar-Martínez JA, Sinha N. Analysis of the role of Arabidopsis class I *TCP* genes *AtTCP7*, *AtTCP8*, *AtTCP22*, and *AtTCP23* in leaf development. Front Plant Sci. 2013, 4, 406.

Aida M, Ishida T, Tasaka M. Shoot apical meristem and cotyledon formation during *Arabidopsis* embryogenesis: interaction among the CUP-SHAPED COTYLEDON and SHOOT MERISTEMLESS genes. Development. 1999, 126, 1563-1570

Alvarez-Venegas R. Regulation by polycomb and trithorax group proteins in *Arabidopsis*. Arabidopsis Book. 2010; 8: e0128.

Bellaoui M, Pidkowich MS, Samach A, Kushalappa K, Kohalmi SE, ModrusanZ, Crosby WL, Haughn GW. The *Arabidopsis* BELL1 and KNOX TALE homeodomain proteins interact through a domain conserved between plants and animals. Plant Cell. 2001, 13(11), 2455-2470.

Belles-Boix E, Hamant O, WitiakSM, Morin H, Traas J, Pautot V. *KNAT6*: An *Arabidopsis* homeobox gene involved in meristem activity and organ separation. Plant Cell. 2006, 18, 1900-1907.

Bowman JL, Drews GN, Meyerowitz EM. Expression of the *Arabidopsis* floral homeotic gene *AGAMOUS* 1s restricted to-specific cell types late in flower development. Plant Cell. 1991, 3, 749-758.

Bundy MGR, Thompson OA, Sieger MT, Shpak ED. Patterns of cell division, cell differentiation and cell elongation in epidermis and cortex of *Arabidopsis* pedicels in the wild type and in *erecta*. PLoS ONE. 2012, 7(9), e46262.

Byrne ME, Groover AT, Fontana JR, Martienssen RA. Phyllotactic pattern and stem cell fate are determined by the *Arabidopsis* homeobox gene BELLRINGER. Development. 2003, 130, 3941-3950.

Carlsbecker A, Lee JY, Roberts CJ, Dettmer J, Lehesranta S, Zhou J, Lindgren O, Moreno-Risueno MA, Vatén A, Thitamadee S, Campilho A, Sebastian J, Bowman JL, Helariutta Y, Benfey PN. Cell signalling by microRNA165/6 directs gene dose-dependent root cell fate. Nature. 2010, 465(7296), 316-321.

Chen MK, Wilson RL, Palme K, Ditengou FA, Shpak ED. *ERECTA* family genes regulate auxin transport in the shoot apical meristem and forming leaf primordia. Plant Physiol. 2013, 162(4), 1978-1991.

Cole M, Nolte C and Werr W. Nuclear import of the transcription factor SHOOT MERISTEMLESS depends on heterodimerization with BLH proteins expressed in discrete sub-domains of the shoot apical meristem of *Arabidopsis thaliana*. Nucleic Acids Res. 2006, 34, 1281-1292.

De Storme N, Geelen D. Callose homeostasis at plasmodesmata: molecular regulators and developmental relevance. Front Plant Sci. 2014, 5, 138.

Deyholos MK, Sieburth LE. Separable whorl-specific expression and negative regulation by enhancer elements within the *AGAMOUS* second intron. Plant Cell. 2000, 12, 1799-1810.

DeYoung BJ, Clark SE. BAM receptors regulate stem cell specification and organ development through complex interactions with CLAVATA signaling. genetics. 2008, 180, 895-904.

Fiume E, Fletcher JC. Regulation of *Arabidopsis* embryo and endosperm development by the polypeptide signaling molecule CLE8. Plant Cell. 2012, 24(3), 1000-1012.

Goldshmidt A, Alvarez JP, Bowman JL, Eshed Y. Signals derived from *YABBY* gene activities in organ primordia regulate growth and partitioning of *Arabidopsis* shoot apical meristems. Plant Cell, 2008, 20, 1217-1230.

Gross-Hardt R, Lenhard M, Laux T. WUSCHEL signaling functions in interregional communication during *Arabidopsis* ovule development. Genes Dev. 2002, 16, 1129-1138.

Haecker A, Gross-Hardt R, Geiges B, Sarkar A, Breuninger H, Herrmann M, Laux T. Expression dynamics of WOX genes mark cell fate decisions during early embryonic patterning in *Arabidopsis thaliana*. Development. 2004, 131, 657-668.

Hong RL, Hamaguchi L, Busch MA, Weigel D. Regulatory elements of the floral homeotic gene *AGAMOUS* identified by phylogenetic footprinting and shadowing. Plant Cell. 2003, 15, 1296-1309.

Insco ML, Leon A, Tam CH, McKearin DM, Fuller MT. Accumulation of a differentiation regulator specifies transit amplifying division number in an adult stem cell lineage. Proc Natl Acad Sci U S A. 2009, 106(52), 22311-22316.

Jenik PD, Jurkuta REJ, Barton MK. Interactions between the cell cycle and embryonic patterning in *Arabidopsis* uncovered by a mutation in DNA polymerase. Plant Cell. 2005, 17, 3362-3377.

Jun J, Fiume E, Roeder AHK, Meng L, Sharma VK, Osmont KS, Baker C, Ha CM, Meyerowitz EM, Feldman LJ, Fletcher JC. Comprehensive analysis of CLE polypeptide signaling gene expression and overexpression activity in *Arabidopsis*. Plant Physiol. 2010, 154(4), 1721-1736.

Kim D, Sung S. Coordination of the vernalization response through a VIN3 and FLC gene family regulatory network in Arabidopsis. Plant Cell. 2013, 25(2), 454-469.

Kondo Y, Hirakawa Y, Kieber JJ, Fukuda H. CLE peptides can negatively regulate protoxylem vessel formation via cytokinin signaling. Plant Cell Physiol. 2011, 52(1), 37-48.

Kumar R, Kushalappa K, Godt D, Pidkowich MS, Pastorelli S, Hepworth SR, Haughn GW. The *Arabidopsis* BEL1-LIKE HOMEODOMAIN proteins SAW1 and SAW2 act redundantly to regulate KNOX expression spatially in leaf margins. Plant Cell. 2007, 19(9), 2719-2735.

Kumar R, Kushalappa K, Godt D, Pidkowich MS, Pastorelli S, Hepworth SR, Haughn GW. The *Arabidopsis* BEL1-LIKE HOMEODOMAIN proteins SAW1 and SAW2 act redundantly to regulate *KNOX* expression spatially in leaf margins. Plant Cell. 2007, 19,

2719-2735.

Kumaran MK, Bowman JL, Sundaresan V. *YABBY* polarity genes mediate the repression of *KNOX* homeobox genes in *Arabidopsis*. Plant Cell. 2002, 14, 2761-2770.

Kwon CS, Hibara K, . Pfluger J, Bezhani S, Metha H, Aida M, Tasaka M, Wagner D. A role for chromatin remodeling in regulation of CUC gene expression in the *Arabidopsis* cotyledon boundary. Development. 2006, 133, 3223-3230. doi: 10.1242/dev.02508.

Laufs P, Peaucelle A, Morin H, Traas J. MicroRNA regulation of the *CUC* genes is required for boundary size control in *Arabidopsis* meristems. Development. 2004, 131, 4311-4322.

Li Y, Pi L, Huang H, Xu L. ATH1 and KNAT2 proteins act together in regulation of plant inflorescence architecture. J Exp Bot. 2012, 63(3), 1423-1433.

Li Y, Pi L, Huang H, Xu L. ATH1 and KNAT2 proteins act together in regulation of plant inflorescence architecture. J Exp Bot. 2012, 63(3), 1423-1433.

Lin W, Shuai B, Springer PS. The *Arabidopsis LATERAL ORGAN BOUNDARIES* -domain gene *ASYMMETRIC LEAVES*2 functions in the repression of *KNOX* gene expression and in adaxial-abaxial patterning. Plant Cell. 2003, 15, 2241-2252.

Lohmann JU, Hong RL, Busch MHMA, Parcy F, Simon R, Weigel D. A Molecular link between stem cell regulation and floral patterning in *Arabidopsis*. Cell. 2001, 105, 793-803.

Meng X, Wang H, He Y, Liu Y, Walker JC, Torii KU, Zhang S. A MAPK cascade downstream of ERECTA receptor-like protein kinase regulates *Arabidopsis* inflorescence architecture by promoting localized cell proliferation. Plant Cell. 2012, 24, 4948-4960.

Mukherjee K, Brocchieri L, Bürglin TR. A comprehensive classification and evolutionary analysis of plant homeobox genes. Mol Biol Evol. 2009, 26(12), 2775-2794.

Nikovics K, Blein T, Peaucelle A, Ishida T, Morin H, Aida M, Laufsa P. The Balance between the *MIR164A* and *CUC2* genes controls leaf margin serration in *Arabidopsis*. Plant Cell. 2006, 18, 2929-2945.

Nole-Wilson S, Krizek BA. AINTEGUMENTA contributes to organ polarity and regulates growth of lateral organs in combination with *YABBY* genes. Plant Physiol. 2006, 141, 977-987.

Pagnussat GC, Yu HJ, Sundaresan V. Cell-fate switch of synergid to egg cell in *Arabidopsis eostre* mutant embryo sacs arises from misexpression of the BEL1-Like homeodomain gene *BLH*1. Plant Cell. 2007, 19(11), 3578-3592.

Ragni L, Belles-Boix E, Gu^{2+} nl M, Pautot V. Interaction of KNAT6 and KNAT2 with BREVIPEDICELLUS and PENNYWISE in *Arabidopsis* Inflorescences. Plant Cell, 2008, 20, 888-900.

Raissig MT, Bemer M, Baroux C, Grossniklaus U. Genomic imprinting in the *Arabidopsis* embryo is partly regulated by PRC2. PLoS Genet. 2013, 9, e1003862.

Rasta MI, Simona R. *Arabidopsis* JAGGED LATERAL ORGANS acts with ASYMMETRIC LEAVES2 to coordinate KNOX and PIN expression in shoot and root meristems. Plant Cell. 2012, 24, 2917-2933.

Ren B, Liang Y, Deng Y, Chen Q, Zhang J, Yang X, Zuo J. Genome-wide comparative analysis of type-A *Arabidopsis response regulator* genes by overexpression studies reveals their diverse roles and regulatory mechanisms in cytokinin signaling. Cell Res. 2009, 19(10), 1178-1190.

Sanchez-Pulido L, Devos D, Sung ZR, Calonje M. RAWUL: A new ubiquitin-like domain in PRC1 Ring finger proteins that unveils putative plant and worm PRC1 orthologs. BMC Genomics. 2008; 9: 308.

Santner A, Estelle M. The ubiquitin-proteasome system regulates plant hormone signaling. Plant J. 2010, 61(6), 1029-1040.

Scofield S, Dewitte W, Murray JA. STM sustains stem cell function in the *Arabidopsis* shoot apical meristem and controls KNOX gene expression independently of the transcriptional repressor AS1. Plant Signal Behav. 2014, Apr 28; 9. pii: e28934. [Epub ahead of print]

Sevilem I, Miyashima S, Helariutta Y. Cell-to-cell communication via plasmodesmata in vascular plants. Cell Adh Migr. 2013, 7(1), 27-32.

Shpak ED, Berthiaume CT, Hill EJ, Torii KU. Synergistic interaction of three ERECTA-family receptor-like kinases controls *Arabidopsis* organ growth and flower development by promoting cell proliferation. Development. 2004, 131, 1491-1501.

Shpak ED, Lakeman MB, Torii KU. Dominant-negative receptor uncovers redundancy in the *Arabidopsis* ERECTA leucine-rich repeat receptor-like kinase signaling pathway that regulates organ shape. Plant Cell. 2003, 15, 1095-1110.

Sieburth LE, Running MP, Meyerowitz EM. Genetic separation of third and fourth whorl functions of *AGAMOUS*. Plant Cell. 1995, 7, 1249-1258.

Sieburth LE, Meyerowitz EM. Molecular dissection of the *AGAMOUS* control region shows that cis elements for spatial regulation are located Intragenically. Plant Cell. 1997, 9, 355-365.

Spinelli SV, Martin AP, Viola IL, Gonzalez DH, Palatnik JF. A mechanistic link between STM and CUC1 during *Arabidopsis* development. Plant Physiol. 2011, 156, 1894-1904.

Takahashi H, Iwakawa H, Ishibashi N, Kojima S, Matsumura Y, Prananingrum P, Iwasaki M, Takahashi A, Ikezaki M, Luo L, Kobayashi T, Machida Y, Machida C. Meta-analyses of microarrays of *Arabidopsis asymmetric leaves*1 (*as*1), *as*2 and their modifying mutants reveal a critical role for the ETT pathway in stabilization of adaxial-abaxial patterning and cell division during leaf development. Plant Cell Physiol. 2013, 54(3), 418-431.

Tameshige T, Fujita H, Watanabe K, Toyokura K, Kondo M, Tatematsu K, Matsumoto N, Tsugeki R, Kawaguchi M, Nishimura M, Okada K. Pattern dynamics in adaxial-abaxial specific gene expression are modulated by a plastid retrograde signal during *Arabidopsis thaliana* leaf development. PLoS Genet. 2013, 9(7): e1003655.

Uchida N, Shimada M, Tasaka M. ERECTA-Family receptor kinases regulate stem cell homeostasis via buffering its cytokinin responsiveness in the shoot apical meristem. Plant Cell Physiol. 2013, 54(3), 343-351.

van der Graaff E, Laux T, Rensing SA. The WUS homeobox-containing (WOX) protein family. Genome Biol. 2009, 10(12), 248.

Wang F, Deng X. Plant ubiquitin-proteasome pathway and its role in gibberellin signaling. Cell Reseach. 2011, 21, 1286-1294.

Woodward C, Bemis SM, Hill EJ, Sawa S, Koshiba T, Torii KU. Interaction of auxin and ERECTA in elaborating *Arabidopsis* inflorescence architecture revealed by the activation tagging of a new member of the YUCCA family putative flavin Monooxygenases. Plant Physiol. 2005, 139, 192-203.

Wu G, Lin W, Huang T, Poethig RS, Springer PS, Kerstetter RA. KANADI1 regulates adaxial-abaxial polarity in *Arabidopsis* by directly repressing the transcription of *ASYMMETRIC LEAVES*2. PNAS. 2008, 105(42), 16392-16397.

Xie Z, Khanna K, Ruan S. Expression of MicroRNAs and its regulation in plants. Semin Cell Dev Biol. 2010, 21(8), 790-797.

Xu B, Li Z, Zhu Y, Wang H, Ma H, Dong A, Huang H. *Arabidopsis* genes AS1, AS2, and JAG negatively regulate boundary-specifying genes to promote sepal and petal development. Plant Physiol. 2008, 146(2), 566-575.

Xu L, Xu Y, Dong A, Sun Y, Pi L, Xu Y, Huang H. Novel *as*1and *as*2 defects in leaf adaxial-abaxial polarity reveal the requirement for *ASYMMETRIC LEAVES*1 and 2 and *ERECTA* functions in specifying leaf adaxial identity. Development. 2003, 130, 4097-4107.

Yadav RK, Perales M, Gruel J, Ohno C, Heisler M, Girke T, Jönsson H, Reddy GV. Plant stem cell maintenance involves direct transcriptional repression of differentiation program. Mol Syst Biol. 2013, 9, 654.

Zhao Y, Mo B, Chen X. Mechanisms that impact microRNA stability in plants. RNA Biol. 2012, 9(10), 1218-1223.

Zhu Y, Wan Y, Lin J. Multiple receptor complexes assembled for transmitting CLV3 signaling in *Arabidopsis*. Plant Signaling & Behavior. 2010, 5(3), 300-302.

第二章 光和激素在植物发育中的作用

第一节 光形态建成

在植物的整个生活周期中,光在各个发育阶段都起着重要作用。光对植物的作用是通过感受不同波长的特定光受体,经过复杂的信号传递网络系统,引起各种生理生化反应,最终造成形态变化或运动。

一、作用于植物的光质和植物的光受体

作用于植物的光的性质包括光质、光强、光向、光节奏。反应形式为作用光谱、光周期、光强和光向反应。

作用光谱:作用于植物的光的波长范围从紫外一直到红外,其中在几个波长区有吸收峰,包括紫外B、紫外A、蓝光、红光、远红光。

光周期:光周期即每年或季节日长的变化节奏,指白天和黑夜的相对长度。植物对白天和黑夜的相对长度的反应称为光周期反应。不同类型植物开花需要不同的日照长度。要求一定的临界夜长的植物如烟草、大豆、菊花、苍耳是短日照植物,要求一定临界日长的小麦、黑麦、胡萝卜、甘蓝称为长日照植物,而任何日长下都反应的植物叫中性植物。

光强:光强有VLF(very low irradiance response,VLFR)、LF(low fluence response,LFR)、HI(high irradiance response,HIR)三类。

VLFR(very low fluence response):很低辐射光照,光照量100pmol·m^{-2}。如在种子萌发后的第8天给一个脉冲光照。在远红光739 nm、红光660 nm和蓝光451 nm有有效的反应峰(De Petter et al.,1988;Fankhauser and Chory,1997)。

LFR(low fluence response):低辐射光照反应,指光照量为1mmol·m^{-2}。如种子萌发后的前四天,每天1小时的光照。低辐射光照对幼苗的作用光谱在红光660 nm和蓝光450 nm有两个峰(De Petter et al.,1988;Fankhauser and Chory,1997)。

HIR/HFR(high fluence response):高辐射光照反应,指光形态建成反应需要延长辐射时间,不显示R/FR可逆反应的反应,光量高于10mmol·m^{-2}。对幼苗生长的HIR反应的作用光谱多在远红光和蓝光区段(Beggs et al.,1980;Fankhauser and Chory,1997)。

光的方向对植物的影响反映在植物的生存环境中常有不同程度和情况的遮光现象,辐射到植物的光的方向也会有变化。因而植物对来自不同方向的光会有方向性的反应,造成向光或避光性生长。

植物通过其含有的光受体蛋白来感受光和传递光信号。目前在植物中已经研究得较多

的光受体是红光和远红光受体光敏素(Phytochrome)家族、蓝光受体趋光素(Phototropin)、蓝光和紫外光受体隐花素(Cryptochrome)类。还有一些是最近发现的光受体。

1. 光敏素(Phytochrome)

目前发现的光敏素基因家族根据其结构有五类：PHYA~PHYE。拟南芥中5类光敏素，由五个独特的光敏素基因家族编码。根据蛋白质稳定性，光敏素又被分为光可变(type I)的和光稳定(type II)两类。光可变的类型在红或白光下迅速降解。PHYA是I类光敏素，其余是II类光敏素。这些光敏素可组合成三个亚家族：PHYA/PHYC、PHYB/PHYD、PHYE。

光敏素单体由两个结构区域和一个灵活的连接区域(H)组成。N端有光感受区域(CBD, chromophore binding domain)，通过一个半胱氨酸基团与线形四吡咯发色团tetrapyrrole(bilin) chromophore phytochromobilin 共价连接，具有光吸收和光可逆性。同时植物光敏素N端有富含Ser/Thr的延伸区(Wagner et al., 1996a; Rockwell and Lagarias, 2006)。光吸收信号通过与光敏素N端蛋白区域间的相互作用从吡咯环传递到C端。C端执行信号输出的功能(Wagner et al., 1996b)，含有保守功能区域调控核心序列(Quail box)、两个二聚体化区域D1和D2(PAS)、组氨酸激酶相关区域(HKRD, histidine kinase-related domain)，作为蛋白蛋白相互作用或配体结合平台。C端调控区域由灵活的连接区域连接。C末端的组氨酸激酶活性依赖ATP，可以催化磷酸转移的反应。植物光敏素C端还具有同源与异源二聚体化和光控制的核定位功能(Rockwell and Lagarias, 2006)。

HKRD可被分成组氨酸激酶受体(HA)和ATP结合激酶亚区域。HA区域负责双组分信号传导子的二聚体形成，一般含有一个His作为磷酸基团的受体。

每个单体合成时是红光吸收形式(Pr)，在660nm红光区有主要吸收峰，在380nm蓝光区有次要吸收峰，光照使Pr转变成远红光吸收形式Pfr，这种远红光吸收形式能够吸收730nm的远红光而恢复红光吸收形式Pr。这种Pr-Pfr的转变引起典型的红光-远红光可逆反应。由于红光照射与植物发育密切相关，Pfr被认为是光敏素的活性形式(Fankhauser and Chory, 1997)。

PHYB的N端最末端与也是光反应的核蛋白ARR4结合，这种结合稳定PHYB的远红光形式，黑暗使PHYB迅速转变成红光形式。ARR4的过量表达增强对光的反应，ARR4的敲除减低了对红光的反应(Sweere et al., 2001)。

光敏素通常以二聚体形式存在，PHYA、PHYB、PHYD可以形成同源二聚体，而PHYB与PHYC、PHYD、PHYE之间，PHYD与PHYC、PHYE之间可以形成异源二聚体，PHYC、PHYE之间没有发现以同源二聚体形式存在(Bae and Choi, 2008; Sharrock et al., 2004; Clack et al., 2009)。PHYA和PHYB与隐花素CRY1和CRY2作用，表明在一定光条件下它们之间的协同作用。

在光信号传导过程中，光敏素不仅形成二聚体，还将信号通过与其他蛋白的相互作用传递下去。已经知道与光敏素直接作用的蛋白有光敏素作用因子家族(phy-interacting factors, PIFs，或phytochrome-interacting partners)，已经研究的有PIF1、PIF3、PIF4、PIF5、PIF6、PIF7。它们是basic helix-loop-helix转录因子，在细胞核中与光敏素相互作用(Duek and Fankhauser, 2005; Huq et al., 2004; Khanna et al., 2004; Leivar et al.,

2008)。

　　PKS1(PHYTOCHROME KINASE SUBSTRATE1),是质膜结合蛋白(Lariguet et al., 2006),与光敏素结合并被磷酸化(Fankhauser et al., 1999)。PKS1 与其相似蛋白 PKS2 都是 PHYA 介导的非常低光频信号反应的组成成分(Lariguet et al., 2003)。PKS1、PKS2、PKS4 都在低频蓝光诱导的胚轴向光性中起作用(Lariguet et al., 2006)。PKS1 在根的向光性和重力反应中也起作用(Boccalandro et al., 2008)。pks1 突变体表现出增强的红光反应,说明可能负调控 PHYB。

　　FHY1(Far-red elongated HYpocotyl 1)通过其 NLS(Nuclear localization sequence)序列与活化的 PHYA C 端结合,并与 FHL(FHY1 Like)共同作用,将 PHYA 从细胞质运输到核中(Genoud et al., 2008;Zhou et al., 2005;Hiltbrunner et al., 2006)。而 PHYA 自身的组氨酸激酶区域 HA(Histidine Kinase)与这两个蛋白的结合无关,也对 PHYA 到核内的运输是必需的(Müller et al., 2009)。

　　光敏素作用因子属于 basic helix-loop-helix(bHLH)家族 15(Toledo et al., 2003),已知 8 个 PIFs(PIF1 或 PIL5、PIF3、PIF4、PIF5 或 PIF6、PIL1、HFR1、PIF7、SPT)位于细胞核中,与光敏素结合,是光敏素信号传导的早期成分,调节各种光诱导的反应(Duek and Fankhauser, 2005;Leivar et al., 2008)。其中 6 个 PIFs,PIF1、PIF3、PIF4、PIF5、PIF6、PIF7 直接与活化形式的光敏素结合(Khanna et al., 2004),PIF1、PIF3、PIF4、PIF5 调节幼苗发育中各种光反应(Huq and Quail, 2002;Fujimori et al., 2004;Khanna et al., 2007;Shin et al., 2009),PIF1 调节种子萌发中各种光反应和叶绿素合成(Oh et al., 2004;Moon et al., 2008;Huq et al., 2004),PIL1、PIF4、PIF5 负调节避阴反应(Roig-Villanova et al., 2006),PIF7 在胚轴延长中起微调作用(Leivar et al., 2008)。

　　光敏素通过与 PIF1、PIF3、PIF4、PIF5 结合,通过抑制负调控幼苗发育中光反应的 PIFs 促进形态建成(Lorrain et al., 2008)。红光激活反应中,光敏素迅速使 PIF5 和 PIF1 磷酸化并使之降解(Shen et al., 2007, 2008)。

　　PIF1 直接与叶绿素合成途径中的 *protochlorophyllide oxidoreductase*(*POR*)基因启动子中 G-box(CACGTG)结合,调控其表达,同时间接调控 *PORA*、*PORB*、*HO3*、*FeCh II* 的表达(Moon et al., 2008)。

　　PIF3 调控叶绿素合成途径关键基因 *HEMA1*(编码 glutamyl tRNA reductase)的表达(Stephenson et al., 2009)。

　　PIF4 负调控 *NIA2*(nitrate reductase 2)的表达(Jonassen et al., 2009),在 PHYB 信号传导途径中也起负调控作用(Huq and Quail, 2002)。

　　HFR1 也是一种 bHLH 转录因子,与 PIF3 形成二聚体,在远红光下其 mRNA 的量是红光下的 30 倍,表明它是 PHYA 信号途径中的因子(Duek and Fankhauser, 2005)。

　　PIF3 暗中在核中积累,在光下经 PHYA、PHYB、PHYD 的介导迅速降解。黑暗中 PIF3 的积累需要 COP1(Constitutive photomorphogenesis1)的作用,在光下的降解与 COP1 无关(Monte et al., 2004;Clack et al., 2009)。

　　COP1 是光调控信号传导途径中的一个成分,是 E3 泛素连接酶,含有几个可识别区域,包括 RING-锌指结合区域、线圈区域、核心区和 WD-40 重复区域,是蛋白酶降解复合物的组成成分，分别在细胞质、细胞核定位以及与其他蛋白如 SPA1、CIPs（COP1 interacting proteins）共同作用中起作用（Stacey et al.，1999；Saijo et al.，2003），COP1 在核中的定位受光的调控（Stacey et al.，1999），在核中与目标蛋白结合，将目标蛋白送到蛋白酶降解复合体降解。HY5、LAF1、CIP4、HYH、LZF1/SALT TOLERANCE HOMOLOG3、HFR1、CO、PHYA 等都是 COP1 介导降解的目标蛋白，除 PHYA 外都是发育有关的转录调控因子（Datta et al.，2008；Holm et al.，2002；Yamamoto et al.，2001；Saijo et al.，2003；Jang et al.，2005；Yang et al.，2005；Liu et al.，2008a）。

HY5 编码一个组成型表达的核 bZIP 转录调控因子，结合到光诱导基因启动子的 G-boxes 正调控基因表达。COP1 直接与 HY5 相互作用，使 HY5 多聚泛素化，降解 HY5 而进行负调控。COP1 也与 CRY1 和 CRY2 结合，这个结合可能释放 HY5，触发光诱导反应。

在核中 PHYA 的稳定性通过磷酸化和 COP1/SPA1 介导的降解调节。磷酸化的 PHYA 倾向与 COP1/SPA 复合物结合而降解，非磷酸化的 PHYA 与 FHY3 和 FHY1 结合受到保护，当未与 FHY3 和 FHY1 结合时，非磷酸化的 PHYA 还是能和 COP1 结合而降解（Saijo et al.，2008）。

2. 隐花素（Cryptochrome）

隐花素是动植物中的黄素蛋白（Flavoproteins），是蓝光（400～500 nm）/紫外光 UV-A（320～400 nm）的受体。因为早期研究蓝光反应普遍使用的是隐花植物（Cryptogams），所以称为隐花素（Lin，2002）。

多数隐花素的 N 端是光裂解酶相关序列（Photolase Related，PHR），与光收获发色团黄素腺嘌呤二核苷酸（Flavin Adenine Dinucleotide，FAD）结合，是保守区，具感知光的受体功能；CRY1 和 CRY3 PHR 区域还含有甲叉亚甲（基）四氢叶酸发色团（5, 10-Methenyltetrahydrofolate，pterin，MTHF），但 CRY3 结合力要弱得多（Reviewed by Yu et al.，2010）。C 端保守性低于 PHR 区域，C 端的序列对拟南芥 CRY1 和 CRY2 的功能很重要，不同隐花素 C 端长度相差很大。C 端决定生物功能（Yang et al.，2000；Wang et al.，2001）。*Xenopus* CRY 的 C 端是核定位所需要的（Zhu et al.，2003）。

隐花素的磷酸化受蓝光调节，蓝光照射可以引起 CRY1 和 CRY2 的磷酸化（Shalitin et al.，2002；Shalitin et al.，2003）。拟南芥 CRY1 的 N 端介导同源二聚体化，这对光介导的 C 端激活是必需的（Sang et al.，2005）。

不同类型、来自不同物种的同一类型的隐花素作用机制可能有所不同。拟南芥 CRY2 恒定位于细胞核仁中。CRY2 可能与染色体结合，GFP-CRY2C 融合蛋白与所有染色体结合。蓝光诱导 CRY2-GFP 核斑点的形成，如果 PHYB-GFP 与 CRY2-GFP 共表达，它们共定位于核中。而拟南芥 CRY1 在黑暗条件下在核仁中积累，依赖光的作用在细胞质和细胞核穿梭（Lin and Shalitin，2003）。葡糖醛酸糖苷酶（GUS）和 CRY1 C-端区域融合蛋白（GUS-CCT1）黑暗时在核中，光下在细胞质中。水稻 CRY1 无论光下还是黑暗中都位于细胞核中。小麦 CRY2 与拟南芥 CRY2 相似，是光下降解的核定位蛋白。小麦 CRY1 也是光下核质穿梭的蛋白。但不同的是，小麦 CRY1 的 N 端和 C 端都具有核定位区域，N 端有核输出区域（图 2.1）（Xu and Ma，2009；Xu et al.，2009a）。

铁线蕨（*Adiantum*）CRY1、CRY2、CRY5 位于细胞质中；CRY3 和 CRY4 位于核中，

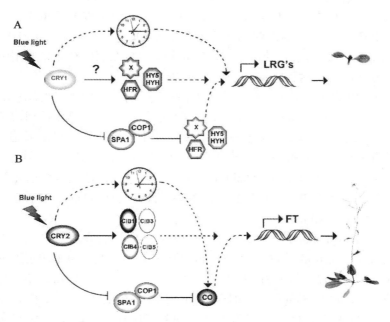

图 2.1　隐花素信号传导途径示意图（Yu et al., 2010，ⒸASPB）

CRY3 在黑暗中运入核，但蓝光下不进入核；CRY4 恒定积累在核中（Kanegae et al.，2006）。GUSCCT1（Arabidopsis）和 GUS-CRY3C（Adiantum）都受光调节，同时定位于核中，表明拟南芥 CRY1 和铁线蕨 CRY3 的 C 末端都含有核输入和输出信号（Kanegae et al.，2006）。

定位与细胞质和细胞核中的 CRY1 具有不同的生物学功能（Wu and Spalding, 2007）。子叶中定位于细胞质中的 CRY1 介导蓝光诱导的子叶扩张。胚轴中定位于细胞核的 CRY1 介导蓝光诱导的胚轴延长抑制，同时也介导蓝光诱导的细胞膜迅速去极化（几秒后）。而仅仅定位于细胞核中的 CRY2 具有促进开花和抑制胚轴延长的作用，在细胞核内降解而完成其生活周期（Reviewed by Yu et al., 2010）。

由于隐花素的 N 端（发色团结合区）与光裂解酶 N 端相似，其光诱导的起始可能与光裂解酶相似。发色团吸收光能，电子被激发传递到隐花素蛋白上，诱导蛋白构象变化或触发相应的反应。隐花素 1 和隐花素 2（CRY1、CRY2）具有激酶活性，在蓝光下发生自磷酸化反应（Shalitin et al., 2002, 2003；Özgür and Sancar, 2006）。蓝光触发 CRY2 的磷酸化和随后的光反应以及 CRY2 的降解（Shalitin et al., 2002）。AtCRY1 和 TACRY1 在核和细胞质之间的运输受光的调控（Wu and Spalding, 2007；Xu et al., 2009b）。

隐花素和其他蛋白相互作用，执行其信号传导功能（图 2.1）。CIB1（cryptochrome-interacting basic-helix-loop-helix）与蓝光激活磷酸化后的 CRY2 直接结合，然后与 CIB1 相关蛋白一起共同与 DNA 序列 G-box 或 E-box 结合，调控光诱导的基因表达（图 2.1B）（Liu H et al., 2008b）。CRY1 在体外与燕麦 PHYA 作用，被 PHYA 磷酸化，活体中红光下被磷酸化，远红外光下被抑制。CRY1 还与 PHYB 通过 ADO1/ZTL/LKP1 相互作用。ADO1/ZTL/LKP1 是拟南芥生理钟调控的重要因子，可见从光信号到生理节奏的调控途径很短（Lin and Shalitin，2003）。和 CRY2-PHYB 的相互作用依赖光。CRY2-RFP 与 PHYB 共定位于核中（Lin and Shalitin，2003）。任何时候一定数量的 CRY2 在核中在蓝光的作用下被磷酸化，然后泛素化后被 26S 蛋白酶体降解（Yu et al.，2007）。

隐花素与 COP1 直接作用，通过泛素蛋白酶系统控制植物的光反应（Wang et al.，2001；Yang et al.，2001；Yu et al.，2010）。隐花素信号传导引起离子平衡的变化。蓝光诱导的质膜去极化是光引起的早期反应，这种去极化很可能导致离子通道的打开。cry1、cry2 突变体具有去极化的质膜和阴离子通道打开的协同性。说明阴离子通道的打开在隐花素信号传导中起重要作用（Lin and Shalitin，2003）。钙平衡的改变也与蓝光信号传导有关。蓝光促进钙流出到细胞质中，抑制电压控制的钙通道或钙 ATPase 显著改变蓝光诱导的 CHS 的表达（Lin and Shalitin，2003）。

3. 趋光素（Photochrome）

趋光素是分子量 120 kU 的质膜蛋白，依赖蓝光被磷酸化。胚轴和根向光弯曲突变体 *nph1* 如今被命名为 *phot1*，基因为 *PHOT1*，编码一个 996 残基的多肽，N 端含有两个 PAS 区域，C 端含有 serine/threonine 激酶区域。PAS 区域与受光、氧、电压（light，oxygen，and voltage）调控的区域更相似，称为 LOV。重组 PHOT1 的 LOV 区域与黄素单核苷酸（FMN）非共价结合，具有依赖蓝光的自磷酸化活性。其激发光谱与拟南芥向光反应光谱相同，光吸收使半胱氨酸共价加合到 FMN 发色团的 C4a 上，黑暗使之解离，形成结构上的光反应循环（Kasahara et al.，2002）。光吸收改变构象结构，引起自磷酸化或分子间蛋白的磷酸化反应。

PHOT1（NPH1）上位于激酶区域活化环的 ser-851 是 PHOT1 引起各种光反应的自磷酸化位点（Inoue et al.，2008）。AtPHOT2 上的激酶区域具有 ser/thr 激酶活性，在体外使 Casein 磷酸化，PHOT2 的 LOV2 区域受光后抑制 PHOT2 的 ser/thr 激酶活性，LOV1 区域削弱 LOV2 的作用（Matsuoka and Tokutomi，2005）。体内或体外 PHOT1 LOV2 都起着黑暗下抑制其活性的作用。高光强下 LOV1 具有光激活的作用，而没有暗抑制作用。PHOT1 的活性形式和非活性形式发生蛋白质之间磷酸化是独立于 LOV1 的。这种异磷酸化通过触发激酶区内 Ser-851 的磷酸化而造成笼形蛋白介导的 PHOT1 的内吞作用（Kaiserli et al.，2009）。拟南芥 PHOT2 的 Ser/Thr 区域激酶活性磷酸化其他蛋白，而 LOV2 区域的存在抑制这种磷酸化活性，光下这种抑制消失。所以 LOV2 区域是这种 Ser/Thr 区域激酶光活性控制的开关，而 LOV1 区域逐步降低光激活的磷酸酶活性（Matsuoka and Tokutomi，2005）。离体研究表明，在 PHOT1 的基态，LOV2 的单体浓度大于 180 μM 时形成二聚体，二聚体以 300 μs 的常数进行光解离（Nakasone et al.，2006）。

植物中 PHOT2 结构与 PHOT1 相似。它们都具有光自磷酸化活性和光循环特性。然而稳定状态的 *PHOT1* 与 *PHOT2* mRNA 含量水平具有光依赖的区别。*PHOT1* 转录是光生理钟调控，转录高峰在中午。而 *PHOT2* 是 UV-A、蓝光、红光和白光调控，蓝光强度为 $10\mu mol \cdot m^{-2} \cdot s^{-1}$，表达增加两倍。

Adiantum PHY3 是光敏素-趋光素杂合蛋白，其 N 端具有光敏素结构，C 端含有趋光

素全长，可以结合红光/远红光吸收发色团藻胆青素（phycocyanobilin）和蓝光/紫外光吸收发色团 FMN。铁线蕨配子体和孢子体的向光反应受红光和蓝光的诱导。PHY3 是铁线蕨向光反应的光受体，具有光敏素和趋光素两种光受体的功能（Lin，2002；Kanegae et al.，2006）。

在植物体中趋光素分布在幼苗的顶端弯钩处皮层分裂延伸细胞以及根的黄化延伸区。在根和下胚轴细胞的横向质膜以及表皮的质膜分布着。PHOT1 集中分布在光下延伸中的花茎中细胞的顶端和基部质膜，这些花茎中维管束和叶脉的薄壁细胞中，光受体有强表达。在叶子的表皮细胞、叶肉细胞和保卫细胞的质膜，PHOT1 的分布均一（Sakamoto and Briggs，2002）。

趋光素在蓝光作用下可以与其他蛋白结合，进行蓝光信号传导。来自 Vicia faba 保卫细胞的 VFPHOT1A 和 VFPHOT1B 接受蓝光后分别在 ser-358 和 ser-344 磷酸化，接着与 14-3-3 结合（Kinoshita et al.，2003）。

NPH3 是含有 BTB/POZ 和 coil-coil 蛋白-蛋白相互作用区域的蛋白，在酵母双杂交体系中与 PHOT1 作用，其中 PHOT1 的 LOV 区域和 NPH3 的 BTB/POZ 和 coil-coil 是相互作用区域。NPH3 在蓝光诱导下表现出移动活性的变化，可能是 PHOT1 磷酸化作用的目标。两者都是膜蛋白，但都没有跨膜区域，很可能需要翻译后脂类的修饰使它们在质膜上共定位。PKS1、PKS2、NPH3、PHOT1、PHOT2 形成免疫共沉淀，说明几个蛋白质之间可形成复合体（de Carbonnel et al.，2010）。

RPT2 编码含有 BTB/POZ 区域的类 NPH3 蛋白，与转录因子作用，很可能是连接质膜上趋光素到核中转录因子的中间蛋白。RPT2 在活体中也与 PHOT1 形成复合物，在 PHOT1 诱导的光反应途径发挥作用（Inada et al.，2004）。

4. 其他光受体

植物对 UV-B 的信号传导和反应有几种类型。高光强（HIR）紫外 B 引起植物损伤，包括 DNA、蛋白质、膜系统、脂类的变性，引发植物体的逆境胁迫反应（Brown and Jenkins，2008）。低光强（LFR）UV-B 改变代谢途径，引起发育变化。如酚类物质的合成和胚轴延长的抑制。一些基因表达以防止或降低 UV-B 造成的损伤（Brown and Jenkins，2008）。植物对紫外伤害的保护在 UV-B、UV-A 和红外光信号途径的协同作用下，通过增强黄酮类及色素合成途径关键酶查尔酮合酶 CHS 的合成而增加植物吸光物质的数量，减少紫外 B 射线对植物的伤害。目前为止，UV-B 的直接受体还不清楚，而几个 UV-B 反应途径的关键基因已经分离出来（Fuglevand et al.，1996），如 UV RESISTANCE LOCUS 8（UVR8）（Brown et al.，2005）、HY5、HYH（Brown and Jenkins，2008）、COP1（Oravecz et al.，2006）。

二、植物的光形态建成

光环境在整个植物生长阶段根据植物受光情况不同，有着不同的影响。

植物种子的萌发和幼苗形成过程是植物的起始生长过程。环境因子水分、温度、光照等决定种子的萌动。种子萌发时，胚根首先生长，然后下胚轴延长，将种子向上顶起，最后胚芽形成并通过下胚轴的伸长长出土面，从而形成具有根茎叶的幼苗。在这个过程中，出土前和出土后的光环境不同。植物感受到的光质和量不同，发生的反应也不同。因此植物通过感受和评定光环境，做出符合光环境的反应。各种光受体接受光的波长不同，功能也不同。PHYA 负责宽辐射波谱（紫外、可见光和红外光）触发的光不可逆非常低影响反应（VLFR，very-low-fluence responses）、在远红光影响幼苗的脱黄化、长日下的开花作用。在远红光下，PHYA 可能是唯一的光受体。PHYB 控制 R/FR 光可逆低影响反应（Nemhauser and Chory，2002）。

表 2.1　　　　　　　　　　　　　不同光敏素作用模式特征

作用模式	光频需要	光可逆性	互作性
VLFR	$0.1\mu mol/m^2 \sim 1\mu mol/m^2$	无	是
LFR	$1 \sim 1000\mu mol/m^2$	是	是
HIR	$>1000\mu mol/m^2$	无	无

VLFR：very low irradiance response，LFR：low fluence response，HIR：high irradiance response

萌发阶段环境因子水分、温度、光照决定幼苗出现的时间。不同物种植物种子萌发需光条件不同，包括了光频、光质的不同。拟南芥红光下对种子萌发有两个作用高峰，一个在非常低光强感应 VLFR（very low irradiance response）下起作用，另一个是在低辐射反应 LFR（low fluence response）下作用的高峰（Kendrick and Cone，1985）。高凉菜属（*Kalanchoe*）的种子在红光和远红光的 VLFR 和 LFR 作用下都有萌发高峰（De Petter *et al.*，1988）。

土壤中的光线非常暗，经过土壤的过滤，光强很弱，红外光线占主要组分。所以土壤中的种子接受的主要光是红外光，因此决定种子萌发的主要光受体就是 PHYA。PHYA 控制对非常低光强感应（VLFR）进行胚轴的延长反应，同时子叶发育暂时受到抑制，使有限的营养能够充分供应幼苗尽快出土。当幼苗出土见光后，需要进行光营养生长，子叶展开，胚轴延长生长受到抑制。地面上的光包括了各种波段的成分，因此，决定幼苗生长的光受体是各种相应的受体。高红光/远红光的比率严重抑制下胚轴伸长，反之促进伸长。在光下，PHYA 降解，但仍有少量 PHYA 发挥作用，在高强度 FR 的 HIR 下，主要控制幼苗的脱黄化和在浓荫下植物的生长中起重要作用。PHYA 突变的幼苗在浓荫下不断延长，不形成叶片，表明 PHYA 起着防止白化的作用（Nemhauser and Chory，2002）。

地面上光敏素中起主要作用的是 PHYB、PHYC、PHYD 和 PHYE，以及其他光受体。其中 PHYB 和隐花素 CRY 占主导地位，子叶展开扩张，光合成系统分化。在白光或红光下，胚轴延长的红光抑制由 PHYA 和 PHYB 一系列协同作用控制。PHYA 控制胚轴生长的光起始阶段的抑制（照光后前 3 个小时），PHYB 在以后的阶段起作用，除此之外，PHYD 也影响生长发育。而 PHYE 对叶绿素的形成影响不大（Quail，1998）。

隐花素参与胚轴延长、子叶打开、基因表达变化、叶绿体发育的诱导。*hy4* 突变体蓝光抑制胚轴延长的反应显著降低。CRY1 和 CRY2 参加了胚轴蓝光下的抑制功能，在植物中具有功能保守性（Lin，2002）。隐花素介导蓝光诱导的细胞核和质体基因的转录及转录后水平的表达调控，在叶绿体脱黄化发育中起重要作用（Reviewed by Yu *et al.*，2010）。

趋光素参与了植物胚轴的正向光性和负向光性弯曲。拟南芥负向光性 *rpt1* 的突变基因是 *PHOT1* 的等位基因。PHOT1 和 PHOT2 探测到由于邻近器官或障碍造成的光在胚轴上不均匀照射，引起生长素在胚轴上分布的改变，造成生长弯曲。拟南芥 PHOT1 在较广范围的光强下介导负的根弯曲，低光强下它可以独立控制胚轴的正向弯曲。PHOT2 的氨基酸序列与 PHOT1 有 58% 的相似性，控制高光强下胚轴的弯曲。高光强下 PHOT1 和 PHOT2 在介导胚轴向光性弯曲中作用重叠(Lin，2002)。

趋光素在光诱导的叶绿体运动中起重要作用。叶绿体在低强度蓝光下向光移动，在高强度蓝光下避光移动。PHOT2/NPL1 在光诱导的叶绿体运动中起重要作用。拟南芥 *npl1* 突变体蓝色强光诱导的叶绿体运动发生缺陷，说明 NPL1/PHOT2 介导叶绿体的强光回避反应。叶绿体避光运动突变体 *cav1* 的基因也是 NPL1/PHOT2，PHOT2 是介导高光强下叶绿体避光运动的主要光受体。PHOT1 和 PHOT2 在介导低光强下叶绿体的向光聚集中都有作用(Sakai *et al.*，2001)。

趋光素参与光诱导的气孔运动。*pho1phot2* 双突变体在红光背景下进行蓝光诱导，没有气孔反应，说明趋光素参与气孔张开的光诱导。*cry1cry2* 双突变增强抗旱性、减少气孔开放，过量表达 *CRY1* 增加气孔开放，表明隐花素也参与气孔张开的光诱导(Reviewed by Yu *et al.*，2010)。趋光素还参与幼苗生长，PHOT1 光受体介导主要的生长抑制(Lin，2002)。

植物生长在由不同光质和光量混合光的环境中，同时激活几种光受体。光信号经过了受体下游元件综合处理或受体之间相互作用而发生作用。

两类蓝光受体中，隐花素介导各种光形态反应，如茎延长的抑制、叶扩展的刺激、光周期开花控制、生理钟。趋光素类是光运动反应受体，介导植物运动，如叶绿体定位、气孔张开等光移动反应，也在光诱导的生长方面起作用。隐花素也参与蓝光诱导的气孔张开反应。蓝光受体除了结构上类似于 DNA 光解酶的隐花素外，还发现了含有 LOV 区域的蛋白激酶。

1. 遮阴下光对植物生长的影响

幼苗通过对红光-远红光比率和照光方向的感知，评价邻里环境，避开阴暗。上面的植被通过叶子中胡萝卜素、花青素、叶绿素等色素选择性移去红光和蓝光，允许远红光通过，因而阴暗下的植物能接收到的光的波长范围偏向远红光。红光与远红光的比值调节植物中各种光敏素 Pr 与 Pfr 的比例。遮阴下 Pr/Pfr 比值升高，促进茎和叶柄延长、叶扩展以及贮藏器官发育，从而引起趋光和避光反应。高 Pfr/Pr 比值下植物节间缩短，开花早，高 Pr/Pfr 比值下植物节间延长，叶柄伸长，开花迟(Nemhauser and Chory，2002)。

遮阴下幼苗脱黄化的光受体主要是远红光受体光敏素 A，通过 HIR 抑制下胚轴延长。红光受体也在遮阴生长中起一定作用，表现在叶柄和节间的生长和开花时间的控制。PHYB 在低光强的 R/FR 信号感受中起主要作用。低 R/FR 比率诱导的避阴反应可以被日末远红光(EOD-FR)处理重现。PHYB、PHYD、PHYE 共同控制遮阴避免反应，抑制开花。PHYC 在避阴生长中没有作用(Franklin and Whitelam，2005)。

2. 其他

PHYB、PHYE、PHYA、CRY1、CRY2 参与开花时间的控制(Devlin *et al.*，1998;

Endo et al., 2005, 2007; El-Assal et al., 2003; Giliberto et al., 2005)。CRY2 促进开花的功能依赖蓝光和红光的共同作用(Lin and Todo, 2005)。

CRY1 是光调节类黄酮合成途径酶类(如 CHS)表达的主要光受体。CRY2 是调节 *Lhcb12* 启动子的主要光受体(Lin and Todo, 2005)。*cry1cry2* 双突变体的叶绿体基因在光下也表现低表达。它们参与蓝光诱导的 *psbD-LRP* 启动子的调控(Thum et al., 2001)。

在拟南芥基因组水平研究光调控的基因表达,9216 个基因中共有 26 个细胞活动途径受到光的调控(Ma et al., 2001)。有 1712 个基因受蓝光调节,其中 1096 个基因上调表达,616 个基因下调表达。蓝光诱导下,发育 5 周的叶子中,隐花素双突变使 876 个基因下调表达,383 个基因上调表达。*CRY1* 过量表达使 340 个基因上调表达,523 个基因下调表达。远红光调节的基因中,853 个基因上调表达,339 个基因下调表达。远红光下 *phyA* 突变使 736 个基因下调表达,487 个基因上调表达,*PHYA* 过量表达使 384 个基因上调表达,264 个基因下调表达。红光调控的基因中有 1202 个基因上调表达,950 个基因下调表达。红光下 *phyB* 突变使 102 个基因下调表达,72 个基因上调表达,*PHYB* 过量表达使 66 个基因上调表达,84 个基因下调表达(Ma et al., 2001)。77 个高光强反应基因通过 CRY1 控制,其中有 26 个依赖 HY5(Kleine et al., 2007)。

拟南芥幼苗发育过程中,在 84% 的转录因子中,有 20% 受蓝光控制,249 个基因上调表达,115 个基因下调表达(Jiao et al., 2003)。而对水稻和拟南芥幼苗发育过程中基因组水平光诱导的基因表达类型分析表明,高等植物光调控发育具有一定的保守性,而转录因子的表达在两种植物中有相当大的变异(Jiao et al., 2005)。不同类型的器官基因表达类型不同,受光调控表达的启动子顺式元件对光调控的基因表达是非常重要的(Jiao et al., 2005)。

3. 光受体之间相互作用,共同决定生长反应

隐花素(Cryptochromes)在遗传上与多种光敏素(phytochromes)作用,如 PHYB 和 CRY2 在活体紧密共定位;PHYA 在体外可使 CRY1 和 CRY2 磷酸化。

光受体之间除了对光反应信号有正的相互作用外,还有负的相互作用,尤其在 PHYA 和 PHYB 之间。在 PHYA 主导的 VLFR 和 HIR 反应中,PHYA 在 VLFR 中与 PHYB 途径相拮抗;HIR 中与 PHYB 相互促进。因此 VLFR 条件下进行黄化生长,在 HIR 条件下进行脱黄化生长(Nemhauser and Chory, 2002)。

胚轴延长的红光抑制由 PHYA 和 PHYB 一系列协同作用控制。PHYA 控制胚轴生长的光起始阶段的抑制(照光后前三个小时),PHYB 在以后的阶段起作用(Parks and Spalding, 1999)。PHYB 的过量表达降低对胚轴在远红光下生长的抑制,表明 PHYB 阻碍 PHYA 的功能。

PHYA、PHYB、CRY1 之间相互作用。CRY1、CRY2 与 PHYA 共同激活蓝光诱导的叶绿体 psbD 启动子(Thum et al., 2001)。CRY1 在 *phyAphyB* 双突变背景下作用中,红光条件比远红光条件更强,说明存在 CRY1 与 PHYC、PHYD、PHYE 之间的相互作用(Casal and Mozzella, 1998)。

核编码 *LHCB* 基因对光的反应依赖 PHYA 和 PHYB 两类光敏素,但 PHYA 对 VLFR 反应,PHYB 对 LFRS 反应。PHYA 通过定位 *LHCB* 基因启动子介导 VLFRs 和 HIRs 引起的反

应。光敏素不同的作用可能限定信号传导的特定途径。

4. 光信号受体和生理钟

光受体介导光信号输入到生理钟。PHYA、PHYB、PHYD、PHYE 是红光输入生理钟的光受体，而 PHYA 和隐花素 1、隐花素 2 是蓝光输入生理钟的光受体。PHYA 在低光强的红光和蓝光下作用，PHYB 在高光强的红光下作用。PHYD 和 PHYE 也在红光信号输入中起作用（Devlin and Kay，2000）。CRY1 和 CRY2 参与蓝光信号的输入。CRY1 和 CRY2 在蓝光信号输入中具有重叠作用，而 CRY1 在 PHYA 红光和蓝光信号输入中都是必需的（Devlin and Kay，2000）。CRY2 过量表达不仅影响恒定光条件下的昼夜波动，也影响生理节奏（Facella et al.，2008）。光和生理钟在空间、时间上调节 5 种光敏素和两种隐花素各种组织中的不同的转录表达（Tóth et al.，2001），通过光受体影响光信号的输出，作为反馈调控的门控机理。

PHYA 是暗中生长幼苗中含量最丰富的，暴露在光下后水平下降 99%。这是由于转录水平和转录后水平的调控造成的。光下生长的植物中 PHYB 是含量最丰富的光敏素。五种光敏素中 PHYA 光不稳定，其他四种在光下含量降低。总光敏素量暗中比光下高 23 倍。五种之间比例 A∶B∶C∶D∶E 在暗中是 85∶10∶2∶1.5∶1.5，光下 5∶40∶15∶15∶25（Sharrock and Clack，2002）。

许多光反应是通过泛素蛋白质降解体系降解光反应促进因子进行的。这个体系由 COP9 信号传导复合体（COP9 signalosome，CSN）、COP1、CDD（COP10，DDB1a，DET1）组成，在光介导的发育过程中起重要作用。CSN 由 8 个核心亚单位 CSN1～8 组成，450kU。COP1 是 E3 泛素（ubiquitin）连接酶，与特定目标蛋白质结合，将其送到泛素蛋白质降解复合体降解。CDD 增强 E2 连接酶的活性。整个体系共同作用，对光反应促进因子通过降解进行负调控（Chen et al.，2006）。COP1 以光依赖的方式在核和细胞质间进行传输，黑暗中 COP1 调控的基因占基因组中的 20%，其中大于 28 条细胞学途径受到光和 COP1 的协同和拮抗调控（Ma et al.，2002）。而至少部分通过将核定位、光反应促进转录因子 HY5（Osterlund et al.，2000；Saijo et al.，2003）、HYH（Holm et al.，2002）、LAF1（Seo et al.，2003）、HFR1（Duek et al.，2004；Jang et al.，2005；Yang et al.，2005）在暗中的降解抑制。COP1、CDD、CSN 在 PHYA、PHYB、CRY1、CRY2 下游起作用。

COP1 能直接与 CRY1 作用，很可能也与 CRY2 和 PHYB 作用（Yang et al.，2001），从而直接调控其蛋白含量。

通过生理钟介导的光受体反应有下胚轴的生长，主要在夜间进行，黎明生长最慢，黄昏生长最快。这种节奏萌发后表现明显，伴随着子叶的上升下降。

生物钟成分的突变导致下胚轴生长周期的变化，从而改变下胚轴的长度。

toc1 突变使整个植物的生理节奏缩短，导致下胚轴整体长度减短。这种变化由生理钟介导的光受体引起。如将植物移到完全的光下或黑暗中，PHYB 的核定位遵循生理钟的波动。

三、其他因素与光反应作用

碳水化合物在光反应中有调控作用。体内糖的水平修饰光受体对光反应的能力。蔗糖和生理节奏是拟南芥每日基因组水平表达调控的主要因素(Bläsing et al.，2005)。代谢糖在基质中的移动强烈促进 PHYB 对 PHYA 的抑制。

1. 激素作为光信号的传感器

细胞扩充、分裂、分化是光通过光受体调控的最终结果。激素在中间过程起着重要作用。细胞分裂素促进光形态发生；生长素、芸薹素、赤霉素起着相反的作用；ABA 在一定方面与赤霉素和芸薹素起着相反的作用。ABA 为保持黄化生长所必需；乙烯根据环境情况促进或抑制光形态发生。

2. 生长素

生长素的水平在合成、代谢、运输和反应四个方面受到调控，光影响生长素的合成、运输和反应。

活性 PHYB Pfr 通过激活 *SUR2* 的转录，抑制 *TAA* 的转录，降低 IAA 的水平。SUR2(RED1/ATR4)是细胞色素单氧化酶(cytochrome P450 monooxygenase CYP83B1)，在生长素合成途径的前体分支处调控 IAA 以及植物防御物质吲哚硫代葡萄糖甙(Indole glucosinolates)的平衡，抑制生长素合成(Reviewed by Halliday et al.，2009)。TAA1 是色氨酸氨基转移酶(Tryptophan Aminotransferase)，催化色氨酸到吲哚乙酸的转变。GH3 家族催化 IAA 与氨基酸的结合而转变为无活性 IAA，使它们进入贮存状态或降解，由此调节活性 IAA 的水平。几种 GH3 的转录受到 PHYA 和 PHYB 的调控(Reviewed by Halliday et al.，2009)。

光通过光受体影响生长素的运输。生长素从茎叶中向根部的极性运输(Polar Auxin Transport，PAT)通过运入载体 AUX1/LAX 和运出载体 PIN-FORMED(PIN) 蛋白和 P-糖蛋白(P-glycoproteins，PGP)进行。光受体 *phyA*、*phyB* 或 *cry1* 的突变 PAT 减弱(Jensen et al.，1998)。黑暗中下胚轴的伸长不需要生长素的极性运输(Jensen et al.，1998)。生长素运输载体 PGP19、PGP1、PIN3 以及 PIN1、2、7 的分布受光受体的影响(Reviewed by Halliday et al.，2009；Laxmi et al.，2008)。

光和生长素信号传导途径中的成分相互作用。一些基因在光和生长素信号传导途径中起整合作用，如 *HFR1*、*PIL1*、*PIL2*、*PAR1*、*PAR2*。另一些基因 *ATHB2*、*ATHB4*、*HAT1*、*HAT2*、*HAT3* 对低 R/FR 诱导发生反应(Reviewed by Halliday et al.，2009)。HY5 和 HYH 调控光诱导基因的表达，同时负调控生长素信号的传导(Reviewed by Halliday et al.，2009)。下降的红光/远红光比例诱导 homeodomain-ZIP 蛋白 ATHB-2 表达，通过改变 PAT，它抑制 PHYB 介导的避阴反应，这个作用与 HD-ZIP 蛋白 ATHB-8 的作用相反。ATHB-8 受生长素诱导，为维管束分化所需(Halliday et al.，2009)。

生长素和光具有共同的作用目标。生长素反应涉及大量上调基因，包括 GH3、SAUR、Aux/IAA 家族，调控 RNA 或蛋白质的转变。几个 Aux/IAA 成员稳定蛋白质，降低对外源生长素的反应。一些这类蛋白在黑暗中具有脱黄化的作用，其中的 SHY2/IAA3，能抑制 *hy2* 突变体的表型，缺乏光敏素发色团的合成，也抑制光敏素 B 突变体(Halliday et al.，2009)。光敏素 A 磷酸化 Aux/IAA，使 Aux/IAA 被泛素系统降解。

光信号途径中 COP9 信号传导复合体(signalosome)的亚单位 CSN5 等位基因对温度敏感，对生长素反应降低，调节生长素反应修饰剂 SCF 泛素连接酶(ubiquitin ligase)亚单位

cullin 的 RUBberization（Reviewed by Halliday et al.，2009）。

3. 细胞分裂素（Cytokinin）

细胞分裂素参与光感应（Vogel et al.，1998）。菜豆（*Phaseolus Vulguris* L. cv）植物整体叶冠的细胞分裂素在高光强高蒸腾的顶部运入强，低光强、低蒸腾的下部运入弱（Pons et al.，2001；Boonman et al.，2007）。细胞分裂素受体 *cre*1 和光受体 *phyD* 突变体对细胞分裂素运输受光梯度的影响都有改变（Boonman et al.，2009）。

4. 赤霉素

与光敏素相互作用的蛋白 PHYTOCHROME-INTERACTING FACTOR3-LIKE5（PIL5）与拟南芥种子中的赤霉素抑制基因 *GA-INSENSITIVE*（*GAI*）和 *REPRESSOR OF GA1-3*（*RGA/RGA1*）的启动子作用，直接调控 GA 水平。GAI 和 RGA 抑制 GA 合成，提高降解 GA 的 GA2ox2 活性水平（Oh et al.，2007），*GA-20 oxidase* mRNA 的积累促进开花。光通过光信号传导途径中的 HY5 调控赤霉素生物代谢基因 *GA2ox2*（*GA-20 oxidase*）调节 GA 代谢（Weller et al.，2009）。*phyB* 突变体对赤霉素的反应增强。GA 缺陷型 *ga1* 和 *phyB* 双突变非常显著地增加对外源 GA 的反应，效果大于两个单突变对 GA 反应之和。与光敏素相互作用的蛋白 PIF3，也对赤霉素合成途径和光形态建成中共同的多个 DELLA 类基因进行转录抑制的调控。赤霉素受体（GID）与赤霉素的结合，释放 PIF3 对 *DELLA* 基因的抑制，因此光和赤霉素协同调控植物的发育（Feng et al.，2008）。

5. 芸薹素

芸薹素（Brassinosteroids，BR）在光形态建成中起重要作用。参与 BR 合成的 CPD（C23-steroid hydroxylase）和 CYP85A2（cytochrome P450 monooxygenases，CYP，family of CYP85）受昼夜变化的调控。CPD 主要通过光敏素调控（Bancos et al.，2006）。合成途径中的酶 DET2（steroid 5a-reductase）和 CPD 抑制 PHYA 介导的非常低的辐射反应（VLFR）。在 BR 降解过程中发挥作用的 CYP72B1 的表达受蓝光和红光的抑制，在远红光下发挥其光形态建成作用（Turk et al.，2003）。

暗诱导的光敏素抑制的小 G 蛋白 Pra2，与 cytochrome P450 hydroxylase（DDWF1）作用，豌豆 *DDWF1* 在拟南芥的过量表达和反义表达分别造成芸薹素合成过量和缺陷。DDWF1 可能调控由 castasterone 到芸薹素的合成（Inaba et al.，1999）。

BR 信号感受中的受体激酶 BAK1/SERK3 突变体增强趋光反应，是光形态建成的突变体（Whippo and Hangarter，2005）。

6. 脱落酸（Abscisic acid）

莴苣种子中光敏素下调 ABA 合成基因 *LsNCED2*（*9-cis-epoxycarotenoid dioxygenase*）和 *LsNCED4* 的表达，上调 ABA 降解基因 *LsABA8ox4*（*ABA 8'-hydroxylase*）的表达，同时 *LsNCED4* 的表达也被赤霉素合成途径的抑制蛋白 AMO-1618 所抑制（Sawada et al.，2008）。PIL5 也通过调节 ABA 合成和降解基因的表达调控 ABA 水平（Oh et al.，2007）。

7. 乙烯（Ethylene）

Ethylene 以依赖光和组织专一的方式控制细胞扩充，黑暗中抑制细胞延长，光下促进顶端弯钩张开、胚轴伸长（Small et al.，1997）。光和激素对拟南芥幼苗生长的效果表现在细胞扩张，下胚轴在胚发育时形成，到萌发过程中很少或没有分裂。细胞的生长都表现在膨胀上，一周内细胞可以增大100倍(Nemhauser and Chory，2002)。

乙烯的形成受光生理钟的调控，而 *phyB* 突变体中乙烯的产量是对照的10倍(Finlayson *et al.*，1998)，与光受体 PHYB 活化形式结合的 PIF5 过量表达可以提高乙烯合成酶水平，从而促进乙烯的合成(Khanna *et al.*，2007)。

乙烯的形成受生长素、BR 和细胞分裂素的控制，BR 和生长素可以上调 *ACC synthase* 基因的表达，细胞分裂素负调控乙烯的合成。*nph4/ arf7*（生长素信号传导成分）突变造成胚轴向光性弯曲的丧失，这种表型可被施加外源乙烯很大程度上逆转，表明乙烯可能修饰生长素反应。七个生长素抗性突变体如 *axr1* 和 *aux1* 对乙烯部分不敏感。根中，高剂量 ABA 引起的生长抑制需要乙烯信号传导成分的功能(Nemhauser and Chory，2002；Arteca，2008)。

低红光/远红光比率增强乙烯形成，诱导避阴反应，GA 合成抑制后不出现任何避阴反应，包括低红光/远红光比率通过乙烯诱导的避阴反应(Pierik *et al.*，2004)。

第二节　植物激素在植物发育中的作用

植物激素对植物发育的作用体现在从基因表达、代谢、细胞生长分化、器官形成等各个水平，各种植物激素之间，与各种环境因子之间以及细胞内各种小分子信号传导之间都发生复杂的网络调控作用。前面的章节已经不可避免地涉及了一些激素在植物发育中的作用和与其他因素之间的相互作用。

一、植物激素作用的细胞机制

1. 细胞延长

细胞延长指细胞在径向方面的伸长。造成细胞伸长的细胞学形态变化是细胞体积的增大和细胞膜及细胞壁的延展，其中也包括了细胞内容物的变化。细胞内水分的变化是细胞延长和增大的主要原因。细胞的吸水有两大动力：跨膜水势梯度造成的渗透吸水和细胞壁内的膨胀压是细胞增大的两大驱动力。计算公式如下：

$$dV/dt = Lp \cdot \Delta\psi = m(P-Y)$$

dV/dt—细胞增大速率；Lp—导水性；$\Delta\psi$—跨膜水势；m—细胞壁延展性；P—膨压；Y—细胞壁延展膨压阈值。

细胞壁是多聚物的复杂混合体，有三种复合物形成的网络：由半纤维素连接的纤维素网络，钙交连的果胶链网络以及结构蛋白。果胶不是细胞壁主要交链物(Cleland，2004；Carpita *et al.*，1993；Virk *et al.*，1988)。

双子叶植物细胞壁主要的半纤维素的组成是木葡聚糖(Xyloglucan，XG)，而单子叶植物则主要是 1-3，1-4-β-葡聚糖和阿拉伯木聚糖，细胞壁松弛蛋白(WLP)可以切割半纤维素的键(Cleland，2004；Carpita *et al.*，1993)。在各种对细胞壁延伸进行检测的蛋白中，只有木葡聚糖内转葡萄糖基酶/水解酶(XTH)不能引起壁的延伸(Mcqueen-Mason *et al.*，1993)。而纤维素酶(cellulase)、β-1,4 葡聚糖内切酶(endo-1,4-β-glucanase)、木葡聚糖水解酶(Xyloglucan hydrolase)在体外酸性 pH 条件下，都引起细胞壁延伸，但这几个酶都是作用于没有张力的细胞壁(Kaku et al., 2002; Yuan et al., 2001; Cleland, 2004)。只有延展蛋白(Expansin)在细胞壁处于张力下体外酸性条件下使细胞壁松弛(Cosgrove, 1997)。延展蛋白有疏松细胞壁的功能,但不能改变细胞壁的塑性或弹性。

根据序列相似性、功能和分布,延展蛋白分为四类,α-延展蛋白、β-延展蛋白、类α-延展蛋白、类β-延展蛋白。α-延展蛋白(Expansin, EXP)在拟南芥中有26个基因,水稻中有32个基因。β-延展蛋白拟南芥中有6个基因,水稻中有19个基因。α-延展蛋白和β-延展蛋白与细胞壁紧密结合,没有真正的酶活性,但具有通过促进之间的纤维分子滑动和分离多糖纤维分子、释放细胞壁张力、疏松细胞壁的活性,参与细胞延展和其他细胞壁修饰的发育事件(图2.2)。α-延展蛋白和部分β-延展蛋白在细胞外酸性条件下促进细胞延展(Sampedro and Cosgrove, 2005)。在禾本科花粉细胞壁中起延伸作用的是各种β-延展蛋白,它们在花粉壁外大量分泌,并在花粉管前端随着花粉管在雌蕊中朝着胚珠生长的过程中向周围母本细胞壁渗入,帮助花粉管生长(Cosgrove, 1998; Sampedro and Cosgrove, 2005)。α-延展蛋白和花粉管外部分两种β-延展蛋白作用的区别见图2.3所示,不同于β-延展蛋白,α-延展蛋白仅在延展的细胞壁外附着(Cosgrove, 1998)。α-延展蛋白和β-延展蛋白有共同保守区域,区域1与糖基水解酶活性位点有关,区域2可能是多糖结合模式。两种延展蛋白作用在不同类型多糖的细胞壁,α-延展蛋白作用在木葡聚糖和果胶含量高的双子叶植物细胞壁,β-延展蛋白作用在禾本科花粉细胞壁,禾本科草细胞壁阿拉伯木聚糖含量高,而木葡聚糖和果胶含量低(Cho and Crosgrove, 2004; Carpita, 1996; Crosgrove et al., 1997)。

图2.2 细胞壁延展机理(Cosgrove, 1998; ⓒASPB)

α-延展蛋白引起细胞壁延展的最适pH值是3~5.5,生长素同样通过酸化引起细胞壁延展,α-延展蛋白是在生长素造成的酸化环境中引起细胞壁延展的,因此与生长素的作用相关。外源α-延展蛋白对拟南芥胚轴伸长的刺激作用与IAA相似(Cosgrove, 1989,

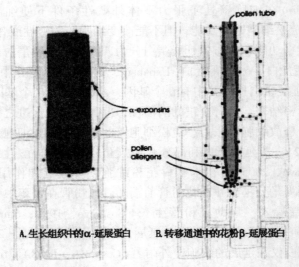

图 2.3　两种延展蛋白作用的差异（Cosgrove，1998；©ASPB）

2000；Cosgrove, et al., 2002；Li et al., 1993；McQueen-Mason et al., 1992）。

玉米花粉 β-延展蛋白最适 pH 值 5.5，而 α-延展蛋白是 4.5（Rayle and Cleland, 1992）。

延展蛋白在重力引起的茎和根中分布与生长素引起的变化一致。重力下 30 分钟后，水平放置的茎中，番茄 LeEXP2 在上半边明显减少，在下半边的量无变化。玉米根中，在上半边免疫探测到比下半边更多的延展蛋白。生长素运输抑制剂延迟重力作用和延展蛋白的不对称分布（Cosgrove, et al., 2002；Zhang and Hasenstein, 2000）。细胞壁的酸性生长在植物界普遍存在，延展蛋白也在被子植物、裸子植物、蕨类和苔藓中发现（Li et al., 2002）。

同家族的不同延展蛋白在表达的时间和空间上有特异性。在连续的生长中促使细胞壁延伸的因子可能改变，如燕麦胚芽鞘在第一个小时细胞壁松弛的最适 pH 值是<4.5，在 2～10 小时是 5.5 左右，可能由 α-延展蛋白变成使用 β-延展蛋白（Stevenson and Cleland, 1981）。

2. 生长素、赤霉素、乙烯都能促进细胞延长

生长素通过多种方式激活位于质膜的质子 ATPase，引起质子输出到胞外溶液，导致细胞壁外质体 pH 值降低，激活细胞壁多糖酶，切断细胞壁中连接键，降低 Y 值，使膨压驱动的细胞壁进行延展。生长素可以诱导新的 ATPase 的合成，也可以直接激活已经存在的 ATPase，还可以激活一系列反应，促进质子分泌。细胞质 pH 值的降低可能激活 ATPase。生长素可能激活磷脂酶 A2（phospholipase A2），导致 LPL（lysophospholipid）形成，LPL 增加 ATPase 活性。质膜 ATPase 活性可以间接通过 K^+ 的运入调节（Cleland, 2004）。

细胞延长的维持需要新的细胞壁多聚体的合成和旧的键的断裂；也涉及新合成纤维沉积的方向，即各种细胞壁组成降解和合成酶类的作用，长期的生长还涉及渗透调节。细胞

膨大吸收水分后，溶质稀释，细胞要吸收新的溶质或合成更多的溶质，否则膨压要下降。生长素多方面的功能能够支持这些需要。

生长素诱导几种延展蛋白和 β 葡聚糖内切酶基因的上调表达（Kotake et al. 2000；Yokoyama and Nishitani 2001；Swarup et al. 2008）。生长素造成的酸性环境为这些酶的活化提供了条件（图 2.2）。

生长素诱导的生长中其他的细胞壁松弛因子还有强还原剂 OH 游离基，可以与几乎所有生物多聚体反应并切断链。·OH 可以在适当条件下由过氧化物游离基或其他活性氧在含有铜或铁离子的过氧化物酶（细胞壁中普遍存在）的作用下形成。各种活性氧在细胞死亡伴随的过敏感反应、细胞壁交叉连接的多酚类及各种信号功能中常见（Schopfer et al., 2002）。·OH 诱导分离细胞壁的不可逆延伸，也诱导生活的胚芽鞘和胚轴片段的延长。生长素可以诱导超氧游离基 O_2^- 的形成，可以接着生成·OH。表皮中生长素诱导的茎的生长可以被离子清除剂抑制，表明·OH 是潜在的细胞壁松弛因子（Schopfer et al., 2001, 2002）。

在茎和根中生长素与赤霉素共同以及独立作用控制细胞延长。施加低浓度生长素（10^{-10}）能促进生长，较高浓度（10^{-6}）则抑制生长（Lüthen and Böttger, 1993）。1 μmol/L 生长素在根生长顶端诱导细胞外碱性化，并抑制根的生长（Spiro et al., 2002）。生长素在根周皮中特定细胞中的积累促进新生根原基母细胞的分裂，导致根原基形成，侧根生长（Himanen et al., 2002）。豌豆茎中 RNA 表达在生长素作用下增强，通过控制表皮和内部细胞伸长，在茎延长中有重要作用（Dietz et al., 1990）。

GA 可能调控四种与延长有关的蛋白，*LeEXP8* 在根尖的延长区域专一表达，*LeEXP4*、*LeXET4* 和 *LeMAN2* 在胚乳帽根尖将要穿过处表达（Chen et al., 2002；Nonogaki et al., 2000；Voesenek et al., 2003）。α-延展蛋白基因 *RpEXP1*、*LeEXP1*、*FaEXP2*、*AtEXP7*、*AtEXP18* 分别在沉水状态、果实成熟软化和根毛中被乙烯诱导表达（Brummell et al., 1999；Lee et al., 2001；Cho et al., 2002），从而促进细胞延长。乙烯在拟南芥胚轴中引起的细胞延长反应需要一个赤霉素含量的基本水平，但这种促进细胞延长的反应与赤霉素的作用属于不同途径（Vandenbussche et al., 2007）。在避阴的近邻信号反应中，乙烯和生长素对光受体介导的 R/FR 等的变化反应，调控细胞延长反应，这种反应与赤霉素和 DELLA 信号途径无关（Pierik et al., 2009）。

细胞分裂素也能诱导延展蛋白的表达（Lee et al., 2008），同时通过多种激素交错的信号网络引起细胞的扩张（Beemster and Baskin, 2000；Thomas et al., 1981；Braun et al., 2008）。

3. 细胞分裂

生长素通过调控细胞周期关键调控因子控制细胞分裂。CDKA 与 CYCD、E2FA、DPA 在生长素作用下活性增加，而 KRPs 在生长素作用下下调表达，表现出生长素在几个环节协同促进间期 1 到 S 期的转变，促进进入细胞周期（Nieuwland et al. 2007；Menges et al. 2005, 2006；Richard et al. 2001；Himanen et al. 2002；Jurado et al. 2008）。此外，生长素还诱导端粒酶在 S 相的表达（Tamura et al. 1999），TAC1（Telomerase Activator）及其目标蛋白 BTB/POZ 类的 BT2 蛋白是生长素到端粒酶信号途径的中间传导组分（Ren et al. 2004，

2007)。烟草培养细胞和拟南芥的 M 期积累 *ARF1* 和 *IAA17* 及其他 *AUX/IAA*，S 期瞬时积累 *IAA18*（Breyne et al. 2002；Menges and Murray 2002；Menges et al. 2005），说明生长素对细胞分裂调控的多方面作用。

细胞分裂素在细胞周期的 G1/S 和 G2/M 转变期、S 期中起调控作用。细胞周期中的植物细胞可以合成细胞分裂素。细胞分裂素诱导在 G1/S 期作用的 CYCD3 和 CDKA 的表达，通过 CYCD3 促进侧生器官、茎端和叶的细胞分裂，决定这些器官的细胞数目（Riou-Khamlichi et al.，1999）。细胞分裂素对 G2/M 期的调控可能在于对 CDC25 的调控（Zhang et al.，2005）。

脱落酸通过诱导 CDKA/CYCD3 复合物的抑制蛋白 ICK1/KRP 的表达而抑制细胞周期（Wang et al.，1998）。茉莉酸（Jasmonic acid，JA）对在 G1 和 G2 期的细胞也有很强的抑制有丝分裂进行的作用（Świątek et al.，2002）。此外，乙烯在黄瓜下胚轴促进细胞内复制但抑制细胞分裂（Dan et al.，2003），这三种激素都被逆境诱导，与抗性有关，表现出植物在逆境条件下降低生长活性的协调控制。

4. 细胞分化

在无激素条件下，BY2 烟草细胞中，生长素抑制造粉体的发育，而细胞分裂素促进造粉体发育和淀粉的合成，相应地淀粉合成酶类 ADPGase 小亚单位 AGPS、淀粉粒结合的淀粉合酶（GBSS）、淀粉分支酶（BE）受细胞分裂素诱导上调表达（Miyazawa et al.，1999）。赤霉素促进叶柄脱落层细胞数目和淀粉粒增多，随后分离层淀粉水解，释放可溶性糖和醛酸，生长素延缓和防止这一过程的发生（Bornman et al.，1966）。

细胞分裂素下调叶绿体中引起老化的转谷氨酰氨酶（transglutaminases，TGase）的表达，减少类囊体的降解，延缓叶绿体衰老，从而延缓叶片衰老（Sobieszczuk-Nowicka et al.，2009）。类囊体内膜上有叶绿体膜脂成分单半乳糖二酰甘油合成酶（MGDG synthases，MGD），三种拟南芥 AtMGD 中 AtMGD1 受细胞分裂素上调表达，而 AtMGD2/3 受生长素上调表达（Kobayashi et al.，2009）。细胞分裂素根据光条件和叶发育时期不同而诱导叶绿体中不同的基因表达（Zubo et al.，2008）。细胞分裂素还促进叶绿体分裂的关键基因 *PDV*（*PLASTID DIVISION*）的表达，因此促进叶绿体分裂（Okazaki et al.，2009）。

二、植物激素的信号传导

1. 生长素信号传导

生长素受体 TIR1 与生长素 AUXIN 结合后活化，与生长素处理 10~20 分钟后就被诱导形成、由多基因家族编码、分子量为 20~35 kU 的蛋白的区域Ⅱ结合，这些蛋白叫生长素诱导的基因编码的蛋白（Auxin-Induced Genes Encoded Protein，AUXIN/IAA）。由于 TIR1 含有 F-box，而 F-box 与 SCF 结合，能降解目标蛋白，TIR1 将结合的 AUXIN/IAA 送到蛋白酶降解。拟南芥中有 29 个 AUXIN/IAA 基因，多由生长素诱导，多数 AUXIN/IAA 蛋白有四个高度保守区域，每个有 7~40 个 AA。低生长素浓度下，AUXIN/IAA 蛋白通过区域Ⅰ形成二聚体，并在 C 端（区域Ⅲ、Ⅳ）同生长素反应因子（Auxin Response Factor，ARF）结构相似的区域结合，抑制生长素反应基因的表达。高浓度生长素时，区域Ⅱ与结合有生长素的 TIR1 结合，释放区域Ⅲ、Ⅳ结合的 ARF，从而释放对生长素反应基因表达的抑制

(图2.4)。ARF 是 N 端与生长素诱导的基因启动子中生长素反应元件(auxin-responsive elements，AuxREs)结合，促进或抑制目标蛋白表达的一类转录调控因子(Ulmasov et al.，1999)，其 C 端与 AUXIN/IAA 蛋白相似区域结合，抑制对生长素反应基因的表达。拟南芥中 ARF 有 23 个，含有 B3-DNA 结合区域、抑制或激活区域，以及与 AUXIN/IAA 蛋白相似的区域Ⅲ、Ⅳ，不同的 ARF 在植物体不同的时空发挥不同的生长素反应(reviewed by Hagen et al.，2004；Lau et al.，2008)。

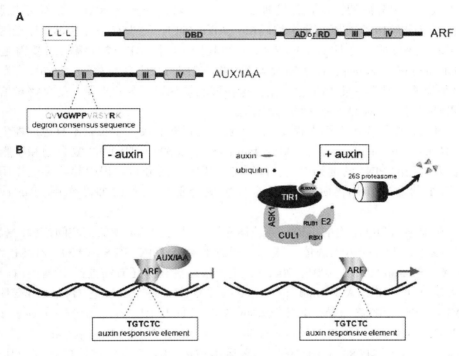

图 2.4　TIR1 介导的生长素信号传导 Lau et al.，2008，ⒸASPB

TIR1 家族生长素受体的调节比较复杂。TFR1 家族还有 5 个成员，TFR1、AFB1、AFB2、AFB3 具有生长素受体的作用，它们在生长素对根的作用中贡献不同，AFB3 在根中对 2, 4-D 反应，而 AFB1 不反应。TIR1、AFB2、AFB3 在根中通过转录后调控，而且 TIR1/AFB 不受生长素正负循环的调控(Parry et al.，2009)。

在 20 世纪 80 年代被克隆出来的生长素受体 ABP1(Auxin Binding Protein1)(Inohara et al.，1989)在几分钟内可以引起细胞质膜上荧光标记物的迅速扩散和稀释，细胞体积扩张(Dahlke et al.，2010)。烟草合子与胚发育中必需的生长素极性分布与 ABP1 和质膜 H^+-ATPase 活性相关(Chen et al.，2010)。反义抑制和细胞免疫抑制实验证明 ABP1 在拟南芥和烟草胚后茎端分生组织发育中参与对细胞分裂和细胞扩张促进和调控。对叶原基的作用尤为明显(Braun et al.，2008)。ABP1 在拟南芥根中生长素诱导的生长中也起作用，在细胞周期中 CYCD/RBP 途径促进细胞周期，维持根分生组织(Tromas et al.，2009)。

生长素引起的反应有几分钟就表现出来的快速反应和比较慢的通过转录因子转录后翻译的长期反应。快速反应有三类：AUX/IAA、SAUR（Small Auxin Up RNAs）、GH3。

SAUR 是最快诱导的基因，暴露在生长素中 2~5 分钟后转录，不同植物的 SAUR 有不同的诱导特性，也被不同的其他物质诱导。其转录子高度不稳定，3'端未翻译区域保守序列对其不稳定性起作用。其编码的蛋白分子量在 9~15 kU。拟南芥有 70 个这样的基因，许多成串分布在染色体上。玉米 SAUR 蛋白的半衰期是 7 分钟。由其功能位置推断在核中起信号传导作用。

GH3 是从大豆中分离的，生长素处理 5 分钟后转录，分子量 70kU，定位于细胞质，相当稳定。拟南芥有 19 个基因，每个编码 65~70kU 蛋白，至少有一个基因介导光信号传递。拟南芥茉莉酸反应突变体 jar1/（GH3-11）和其他 15 个 GH3 成员编码的基因是一类 acyl adenylate-forming enzymes，以植物激素为底物，GH3-11 对 JA（jasmonic acid）有专一反应，6 个其他家族成员专一使 IAA 腺苷化，这些可能是激素代谢的步骤。复合物对信号传导有正的调控作用，而对 IAA 有负的调控作用。

生长素对植物体的作用在很大程度上与生长素的运输有关，生长素本身也调控生长素运出载体 PIN 的分布（Smith et al., 2006；Pan et al., 2009）。TIR1 E3 复合物和膜脂筏类一起在生长素调控的 PIN2 的细胞内吞、再循环、质膜上的分布过程中起着关键作用。生长素抑制 PIN2 的内吞作用，而 TIR1 复合体突变降低生长素的抑制作用（Pan et al., 2009）。

生长素在细胞间和细胞内的运输需要载体介导。目前已经发现的细胞间运输的载体有运入和运出载体。生长素运入载体有氨基酸通透酶类 AUXIN-RESISTANT1/LIKE AUX1（AUX1/LAX）（Swarup et al., 2001；2008），生长素运输载体还有需能的 P 糖蛋白（PGP）驱动、结合 ATP 的 ABC（ATP Binding Cassette）类载体，已经发现它们与运出载体 PIN（PINFORMED）作用，能够介导生长素运输的 ABC 载体有 B1、B4、B19（Petrasek et al., 2006；Blakeslee et al., 2007；Bandyopadhyay et al., 2007；Mravec et al., 2008；Titapiwatanakun et al., 2008）。拟南芥生长素运出载体 PIN 家族目前发现 8 种，其中 1、2、3、4、7 位于细胞质膜上，起外运载体作用，在植物发育的各种过程中起关键调控作用，如胚发育、向性生长、根分生组织分化、微管组织发育和再生、侧生器官形成和发育等（Friml et al., 2003；2002a；2002b；Sauer and Friml, 2004；Weijers et al., 2005；Sauer et al., 2006；Scarpella et al., 2006；Reinhardt et al., 2003；Blilou et al., 2005；Abas et al., 2006）。在植物发育过程中，这些载体不对称分布，其分布类型在生长素分布和植物发育中起重要作用（Swarup et al., 2001；Feraru and Friml, 2008；Bandyopadhyay et al., 2007）。

另一类 PIN（5、6、8 及一些质膜 PIN）载体在细胞内膜泡运输中起作用，参与内膜系统再循环，这些循环包括将顶端 PIN 内吞，通过 ARF GEF GNOM 释放到基部质膜（Geldner et al., 2001；Kleine-Vehn et al., 2008a），实现 PIN 在细胞内方向分布的改变，从而改变生长素运输方向，使细胞各种反应在组织中灵活适应内外环境。其他参与 PIN 胞内膜循环调控的还有早期内膜调控复合体 ARF GEF BEN1/MIN7（Tanaka et al., 2009）、与 GNOM 相拮抗的 ARF GAP VAN3（Naramoto et al., 2009）。PIN 类细胞内再循环依赖细胞骨架肌动蛋白(Geldner et al., 2001)，微管具有间接作用(Kleine-Vehn, 2008b)。而在细胞分裂期间，一些 PIN 的细胞内膜泡运输由微管介导(Geldner et al., 2001; Kleine-Vehn, 2008b)。。细胞分裂期间 PIN 参与的膜泡运输目标是细胞板，包括了内吞和外泌两类物质(Friml, 2010)。

PIN 在细胞内的顶端和基部分布受到 Ser/Thr 类激酶 Pinoid(PID)的磷酸化和蛋白磷酸酶 PP2A(protein phosphatase-2A)去磷酸的调控。磷酸化的 PIN 分布在顶端，去磷酸化 PIN 分布在基部(Friml, 2010)。

2. 细胞分裂素信号传导

细胞分裂素的信号传导是双组分信号传导。第一个组分是感受器组氨酸蛋白激酶，对外界环境刺激进行反应。第二个组分是介导输出的调控因子，通常对基因转录有直接调控作用。传感器是跨膜组氨酸激酶二聚体，细胞外部分接受输入信号，控制激酶活性。当刺激物结合时，发生反式磷酸化，二聚体中一个亚基的激酶区域磷酸化相反亚基细胞内传输区域保守的组氨酸。在一些系统，结合到输入区域也可以负调控组氨酸激酶。在活性状态，反应调控因子接受区域保守的天冬氨酸被磷酸化，引起具有生物功能的输出区域活化，进行基因的转录调控，或者通过蛋白-蛋白之间的作用影响生物功能。两组分系统可以通过磷酸信号传输蛋白形成组氨酸-天冬氨酸交替的磷酸化链(Reviewed by Maxwell and Kieber, 2004)。

拟南芥基因组有 16 个类似组氨酸激酶(*Arabidopsis* Histidine Kinases, AHKs)基因和 32 个反应调控因子相关的蛋白。其中组氨酸激酶分为三组：乙烯受体、细胞分裂素受体、光敏素，还有三个在这三组之外：CK11、AHK5、AHK1(Reviewed by Maxwell and Kieber, 2004)。

细胞分裂素受体家族是 CRE1/AHK4/WOL、AHK2 和 AHK3(Reviewed by Maxwell and Kieber, 2004; Hutchison and Kieber, 2002)。AHK4 在植物中作为细胞分裂素受体起作用，在酵母中还可以作为渗透势传感器(Reviewed by Maxwell and Kieber, 2004)。AHK2 和 AHK3 高度相似，在 N 端细胞外区域两侧有跨膜区域、一个组氨酸激酶传导区、一个功能区域和一个退化的受体区域。这三个传感激酶还具有一个保守的 CHASE(cyclase/histidine kinases-associated sensory extracellular)区域，对 AHK4，这个区域与细胞分裂素结合。但对 AHK2 和 AHK3 无直接证据。AHK2 和 AHK3 引起不同的对细胞分裂素的反应。AHK4 的 CHASE 区发生突变，使根维管束的韧皮部不能发育。对根的影响与对细胞分裂素的信号传递相分离(Reviewed by Maxwell and Kieber, 2004)。对 AHK4、AHK2 和 AHK3 的多种突变组合植物的研究表明它们在植物发育过程中都起重要作用(Nishimura et al., 2004; Higuchi et al., 2004; Riefler et al., 2006)。

(1)细胞分裂素诱导的原初反应：根据拟南芥原初反应调控因子(*Arabidopsis* Response Regulators, ARRs)的不同，细胞分裂素通过 A 和 B 两条途径引起植物反应(Reviewed by Maxwell and Kieber, 2004)。

双组分系统中的第二部分是反应调控因子。拟南芥中有 32 个反应调控因子，分为三个家族：A 类 ARRs、B 类 ARRs、假(pseudo)-ARRs。A 类 ARRs 受体区域含有 Asp-Asp-Lys(D-D-K)保守序列，中心的 Asp 基团从磷酸传输子的组氨酸接受一个磷酸基团。B 类

ARRs有一个与DNA结合区域融合的受体区域和一个C端转录激活区域。假(pseudo)-ARRs含有非典型受体区域，没有DDK序列，很可能参与生物钟调控(Reviewed by Maxwell and Kieber.，2004)。

(2)组氨酸磷酸转移蛋白(Histidine-phosphotransfer Proteins：AHPs)：细胞分裂素受体与磷酸受体Asp区域融合，类型A和类型B反应调控因子都有Asp受体区域，需要一个组氨酸磷酸转移蛋白介导。拟南芥中发现了5个基因，编码与酵母和原核组氨酸磷酸转移区域相似的蛋白(1~150aa)，第六个蛋白AHP6/APHP1可能也具有组氨酸磷酸转移活性。AHPs的稳定水平不被细胞分裂素或刺激信号诱导(Reviewed by Maxwell and Kieber，2004)。

AHP的下游是目标A和B类ARR反应调控因子，不同的AHP专一性不同。酵母双杂交实验证明，AHP2与AHK1、ETR1、CKI1作用；AHP1只与ETR1作用。AHP本身没有酶活性，只提供磷酸基团。AHP1和AHP2与细胞分裂素信号传导途径相连。在细胞分裂素处理下，拟南芥中AHP1和AHP2从细胞质转移到细胞核中。这为原生质膜定位的AHK受体的磷酸基团转移到细胞核定位的ARR上提供机理上的连接(Reviewed by Maxwell and Kieber，2004)。

(3)A类拟南芥原初反应调控因子：A类ARRs在受体区域两端只有短的延伸，由5对高度同源对组成。细胞分裂素诱导A类ARRs的转录。不同的ARR表达区域具有特异性，使细胞分裂素在不同组织部位发挥特异的作用。ARR5在根和茎端分生组织以及维管组织表达。ARR4蛋白在茎、叶表达(Hutchison and Kieber，2002)。多数在A类ARR细胞核中分布，少数如ARR16在细胞质中表达，细胞核中分布的ARR7的核定位依赖其C端的核定位信号序列，这在ARR16中不存在(Reviewed by Maxwell and Kieber，2004)。

A类ARRs还可以被细胞分裂素诱导磷酸化。ARR3、ARR4、ARR6都可以在3分钟内获得磷酸基团。ARR3内保守的Asp是磷酸化必需的。在AHP1、AHP2和几个ARR之间磷酸的传递在体外得到证明。A类ARR可以自身负调控细胞分裂素诱导的转录。ARR6::LUC融合基因的转录被几种A类ARR基因的过量表达抑制。ARR4和ARR6受体区域Asp的缺失并不阻止pARR6::LUC的细胞分裂素诱导的表达，可能非磷酸化形式抑制信号传递而磷酸化形式无影响。A类ARR敲除的四突变体和六突变体表型表明A类ARRs具有重叠功能(Reviewed by Maxwell and Kieber，2004)。

一些A类ARRs可被环境因子如光、硝酸盐、高盐、低温等诱导，说明这些输入信号以某种方式与细胞分裂素或与其他双组分信号系统整合。玉米中硝酸盐提高细胞分裂素的水平，导致玉米同源反应调控因子基因的表达。拟南芥类似物也是一样。这些基因在整株植物中是被细胞分裂素和硝酸根诱导，但分离的叶中只被细胞分裂素诱导，说明细胞分裂素可能使用双组分信号系统介导从根到叶的氮信号(Reviewed by Maxwell and Kieber，2004)。A类ARRs由于是逆境中的反应，主要介导负调控反应。

(4)B类拟南芥原初反应调控因子：B类ARRs在酵母和植物中是转录激活因子，通常介导正调控反应。12个B类ARRs有N端受体区域和相连的300个氨基酸的C端延伸区，这个C端区域含有一个富含谷氨酸的区域和与MYB DNA结合区域超级家族相关的GARP(Golden2/ARR/Psr1)区域。GARP DNA结合区域与生理种相关的MYB转录因子

LHY 和 CCA1 属于同类（Reviewed by Maxwell and Kieber，2004）。B 类 ARR 由于 C 端的 VRK（R/K）R 核定位序列而存在于细胞核中。ARR1、2、10、11 富含谷氨酸的 C 端区域具有序列专一的转录激活功能。GARP 结合 DNA 的结合序列是（G/A）GAT（T/C）。这类结合位点保守序列存在于迄今发现的细胞分裂素原初反应的所有基因启动子中。

过量表达 ARR1、2、10、11 导致细胞分裂素敏感性的增加。过量表达 ARR14、20、21 的 C 端 DNA 结合区域导致不同的形态变化。ARR20 C 端 DNA 结合区域过量表达使幼苗形成愈伤组织，一批 A 类 ARRs 表达上调（Reviewed by Maxwell and Kieber，2004）。ARR1、10、11 的过量表达增强细胞分裂素诱导的 A 类 ARRs 启动子的活化。ARR2 受体区域与这类活化无关，表明磷酸化与细胞分裂素的激活无关。植物中过量表达 ARR2 使衰老延迟，顶端和叶生长增加。ARR1 和 ARR2 在细胞分裂素信号传导中起作用，其水平是细胞分裂素反应限制因子（Reviewed by Maxwell and Kieber，2004）。

一类 AP2 转录因子被细胞分裂素诱导上调表达，被称为细胞分裂素反应因子（CYTOKININ RESPONSE FACTORS，CRF）。*CRF*s 在胚、子叶和叶的发育调控中具有重叠功能，介导一批细胞分裂素调控的转录反应，与 B 类 *ARR*s 的功能大量重叠，可能是一套基因，在细胞分裂素起始反应中起作用（Rashotte et al.，2006）。

一组基因芯片研究发现了 17 个细胞分裂素转录调控的基因，包括两个 AP2 样转录调控因子、细胞分裂素氧化酶、生长素相关基因（*IAA3/SHY2*，*SAUR-AC*1，*IAA*17/*AXR*3）及几个与疾病相关的基因。这些基因的启动子含有至少一个以上的 ARR1 和 ARRDNA 识别核心序列，表明 B 类 ARR 在细胞分裂素诱导的原初反应中起重要作用（Reviewed by Maxwell and Kieber，2004）。

拟南芥一类亮氨酸拉链转录因子 GeBP 家族中四个转录因子 GeBP 和 GeBP-like proteins（GPL）1、2、3 参与细胞分裂素介导的生长和老化反应，突变体中 A 类 ARRs 表达上升，说明这类基因与 A 类 ARR 的作用相拮抗（Chevalier et al.，2008）。

（5）细胞分裂素与分生组织的联系：细胞分裂素通过 *CycD3* 基因的诱导调控细胞循环。愈伤组织 *CycD3* 的恒定表达使愈伤组织形成不需要细胞分裂素。D 类型 cyclin 是参与 G1 到 S 期转变的主要因子，在控制细胞繁殖中起着关键作用。细胞分裂素双组分元件 AHK4、ARR4、ARR7 在细胞周期循环中受到协同调控，在 G1 期有表达高峰。这些基因的上调表达反映了细胞分裂素在 G1 期合成的增加，这样可能导致 *CycD3* 表达的增加（Reviewed by Maxwell and Kieber，2004）。

植物茎顶端分生组织中细胞分裂素氧化酶的突变导致细胞分裂素总水平降低，茎发育减少，根繁殖增加；反之，叶原基繁殖。在根和茎分生组织中细胞分裂素起着相反的作用，很可能控制 SAM 的细胞数目（Reviewed by Maxwell and Kieber，2004）。细胞分裂素受体 *ahk4ahk2ahk3* 三突变使分生组织体积和活性减小、无细胞生物素反应，没有细胞分裂素诱导的基因表达（Higuchi et al.，2004）。

玉米 *KANT1* 类似基因 *Kn1* 在衰老诱导的启动子控制下的体外表达延迟衰老，细胞分裂素水平上升 15 倍；水稻和烟草 *KNOX* 基因的过量表达也使细胞分裂素水平上升。细胞分裂素提高这些同源盒基因的表达水平，它们之间存在正的相互作用（Reviewed by Maxwell and Kieber.，2004）。

(6) 磷脂酶 D(Phospholipase D, PLD)和钙与细胞分裂素信号传导：PLD 抑制剂抑制细胞分裂素对 A 类基因启动子和 GUS 融合蛋白的诱导和转录，表明钙信号参与了早期细胞分裂素的传导。苔藓细胞中，细胞分裂素的处理导致细胞内钙离子浓度的增加，细胞内钙离子水平依赖于细胞外基质钙的存在。钙离子是通过原生质膜上的依赖电压的钙离子通道运入，导致出芽。一个依赖钙的蛋白激酶 *CDPK* 基因同样在细胞分裂素作用下，在黄瓜中下调，在烟草中上调。依赖硝酸盐的原初反应基因表达也涉及钙离子和蛋白质磷酸化。人们假设这些对硝酸盐供给的反应与细胞分裂素信号链下游双组分系统有关(Reviewed by Maxwell and Kieber., 2004)。

(7) 泛素降解蛋白酶体与细胞分裂素信号传导：26S 蛋白酶体参与细胞分裂素对 cyclin D3 的调控(Smalle *et al.*, 2002)。一些膜结合的转录因子的活化也是通过蛋白酶体进行的。拟南芥 NAC(NAM、ATAF1/2、CUC2)膜结合转录因子在被蛋白酶切割后活化，介导细胞分裂素诱导的细胞分裂活动，突变体生长迟滞，CDK 抑制蛋白上调表达(Kim *et al.*, 2006)。细胞分裂素反应蛋白 ARR3、ARR5、ARR7、ARR16、ARR17，可能还有 ARR8、ARR15 受到蛋白酶系统降解的调控(Ren *et al.*, 2009)。

(8) 细胞分裂素的负调控：*PLS*(*Polaris*)基因编码 36 个 AA 多肽，主要在胚和幼根中表达，其表达被生长素诱导和被细胞分裂素抑制。突变体根生长降低，对外源生长素敏感性降低，根对外源细胞分裂素超敏感。叶维管化。突变体中细胞分裂素和生长素诱导的基因 *ARR5*、*IAA1* 表达缺陷。说明 PLS 参与了特定类型生长素与细胞分裂素的相互作用(Reviewed by Maxwell and Kieber., 2004)。

三种 *pasticcino*(*pas*)突变体表现出细胞繁殖过量、SAM 和胚轴形成额外细胞层。*PAS1* 编码未知功能的 immunophilin 样蛋白，细胞分裂素上调其转录。*PEPINO/PAS2* 编码假定的抗磷酸酶蛋白，调控 CDKA 的活性(Da Costa *et al.*, 2006)。其突变体表现出异常的细胞繁殖，这种表型被 *amp* 突变体增强，导致内源细胞分裂素水平上升，使 PEP 与细胞分裂素信号传导连接起来(Reviewed by Maxwell and Kieber., 2004)。

(9) 细胞分裂素的正调控：细胞分裂素对黑暗中生长幼苗的作用是通过稳定乙烯合成有关蛋白促进乙烯的形成。如，通过控制 ACS5 蛋白的稳定性控制乙烯的合成，*acs5* 突变体对细胞分裂素不敏感。*cin1-cin4* 突变对细胞分裂素在幼苗中诱导下不能形成乙烯。*cin1* 在形成茎的起始和花青素形成上缺陷，*cin4* 与光形态建成突变体 *fus9/cop10* 同源，后者是泛素聚合酶变异体，与 COP1 和 COP9 信号传导体一起调控蛋白质降解(Reviewed by Maxwell and Kieber, 2004)。

3. 赤霉素信号传导

在水稻和拟南芥中赤霉素受体是 GID1。GID1 与激素敏感的脂酶同源(Ueguchi-Tanaka *et al.*, 2005; Bishopp *et al.*, 2006)。GID1 结合赤霉素后，与不同类型含有 DELLA 结构的蛋白结合，通过与生长素类似的泛素降解蛋白体系进行信号传导，诱发正或负的调控反应(图 2.5)。

E3 泛素连接酶是编码具有 F-box 的 SCF 的组成蛋白，水稻中是 GID2(Gibberellin Insensitive Dwarf2)，和拟南芥中的 SLY1 同源，是 GA 信号传导的正调控因子，修饰 GA 反应成分的稳定性(Reviewed by Sun, 2004)。RGA(REPRESSOR OF *ga1-3*)和 SLR1

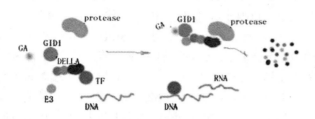

图 2.5　GA 信号传导示意图(by Haiyan yan)

(SLENDER RICE1)是 SCF^{SLY1} 和 SCF^{GID2} 的目标蛋白，通过泛素降解复合体降解(Ueguchi-Tanaka et al.，2007)。

正调控中，GID1 结合赤霉素后，能直接与结合在目标基因启动子上含有 DELLA 的负调控转录因子结合，再通过 SCF^{GID2} 的作用，使之被送到蛋白质降解酶系降解(Ueguchi-Tanaka et al.，2005；Bishopp et al.，2006；Gomi et al.，2004；Sasaki et al.，2003；Ariizumi et al.，2008)，从而诱导基因表达。

DELLA、VHYNP 或 VHYNP 和 DELLA 区域之间的结构是 GID1-GA 复合物结合的区域，因此是 GA 诱导 RGA/SLR1/SLN1 降解的必需途径。这些蛋白都含有 DELLA 区域，属于 DELLA 蛋白。GA 通过诱导 RGA、GAI 蛋白的降解解除它在信号途径中的抑制，属于正调控(Reviewed by Sun，2004)。

RGA、GAI 除了含有 DELLA 区域外，还含有作为磷酸化或糖基化目标的多聚(polymeric) Ser/Thr(S/T)区域、介导蛋白和蛋白之间作用的 Leu heptad repeats(LHR)(7亮氨酸重复)区域、核定位信号(NLS)区域、磷酸酪氨酸结合位点(图 2.6)。多聚 S/T 区域可能在调节 SLR1 活性中起作用。LHR 可能在二聚体化中起作用。SLR1C 端的 VH Ⅱ D 区域的缺失对赤霉素不反应，突变蛋白的过量表达表现细长表型(Reviewed by Sun，2004)。

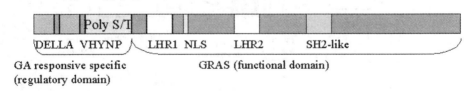

图 2.6　RGA，GAI 结构示意图(Sun，2004，严海燕改画)

SCF E3 连接酶对目标蛋白的识别需要目标蛋白的翻译后修饰如磷酸化。*gid2* 突变体中有磷酸化和非磷酸化的 SLR1 蛋白形式，而野生型中只检测到有非磷酸化的 SLR1。然而，拟南芥中 GA 通过 GID1 与 DELLA 的作用也可以不通过 SLY1，可能还有其他途径(Ariizumi et al.，2008)。

RGA、GAI 可能通过与转录因子结合，起着共激活或共抑制的作用。RGA、GAI 的 DELLA 保守区域在对 GA 信号反应中活性的变化起重要作用。SPY(SPINDLY)催化 RGA

的 Ser/Thr 糖基化，增加 RGA 活性，是 GA 反应的负调控因子(Silverstone et al., 2007)。

GA 信号传导第二类抑制因子在拟南芥和几种作物中高度保守。拟南芥 RGA、GAI、RGL1、RGL2、RGL3、玉米 d8、小麦 Rht、水稻 SLR1、燕麦 SLN1、葡萄 VvGA1、RGA、GAI 属于植物专一的 GRAS 蛋白家族的 DELLA 亚家族。拟南芥有 30 个 GRAS 家族成员，GRAS 都含有 C 端保守序列，N 端可变。在 RGA、GAI 的 N 端附近有保守的 DELLA 序列，在其他 GRAS 成员中不存在。RGA、GAI 有 82% 的相似性，功能有部分重叠，保持 GA 信号途径的抑制状态。RGA、GAI 功能的去除使顶端叶簇扩张、开花时间设定、茎延长。三个 DELLA 亚家族蛋白 RGL1、RGL2、RGL3 中，RGL1、RGL2 可能控制种子萌发。开花控制更复杂，可能需要多个蛋白的功能(Reviewed by Sun, 2004)。

拟南芥 GA 信号传导另一个抑制因子 SHORT INTERNODES(SHI)含有锌指结合区域，可能在泛素介导的蛋白降解或转录调控中起作用。SHI 在大麦糊粉层的瞬时表达抑制 GA 诱导的淀粉酶合成(Reviewed by Sun, 2004)。

4. 乙烯信号传导

乙烯信号受体有 5 个成员，都具有保守的组氨酸(H)和天冬氨酸(D)磷酸化位点、激酶活性和激酶激酶区域内保守的氨基酸序列(NGFG)。每个受体 N 端跨膜区域都与乙烯和铜辅助因子结合，5 个成员又根据信号序列的结构分为两类 I 和 II(图 2.7)(reviewed by Schaller and Kieber, 2002; Kendrick and Chang, 2008)。

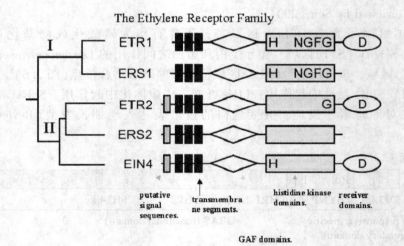

图 2.7 乙烯受体结构(Schaller and Kieber, 2002, ©ASPB)

乙烯容易扩散通过气孔和脂膜，乙烯受体位于几种膜系统，已经发现五种乙烯受体同时位于内质网膜上，ETR1 在拟南芥根中主要位于高尔基体上，烟草 NTHK1(II)位于质膜(Kendrick and Chang, 2008)。各种乙烯受体之间形成同源或异源聚合体形式(reviewed by Kendrick and Chang, 2008)。

乙烯受体对乙烯的结合需要铜离子介导，而铜离子需要铜离子运输蛋白 RAN1 提供

（图2.8）。RAN1的突变改变乙烯受体配体专一性，降低乙烯信号传导途径的功能。银离子是铜离子的类似物，抑制植物对乙烯信号的反应（Reviewed by Schaller and Kieber, 2002；Kendrick and Chang, 2008）。

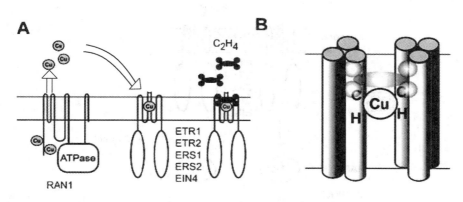

图2.8　乙烯受体与乙烯信号传导示意图 Schaller and Kieber, 2002, ⓒASPB

两类乙烯受体中，Ⅰ类受体N端有三个跨膜区域，Ⅱ类受体有四个跨膜区域。Ⅰ类受体具有组氨酸激酶活性，而Ⅱ类受体有丝/苏氨酸激酶活性（图2.8），拟南芥ETR1和ERS1以及番茄六个受体中的三个属于Ⅰ类受体（reviewed by Kendrick and Chang, 2008）。每种受体都具有不同的功能。拟南芥中Ⅰ类受体和烟草中Ⅱ类受体的作用更广泛，但不能替代另一类受体的功能（reviewed by Kendrick and Chang, 2008）。

ETR1的N端跨膜区域细胞质区Ⅰ和Ⅲ不干扰与乙烯的结合，具有乙烯信号转导的抑制作用。膜内蛋白RTE1专一地抑制ETR1的作用，RTE1的表达受乙烯诱导（reviewed by Kendrick and Chang, 2008）。

在没有乙烯信号时，乙烯受体通过Raf蛋白激酶CTR1抑制下游乙烯反应。乙烯的结合使受体失活，EIN2被激活，涉及EIN3/EIL和ERF转录因子起始的一系列转录系列被激活。这些转录因子家族都参与乙烯反应（图2.9，Reviewed by Schaller and Kieber, 2002；Kendrick and Chang, 2008）。

CTR1具有Ser/Thr激酶活性，直接通过其N端与乙烯受体ETR1结合。没有乙烯存在时，乙烯受体活化CTR1，使其对下游目标磷酸化，抑制乙烯途径。乙烯结合以后，CTR1对下游的抑制释放，乙烯途径能够进行（Reviewed by Schaller and Kieber, 2002）。磷脂酸PA能够与CTR1结合，抑制CTR1的激酶活性（Reviewed by Kendrick and Chang, 2008）。

乙烯下游途径是MAPK信号传导途径，在中心信号成分EIN2上游。EIN2是乙烯信号途径的正调控因子。它的等位基因在其他激素信号传导途径中也存在（Reviewed by Schaller and Kieber, 2002）。

EIN2 编码N端有12个跨膜区域的膜内在蛋白，与铁离子运输蛋白Nramp家族有相似性，但没有实验证明它有离子转运的功能。其C端亲水，与已知功能肽链没有同源性，

第二章 光和激素在植物发育中的作用

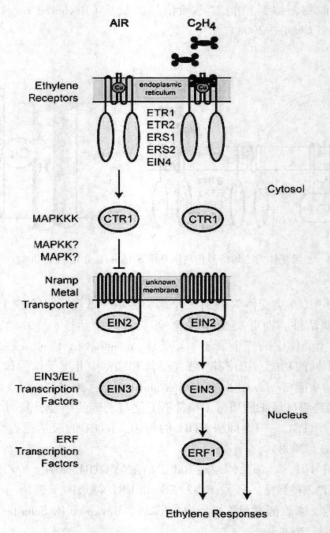

图 2.9 乙烯信号传导初始途径(Schaller and Kieber, 2002, ⓒASPB)

可能具有蛋白-蛋白相互作用的功能,单独的 C 端亲水区域足以诱导植物对乙烯的反应。过量表达 C-EIN2 在光和成熟植物中恒定表现对乙烯的反应。这些植物同样恒定表达对乙烯反应的基因,但不能诱导暗中的幼苗三联反应,表明 Nramp 在感知上游乙烯信号中的作用。而 C-EIN2 在传导信号中起重要作用。

　　EIN3 家族和其目标基因作用发生在细胞核中。拟南芥有六个 EIN3 家族蛋白,突变体对乙烯反应降低,包括暗中生长幼苗的不敏感性、基因表达、叶子老化,体现了正调控因子的特性。

　　EIN3 定位于核中,N 端含有酸性氨基酸,相邻区域富含脯氨酸,具有线圈结构和几个含有高度碱性氨基酸的区域。两个类似于 EIN3 的成员 EIL1、EIL2 互补 EIN3 的突变。EIN3 或 EIL1 的过量表达诱导组成型乙烯反应，说明它们能激活乙烯反应途径（Reviewed by Schaller and Kieber，2002）。

EIN3 功能独立于 EIN2 说明其在 EIN2 下游起作用，EIN3 表达不受乙烯影响。EIN3、EIL1、ETR2、LeETR4、LeETR6 受蛋白酶解体系的控制，EBF1 和 EBF2 与 EIN3 结合，介导它的降解。EBF1 主要作用在乙烯信号之前，EBF2 主要作用在乙烯信号之后。EIN3 还通过两个苏氨酸 174 和 592 的磷酸化分别受到稳定和降解的调控。MPK3 和 MPK 6 在 EIN3 的苏氨酸 174 磷酸化，促使其稳定，而 CTR1 通过未知途径使 EIN3 的苏氨酸 592 磷酸化而降解（Reviewed by Schaller and Kieber，2002）。

EIN3 作为转录因子调控 *EBF1* 和 *EBF2* 的转录。*ein3* 突变体中 *EBF1* 和 *EBF2* 的转录受到干扰；乙烯稳定和防止 EIN3 降解，另一方面乙烯诱导 EBF1 和 EBF2 合成，使之介导 EIN3 的降解，形成负反馈调节。EIN3/EIL 以同源二聚体形式与 *EREBP*（*ERF1*）的启动子中一段反向徊文序列结合，控制 *ERF1* 的转录。这段序列是原始乙烯反应元件（primary ethylene response element，PERE）（Reviewed by Schaller and Kieber，2002；Kendrick and Chang，2008）。一个核酸外切酶 EIN5 可能通过促进 *EBF1* 和 *EBF2* 转录的抑制因子而调节 EBF1 和 EBF2 的水平（Reviewed by Schaller and Kieber，2002）。

ERF1 本身也是转录因子，专一与 GCCbox 结合，作为正调控因子，调节其他 EREBPs。而 EREBPs 在各种事件中或正或负，调控其他基因的转录（Reviewed by Schaller and Kieber，2002）。最近发现两种参与转录因子复合物形成的蛋白（Enhanced Ethylene Response）EER3 和 EER4 在乙烯反应中起负调控作用（reviewed by Kendrick and Chang，2008）。

5. 脱落酸信号传导

脱落酸在细胞中合成，也进行细胞间运输。已经发现位于细胞质膜 ABC 类载体 AtABCG25 和 AtPDR12/ABCG40 参与 ABA 的运出和运入，AtABCG25 是运出载体，主要分布在维管束中（Kuromori *et al.*，2010），AtPDR12/ABCG40 是运入载体（Kang *et al.*，2010）。

细胞对 ABA 的感受在细胞内和细胞外都存在（reviewed in Finkelstein *et al.*，2006），保卫细胞质膜上有明显的 ABA 结合（Yamazaki *et al.*，2003）。

目前发现的 ABA 结合蛋白都是通过免疫共沉淀实验证明的蛋白。其中 FCA（Flowering Time Control Protein A）是开花决定自开花途径抑制因子，存在于细胞质（Razem *et al.*，2004，2006），还有一组 PYR（Pyrabactin Resistance 1）/ PYL（PYR1-Like）/ RCAR（Regulatory Components of ABA Receptor）蛋白（Nishimura *et al.*，2009；Park *et al.*，2009）、位于质体的含 Mg 原卟啉 IX 螯合酶 H 亚单位 CHLH（protoporphyrin IX chelatase H subunit）、GCR2、GPCRs、GTG1（GPCR-Type G-Protein1）、GTG2（reviewed in Risk *et al.*，2009）。其中 FCA 和 GCR2 与 ABA 的结合还有争议（Risk *et al.*，2009）。

PYR 类蛋白形成二聚体，通过与 ABA 的结合改变构象，从而触发与 2C 类蛋白磷酸酶活性的变化（Nishimura *et al.*，2009；Park *et al.*，2009）。

虽然 ABA 受体的研究工作一直很难明晰。但许多 ABA 信号传导途径中的中间成分已经很清楚。如 GCR1、一些 G-蛋白、钙信号传导和钙调蛋白、二级信使 IP3（Inositol triphosphate）、IP6、ROS，一些酶如 PLD（phospholipase D）和产物（PA，Phosphatidic acid）磷脂酸以及一些调控因子如 PLC（phospholipase C）。拟南芥的 G 蛋白 ROP9 和 ROP10 在 ABA 对种子萌发和幼苗生长的反应中起负调控作用。ROP9 和 ROP10 都含有 farnesylation motifs，位于细胞膜上。AtPLC1 对 ABA 在萌发、生长和营养相关基因表达中的作用是必需，但不是充分的。更高磷酸化的肌醇（IP6）对 ABA 在气孔打开的抑制中有作用。磷脂酸介导 ABA 对气孔的调节。ABA 促进其中最普遍的一种 *PLDa* 的表达。*PLDa* 的反义抑制降低 ABA 和乙烯促进的离体叶片的老化（Finkelstein and Rock，2002；Assmann，2004）。

　　细胞内钙浓度的变化、分布对于激素信号反应专一性很关键，钙信号的变化由细胞内贮藏钙和质膜通道介导的钙内流造成。IP3 或 cyclic ADP-Rib 诱导细胞内贮藏钙的释放（Finkelstein and Rock，2002；Assmann，2004）。

　　活性氧（reactive oxygen species（ROS；e.g.，H_2O_2））的形成使钙通道更敏感。ROS 作为第二信使起作用，它是包括干旱和病原侵犯的逆境引起的依赖 Rop 的反应，导致气孔关闭。H_2O_2-激活的 MAPK 系列反应可以强化抗性反应。*AAPK* 编码保卫细胞专一的 ABA 激活的 Ser/Thr 激酶，在 ABA 信号传递中有部分作用，protein phosphatase 2C 对 ABA 信号传递有多种负调控作用（Finkelstein and Rock，2002；Assmann，2004）。

　　细胞外 pH 值上升，引起钾通道 K^+_{in} 活性降低，K^+_{out} 活性升高，气孔关闭。由于 ABI1 protein phosphatase 2C 由 pH 值上升激活，使 ABA 反应失活，因此可能是一个负反馈机理（Finkelstein and Rock，2002；Assmann，2004）。

6. 芸薹素信号传导

　　芸薹素（brassinosteroid，BR）又叫油菜类甾醇，是甾醇类化合物，介导对逆境的反应，与生长素、细胞分裂素共同作用，促进细胞分裂、分化，参与繁殖和老化过程。芸薹素 BR 信号传导是从细胞表面到细胞核系列磷酸化和去磷酸化的传导过程。

　　目前发现的与芸薹素识别有关的基因有 *BRI1*（*brassinosteroid-insensitive1*）、*BRL1*（*BRI1-Like 1*）、*BRL3*。与芸薹素信号传导有关的基因有 *BAK1*（*BRI1-ASSOCIATED RECEPTOR KINASE1*）、BR 信号传导激酶 *BSK*（*BR-signaling kinases*）、*BKI1*（*BRI1 KINASE INHIBITOR1*）、磷酸酶 BRI1 抑制因子 *BSU1*（*BRI1 SUPPRESSOR PROTEIN 1*）、GSK 激酶 *BIN2*（*BR INSENSITIVE2*）、转录因子 *BZR1*（*BRASSINAZOLE RESISTANT 1*）、*BES1*（*BRI1 EMS SUPPRESSOR 1*）/*BZR2*、*TTL*（*Transthyretin-Like protein*）（In review by Clouse，2004；Gendron and Wang，2007；Kim *et al.*，2009）。

　　BRI1 编码膜结合富含亮氨酸重复（Leu-rich repeat，LRR）的受体样激酶（receptor-like kinase，RLK），在细胞外通过由 N 端信号肽、LRR21 和 70 个氨基酸形成的岛结构与 BR 结合，BRI1 有单个跨膜区域，细胞内是 C 端丝/苏氨酸激酶区域，有 41 个氨基酸。BKI1 是一个质膜结合蛋白，通过 BRI 的膜内激酶区域在没有 BR 结合到 BRI1 时与 BRI1 结合，抑制与 BAK1 的结合，负调控 BRI1 信号途径。当 BR 结合到同源 BRI1 寡聚体上时，BKI1 从质膜解离。BAK1 也是一个 LRR 受体激酶，细胞外区域很短，有 5 个 LRRs，没有 BRI1 所具有的 70 个氨基酸形成的岛。BRI1 与 BR 的结合诱导自磷酸化后，与 BAK1 结合形成信号竞争异源寡聚体。活化后的 BRI1 对也是细胞质膜结合的激酶 BSK 在 Ser230 进行磷酸

化，激活 BSK。活性 BSK 与磷酸酶 BSU1 直接作用，激活 BSU1，而 BSU1 使 GSK 激酶 BIN2 在 pTyr200 去磷酸化而失去激酶活性。这样细胞核中受 BIN2 磷酸化而无活性的转录因子 BZR1/BZR2 因为 BIN2 失活而减少，去磷酸化的 BZR1/BZR2 积累使转录得以进行（In review by Clouse，2004；Gendron and Wang，2007；Kim et al.，2009）。

有报道当 BRI1 与 BR 结合形成寡聚体后，内吞进入细胞成为内体，内体在细胞内发挥其调控作用，目前这种现象还不是很清楚，可能是 BR 信号传导中的一种反应（Gendron and Wang，2007）。

三、植物激素在生长发育中的作用

生长素在整个植物的各个部位从细胞分裂、体积扩张、分化到组织分化、新器官形成中都起着重要作用，生长素浓度不同，作用也不同。生长素的极性运输和浓度梯度分布的形式，是植物株型结构的基础。生长素的作用通过生长素合成的时空分布、定向运输和组织专一的反应类型三个层面发挥作用。

在整个植物幼苗中高浓度生长素集中在生长点部位起始细胞（图 2.10）。事实上，任何部位生长素的浓度都处于动态平衡之中。影响因素来自合成和分解代谢相关各个环节、与生长素活性状态有关的结合因子、运入和运出有关的载体等。生长素在某一时间和空间在植物体中的分布，是各种因素作用的综合表现。

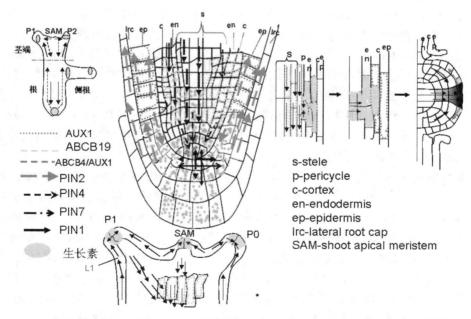

图 2.10　植物各部分生长素运输方向和载体分布（Petrásek and Friml，2009，严海燕重绘）

生长素在根中的分布实验结果表明，根生长点的静止中心生长素含量最高，所有细胞都有合成生长素的活性。这给予我们一个提示，是否植物体中生长素的分布具有相似的类型，以生长点静止中心（原分生组织）为中心，生长素的浓度沿一定方向呈梯度递降。

四、细胞分裂素在植物发育中的作用

细胞分裂素影响细胞分裂和扩展、营养运输、抑制叶子老化、叶绿体发育、根端和茎端分支（reviewed by Mok，1994）。

早在1985年，在豌豆植株和胡萝卜根中，陈等人用碳-18标记的腺嘌呤加在培养液中，在豌豆的根茎叶各部位和胡萝卜根形成层发现有细胞分裂素的合成（Chen et al.，1985）。拟南芥中有九个细胞分裂素合成基因——异戊烯基转移酶基因（isopentenyl transferase，IPT），其中几个在植物的气生组织专一表达，合成自身组织充分的生长分化需要的细胞分裂素，如 AtIPT3、AtIPT5 在韧皮部表达（Nordström et al.，2004）。此外根中合成的细胞分裂素通过木质部液流进行长距离运输，也是植物在细胞分裂素的重要来源，茎端侧生分枝受到来自根部长距离运输的细胞分裂素的影响（Foo et al.，2007）。生长素能迅速调控细胞分裂素的合成和活性状态（Nordström, et al.，2004）。茎端和根中的信号也能反馈调节木质部中细胞分裂素的含量（Foo et al.，2007）。

影响细胞分裂素活性和信号转导的各种因素都能影响细胞分裂素的作用。除了前面提到的各种细胞分裂素的受体和各种专一的信号反应因子外，使细胞分裂素失活的各种细胞分裂素氧化酶 AtCKX（cytokinin oxidase/dehydrogenase）也专一地分布在各组织器官，如拟南芥中7种细胞分裂素氧化酶在拟南芥植株中的表达具有高度的组织专一性和亚细胞分布的专一性（Reviewed by Eckardt，2003；Werner et al.，2003；Schmülling et al.，2003）。

生长素在植物的气生部分能够通过生长素信号识别和传递过程负调控不依赖异戊烯腺嘌呤单磷酸（isopentenyladenosine-5-monophosphate，iPMP）途径的细胞分裂素合成，反之，细胞分裂素含量对生长素含量的抑制很小（Nishimura et al. 2004）。拟南芥和烟草胚后茎端发育过程中生长素受体生长素结合蛋白1（AUXIN BINDING PROTEIN1，ABP1）的表达抑制造成了茎端分生细胞延长和分裂的抑制，叶的起始更加敏感（Braun et al.，2008）。但在细胞分裂素的缺乏造成的茎端组织减小的情况下，生长素含量也降低，推测这种变化是由于生长减少引起的间接作用（Werner et al.，2003）。

细胞分裂素在茎顶端分生组织（SAM）促进决定 SAM 形成的功能基因 KNAT1 和 STM 的表达（Rupp et al.，1999），水稻中 KNAT1 反过来促进细胞分裂素合成基因 IPT 的表达（Sakamoto et al.，2006）。在 SAM 中细胞分裂素直接促进 WUS 的表达，同时通过抑制 CLV1 的表达，间接促进 WUS 的表达，CLV3、细胞分裂素 A 类基因 ARR5（细胞分裂素负调控反应类型）也被细胞分裂素促进表达。CLV3 与 CLV1 的结合、ARR5 的存在抑制 WUS 的表达。随着 ARR5 表达的减少，WUS 的表达急剧增加（Gordon et al.，2009）。WUS 直接抑制 A 类 ARR 细胞分裂素反应基因，增强细胞分裂素的信号传导。ARR5 在 WUS 表达区域受到强抑制，不表达，在没有 WUS 表达的区域表达，形成环状分布（Gordon et al.，2009）。WUS 和细胞分裂素下游反应报告基因的表达分布相重叠，也与细胞分裂素受体 AHK4 在 SAM 的表达分布以及在单个细胞中的调控一致，WUS 在 SAM 的空间分布受到细胞分裂素通过 AHK2、AHK4 的信号传递、CLAVATA3 和 WUSCHEL（WUS）之间形成的反馈环精确调节，由此调控 SAM 中干细胞的数目（Gordon et al.，2009）。

侧生芽的发育受到顶端优势的抑制，最近的研究发现生长素、strigolactone 在顶端优势的抑制中共同作用，抑制侧芽形成，细胞分裂素则是侧芽形成所需要的。

顶端优势可以用去除顶芽的方法解除。IAA 在诱导形成侧芽以后抑制接下去的生长。决定侧芽形成还有很多其他因素。在豌豆中发现了一个嫁接转移分枝抑制因子（*RAMOSUS*，*RMS*），控制分枝信号分子 strigolactone 的合成，在拟南芥、矮牵牛（*Petunia hybrida*）、水稻中鉴定了类似的途径，表明植物中 strigolactone 是一个茎端分枝抑制因子（reviewed by Ferguson *et al.*，2009）。生长素控制 strigolactone 合成途径中至少两个基因的表达，因此生长素可以通过促进 strigolactone 的合成在顶端优势中起部分作用（reviewed by Ferguson *et al.*，2009）。

对细胞分裂素合成基因异戊烯基转移酶基因（*IPT1* 和 *IPT2*）、IAA 反应基因 *IAA4/5*、RMS 途径基因 *RMS1* 和 *RMS5* 在以上各种处理中检测其表达，发现 *IPT1* 和 *IPT2* 的表达增加与侧芽形成高度相关，同时 *IAA4/5*、*RMS1*、*RMS5* 在相应部位的表达急剧下降（Ferguson *et al.*，2009）。

细胞分裂素、生长素在叶序发生中也共同作用，决定叶序的类型。玉米异常叶序突变体 1 基因（*aberrant phyllotaxy1*，*abph1*，或 *abphyl1*）编码一个 A 类型的细胞分裂素反应调控因子，生长素和其运输载体促进 *ABPH1* 的表达，生长素极性运输载体 PINFORMED1（PIN1）分布在茎顶端分生组织（SAM）表皮原 L1 层和叶原基起始位点，是 SAM 大小和叶原基的标志，决定生长素的流向。而 *abph1* 突变在叶原基中降低 *PIN1* 的表达，细胞分裂素处理诱导 *PIN1* 表达。说明细胞分裂素负调控顶端分生组织大小，正调控 *PIN1* 表达（Lee *et al.*，2009a，b）。

在胚发育早期，基部子细胞在生长素的作用下形成根静止中心干细胞，细胞分裂素在这个过程中起拮抗作用，生长素通过激活细胞分裂素负调控反应因子 ARR7、ARR15 抑制细胞分裂素的作用，确立基部子细胞的根特化（Müller and Sheen，2008）。

细胞分裂素在根中负调控 *PIN1*、*PIN2*、*PIN3* 的转录，正调控 *PIN7* 的转录，以一种依赖浓度的方式差异调控各种不同生长素运出载体在根中的分布。尤其是在对 PIN1 分布的调控上，不同细胞分裂素受体的组合作用具有不同的影响（Růžička *et al.*，2009）。由此细胞分裂素精细调控和限制根中分生组织细胞数目和所在位置，与生长素一起共同控制根的形态。

细胞分裂素直接作用在侧根原基细胞，通过抑制 *DR5* 类生长素反应基因、*CUC3* 基因的表达和生长素运输载体 PIN1、PIN6 的极性分布，抑制生长素促进的侧根的起始（Laplaze *et al.*，2007）。所以如细胞分裂素缺失，抑制消除，侧根大量形成。

乙烯也与细胞分裂素协同作用，在拟南芥幼苗下胚轴和根延长的抑制、矮化西瓜下胚轴伸长的促进中都起作用（Cary *et al.*，1995；Loy and Pollard，1981）。

五、乙烯在植物形态发育中的作用

乙烯在幼苗萌发见光后的生长、植物的机械反应、逆境、果实成熟中都发挥作用。正常的黄化幼苗表现出紧闭的顶端弯钩、细长胚轴和延长的根，施用乙烯后，弯钩张开，胚轴辐射膨胀、胚轴和胚根的延长受到抑制，称为三联反应。

乙烯能增强花的开放，诱导老化基因表达，促进花瓣脱落（Lawton et al.，1990；Xue et al.，2008）。乙烯和生长素在花瓣脱落中有拮抗作用。提供生长素的因子影响脱落层对乙烯的敏感度，反之，乙烯抑制生长素运输同时增加脱落层对乙烯的敏感度。生长素也可以刺激乙烯合成，加快脱落。

在繁殖器官从花芽经开花到坐果的发育过程中，存在多个乙烯控制位点。番茄乙烯受体基因 *Nr* 的突变改变了决定果实发育的 869 个基因中 37% 基因的表达，其中有 72 个调控因子，抑制果实的成熟，改变果实形状和种子数目，影响抗坏血酸和类胡萝卜素的积累（Alba et al.，2005）。授粉可以诱导乙烯合成，因此在一些植物中，授粉后几分钟短期形成的乙烯峰足以诱导花瓣在两小时内脱落。开花后，如果雌蕊成功授粉，一些物种的花瓣将进入衰老阶段，并迅速脱落。*IAA9* 是生长素负调控基因，在番茄从花芽经开花到坐果的发育过程中起抑制作用。*IAA9* 突变体不经授粉即可坐果。基因组转录水平的比较研究揭示了 *IAA9* 控制花芽、开花、坐果三个阶段中 *119* 个基因的表达，其中 *TAG1* 和 *TAGL6* 以及一批乙烯相关基因受到很大影响，说明乙烯在坐果过程中起重要作用（Wang et al.，2009）。乙烯在番茄的成熟过程中对着色和软化过程都起着重要作用（Xiao et al.，2009），在苹果的发育过程中，乙烯也起着相似的作用（Janssen et al.，2008）。

在果实成熟过程中，乙烯合成的水平和受体表达水平相适应。在番茄果实发育过程中，乙烯的合成一小部分受到发育相关的因子调控（系统 I），另外一大部分受到乙烯自催化系统的调控（系统 II），乙烯合成酶 ACS2 和 ACS4 在这两个系统中都是主要酶，但系统 I 不影响系统 II，如系统 I 有缺失突变，系统 II 仍能维持果实的成熟过程（Yokotani et al.，2009）。

另一些植物授粉后获得乙烯反应的敏感性并相应地有了乙烯合成的能力，并在整个阶段中有两到三次乙烯合成高峰，第一次是授粉后几分钟短的乙烯合成，在子房受精后有一个更高水平的峰值，这对授粉诱导的花瓣脱落很关键。

乙烯在根中与其他激素共同发挥作用。其中乙烯与生长素之间的共同作用是根形态发生发育中的重要因素。根中乙烯与生长素之间的作用类型有三种：由生长素介导的作用、依赖生长素的作用、不依赖（独立的）生长素的作用。这些作用在不同水平发生。野生型拟南芥中有 702 个基因由乙烯调控，1090 个基因由生长素调控，但由两者共同调控的基因只有 191 个，说明乙烯和生长素更多是独立调控（Stepanova et al.，2007）。但一种激素信号状态明显影响其他激素的调控过程。对乙烯信号传导突变体 *ein2*、生长素信号传导突变体 *aux1* 以及双突变 *ein2aux1* 分别进行 IAA 和 ET（乙烯）不同组合的诱导，研究各种处理下转录组中的基因类型，发现乙烯通过生长素的介导影响根的延长抑制作用更多地在生长素合成水平（Stepanova et al.，2007）。如乙烯促进生长素合成前体 Trp 合成关键酶 *Anthranilate synthase* α1 和 β1 基因的转录（Stepanova et al.，2005）。乙烯对根延长的抑制除了通过促进生长素合成，还影响生长素运输载体 AUX1 和 PIN2 的分布（Růžička et al.，2007）。乙烯不仅抑制主根的延长，同时也负调控侧根的形成，这种作用也是通过调控生长素载体 AUX1 的分布进行的（Negi et al.，2008）。在根毛形成中乙烯也是通过生长素的作用促进根毛形成（Rahman et al.，2002）。乙烯还能介导气孔张开、根和茎之间水的分布变化调节根的结构（Patrick et al.，2009）。

Thimomorphogenesis 是机械刺激引起的植物形态的变化。如植物受到环境摩擦、接触、风、雨、生长障碍，植物能改变生长习惯，解除这些机械刺激（MS）。这个过程依赖钙离子，引起细胞质内游离钙离子水平的迅速上升（Haley et al.，1995）。植物体内一批特殊的接触基因（touch gene）接受刺激几分钟内表达上调。还有一批基因因为接触而降解（Gutiérrez et al.，2002）。植物激素在某种程度介导这个过程。在根发育过程中，受到机械刺激后发生显著的乙烯反应，增强的乙烯反应也影响根中生长素反应（Okamoto et al.，2008）。

机械刺激诱导乙烯形成，在没有机械信号的情况下，乙烯可以诱导 TCH3 表达。诱导 TCH3 表达的 MS 和乙烯之间可能有一个连接点，这个连接点可能需要 ein6/een 双突变。EIN6/EEN 可能在钙的下游控制 MS 基因表达。种子萌发过程中，乙烯促进种子萌发，机械震动也促进种子萌发。乙烯不敏感突变体 etr1 不发生机械促进的萌发。乙烯合成抑制剂也抑制震动引起的促进萌发反应。

1. 乙烯和生长素、细胞分裂素

植物中每一部分的发育都是在不同激素的网络调控中进行的。

在幼苗的顶端弯钩发育中，乙烯和生长素之间通过 HOOKLESS（HLS1）连接。HLS1 编码一个酰基转移酶，可能酰基化生长素运输或信号传导蛋白。HLS1 启动子含有乙烯诱导的 GCCbox，乙烯促进 HLS1 的表达，光抑制 HLS1 的表达，HLS1 抑制 ARF2 的表达（Salma et al. 2009）。hookless（hls1）突变体缺乏对乙烯在茎顶端诱导的分化反应，形成异常增大的胚轴和子叶。用生长素或生长素运输抑制剂处理可以得到相同的表型。NPH4 编码生长素反应调控因子家族成员 ARF7，nph4 突变不能发生蓝光或生长素诱导的胚轴侧向弯曲，外源施加乙烯后恢复正常。hls1 突变体中乙烯不能恢复 nph4 的异常，表明 HLS1 是蓝光或生长素、乙烯介导的分化所需要的连接因子。番茄 Sl-IAA3 也是生长素和乙烯信号传导途径中的共同因子，其表达依赖乙烯和生长素，在胚轴弯曲等发育过程中起重要作用（Chaabouni et al. 2009）。用 HLS1 和 IAA3 启动子控制的报告基因 GUS 在拟南芥中表达显示 HLS1 在胚轴弯钩外侧表达，而 IAA3 在弯钩内侧表达，它们共同通过控制细胞的不对称生长控制顶端弯钩发育（Salma et al. 2009）。

乙烯和生长素之间除了共同的连接因子外，还通过相互促进合成反应、间接影响的方式联系。生长素上调拟南芥 9 个乙烯合成酶 ACS 基因中 8 个的表达（Tsuchisaka and Theologis，2004）。乙烯除了促进生长素前体 Trp 合成酶 ASA 基因表达外，还通过影响生长素载体的分布、其诱导形成的类黄酮、酚类等次生产物影响生长素的作用（Stepanova et al.，2007）。

细胞分裂素能够促进乙烯前体合成酶 ACS 的稳定性，从而促进乙烯合成（Chae et al.，2003）。

2. 乙烯和逆境激素

乙烯和茉莉酸共同（相互）作用，抵抗各种病原菌入侵，它们之间有许多共同促进表达的基因，也有相拮抗的反应（Adams and Turner，2010）。ERF1 是它们相互作用的关键基因，乙烯突变体 ein2 和茉莉酸受体突变体 coi1 都使 ERF1 不表达。ERF1 的表达可以补偿 ein2 和 coi1 突变造成的下游目标基因的不能诱导（Lorenzo et al.，2003）。

SA 水杨酸信号传导途径与乙烯信号传导的相互作用不同于茉莉酸，三者共同存在时诱导多种基因表达，调节对各种病原菌的反应。

3. 其他激素在植物形态发育中的作用

赤霉素的作用受光的影响，在植物的避荫反应中起作用（Buck-Sorlin et al.，2008）。

脱落酸在植物胚发育过程中起着调控作用，在植物果实成熟、器官脱落、气孔开关调控等过程中都起着重要作用（Zhang et al.，2009）。

茉莉酸在抑制有丝分裂、雄蕊晚期发育、母方控制的种子成熟、表皮毛发育、光下根生长的抑制、茎次生生长中形成层的发育、植物老化、植物对生物和非生物逆境的反应中都起重要作用（Zhang and Turner，2008；Mandaokar and Browse，2009；Sehr et al.，2010；Ito et al.，2007；Li et al.，2004；Traw and Bergelson，2003；Schommer et al.，2008；Pajerowska-Mukhtar et al.，2008）。茉莉酸受体 COI 是具有 LRR 区域的 F-box 蛋白，是 SCF^{COI} 泛素连接酶 E3 的亚单位，与 COP9 信号复合体作用，通过降解 JASMONATE ZIM-DOMAIN（JAZ）蛋白激活下游茉莉酸途径信号（Yan et al.，2009；Feng et al.，2003）。COI 与同样是 F-box 蛋白的生长素受体 TIR 的氨基酸序列有 33% 的相似性，生长素受体突变也降低对茉莉酸的敏感性（Adams and Turner，2010）。

赤霉素、脱落酸、乙烯都属于逆境激素，许多逆境反应都通过触发这些激素（尤其是脱落酸和乙烯）的合成和反应进行，是植物对环境变化的重要适应性反应。

☞ 参考文献

Abas L, Benjamins R, Malenica N, Paciorek T, Wisniewska J, Moulinier-Anzola JC, Sieberer T, Friml J, Luschnig C. Intracellular trafficking and proteolysis of the auxin efflux acilitator PIN2 in *Arabidopsis* is proteasome-dependent and involved in root gravitropism. Nat Cell Biol. 2006, 8, 249-256.

Adams E, Turner J. COI1, a jasmonate receptor, is involved in ethylene-induced inhibition of *Arabidopsis* root growth in the light. J Exp Bot. 2010, 61, 15, 4373-4386.

Alba R, Payton P, Fei Z, McQuinn R, Debbie P, Martin GB, Tanksley SD, Giovannoni JJ. Transcriptome and selected metabolite analyses reveal multiple points of ethylene control during tomato fruit development. Plant Cell, 2005, 17, 2954-2965.

Ariizumi T, Murase K, Sun T, and Steber CM. Proteolysis-independent downregulation of DELLA repression in *Arabidopsis* by the gibberellin receptor GIBBERELLIN INSENSITIVE DWARF1. Plant Cell. 2008, 20, 2447-2459.

Arteca RN, Arteca JM. Effects of brassinosteroid, auxin, and cytokinin on ethylene production in *Arabidopsis thaliana* plants. J Exp Bot. 2008, 59, 3019-3026.

Assmann SM. Abscisic acid signal transduction in stomatal responses. in Plant Hormones. Favies PJ. Eds. Kluwer Academic Publishers. , 2004, 391-412.

Bae G, Choi G. Decoding of light signals by plant phytochromes and their interacting proteins. Annu. Rev. Plant Biol. 2008, 59, 281-311.

Bancos S, Szatmári A, Castle J, Kozma-Bognár L, Shibata K, Yokota T, Bishop GJ, Nagy F, Szekeres M. Diurnal Regulation of the brassinosteroid-biosynthetic CPD gene in *Arabidopsis*. Plant Physiol. 2006, 141, 299-309.

Bandyopadhyay A, Blakeslee J, Lee O, Mravec J, Sauer M, Titapiwatanakun B, Makam S, Bouchard R, Geisler M, Martinoia E, Friml J, Peer W, Murphy A. Interactions of PIN and PGP auxin transport mechanisms. Biochem. Soc. Trans. 2007, 35, 137-141.

Beemster GTS, Baskin. TI. STUNTED PLANT 1 mediates effects of cytokinin, but not of auxin, on cell division and expansion in the root of *Arabidopsis*. Plant Physiol. 2000, 124, 1718-1727.

Beggs CJ, Holmes MG, Jabben M, Schäfer E. Action spectra for the inhibition of hypocotyl growth by continuous irradiation in light and dark-grown *Sinapis alba* L. seedlings Plant Physiol. 1980, 66, 615-618.

Bishopp A, Mähönen AP, and Helariutta Y. Signs of change: hormone receptors that regulate plant development. Development, 2006, 133, 1857-1869.

Blakeslee J, Bandyopadhyay A, Lee O-K, Mravec J, BoosareeTitapiwatanakun B, Sauer M, Makam S, Cheng Y, Bouchard R, Adamec J, Geisler M, Nagashima A, Sakai T, Martinoia E, Friml J, Peer W, Murphy A. Interactions among PIN-FORMED and P-glycoprotein auxin transporters in *Arabidopsis*. Plant Cell. 2007, 19, 131-147.

Bläsing OE, Gibon Y, Günther M, Höhne M, Morcuende R, Osuna D, Thimm O, Usadel B, Scheible W, Stitta M. Sugars and circadian regulation make major contributions to the global regulation of diurnal gene expression in *Arabidopsis*. Plant Cell, 2005, 17, 3257-3281.

Blilou I, Xu J, Wildwater M, Willemsen V, Paponov I, Friml J, Heidstra R, Aida M, Palme K, Scheres B. The PIN auxin efflux facilitator network controls growth and patterning in *Arabidopsis* roots. Nature. 2005, 433, 39-44.

Boccalandro HE, De Simone SN, Bergmann-Honsberger A, Schepens I, Fankhauser C, Casal JJ. PHYTOCHROME KINASE SUBSTRATE1 regulates root phototropism and gravitropism. Plant Physiol. 2008, 146, 108-115.

Boonman A, Prinsen E, Gilmer F, Schurr U, Peeters AJM, Voesenek LACJ, Pons TL. Cytokinin import rate as a signal for photosynthetic acclimation to canopy light gradients Plant Physiol. 2007, 143, 1841-1852.

Boonman A, Prinsen E, Voesenek LACJ, Pons TL. Redundant roles of photoreceptors and cytokinins in regulating photosynthetic acclimation to canopy density. J Exp Bot. 2009, 60, 1179-1190.

Bornman CH, Addicott FT, Spurr AR. Auxin and gibberellin effects on cell growth and starch during abscission in cotton. Plant Physiol. 1966, 41, 871-876.

Braun N, Wyrzykowska J, Muller P, David K, Couch D, Perrot-Rechenmann C, Fleming AJ. Conditional repression of AUXIN BINDING PROTEIN1 reveals that it coordinates cell division and cell expansion during postembryonic shoot development in *Arabidopsis* and *Tobacco*. Plant Cell. 2008, 20, 2746-2762.

Breyne P, Dreesen R, Vandepoele K, De Veylder L, Van Breusegem F, Callewaert L, Rombauts S, Raes J, Cannoot B, Engler G, Inzé D. Zebeau M. Transcriptome analysis during cell division in plants. PNAS. 2002, 99, 14825-14830.

Brown BA, Cloix C, Jiang G, Kaiserli E, Herzyk P, Kliebenstein DJ, Jenkins GI. A UV-B-specific signaling component orchestrates plant UV protection. PNAS. 2005, 13; 102, 18225-18230.

Brown BA, Jenkins GI. UV-B Signaling pathways with different fluence-rate response profiles are distinguished in mature *Arabidopsis* leaf tissue by requirement for UVR8, HY5, and HYH. Plant Physiol. 2008; 146, 576-588.

Brummell DA, Harpster MH, Civello PM, Palys JM, Bennett AB, Dunsmuir P. Modification of expansin protein abundance in tomato fruit alters softening and cell wall polymer metabolism during ripening. Plant Cell. 1999, 11, 2203-2216.

Buck-Sorlin G, Hemmerling R, Kniemeyer O, Burema B, Kurth W. A rule-based model of barley morphogenesis, with special respect to shading and gibberellic acid signal transduction. Annals of Botany 2008, 101, 1109-1123.

Carpita NC, Gibeaut DM. Structural models of primary cell walls in flowering plants: consistency of molecular structure with the physical properties of walls during growth. Plant J. 1993, 3, 1-30.

Carpita NC. Structure and biogenesisof the cell walls of grasses. Annu Rev Plant Physiol Plant Mol Biol. 1996, 47, 445-476.

Cary AJ, Liu W, Howell SH. Cytokinin action is coupled to ethylene in its effects on the inhibition of rootand hypocotyl elon ation in *Arabidopsis thaliana* seedlings. Plant Physiol. 1995, 107, 1075-1082.

Casal JJ, Mazzella MA. Conditional Synergism between Cryptochrome 1 and Phytochrome B is shown by the analysis of phyA, phyB, and hy4 simple, double, and triple mutants in *Arabidopsis*. Plant Physiol. 1998, 118, 19-25.

Chaabouni S, Jones B, Delalande C, Wang H, Li Z, Mila I, Frasse P, LatcheA, Pech J, Bouzayen M. Sl-IAA3, a tomato Aux/IAA at the crossroads of auxin and ethylene signalling involved in differential growth. J Exp Bot. 2009, 60, 1349-1362.

Chae HS, Faure F, Kieber JJ. The *eto*1, *eto*2, and *eto*3 mutations and cytokinin treatment increase ethylene biosynthesis in *Arabidopsis* by increasing the stability of ACS protein. Plant Cell. 2003, 15, 545-559,

Chen C, Ertl JR, Leisner SM, Chang C. Localization of cytokinin biosynthetic sites in pea plants and carrot roots. Plant Physiol. 1985, 78(3), 510-513.

Chen D, Ren Y, Deng Y, Zhao J. Auxin polar transport is essential for the development of zygote and embryo in *Nicotiana tabacum* L. and correlated with ABP1 and PM H^+-ATPase activities. J Exp Bot. 2010, 61, 1853-1867.

Chen F, Nonogaki H, Bradford KJ. A gibberellin-regulated xyloglucan endotransglycosylase gene is expressed in the endosperm cap during tomato seed germination. J. Exp Bot. 2002, 53, 215-223.

Chen H, Shen Y, Tang X, Yu L, Wang J, Guo L, Zhang Y, Zhang H, Feng S, Strickland E, Zheng N, Deng X. *Arabidopsis* CULLIN4 forms an E3 ubiquitin ligase with RBX1 and the CDD complex in mediating light control of development. Plant Cell. 2006, 18, 1991-2004.

Chevalier F, Perazza D, Laporte F, Le Hénanff G, Hornitschek P, Bonneville J, Herzog M, Vachon G. GeBP and GeBP-like proteins are noncanonical leucine-zipper transcription factors that regulate cytokinin response in *Arabidopsis*. Plant Physiol. 2008, 146, 1142-1154.

Cho HT, Crosgrove DJ. Expansins as agents in hormone action. in Plant Hormones, Kluwer Academic Publishers. 2004. ed. 262-281.

Clack T, Shokry A, Moffet M, Liu P, Faul M, Sharrock R. Obligate heterodimerization of *Arabidopsis* phytochromes C and E and interaction with the PIF3 basic helix-loophelix transcription factor. PlantCell. 2009, 21, 786-799.

Cleland RE. Auxin and cell elongation. in Plant Hormones, Kluwer Academic Publishers. 2004. ed. 204-220.

Clouse AD. Brassinosteroid signal transduction. in Plant Hormones. Favies PJ. Eds. Kluwer Academic Publishers. , 2004, 413-436.

Cosgrove DJ, Li LC, Cho HT, Hoffmann-Benning S, Moore RC, Blecker D. The growing world of expansions. Plant cell Physiol. . 2002, 43, 1436-1444.

Cosgrove DJ. Cell wall loosening by expansins. Plant Physiol. 1998, 118(2), 333-339.

Cosgrove DJ. Loosening of plant cell walls by expansins. Nature. 2000, 407, 321-326.

Cosgrove DJ. Relaxation in a high-stress environment: the molecular bases of extensible cell walls and cell enlargement. Plant Cell. 1997, 9(7), 1031-1041.

Cosgrove DJ. Characterization of long-term extension of isolated cell walls from growing cucumber hypocotyls. Planta. 1989, 177, 121-130.

Dahlke RI, Luethen H, Steffens B. ABP1: An auxin receptor for fast responses at the plasma membrane. Plant Signal Behav. 2010, 5, 1-3.

Dan H, Imaseki H, Wasteneys GO, and Kazama H. Ethylene stimulates endoreduplication but inhibits cytokinesis in cucumber hypocotyl epidermis. Plant Physiol. 2003, 133, 1726-1731.

Datta S, Johansson H, Hettiarachchi C, Irigoyen ML, Desai M, Rubio V, Holm M. LZF1/SALT TOLERANCE HOMOLOG3, an *Arabidopsis* B-Box protein involved in light-dependent development and gene expression, undergoes cop1-mediated ubiquitination. Plant Cell, 2008, 20, 2324-2338.

de Carbonnel M, Davis P, Roelfsema MRG, Inoue S, Schepens I, Lariguet P, Geisler M,

Shimazaki K, Hangarter R, Fankhauser C. The *Arabidopsis* phytochrome kinase substrate2 protein is a phototropin signaling element that regulates leaf flattening and leaf positioning. Plant Physiol. 2010, 152, 1391-1405.

De Petter E, Wiemeersch LV, Rethy R, Dedonder A, Fredericq H, Greef JD. Fluence-response curves and action spectra for the very low fluence and the low fluence response for the induction of kalancho seed germination. Plant Physiol. 1988, 88, 276-283.

Devlin PF, Kay SA. Cryptochromes are required for phytochrome signaling to the circadian clock but not for rhythmicity. Plant Cell, 2000, 12, 2499-2509.

Devlin PF, Patel SR, Whitelam GC. Phytochrome E Influences internode elongation and flowering time in *Arabidopsis*. Plant Cell. 1998, 10, 1479-1487.

Dietz A, Kutschera U, Ray PM. Auxin enhancement of mRNAs in epidermis and internal tissues of the pea stem and its significance for control of elongation. Plant Physiol. 1990, 93, 432-438.

Duek PD, Elmer MV, van Oosten VR, Fankhauser C. The degradation of HFR1, a putative bHLH class transcription factor involved in light signaling, is regulated by phosphorylation and requires COP1. Curr. Biol. 2004, 14, 2296-2301.

Duek PD, Fankhauser C. bHLH class transcription factors take center stage in phytochrome signalling. Trends Plant Sci. 2005, 10, 51-54.

Eckardt NA. A New classic of cytokinin research: cytokinin-deficient *Arabidopsis* plants provide new insights into cytokinin biology. Plant Cell. 2003, 15(11), 2489-2492.

El-Assal SE, Alonso-Blanco C, Peeters AJM, Wagemaker C, Weller JL, and Koornneef M. The role of cryptochrome 2 in flowering in *Arabidopsis*. Plant Physiol. 2003, 133, 1504-1516.

Endo M, Mochizuki N, Suzuki T, Nagatani A. CRYPTOCHROME2 in vascular bundles regulates flowering in *Arabidopsis*. Plant Cell. 2007, 19, 84-93.

Endo M, Nakamura S, Araki T, Mochizuki N, Nagatani A. Phytochrome B in the mesophyll delays flowering by suppressing FLOWERING LOCUS T Expression in *Arabidopsis* vascular bundles. Plant Cell, 2005, 1941-1952.

Facella P, Lopez L, Carbone F, Galbraith DW, Giuliano G, Perrotta G. Diurnal and circadian rhythms in the tomato transcriptome and their modulation by cryptochrome photoreceptors. PLoS ONE. 2008, 3, e2708 1-15.

Fankhauser C, Chory J. Light control of plant development. Annu. Rev. Cell Dev. Biol. 1997, 13: 203-29.

Fankhauser C, Yeh KC, Lagarias JC, Zhang H, Elich TD, Chory J. PKS1, a substrate phosphorylated by phytochrome that modulates light signaling in *Arabidopsis*. Science, 1999, 284, 1539-1541.

Feng S, Ma L, Wang X, Xie D, Dinesh-Kumar SP, Wei N, Deng XW. The COP9 signalosome interacts physically with SCF^{COI1} and modulates jasmonate responses. Plant

Cell. 2003, 15, 1083-1094.

Feng S, Martinez C, Gusmaroli G, Wang Y, Zhou J, Wang F, Chen L, Yu L, Iglesias-Pedraz JM, Kircher S, Schäfer E, Fu X, Fan L, Deng X. Coordinated regulation of *Arabidopsis thaliana* development by light and gibberellins. Nature, 2008, 451, 475-480.

Feraru E, Friml J. PIN polar targeting. Plant Physiol. 2008, 147, 1553-1559.

Ferguson BJ, Beveridge CA. Roles for Auxin, Cytokinin, and strigolactone in regulating shoot branching. Plant Physiol. 2009, 149, 1929-1944.

Finkelstein RR, Rock CD. Abscisic acid biosynthesis and signaling. in The *Arabidopsis* Book, C. R. Somerville and E. M. Meyerowitz, eds (Rockville, MD: ASPB), 2002. http://www.aspb.org/publications/Arabidopsis/.

Finkelstein RR. Studies of Abscisic Acid perception finally flower. Plant Cell. 2006, 786-791.

Finlayson SA, Lee I, Morgan PW. Phytochrome B and the regulation of circadian ethylene production in sorghum. Plant Physiol. 1998, 116, 17-25.

Foo E, Morris SE, Parmenter K, Young N, Wang H, Jones A, Rameau C, Turnbull CGN, Beveridge CA. Feedback regulation of xylem cytokinin content is conserved in *Pea* and *Arabidopsis*. Plant Physiol. 2007, 143, 1418-1428.

Franklin KA, Whitelam GC. Phytochromes and shade-avoidance responses in plants. Annals of Botany. 2005, 1-7.

Friml J, Benková E, Blilou I, Wisniewska J, Hamann T, Ljung K, Woody S, Sandberg G, Scheres B, Jürgens G, Palme K. AtPIN4 mediates sink driven auxin gradients and patterning in *Arabidopsis* roots. Cell. 2002b, 108, 661-673.

Friml J, Vieten A, Sauer M, Weijers D, Schwarz H, Hamann T, Offringa R, Jürgens G. Efflux-dependent auxin gradients establish the apical-basal axis of *Arabidopsis*. Nature. 2003, 426, 147-153.

Friml J, Wisniewska J, Benkova'E, Mendgen K, Palme K. Lateral relocation of auxin efflux regulator AtPIN3 mediates tropism in *Arabidopsis*. Nature. 2002a, 415, 806-809.

Friml J. Subcellular trafficking of PIN auxin efflux carriers in auxin transport. Eur J Cell Biol. 2010, 89, 231-235.

Fuglevand G, Jackson JA, Jenkins G. UV-9, UV-A, and blue light signal transduction pathways Interact synergistically to regulate chalcone synthase gene expression in*Arabidopsis*. Plant Cell. 8, 2347-2357, 1996.

Fujimori T, Yamashino T, Kato T, Mizuno T. Circadian-controlled basic helix-loop-helix factor, PIL6, implicated in light-signal transduction in*Arabidopsis thaliana*. Plant Cell Physiol. 2004, 45, 1078-1086.

Geldner N, Friml J, Stierhof Y.-D, Jürgens G, Palme K. Polar auxin transport inhibitors block PIN1 cycling and vesicle trafficking. Nature. 2001, 413, 425-428.

Gendron JM, Wang Z. Multiple mechanisms modulate brassinosteroid signaling. Curr Opin Plant Biol. 2007, 10. 436-441.

Genoud T, Schweizer F, Tscheuschler A, Debrieux D, Casal JJ, Schäfer E, Hiltbrunner A, Fankhauser C. FHY1 mediates nuclear import of the light-activated phytochrome a photoreceptor. PLoS Genet. 2008, 4, e1000143(1-12).

Giliberto L, Perrotta G, Pallara P, Weller JL, Fraser PD, Bramley PM, Fiore A, Tavazza M, Giuliano G. Manipulation of the blue light photoreceptor cryptochrome 2 in tomato affects vegetative development, flowering time, and fruit antioxidant content. Plant Physiol. 2005, 137, 199-208.

Gomi K, Sasaki A, Itoh H, Ueguchi-Tanaka M, Ashikari M, Kitano H, Matsuoka M. GID2, an F-box subunit of the SCF E3 complex, specifically interacts with phosphorylated SLR1 protein and regulates the gibberellin-dependent degradation of SLR1 in rice. Plant J. 2004, 37, 626-634.

Gordon SP, Chickarmane VS, Ohno C, Meyerowitz EM. Multiple feedback loops through cytokinin signaling control stem cell number within the *Arabidopsis* shoot meristem. PNAS. 2009, 106(38), 16529-16534.

Gutiérrez RA, Ewing RM, Cherry JM, Green PJ. Identification of unstable transcripts in *Arabidopsis* by cDNA microarray analysis: Rapid decay is associated with a group of touch- and specific clock-controlled genes. PNAS. 2002, 99, 11513-11518.

Hagen G, Guilfoyle TJ, Gray WM. Auxin signal transduction. in Plant Hormones. Ed by Davies PJ. 2004, 282-303.

Haley A, Russellt AJ, Wood N, Allan AC, Knight M, Campbell AK, Trewavas AJ. Effects of mechanical signaling on plant cell cytosolic calcium. PNAS. 1995, 92, 4124-4128.

Halliday KJ, Martínez-García JF, Josse E. Integration of light and auxin signaling. Cold Spring Harb Perspect Biol. 2009, 1-11.

Higuchi M, Pischke MS, Mähönen AP, Miyawaki K, Hashimoto Y, Seki M, Kobayashi M, Shinozaki K, Kato T, Tabata S, Helariutta Y, Sussman MR, Kakimoto T. In planta functions of the *Arabidopsis* cytokinin receptor family. PNAS. 2004, 101, 8821-8826.

Hiltbrunner A, Tscheuschler A, Viczia′n A, Kunkel T, Kircher S, Schäfer E. FHY1 and FHL act together to mediate nuclear accumulation of the phytochrome A photoreceptor. Plant Cell Physiol. 2006, 47, 1023-1034.

Himanen K, Boucheron E, Vanneste S, Engler JA, Inzé D, Beeckman T. Auxin-mediated cell cycle activation during early lateral root initiation. Plant Cell. 2002, 14, 2339-2351.

Holm M, Ma L, Qu L, Deng X. Two interacting bZIP proteins are direct targets of COP1-mediated control of light-dependent gene expression in *Arabidopsis*. Gene Dev. 2002, 16, 1247-1259.

Huq E, Al-Sady B, Hudson M, Kim C, Apel K, et al. Phytochromeinteracting factor 1 is a critical bHLH regulator of chlorophyll biosynthesis. Science. 2004, 305, 1937-1941.

Huq E, Quail PH. PIF4, a phytochrome-interacting bHLH factor, functions as a negative regulator of phytochrome B signaling in *Arabidopsis*. EMBO J. 2002, 21, 2441-2450.

Hutchison CE, Kieber JJ. Cytokinin Signaling in *Arabidopsis*. Plant Cell. 2002, 14, (Supp), s47-s59.

Inaba T, Nagano Y, Sakakibara T, Sasaki Y. Identification of a cis-regulatory element involved in phytochrome down-regulated expression of the pea small gtpase gene *pra*2. Plant Physiol. 1999, 120, 491-499.

Inada S, Ohgishi M, Mayama T, Okada K, Sakai T. RPT2 is a signal transducer involved in phototropic response and stomatal opening by association with phototropin 1 in *Arabidopsis thaliana*. Plant Cell, 2004, 16, 887-896.

Inohara N, Shimomura S, Fukui T, Futai M. Auxin-binding protein located in the endoplasmic reticulum of maize shoots: molecular cloning and complete primary structure. PNAS. 1989, 86, 3564-3568.

Inoue S, Kinoshita T, Matsumoto M., Nakayama KI, Doi M, Shimazaki K. Blue light-induced autophosphorylation of phototropin is a primary step for signaling. PNAS, 2008, 105, 5626-5631.

Ito T, Ng K, Lim T, Yu H, Meyerowitz EM. The homeotic protein AGAMOUS controls late stamen development by regulating a jasmonate biosynthetic gene in *Arabidopsis*. Plant Cell. 2007, 19, 3516-3529.

Jang I, Yang J, Seo H, Chua N. HFR1 is targeted by COP1 E3 ligase for post-translational proteolysis during phytochrome A signaling. Gene Dev. 2005, 19, 593-602.

Janssen BJ, Thodey K, Schaffer RJ, Alba R, Balakrishnan L, Bishop R, Bowen JH, Crowhurst RN, Gleave AP, Ledger S, McArtney S, Pichler FB, Snowden KC, Ward S. Global gene expression analysis of apple fruit development from the floral bud to ripe fruit. BMC Plant Biol. 2008, 8, 16-44.

Jensen PJ, Hangarter RP, Estelle M. Auxin transport is required for hypocotyl elongation in light-grown but not dark-grown *Arabidopsis*, Plant Physiol. 1998, 116, 455-62.

Jiao Y, Ma L, Strickland E, Deng X. Conservation and divergence of light-regulated genome expression patterns during seedling development in Rice and *Arabidopsis*. Plant Cell, 2005, 3239-3256.

Jiao Y, Yang H, Ma L, Sun N, Yu H, Liu T, Gao Y, Gu H, Chen Z, Wada M, Gerstein M, Zhao H, Qu L, Deng X. A Genome-wide analysis of blue-light regulation of *Arabidopsis* transcription factor gene expression during seedling development. Plant Physiol. 2003, 133, 1480-1493.

Jonassen EM, Sandsmark BAA, Lillo C. Unique status of NIA2 in nitrate assimilation: NIA2 expression is promoted by HY5/HYH and inhibited by PIF4. Plant Signal Behav. 2009, 4, 1084-1086.

Jurado S, Trivino SD, Abraham Z, Manzano C, Gutierrez C, Del Pozo C. SKP2A protein, an F-box that regulates cell division, is degraded via the ubiquitin pathway. Plant Signal Behav. 2008, 3, 810-812.

Kaiserli E, Sullivan S, Jones MA, Feeney KA, Christie JM. Domain swapping to assess the mechanistic basis of *Arabidopsis* phototropin 1 receptor kinase activation and endocytosis by blue light. Plant Cell, 2009, 21, 3226-3244.

Kaku I, Tabuchi A, Wakabayashi K, Kamisaka S, Hoson T. Action of xyloglucan hydrolase within the native cell wall architecture and its effect on cell wall extensibility in Azuki Bean epicotyls. Plant Cell. 2002, 43, 21-26.

Kanegae T, Hayashida E, Kuramoto C, and Wada M. A single chromoprotein with triple chromophores acts as both a phytochrome and a phototropin. PNAS, 2006. 103, 17997-18001.

Kang J, Hwang J, Lee M, Kim Y, Assmann SM, Martinoia E, Lee Y. PDR-type ABC transporter mediates cellular uptake of the phytohormone abscisic acid. PNAS. 2010, 107, 2355-2360.

Kasahara M, Swartz TE, Olney MA, Onodera A, Mochizuki N, Fukuzawa H, Asamizu E, Tabata S, Kanegae H, Takano M, Christie JM, Nagatani A, and Briggs WR. Photochemical properties of the flavin mononucleotide-binding domains of the phototropins from *Arabidopsis*, Rice, and *Chlamydomonas reinhardtii*. Plant Physiol. 2002, 129, 762-773.

Kendrick MD, Chang C. Ethylene signaling: new levels of complexity and regulation. Curr Opin Plant Biol. 2008, 11, 479-485.

Kendrick RE, Cone JW. Biphasic fluence response curves for induction of seed, germination. Plant Physiol. 1985, 79, 299-300.

Khanna R, Huq E, Kikis EA, Al-SadyB, Lanzatella C, and Quail PH. A Novel molecular recognition motif necessary for targeting photoactivated phytochrome signaling to specific Basic Helix-Loop-Helix transcription factors. Plant Cell. 2004, 16, 3033-3044.

Khanna R, Shen Y, Marion CM, Tsuchisaka A, Theologis A, Schäfer E, and Quail PH. The basic Helix-Loop-Helix transcription factor PIF5 acts on ethylene biosynthesis and phytochrome signaling by distinct mechanisms. Plant Cell. 2007, 19, 3915-3929.

Kim T, Guan S, Sun Y, Deng Z, Tang W, Shang J, Sun Y, Burlingame AL, Wang Z. Brassinosteroid signal transduction from cell surface receptor kinases to nuclear transcription factors. Nat Cell Biol. 2009, 11, 1254-1260.

Kim Y, Kim S, Park J, Park H, Lim M, Chua N, Park C. A membrane-bound nac transcription factor regulates cell division in *Arabidopsis*. Plant Cell. 2006, 18, 3132-3144.

Kinoshita T, Emi T, Tominaga M, Sakamoto K, Shigenaga A, Doi M, Shimazaki K. Blue-light-and phosphorylation-dependent binding ofa 14-3-3 protein to phototropins in stomatal guard cells of broad bean. Plant Physiol. 2003, 133, 1453-1463.

Kleine T, Kindgren P, Benedict C, Hendrickson L, and Strand Å. Genome-wide gene expression analysis reveals a critical role for CRYPTOCHROME1 in the response of*Arabidopsis* to high irradiance. Plant Physiology, 2007, 144, 1391-1406.

Kleine-Vehn J, Dhonukshe P, Sauer M, Brewer P, Wiśniewska J, Paciorek T, Benková E, Friml J. ARFGEF-dependent transcytosis mechanism for polar delivery of PIN auxin carriers in *Arabidopsis*. Curr. Biol. 2008a, 18, 526-531.

Kleine-Vehn J. Cellular and molecular requirements for polar PIN targeting and transcytosis in plants. Mol Plant. 2008b, 1, 1056-1066.

Kobayashi K, Nakamura Y, Ohta H. Type A and type B monogalactosyldiacylglycerol synthases are spatially and functionally separated in the plastids of higher plants. Plant Physiol Biochem. 2009, 47, 518-25.

Kotake T, Nakagawa N, Takeda K, Sakurai N. Auxin-induced elongation growth and expressions of cell wall-bound exo-and endo-b-glucanases in barley coleoptiles. Plant Cell Physiol. 2000, 41, 1272-1278.

Kuromori T, Miyaji T, Yabuuchi H, Shimizu H, Sugimoto E, Kamiya A, Moriyama Y, Shinozaki K. ABC transporter AtABCG25 is involved in abscisic acid transport and responses. PNAS. 2010, 107, 2361-2366.

Laplaze L, Benkova E, Casimiro I, Maes L, Vanneste S, Swarup R, Weijers D, Calvo V, Parizot B, Herrera-Rodriguez MB, Offringa R, Graham N, Doumas P, Friml J, Bogusz D, Beeckman T, Bennett M. Cytokinins act directly on lateral root founder cells to inhibit root initiation. Plant Cell. 2007, 19, 3889-3900.

Lariguet P, Boccalandro HE, Alonso JM, Ecker JR, Chory J, Casal JJ, Fankhauser CA. Growth regulatory loop that provides homeostasis to phytochrome A signaling. Plant Cell. 2003, 15, 2966-2978

Lariguet P, Schepens I, Hodgson D, Pedmale UV, Trevisan M, Kami C, De CarbonnelM, Alonso JM, Ecker JR, Liscum E, Fankhauser C. Phytochrome kinase substrate 1 is a phototropin 1 binding protein required for phototropism. Proc Natl Acad Sci USA. 2006, 103, 10134-10139.

Lau S, Jürgens G, De Smet I. The evolving complexity of the auxin pathway. Plant Cell. 2008, 20(7), 1738-1746.

Lawton KA, Raghothama KG, Goldsbrough PB, Woodson WR. Regulation of senescence-related gene expression in carnation flower petals by ethylene. Plant Physiol. 1990, 93, 1370-1375.

Laxmi A, Pan J, Morsy M, and ChenR. Light plays an essential role in intracellular distribution of auxin efflux carrier PIN2 in *Arabidopsis thaliana*. PLoS ONE. 2008; 3(1): e1510.

Lee A, Giordano W, Hirsch AM. Cytokinin induces expansin gene expression in *Melilotus alba Desr.* wild-type and the non-nodulating, non-mycorrhizal(Nod⁻Myc⁻) mutant *Masym*3. Plant Signal Behav. 2008, 3, 218-223.

Lee B, Johnston R, Yang Y, Gallavotti A, Kojima M, Travençolo BAN, Costa LF, Sakakibara H, Jackson D. Studies of *aberrant phyllotaxy1* mutants of maize indicate complex interactions between auxin and cytokinin signaling in the shoot apical meristem. Plant Physiol. 2009, 150, 205-216.

Lee K, Kim M, Kwon YJ, Kim M, Kim YS, Kim D. Cloning and characterization of a gene encoding ABP57, a soluble auxin-binding protein. Plant Biotech. Rep. 2009a, 10.1007/s11816-009-0101-z

Lee Y, Choi D, Kende H. Expansins: ever-expanding numbers and functions. Curr Opin Plant Biol. 2001, 4, 527-532.

Leivar P, Monte E, Al-Sady B, Carle C, Storer A, Alonso JM, Ecker JR, and Quail PH. The *Arabidopsis* phytochrome-interacting factor PIF7, together with PIF3 and PIF4, regulates responses to prolonged red light by modulating phyB levels. Plant Cell. 2008, 20, 337-352.

Li L, Zhao Y, McCaig BC, Wingerd BA, Wang J, Whalon ME, Pichersky E, Howe GA. The tomato homolog of *CORONATINE-INSENSITIVE*1 is required for the maternal control of seed maturation, jasmonate-signaled defense responses, and glandular trichome development. Plant Cell. 2004, 16, 126-143.

Li Y, Darley CP, Ongaro V, Fleming A, Schipper O, Baldauf SL, McQueen-Mason S. Plant expansins are a complex multigene family with an ancient evolutionary origin. Plant Physiol. 2002, 128, 854-864.

Li ZC, Durachko DM, Cosgrove DJ. An oat coleotile wall protein that induces wall extension in vitro and that is related to a similar protein from cucumber hypocotyls. Planta. 1993, 191, 349-356.

Lin C, Shalitin D. Cryptochrome structure and signal transduction. Annu. Rev. Plant Biol. 2003, 54, 469-96

Lin C, Todo T. The cryptochromes. Genome Biol. 2005, 6, 220-228.

Lin C. Blue light receptors and signal transduction. Plant Cell. 2002. (suppl), 207-225.

Liu H, Yu X, Li K, Klejnot J, Yang H, Lisiero D, Lin C. Photoexcited CRY2 interacts with CIB1 to regulate transcription and floral initiation in *Arabidopsis*. Science. 2008b, 322, 1535-1539.

Liu L, Zhang Y, Li Q, Sang Y, Mao J, Lian H, Wang L, Yang H. COP1-Mediated Ubiquitination of CONSTANS is implicated in cryptochrome regulation of flowering in *Arabidopsis*. Plant Cell, 2008a, 20, 292-306.

Lorenzo O, Piqueras R, Sanchez-Serrano JJ, Solano R. ETHYLENE RESPONSE FACTOR1 integrates signals from ethylene and jasmonate pathways in plant defense. Plant Cell. 2003, 15, 165-178.

Lorrain S, Allen T, Duek PD, Whitelam GC, Fankhauser C. Phytochrome-mediated inhibition of shade avoidance involves degradation of growth-promoting bHLH transcription factors. Plant J. 2008, 53, 312-323.

Loy JB, Pollard JE. Interaction of ethylene and a cytokinin in promoting hypocotyl elongation in a dwarf strain of watermelon. Plant Physiol. 1981, 68, 876-879.

Lüthen H, Böttger M. The role of protons in the auxin-induced root growth inhibition-a critical reexamination. Bot Acta. 1993, 106, 58-63.

Ma L, Gao Y, Qu L, Chen Z, Li J, Zhao H, Deng X. Genomic evidence for COP1 as a repressor of light-regulated gene expression and development in *Arabidopsis*. Plant Cell, 2002, 14, 2383-2398,

Ma L, Li J, Qu L, Hager J, Chen Z, Zhao H, Deng X. Light control of *Arabidopsis* development entails coordinated regulation of genome expression and cellular pathways. Plant Cell. 2001, 13, 2589-2607.

Magyar Z, DeVeylder L, Atanassova A, Bako L, InzeD, Bogre L. The role of the *Arabidopsis* E2FB transcription factor in regulating auxin-dependent cell division. Plant Cell. 2005, 17, 2527-2541.

Mandaokar A, BrowseJ. MYB108 acts together with MYB24 to regulate jasmonate-mediated stamen maturation in *Arabidopsis*. Plant Physiol. 2009, 149, 851-862.

Matsuoka D, Tokutomi S. Blue light-regulated molecular switch of Ser _ Thr kinase in phototropin. PNAS, 2005, 102, 13337-13342.

Maxwell BB, Kieber JJ. Cytokinin signal transduction. In Plant Hormone. Ed by Davies PJ. 2004, 321-349.

McQueen-Mason SJ, Durachko DM, Cosgrove DJ. Two endogenous proteins that induce cell wall expansion in plants. Plant Cell. 1992, 4, 1425-1433.

McQueen-Mason SJ, Fry SC, Durachko DM, Cosgrove DJ. The rellationship between xyloglucan endotransglycosylase and in-vitro cell wall extension in cucumber hypocotyls. Planta. 1993, 190, 327-331.

Menges M, de Jager SM, Gruissem W, Murray JA. Global analysis of the core cell cycle regulators of *Arabidopsis* identifies novel genes, reveals multiple and highly specific profiles of expression and provides a coherent model for plant cell cycle control. Plant J. 2005, 41, 546-566.

Menges M, Murray JA. Synchronous *Arabidopsis* suspension cultures for analysis of cell-cycle gene activity. Plant J. 2002, 30, 203-212.

Menges M, Samland AK, Planchais S, Murray JAH. The D-type cyclin CYCD3; 1 is limiting for the G1-to-S-phase transition in *Arabidopsis*. Plant Cell. 2006, 18, 893-906.

Miyazawa Y, Sakai A, Miyagishima S, Takano H, Kawano S, and Kuroiwa T. Auxin and cytokinin have opposite effects on amyloplast development and the expression of starch synthesis genes in cultured *Bright Yellow*-2 tobacco cells. Plant Physiol. 1999, 121, 461-469.

Mok, MC. Cytokinins and plant development: An overview. In cytokinins: Chemistry, activity and function, D. W. S Mok and M. C. Mok, eds (Boca Raton, FL: CRC Press), 1994, 155-156.

Monte E, Tepperman JM, Al-Sady B, Kaczorowski KA, Alonso JM, Ecker JR, Li X, Zhang Y, Quai PH. The phytochrome-interacting transcription factor, PIF3, acts early, selectively, and positively in light-induced chloroplast development. PNAS, 2004, 101, 16091-16098

Moon J, Zhu L, Shen H, HuqE. PIF1 directly and indirectly regulates chlorophyll biosynthesis to optimize the greening process in *Arabidopsis*. PNAS. 2008, 105, 9433-9438.

Mravec J, Kubes M, Bielach A, Gaykova V, Petrásek J, Skupa P, Chand S, Benková E, Zažŕmalová E, Friml J. Interaction of PIN and PGP transport mechanisms in auxin distribution-dependent development. Development. 2008, 135, 3345-3354.

Müller B, Sheen J. Cytokinin and auxin interplay in root stem-cell specification during early embryogenesis. Nature. 2008, 453, 1094-1097.

Müller R, Fernández AP, Hiltbrunner A, Schäfer E, Kretsch T. The histidine kinase-related domain of *Arabidopsis* phytochrome A controls the spectral sensitivity and the subcellular distribution of the photoreceptor. Plant Physiol. 2009, 150, 1297-1309.

Nakasone Y, Eitoku T, Matsuoka D, Tokutomi S, Terazima M. Kinetic measurement of transient dimerization and dissociation reactions of *Arabidopsis* Phototropin 1 LOV2 domain. Biophysical J. 2006, 91, 645-653.

Naramoto S, Sawa S, Koizumi K, Uemura T, Ueda T, Friml J, Nakano A, Fukuda H. Phosphoinositide-dependent regulation of VAN3ARF-GAP localization and activity essential for vascular tissue continuity in plants. Development. 2009, 136, 1529-1538.

Negi S, Ivanchenko MG, Muday GK. Ethylene regulates lateral root formation and auxin transport in *Arabidopsis thaliana*. Plant J. 2008, 55, 175-187.

Nemhauser J, Chory J. Photomorphogenesis. The *Arabidopsis* Book. 2002 American Society of Plant Biologists.

Nieuwland J, Menges M, Murray JAH. The plant cyclins. In Cell cycle control and plant development(ed. D. Inze), 2007, pp. 31-61. Blackwell Publishing.

Nishimura C, Ohashi Y, Sato S, Kato T, Tabata S, Ueguchi C. Histidine Kinase homologs that act as cytokinin receptors possess overlapping functions in the regulation of shoot and root growth in *Arabidopsis*. Plant Cell. 2004, 16, 1365-1377.

Nishimura N, Hitomi K, Arvai AS, Rambo RP, Hitomi C, Cutler SR, Schroeder JI, Getzoff ED. Structural mechanism of Abscisic Acid binding and signaling by dimeric PYR1. Science. 2009, 326, 1373-1379.

Nonogaki H, Gee OH, Bradford KJ. A germination-specific endo-beta-mannanase gene is expressed in the micropylar endosperm cap of tomato seeds. Plant Physiol. 2000, 123, 1235-1246.

Nordström A, Tarkowski P, Tarkowska D, Norbaek R, Åstot C, Dolezal K, and Sandberg G. Auxin regulation of cytokinin biosynthesis in *Arabidopsis thaliana*: A factor of potential importance for auxin-cytokinin-regulated development. PNAS. 2004, 101, 8039-8044.

Oh E, Kim J, Park E, Kim J, Kang C, Choi G. PIL5, a phytochrome-interacting basic Helix-Loop-Helix protein, is a key negative regulator of seed germination in *Arabidopsis thaliana*. Plant Cell. 2004, 16, 3045-3058.

Oh E, Yamaguchi S, Hu J, Yusuke J, Jung B, Paik I, Lee H, Sun T, Kamiya Y, Choia G. PIL5, a phytochrome-interacting bHLH protein, regulates gibberellin responsiveness by binding directly to the *GAI* and *RGA* promoters in *Arabidopsis* seeds. Plant Cell, 2007, 19, 1192-1208.

Okamoto T, Tsurumi S, Shibasaki K, ObanaY, Takaji H, Oono Y, RahmanA. Genetic dissection of hormonal responses in the roots of *Arabidopsis* grown under continuous mechanical impedance. Plant Physiol. 2008, 146, 1651-1662.

Okazaki K, Kabeya Y, Suzuki K, Mori T, Ichikawa T, Matsui M, Nakanishi H, Miyagishima S. The PLASTID DIVISION1 and 2 components of the chloroplast division machinery determine the rate of chloroplast division in land plant cell differentiation. Plant Cell. 2009, 21, 1769-1780.

Oravecz A, Baumann A, MátéZ, Brzezinska A, Molinier J, Oakeley EJ, ádám é, Schäfer E, Nagy F, Ulm R. CONSTITUTIVELY PHOTOMORPHOGENIC1 is required for the uv-b response in *Arabidopsis*. Plant Cell. 2006, 18, 1975-1990.

Osterlund MT, Hardtke CS, Wei N, Deng XW. Targeted destabilization of HY5 during light-regulated development of *Arabidopsis*. Nature. 2000, 405, 462-466.

Özgür S, Sancar A. Analysis of autophosphorylating kinase activities of *Arabidopsis* and human cryptochromes. Biochemistry. 2006, 45, 13369-13374.

Pajerowska-Mukhtar KM, · Mukhtar MS, · Guex N, Halim VA, · Rosahl S, · Somssich IE, · Gebhardt C. Natural variation of potato allene *oxide synthase* 2 causes differential levels of jasmonates and pathogen resistance in *Arabidopsis*. Planta. 2008, 228, 293-306.

Pan J, Fujioka S, Peng J, Chen J, Li G, and Chen R. The E3 Ubiquitin ligase SCFTIR1/AFB and membrane sterols play key roles in auxin regulation of endocytosis, recycling, and plasma membrane accumulation of the auxin efflux transporter PIN2 in *Arabidopsis thaliana*. Plant Cell. 2009, 21, 568-580.

Park S, Fung P, Nishimura N, Jensen DR, FujiiH, Zhao Y, Lumba S, Santiago J, Rodrigues A, Chow TF, Alfred SE, Bonetta D, Finkelstein R, Provart NJ, Desveaux D, Rodriguez PL, McCourt P, Zhu J, Schroeder JI, Volkman BF, Cutler SR. Abscisic acid inhibits PP2Cs via the PYR/PYL family of ABA-binding START proteins. Science. 2009, 324, 1068-1071.

Parks BM, Spalding EP. Sequential and coordinated action of phytochromes A and B during *Arabidopsis* stem growth revealed by kinetic analysis. PNAS, 1999, 96, 14142-14146.

Parry G, Calderon-Villalobos LI, Prigge M, Peret B, Dharmasiri S, Itoh H, Lechner E, Gray WM, Bennett M, Estelle M. Complex regulation of the TIR1/AFB family of auxin receptors. PNAS. 2009, 106, 22540-22545.

Patrick B, Antonin L, Servane L, Deleu C, Le Deunff E. Ethylene modifies architecture of root system in response to stomatal opening and water allocation changes between root and shoot. Plant Signaling & Behavior. 2009, 4, 44-46.

Petrásek J, Friml J. Auxin transport routes in plant development. Development. 2009, 136, 2675-88.

Petrasek, J, Mravec J, Bouchard R, Blakeslee J, Abas M, Seifertová D, Wiśniewska J, Tadele Z, Čovanová M, Dhonukshe P, Skůpa P, Benková E, Perry L, Křeček P, Lee OR, Fink G, Geisler M, Murphy A, Luschnig C, Zažímalová E, Friml J. PIN proteins perform a rate-limiting function in cellular auxin efflux. Science. 2006, 312, 914-918.

Pierik R, Cuppens MLC, Voesenek LACJ, Visser EJW. Interactions between ethylene and gibberellins in phytochrome-mediated shade avoidance responses in tobacco. Plant Physiology, 2004, 136, 2928-2936.

Pierik R, Djakovic-Petrovic T, Keuskamp DH, de WitM, and Voesenek LACJ. Auxin and ethylene regulate elongation responses to neighbor proximity signals independent of gibberellin and DELLA proteins in *Arabidopsis*. Plant Physiol. 2009, 149, 1701-1712.

Pons TL, Jordi W, Kuiper D. Acclimation of plants to light gradients in leaf canopies: evidence for a possible role for cytokinins transported in the transpiration stream. J Exp Bot. 2001, 52, 1563-1574.

Quail PH. The phytochrome family: dissection of functional roles and signalling pathways among family members. Phil. Trans. R. Soc. Lond. B, 1998, 353, 1399-1403.

Rahman A, Hosokawa S, Oono Y, Amakawa T, Goto N, Tsurumi S. Auxin and ethylene response interactions during *Arabidopsis* root hair development dissected by auxin influx modulators. Plant Physiol. 2002, 130, 1908-1917.

Rashotte AM, Mason MG, Hutchison CE, Ferreira FJ, Schaller GE and Kieber JJ. A subset of*Arabidopsis* AP2 transcription factors mediates cytokinin responses in concert with a two-component pathway. PNAS. 2006, 103, 11081-11085.

Rayle DL and Cleland RE. The acid growth theory of auxin induced cell elongation is alive and well. Plant Physiol. 1992, 99, 1271-1274.

Razem FA, El-Kereamy A, Abrams SR and Hill RD. The RNA binding protein FCA is an abscisic acid receptor. Nature. 2006, 439, 290-294.

Razem FA, Luo M, Liu JH, Abrams SR and Hill RD. Purification and characterization of a barley aleurone abscisic acid-binding protein. J. Biol. Chem. 2004, 279, 9922-9929.

Reinhardt D, Pesce ER, Stieger P, Mandel T, Baltensperger K, Bennett M, Traas J, Friml J, Kuhlemeier C. Regulation of phyllotaxis by polar auxin transport. Nature, 2003, 426, 255-260.

Ren B, Liang Y, Deng Y, Chen Q, Zhang J, Yang X, Zuo J. Genome-wide comparative analysis of type-A *Arabidopsis response regulator* genes by overexpression studies reveals their diverse roles and regulatory mechanisms in cytokinin signaling. Cell Res. 2009, 19(10), 1178-90.

Ren S, Johnston JS, Shippen DE, McKnight TD. TELOMERASE ACTIVATOR1 induces telomerase activity and potentiates responses to auxin in *Arabidopsis*. Plant Cell. 2004, 16, 2910-2922.

Ren S, Mandadi KK, Boedeker AL, Rathore KS, McKnight TD. Regulation of telomerase in *Arabidopsis* by BT2, an apparent target of TELOMERASE ACTIVATOR1. Plant Cell. 2007, 19, 23-31.

RichardC, Granier C, InzeD, DeVeylder L. Analysis of cell division parameters and cell cycle gene expression during the cultivation of *Arabidopsis thaliana* cell suspensions. J Exp Bot. 2001, 52, 1625-1633.

Riefler M, Novak O, Strnad M, Schmülling T. *Arabidopsis* cytokinin receptor mutants reveal functions in shoot growth, leaf senescence, seed size, germination, root development, and cytokinin metabolism. Plant Cell. 2006, 18, 40-54.

Riou-Khamlichi C, Huntley R, Jacqmard A, Murray JAH. Cytokinin activation of *Arabisopsis* cell division through a D-type cyclin. 1999, 283, 1541-1544.

Risk JM, Day CL, Macknigh RC. Reevaluation of abscisic acid-binding assays shows that G-Protein-Coupled Receptor2 does not bind abscisic acid. Plant Physiol. 2009, 150, 6-11.

Rockwell NC, Lagarias JC. The structure of phytochrome: a picture is worth a thousand spectra. Plant Cell, 2006, 18, 4-14.

Rupp HM, Frank M, Werner T, Strnad M, Schmulling T. Increased steady state mRNA levels of the *STM* and *KNAT*1 homeobox genes in cytokinin overproducing *Arabidopsis thaliana* indicate a role for cytokinins in the shoot apical meristem. Plant J. 1999, 18: 557-563.

Růžička K, Ljung K, Vanneste S, Podhorská R, Beeckman T, Friml J, Benková E. Ethylene regulates root growth through effects on auxin biosynthesis and transport-dependent auxin distribution. Plant Cell. 2007, 19, 2197-2212.

Růžička K, Šimášková M, Duclercq J, Petrášek J, Zažímalová E, Simon S, Friml J, Van Montagu MCE, Benková E. Cytokinin regulates root meristem activity via modulation of the polar auxin transport. PNAS. 2009, 106, 4284-4289.

Saijo Y, Sullivan JA, Wang H, Yang J, Shen Y, Rubio V, Ma L, Hoecker U, Deng XW. The COP1-SPA1 interaction defines a critical step in phytochrome A-mediated regulation of HY5 activity. Genes Dev. 2003, 17, 2642-2647.

Saijo Y, Zhu D, Li J, Rubio V, Zhou Z, Shen Y, Hoecker U, Wang H, Deng X. *Arabidopsis* COP1/SPA1 complex and phytochrome A signaling intermediates associate with distinct phosphorylated forms of phytochrome A in balancing signal propagation and attenuation. Mol Cell. 2008, 31, 607-613.

Sakai T, Kagawa T, Kasaharai M, Swartz TE, Christie JM, Briggs WR, Wada M, Okad Ka. *Arabidopsis* NPH1 and NPL1: Blue light receptors that mediate both phototropism and chloroplast relocation. PNAS. 2001, 98, 6969-6974.

Sakamoto K, Briggs WR. Cellular and subcellular localization of Phototropin 1. Plant Cell, 2002, 14, 1723-1735.

Sakamoto T, Sakakibara H, Kojima M, Yamamoto Y, Nagasaki H, Inukai Y, Sato Y, Matsuoka M. Ectopic expression of KNOTTED1-Like Homeobox protein induces expression of cytokinin biosynthesis genes in rice. Plant Physiol. 2006, 142, 54-62.

Salma C, Alain L, ClaudePJ, Mondher B. Tomato Aux/IAA3 and HOOKLESS are important actors of the interplay between auxin and ethylene during apical hook formation. Plant Signaling & Behavior. 2009, 4, 559-560.

Sampedro J, Cosgrove DJ. The expansin superfamily. Genome Biol. 2005, 6(12): 242.

Sang Y, Li Q, Rubio V, Zhang Y, Mao J, Deng X, Yang H. N-Terminal domain-mediated homodimerization is required for photoreceptor activity of *Arabidopsis* CRYPTOCHROME 1. Plant Cell. 2005, 17, 1569-1584.

Sasaki A, Itoh H, Gomi K, Ueguchi-Tanaka M, Ishiyama K, Kobayashi M, Jeong DH, An G, Kitano H, Ashikari M, Matsuoka M. Accumulation of phosphorylated repressor for gibberellin signaling in an F-box mutant. Science. 2003, 299, 1896-1898.

Sauer M, Balla J, Luschnig C, Wiśniewska J, Reinöhl V, Friml J, Benková E. Canalization of auxin flow by Aux/IAA-ARF-dependent feed-back regulation of PIN polarity. Genes Dev. 2006, 20, 2902-2911.

Sauer M, Friml J. In vitro culture of *Arabidopsis* embryos within their ovules. Plant J. 2004, 40, 835-843.

Sawada Y, Aoki M, Nakaminami K, Mitsuhashi W, Tatematsu K, Kushiro T, Koshiba T, Kamiya Y, Inoue Y, Nambara E, Toyomasu T. Phytochrome-and gibberellin-mediated regulation of abscisic acid metabolism during germination of photoblastic lettuce seeds. Plant Physiol. 2008, 146, 1386-1396.

Scarpella E, Marcos D, Friml J, Berleth T. Control of leaf vascular patterning by polar auxin transport. Genes. Dev. 2006, 20, 1015-1027.

Schaller GE, Kieber JJ. Ethylene. The *Arabidopsis* Book. American Society of Plant Biologists. 2002.

Schmülling T, Werner T, Riefler M, Kruplová E, Bartinay Manns I. Structure and function of cytokinin oxidase/dehydrogenase genes of maize, rice, *Arabidopsis* and other species. J. Plant Res. 2003, 116, 241-252.

Schommer C, Palatnik JF, Aggarwal P, Che'telat A, Cubas P, Farmer EE, Nath U, Weigel D. Control of jasmonate biosynthesis and senescence by miR319 targets. PLoS Biol. 2008, 6 (9), e230. doi: 10.1371/journal.pbio.0060230

Schopfer P, Liszkay A, Bechtold M, Frahry G. Wagner A. Evidence that hydroxyl radicals mediate auxin-induced extension growth. Planta, 2002, 214, 821-828.

Schopfer P. Hydroxyl radical -induced cll-wall looseing in vitro and invivo: implications for the control of elongation growth. Plant J. 2001, 28, 679-688.

Sehr EM, Agusti J, Lehner R, Farmer EE, Schwarz M, Greb T. Analysis of secondary growth in the *Arabidopsis* shoot reveals a positive role of jasmonate signalling in cambium formation. Plant J. 2010, 63, 811-822.

Seo HS, Yang JY, Ishikawa M, Bolle C, Ballesteros ML, Chua NH. LAF1 ubiquitination by COP1 controls photomorphogenesis and is stimulated by SPA1. Nature, 2003, 423, 995-999.

Shalitin D, Yang H, Mockler TC, Maymon M, Guo H, Whitelam GC, Lin C. Regulation of *Arabidopsis* cryptochrome 2 by bluelight-dependent phosphorylation. Nature. 2002, 417, 763-767.

Shalitin D, Yu X, Maymon M, Mockler T, Lin C. Blue light-dependent in vivo and in vitro phosphorylation of *Arabidopsis* cryptochrome 1. Plant Cell. 2003, 15, 2421-2429.

Sharrock RA, Clack T. Heterodimerization of type II phytochromes in *Arabidopsis*. PNAS. 2004, 101, 11500-11505.

Sharrock RA, Clack T. Patterns of expression and normalized levels of the five *Arabidopsis* phytochromes. Plant Physiology, 2002, 130, 442-456.

Shen H, Zhu L, Castillon A, Majee M, Downie B, Huq E. Light-Induced phosphorylation and degradation of the negative regulator PHYTOCHROME-INTERACTING FACTOR1 from *Arabidopsis* depend upon its direct physical interactions with photoactivated phytochromes. Plant Cell. 2008, 20, 1586-1602.

Shen Y, Khanna R, Carle CM, Quail PH. Phytochrome induces rapid PIF5 phosphorylation and degradation in response to red-light activation. Plant Physiol. 2007, 145, 1043-1051.

Shin J, Kim K, Kang H, Zulfugarov IS, Bae G, Lee C, Lee D, Choi G. Phytochromes promote seedling light responses by inhibiting four negatively-acting phytochrome-interacting factors. PNAS. 2009, 5, 106, 7660-7665.

Silverstone AL, Tseng T, Swain SM, Dill A, JeongSY, Olszewski NE, Sun T. Functional analysis of SPINDLY in gibberellin signaling in *Arabidopsis*. Plant Physiol. 2007, 143, 987-1000.

Smalle J, Haegman M, Kurepa J, Van Montagu M, Van Der Straeten D. Ethylene can stimulate *Arabidopsis* hypocotyl elongation in the light. PNAS. 1997, 94, 2756-2761.

Smith RS, Guyomarc'hS, Mandel T, Reinhardt D, Kuhlemeier C, Prusinkiewicz P. A plausible model of phyllotaxis. PNAS. 2006, 103(5), 1301-1306.

Sobieszczuk-Nowicka E, Wieczorek P, Legocka J. Kinetin affects the level of chloroplast polyamines and transglutaminase activity during senescence of barley leaves. Acta Biochim Pol. 2009, 56, 255-9.

Spiro MD, Bowers JF, Cosgrove DJ. A comparison of oligogalacturonide-and auxin-induced extracellular alkalinization and growth responses in roots of intact cucumber seedlings. Plant Physiol. 2002, 130, 895-903.

Stacey MG, Hicks SN, von Arnim AG. Discrete domains mediate the light-responsive nuclear and cytoplasmic localization of *Arabidopsis* COP1. Plant Cell, 1999, 349-363.

Stepanova AN, Hoyt JM, Hamilton AA, Alonso. JM A link between ethylene and auxin uncovered by the characterization of two root-specific ethylene-insensitive mutants in *Arabidopsis*. Plant Cell. 2005, 17, 2230-2242.

Stepanova AN, Yun J, Likhacheva AV, Alonso JM. Multilevel interactions between ethylene and auxin in *Arabidopsis* roots. Plant Cell. 2007, 19, 2169-218.

Stephenson PG, Fankhauser C, Terry MJ. PIF3 is a repressor of chloroplast development. PNAS. 2009, 106, 7654-7659.

Stevenson TT, Cleland RE. Osmoregulation in the Avena coleoptile in relation to growth. Plant Physiol. 1981, 67, 749-753.

Sun T. Gibberellin signal transduction in stem elongation & leaf growth. In Plant Hormones. Ed byDavis PJ. 2004, 304-320.

Swarup K, Benkova', E, Swarup R, Casimiro I, Péret B, Yang Y, Parry G, Nielsen E, DeSmet I, Vanneste S, Levesque MP, Carrier D, James N, Calvo V, Ljung K, Kramer E, Roberts R, Graham N, Marillonnet S, Patel K, Jones JD, Taylor CG, Schachtman DP, May S, Sandberg G, Benfey P, Friml J, Kerr I, Beeckman T, Laplaze L, Bennett M. The auxin influx carrier LAX3 promotes lateral root emergence. Nat. Cell Biol. 2008, 10, 946-954.

Swarup R, Friml J, Marchant A, Ljung K, Sandberg G, Palme K, Bennett M. Localization of the auxin permease AUX1 suggests two functionally distinct hormone transport pathways operate in the *Arabidopsis* root apex. Genes Dev. 2001, 15, 2648-2653.

Sweere U, Eichenberg K, Lohrmann J, Mira-Rodado V, Baurle I, Kudla J, Nagy F, Schafer E, Harter K. Interaction of the response regulator ARR4 with phytochrome B in modulating red light signaling. Science. 2001, 294, 1108-1110.

Świątek A, Lenjou M, Van Bockstaele D, Inzé D, Van Onckelen H. Differential effect of jasmonic acid and abscisic acid on cell cycle progression in tobacco *BY*-2 Cells. Plant Physiol. 2002, 128, 201-211.

Tamura K, Liu H, Takahashi H. Auxin induction of cell cycle regulated activity of tobacco telomerase. J. Biol. Chem. 1999. 274, 20997-21002.

Tanaka H, Kitakura S, DeRycke R, DeGroodt R, Friml J. Fluorescence imaging-based screen identifies ARFGEF component of early endosomal trafficking. Curr Biol. 2009. 19, 391-397.

Thomas J, Ross CW, Chastain CJ, Koomanoff N, Hendrix JE. Cytokinin-induced wall extensibility in excised cotyledons of radish and cucumber. Plant Physiol. 1981, 68, 107-110.

Thum KE, Kim M, Christopher DA, Mullet JE. Cryptochrome 1, Cryptochrome 2, and Phytochrome A co-activate the chloroplast psbD blue light-responsive promoter. Plant Cell, 2001, 13, 2747-2760.

Titapiwatanakun B, Blakeslee JJ, Bandyopadhyay A, Yang H, Mravec J, Sauer M, Cheng Y, Adamec J, Nagashima A, Geisler M, Sakai T, Friml J, Peer WA, Murphy AS. ABCB19/PGP19 stabilises PIN1 inmembrane microdomains in *Arabidopsis*. Plant

J. 2008, 57, 27-44.

Toledo-Ortiz G, Huq E, Quail PH. The *Arabidopsis* basic helix-loop-helix transcription factor family. Plant Cell. 2003, 15, 1749-1770.

Tóth R, Kevei E, Hall A, Millar AJ, Nagy F, Kozma-Bognár L, Circadian clock-regulated expression of phytochrome and cryptochrome genes in *Arabidopsis*, Plant Physiol. 2001, 127, 1607-1616.

Traw MB, Bergelson J. Interactive effects of jasmonic acid, salicylic acid, and gibberellin on induction of trichomes in *Arabidopsis*. Plant Physiol. 2003, 133, 1367-1375.

Tromas A, Braun N, Muller P, Khodus T, Paponov IA, Palme K, Ljung K, Lee J, Benfey P, Murray JAH, Scheres B, Perrot-Rechenmann C. The AUXIN BINDING PROTEIN 1 is required for differential auxin responses mediating root growth. PLoS One. 2009, 4, e6648 (1-11).

Turk EM, Fujioka S, Seto H, Shimada Y, Takatsuto S, Yoshida S, Denzel MA, Torres QI, Neff MM. CYP72B1 inactivates brassinosteroid hormones: an intersection between photomorphogenesis and plant steroid signal transduction. Plant Physiol. 2003, 133, 1643-1653.

Ueguchi-Tanaka M, Nakajima M, Katoh E, Ohmiya H, Asano K, Saji S, Hongyu X, Ashikari M, Kitano H, Yamaguchi I, Matsuokaa M. Molecular interactions of a soluble gibberellin receptor, GID1, with a rice DELLA protein, SLR1, and gibberellin. Plant Cell. 2007, 19, 2140-2155.

Ueguchi-Tanaka M, Ashikari M, Nakajima M, Itoh H, Katoh E, Kobayashi M, Chow TY, Hsing YI, Kitano H, Yamaguchi I, Matsuoka M. *GIBBERELLIN INSENSITIVE DWARF*1 encodes a soluble receptor for gibberellin. Nature. 2005, 437, 693-698.

Ulmasov T, Hagen G, Guilfoyle TJ. Activation and repression of transcription by auxin-response factors. PNAS. 1999, 96, 5844-5849.

Vandenbussche F, Vancompernolle B, Rieu I, Ahmad M, Phillips A, Moritz T, Hedden P, Van Der Straeten D. Ethylene-induced *Arabidopsis* hypocotyl elongation is dependent on but not mediated by gibberellins. J Exp Bot. 58, 2007, 4269-4281.

Virk SS, Cleland RE. Calcium and the mechanical properties of soybean hypocotyl cell walls: possible role of cacium and protons in wall loosening. Planta. 1988, 176, 60-67.

Voesenek LA, Benschop JJ, Bou J, Cox MC, Groeneveld HW, Millenaar FF, Vreeburg RA, Peeters AJ. Interactions between plant hormones regulate submergence-induced shoot elongation in the flooding-tolerant dicot *Rumex palustris*. Ann Bot(Lond). 2003, 91, Spec No: 205-211.

Wagner D, Fairchild CD, Kuhn RM, Quail PH. Chromophore-bearing NH_2-terminal domains of phytochromes A and B determine their photosensory specificity and differential light lability. PNAS. 1996a, 93(9), 4011-4015.

Wagner D, Koloszvari M, Quail PH. Two small spatially distinct regions of phytochrome b are required for efficient signaling rates. Plant Cell. 1996b, 8(5), 859-871.

Wang H, Ma LG, Li JM, Zhao HY, Deng XW. Direct interaction of *Arabidopsis* cryptochromes with COP1 in light control development. Science. 2001, 294, 154-158.

Wang H, Qi Q, Schorr P, Cutler AJ, Crosby WL, Fowke LC. ICK1, a cyclin-dependent protein kinase inhibitor from *Arabidopsis thaliana* interacts with both Cdc2a and CycD3, and its expression is induced by abscisic acid. Plant J. 1998, 15: 501-510.

Wang H, Schauer N, Usadel B, FrasseP, Zouine M, Hernould M, LatchéA, Pech J, Fernie AR, Bouzayen M. Regulatory features underlying pollination-dependent and -independent tomato fruit set revealed by transcript and primary metabolite profiling. Plant Cell. 2009, 21, 1428-1452.

Weijers D, Sauer M, Meurette O, Friml J, Ljung K, Sandberg G, Hooykaas P, Offringa R. Maintenance of embryonic auxin distribution for apical-basal patterning by PIN-FORMED-dependent auxin transport in *Arabidopsis*. Plant Cell. 2005, 17, 2517-2526.

Weller JL, Hecht V, Vander Schoor JK, Davidson SE, Ross JJ. Light regulation of gibberellin biosynthesis in pea is mediated through the COP1/HY5 pathway. Plant Cell. 2009, 21, 800-813.

Werner T, Motyka, V, Laucou V, Smets R, Van Onckelen H, Schmülling T. Cytokinin-deficient transgenic *Arabidopsis* plants show multiple developmental alterations indicating opposite functions of cytokinins in regulating shoot and root meristem activity. Plant Cell, 2003, 15, 2532-2550.

Whippo CW, Hangarter RP. A Brassinosteroid-hypersensitive mutant of BAK1 indicates that a convergence of photomorphogenic and hormonal signaling modulates phototropism. Plant Physiol. 2005, 139, 448-457.

Wu G, Spalding EP. Separate functions for nuclear and cytoplasmic cryptochrome 1 during photomorphogenesis of *Arabidopsis* seedlings PNAS, 2007, 104, 18813-18818.

Xiao H, Radovich C, Welty N, Hsu J, Li D, Meulia T, van der Knaap E. Integration of tomato reproductive developmental landmarks and expression profiles, and the effect of SUN on fruit shape. BMC Plant Biol. 2009, 9, 49-70.

Xu P, Ma Z. Plant cryptochromes employ complicated mechanisms for subcellular localization and are involved in pathways apart from photomorphogenesis. Plant Signal Behav. 2009b, 4, 200-201.

Xu P, Xiang Y, Zhu HL, Xu HB, Zhang ZZ, Zhang CQ, Zhang LX, Ma ZQ. Wheat cryptochromes: subcellular localization and involvement in photomorphogenesis and osmotic stress responses. Plant Physiol 2009a; 149: 760-74

Xue J, Li Y, Tan H, Yang F, Ma N, Gao J. Expression of ethylene biosynthetic and receptor genes in rose floral tissues during ethylene-enhanced flower opening. J Exp Bot. 2008, 59, 2161-2169.

Yamamoto YY, Deng X, Matsui M. CIP4, a New COP1 target, is a nucleus-localized positive regulator of *Arabidopsis* photomorphogenesis. Plant Cell, 2001, 13, 399-411.

Yamazaki D, Yoshida S, Asami T, Kuchitsu K. Visualization of abscisic acid-perception sites on the plasma membrane of stomatal guard cells. Plant J. 2003, 35, 129-139.

Yan J, Zhang C, Gu M, Bai Z, Zhang W, Qi T, Cheng Z, Peng W, Luo H, Nan F, Wang Z, Xie D. The *Arabidopsis CORONATINE INSENSITIVE*1 protein is a jasmonate receptor. Plant Cell. 2009, 21, 2220-2236.

Yang H, Wu Y, Tang R, Liu D, Liu Y, Cashmore AR. The C termini of *Arabidopsis* cryptochromes mediate a constitutive light response. Cell, 2000, 103, 815-827.

Yang HQ, Tang RH, Cashmore AR. The signaling mechanism of *Arabidopsis* CRY1 involves direct interaction with COP1. Plant Cell 2001, 13, 2573-2587.

Yang J, Lin R, Sullivan J, Hoecker U, Liu B, Xu L, Deng XW, Wang H. Light regulates COP1-mediated degradation of HFR1, a transcription factor essential for light signaling in *Arabidopsis*. Plant Cell. 2005, 17, 804-821.

Yokotani N, Nakano R, Imanishi S, Nagata M, Inaba A, Kubo Y. Ripening-associated ethylene biosynthesis in tomato fruit is autocatalytically and developmentally regulated. J Exp Bot. 2009, 60, 3433-3442.

Yokoyama R, Nishitani K. A comprehensive expression analysis of all members of a gene family encoding cell-wall enzymes allowed us to predict cis-regulatory regions involved in cell-wall construction in specific organs of *Arabidopsis*. Plant Cell Physiol. 2001, 42, 1025-1033.

Yu X, Klejnot J, Zhao X, Shalitin D, Maymon M, Yang H, Lee J, Liu X, Lopez J, Lin C. *Arabidopsis* Cryptochrome 2 Completes Its Posttranslational Life Cycle in the Nucleus. Plant Cell, 2007, 19, 3146-3156.

Yu X, Liu H, Klejnot J, Lin C. The cryptochrome blue light receptors. The *Arabidopsis* Book. 2010. American Society of Plant Biologists.

Yuan S, Wu Y., Cosgrove DJ. A fungal endoglucanase with plant cell wall extension activity. Plant physiol. 2001, 127, 324-333.

Zhang K, Diederich L, John PCL. The cytokinin requirement for cell division in cultured *Nicotiana plumbaginifolia* cells can be satisfied by yeast Cdc25 protein tyrosine phosphatase. implications for mechanisms of cytokinin response and plant development. Plant Physiol. 2005, 137, 308-316.

Zhang M, Yuan B, Leng P. The role of ABA in triggering ethylene biosynthesis and ripening of tomato fruit. J Exp Bot. 2009, 60, 1579-1588.

Zhang N, Hasenstein KH. Distribution of expansins in graviresponding maize roots. Plant Cell Physiol. 2000, 41, 1305-1312.

Zhou Q, Hare PD, Yang SW, Zeidler M, Huang L, Chua N. FHL is required for full phytochrome a signaling and shares overlapping functions with FHY1. Plant J. 2005, 43, 356-370.

Zhu H, Conte F, Green CB. Nuclear localization and transcriptional repression are confined to separable domains in the circadian protein cryptochrome. Curr Biol, 2003, 13, 1653-1658.

Zubo YO, Yamburenko MV, Selivankina SY, Shakirova FM, Avalbaev AM, Kudryakova NV, Zubkova NK, Liere K, Kulaeva ON, Kusnetsov VV, Börner T. Cytokinin stimulates chloroplast transcription in detached barley leaves. Plant Physiol. 2008, 148, 1082-1093.

第三章 植物开花决定与花型决定

植物花的发育由开花决定、花的发端和花器官形成三个阶段组成。开花决定过程使营养生长顶端转变形成花序生长顶端(或花生长分生组织),由花序生长顶端生长延长形成花序。在花序上的顶端和腋间分生组织形成花分生组织,将未来花器官的各部分预先规划定位,即花的发端,最后定位好的花器官的各部位分别发育形成完整的花器官。花的发端在基因表达调控网络中处于关键阶段。其中以 LEAFY 基因为连接开花诱导途径和激活花器官定位及形成的 ABC 基因的关键基因(Jack,2004;Nilsson et al.,1998;Blazquez and Weigel,2000;Weigel,1993;Lohmann et al.,2001)。有多种途径参与诱导花的发端。各种途径之间有复杂的相互联系,不同植物中参与诱导的途径和相互作用方式根据植物开花诱导的种类有所不同。

第一节 开花决定

开花决定是植物营养生长向生殖生长的转变,即茎营养分生组织向花序分生组织的转变。这个过程是在整个生活周期中一系列环境因素和内在因素共同控制的有序的基因表达调控控制下逐步实现的。在胚发育过程中,基因表达重新设定,然后抑制和促进开花的两类因素按时间、空间有序地进行作用(图 3.1,Boss et al.,2004)。从种子或幼苗阶段开始,就已经开始了花决定的基因表达调控,春化作用(vernalization)决定开花与否就是一种早期控制花发育的表达调控的例子,营养生长过程中环境中光周期的长短、光质(红外/远红外、蓝光的照射)以及植物内在的因素如赤霉素、碳水化合物代谢等因素都能诱导花的形成。这些内外因素通过开花决定基因的表达调控,诱导花的发端,从而决定开花的时间。每种途径都为诱导开花贡献一部分力量,在开花决定过程中有叠加作用。

决定开花的途径被 Boss 等人(2004)分为使之能够开花(花决定)和促进开花两类。促进开花的途径有光周期、激素、光质、环境温度等,这类途径激活开花基因的表达,被称为综合者(integrator)。另一类基因通过控制开花抑制基因的表达影响开花,这类基因是使能够开花的基因,它们使开花能够进行。

一、解除抑制、使开花能够进行的途径

使开花能够进行的途径指调节与激活开花途径的综合因子(integrator)相拮抗的抑制因子(repressor)的途径,其中包括增强和降低抑制因子的活性调节。这条途径的开花抑制因子基因已经发现的有 *Flowering lotus C*(*FLC*)、*Terminal Flower1*(*TFL1*)、*Flowering Locus M*(*FLM*)、*Short vegetative phase*(*SVP*)、*Target of eat1/2*(*TOE1/2*),以及 *FLC* 类似基因。

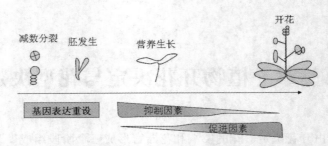

图 3.1　植物生命周期中生殖发育的重设、抑制和促进（©ASPB, Boss *et al.*, 2004）（严海燕重绘）

PCG 类蛋白 EMF1/2 与 ABI3、LVP、FLC 相互作用，抑制 *AG*、*PI*、*AP3* 的表达（Kim et al., 2010, 2012）。

　　使开花能够进行途径的概念源自对传统生理学影响开花的光周期、自控途径和赤霉素途径单、双、三突变体的综合分析（Reeves and Coupland, 2001）。*co-2*、*fca-1*、*ga1-3* 分别是拟南芥影响长日、自控制，以及依赖赤霉素促进的开花途径的突变。在这个实验中，对拟南芥 *co-2*、*fca-1*、*ga1-3* 三个突变基因的八种组合突变体进行了研究，其中，三种单突变体、三种双突变组合突变体 *co-2fca-1*、*co-2ga1-3*、*fca-1ga1-3* 尽管开花时间都延迟，最终还是开了花，然而，三突变体无论在长日还是短日条件下始终没有开花，只有在春化（vernalization）处理下才开花。而在突变体中，*FLC* 有很高浓度的积累，说明 FLC 是一个关键的抑制因子。*FLC* 基因编码 MADS 类型的转录因子，通过抑制 *FLOWERING LOCUS T*（*FT*）和 *SUPPRESSOR OF OVEREXPRESSION OF CONSTANTS*（*SOC1*）抑制决定花分生组织特性的基因 *LEAFY*（*LFY*）和 *APETALA1*（*AP1*）的表达，从而抑制开花（图 3.2, Jack, 2004）。春化作用和自调控途径的一些基因通过不同的分子机制抑制和下调 *FLC* 的表达，释放它对 *FT* 和 *SOC1* 的抑制，进而使 *LFY* 和 *AP1* 可以表达，使开花能够进行。

表 3.1　　　　　　　　　　　几种开花基因突变体的开花时间 *

	Long day			Short day		
单突变体	*co-2*	*fca-1*	*ga1-3*	*co-2*	*fca-1*	*ga1-3*
开花时间	8	8	8			
双突变体	*fca-1 ga1-3*	*co-2 ga1-3*	*co-2 fca-1*	*fca-1 ga1-3*	*co-2 ga1-3*	*co-2 fca-1*
开花时间	9	12				*ga1-3*

（* 根据 Reeves and Coupland 2001 改制）

1. 自开花调控途径对 FLC 表达的抑制

　　自开花调控途径中抑制 *FLC* 表达的基因有 *FCA*、*FY*、*FPA*、*FVE*、*LD*、*FLD*。*FCA* 编码含有两个 RNA 结合位点和 C 端一个 WW 蛋白质结合位点的蛋白（Macknight *et al.*, 1997），它的转录产物被有选择性地加工剪切成四种可探测到的 RNA，只有一种翻译出有

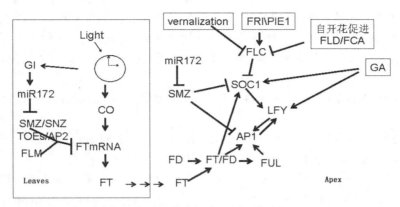

图 3.2　几种决定开花时间的途径中基因调控路径(by Haiyan Yan)

控制开花时间活性的蛋白质。FCA 通过促进在第三个内含子中链的切断并进行多聚腺苷酸的修饰，形成一条无活性的转录产物，降低活性产物的量而实现对其本身表达的负调控。FCA 的这种负调控需要与其 C 端 WW 蛋白质结合位点结合的 FY 基因蛋白产物的共同作用 (Macknight et al., 2002; Quesada et al., 2003; Simpson et al., 2003)。FY 编码一个含 WD 重复序列、C 端含有两个 PPLP 序列、在真核生物中高度保守的蛋白，它的酵母同源基因 PFS2P 编码参与 RNA 3′加工的蛋白质复合体的一个必需组分蛋白(Ohnacker et al., 2000)，因此一个可能的模式是通过 FCA 的 WW 区域和 FY 的 PPLP 区域的相互作用把 FCA 的两个 N-端 RNA 结合区域与 3′端目标 RNA 结合起来进行作用，FCA pre-mRNA 就是一个目标，FLC 是否目标需要继续研究(图 3.3)。

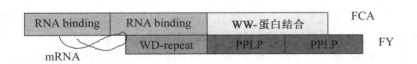

图 3.3　自开花调控蛋白 FCA 和 FY 作用机理示意(严海燕绘)

　　FPA 编码一个 RNA 结合蛋白(Schomburg et al., 2001)，FVE 编码一个含有 WD 的重复序列的蛋白(Blazquez et al., 2001)，在抑制 FLC 表达方面，它们属于同一个上位效应组。然而它们的作用机制还不清楚。
　　LUMINIDEPENDENS(LD) 和 FLOWERING LOCUS D(FLD) 是另外两个抑制 FLC 表达的基因。LD 也是 RNA 结合蛋白，位于核中，可能在核中通过与上述两种蛋白相似的作用对 FLC 进行 RNA 加工的调控。而 FLD 则可能通过对与 FLC 所在的染色质组蛋白末端脱酰基化阻止 FLC 的转录，从而促进开花。
　　2. 春化作用对 FLC 表达的抑制
　　春化作用指过冬植物经过冬季的低温逐渐积累某种物质，下调 FLC 的表达，加速开花的过程。在一定时间范围内，春化作用的低温处理具有数量累积效应，低温处理的时间越长，开花越早。低温处理的过程发生在营养生长期间，低温处理的效果不受有丝分裂影响，可以保持到开花。经过低温处理的枝条剪切插枝后仍能开花。在种子发育过程中，母体受到的低温处理的春化效果要消除掉，使种子在萌发后重新设置新的低温循环（Boss et al.，2004）。

春化作用在 Brassicaceae 十字花科、Poaceae 禾本科、Amaranthaceae 苋科三科植物作用机理不同。

在十字花科拟南芥中，春化作用突变体有 vrn1、vrn2 和 vin3，VRN1、VRN2、VIN3 都是 Polycomb complex 的组成成分，通过染色质修饰，抑制 FLC 的表达。

VIN3 编码的蛋白含有植物 Homeodomain 和一个 fibronectin Ⅲ 类的区域，该区域常参与蛋白之间相互作用。VIN3 在低温的晚期表达，在温暖的温度下含量降低。VRN2 与 Suppressor of zeste12 [Su(Z)12] 类似，Su(Z)12 是果蝇（Drosophila）中的 polycomb group 蛋白，对组蛋白 H3 上的特定赖氨酸残基进行甲基化，使该组蛋白覆盖的染色质处于沉默表达状态。vrn2 突变体中 FLC 基因内含子 1 部位的染色质对 DNAase I 超敏感，这种敏感性通常与转录活性有关（Gendall et al.，2001）。由于 DNA 的甲基化改变了蛋白质与 DNA 之间的相互作用，除了抑制转录外，DNA 的甲基化保护 DNA 不被酶解，说明 VRN2 与甲基化有关。VRN1 含有两个与 DNA 序列非专一性结合的 B 区域，是 MYB 类蛋白，能与 DNA 在体外非专一地结合。它对开花途径综合因子 FT 进行正调控（Levy et al.，2002）。

在冬季低温过程中，拟南芥 VIN3 和分别在 FLC 第一个内含子和 3′ 起始转录的非编码 RNA COLDAIR 和 COOLAIR 转录，VIN3 与 Polycomb Repressive Complex 2（PRC2）复合物结合形成冷专一的复合物 PRC2，使 FLC 沉默。COLDAIR 在这个过程中引导 PRC2 到 FLC 位点。而 PRC2（含 VRN2）在 FLC 位点将 H3K27 甲基化。VERNALIZATION1（VRN1）和 LIKE-HETEROCHROMATIN PROTEIN1（LHP1）将 FLC 位点的 H3K9 甲基化，使 FLC 沉默稳定。稳定的 FLC 沉默使 FT 表达，FT 从叶中运输到顶端分生组织，与碱性亮氨酸拉链蛋白 FD 结合，激活开花同源复合物，促进开花（Woods et al.，2006）。

在恢复到温暖温度后，FLC 的表观遗传抑制状态被 LIKE HETEROCHROMATIN PROTEIN 1（LHP1，又称 TFL2 -TAIR）保持（Sung et al.，2006）。

在苋科甜菜 sugar beets（Beta vulgaris）中，显性 BvBTC1（Bolting Time Control1）植物一年生，隐性 Bvbtc1 两年生。BvBTC1 编码假调控因子类似 AtPRR3、AtPRR7。隐性基因导致的两年生植物需要春化作用促进开花。显性 BvBTC1 在甜菜中与 FT 家族中抑制因子 BvFT1 低水平 mRNA 和引起迅速开花的 BvFT2 的高水平表达有关，从而造成一年生植物。在未春化的甜菜中，Bvbtc1 隐性引起 BvFT1 高水平 mRNA 和引起迅速开花的 BvFT2 的低水平。BvFT1 在 BvFT2 上游，抑制 BvFT2 的表达。经过低温，Bvbtc1 表达，降低 BvFT1 的表达，使 BvFT2 得以表达，从而促进开花（Vogt et al.，2014）。其 FLC 类似基因是 BvFL1，在两年生甜菜中的春化作用调控中不是一个主要调控因子（Vogt et al.，2014）。

在禾本科（Poaceae）小麦和大麦中，类似 AtFLC 和 BvFT1，HvVRN2 抑制 FT 从而抑制开花。春化过程中，HvVRN2 表达下降，HvVRN1 表达上升。春化后保持 HvVRN1 高水平和 HvVRN2 低水平，使得开花基因得以表达。HvVRN2 对日长反应，而 HvVRN1 受春化作用和发育状态调控(Hemming et al., 2008; Trevaskis et al., 2006; Turner et al., 2013; Chen and Dubcovsky, 2012)。

3. 对 FLC 促进的基因

上调 FLC 表达的基因有 Frigida(FRI)、Early flowering in short days(efs)、early in short days4(esd4)、photoperiod independ early flowering1(pie1)等。ESD4 编码一个 SUMO 引导的蛋白酶，其目标未知。

Frigida(FRI)是含有两个螺旋-螺旋区域的蛋白，它能促使 FLC 表达到克服强的长日促进开花作用的水平，使拟南芥保持营养状态到冬季结束，成为一年生越冬植物。FRI 对 FLC 表达的促进是定性而不是定量的效果。FRI 的多拷贝或过量表达并不能很大程度上增加开花的时间，反之，在活性 FRI 的存在下，过量额外拷贝或过量表达 FLC 却延迟开花。FRI 的表达不受春化影响(Johanson et al, 2000; Michaels et al, 2000)。

PIE1 是类似于 ISW1 和 SWI2/SNF2 家族的基因，编码依赖于 ATP 的染色质重建蛋白，pie 突变抑制 FRI 和自调控突变体的晚开花(Boss et al., 2004)。PIE1 与近年来新发现的 SWC6(AtSWC6)、SUPPRESSOR OF FRIGIDA 3(SUF3)和 AtSWC2 组成染色质重塑和 FLC 基因表达调控复合体，促进 FLC 基因的表达。其过程是酵母中核小体 H2A 在被异型的 H2AZ 替代后完全激活所覆盖的基因。酵母 SWR1 的类似物 PIE1 和 AtSWC2 都与 SWR1 的底物 H2AZ 相互作用，SWC6 和 SUF3 都与 FLC 基因启动子的近转录点区域结合，而 PIE1、AtSWC2、SWC6 和 SUF3 之间形成复合体。用 RNA 干扰技术敲除 H2A 引起的表型与 SWC6 和 SUF3 突变体表型相似(Choi et al, 2007)。这些结果说明拟南芥中 SWR1C 样复合体通过 FLC 基因的完全激活保证植物的适当发育，同时包括对花的抑制。

其他 FLC 正调控发生在抑制 FRI 活性水平，具有春化作用独立性(Vernalization Independence, vip)，vip 突变体花期比 flc 还早，且花型异常，说明 VIP 调控多种基因的表达，包括开花时间基因和花的发育基因。VIP3 编码富含 WD 重复序列的蛋白。

FLM 和 SVP 是 MADSbox 家族基因，TEM1/2 是 AP2 基因，AP2 家族还有 TOE1、TOE2、TOE3、Schlafmutze(SMZ)、Schnarchzapfen(SNZ)。这些基因都抑制开花。TEM1 在叶中强表达，直接与 FT 基因的 5′区域作用，与 FLC 在 FT 内含子的强结合不同。FLM 和 SVP 协同作用，在光周期调控途径中起重要作用，但它们也是以依赖温度的方式进行。SVP 与 FLC 作用，以抑制复合物的方式进行调控，也直接结合到 FT 和 SOC1 的调控区域。AP2 家族基因都是 MiR172 的作用目标，而 miR172 的表达受到 Gigantea(GI)以不依赖 CO 方式的调控。AP2 家族中 SMZ 和 SNZ、TOE1\2 在长日条件下的抑制作用重叠，SMZ 与 FT 基因位点结合，其作用不依赖 FLC，但需要 FLM，说明 AP2 类和 MADS box 两类基因的组合对开花调控非常重要(Mathieu et al., 2009, 图 3.2)。

二、促进开花的途径

各种环境和内源信号通过激活开花途径中综合子促进开花，图 3.4 概括了光周期(Photoperiod or daylength)、光质(light quality)、温度对开花的影响(Boss, 2004)。光周期指一天中光/暗循环照明的时间长度。伴随着对季节的适应，植物对光周期(或日长)变化的生物反应称为光周期反应(photoperiod responses)。由于植物对环境适应的不同，植物开

第三章 植物开花决定与花型决定

花需要不同的光周期条件，如长日照植物(Long Day Plants, LDP)、短日照植物(Short Day Plants, SDP)、中性日照植物(Day Neutral Plants)。生物体内本身都存在类似24小时周期的生理活动，包括代谢、运动等多方面的活动，称为生理节奏(circadian rhythm)。植物中的生理节奏也同样调控生理生化、发育、运动等多方面的活动，包括对光周期的反应。

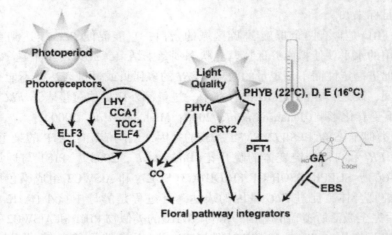

图 3.4 几种促进开花时间途径的综合(C ⓒ ASPB, Boss, 2004)

1. 光周期途径

光周期即日照长度和节律，植物通过其体内的光受体和生物钟感知光周期，从而引发体内的各种反应。光周期也是诱导开花决定的重要途径之一。

(1) 生物钟的分子机理

生物钟或生物节律是生物体内部有节奏的昼夜变化的活动。植物的生物钟是光周期反应的内在基础。对开花时间突变体和有关基因的研究揭示了植物生理节律振荡器的分子基础。通过拟南芥中一些有关基因的相互作用和对开花时间作用的分析，人们提出了拟南芥生物节律振荡器的分子模式。生物节律振荡器由一些生物节律基因组成的互锁的反馈连锁环构成。图3.5展示了一些生物节律基因相互作用的概貌。

在这个生物钟连锁环中，CCA1(Circadian and clock associated1)、LHY(Late Elongated Hypocotyls)、TOC1(Time Of Cab Expression)组成了反馈循环的中心环。TOC1与ELF4(Early Flower 4)、LUX(LUX arrhythmo)、GI(Gigantean)、EF3(Early Flower 3)共同激活 *CCA1* 和 *LHY* 的表达，被CK2(Casin Kinase Ⅱ)磷酸化的CCA1和LHY抑制 *TOC1*、*GI*、*ELF3*、*ELF4*、*LUX* 的表达，从而完成了一个循环。白天表达的 *TOC1* 基因类似物 *prr5/7/9* 的表达受被CK2(Casin Kinase Ⅱ)磷酸化的CCA1和LHY的正调控，而这三个基因产物反过来抑制 *CCA1* 和 *LHY* 的表达，且三个基因需要共同作用(McClung, 2006)。

生物钟的调控也发生在转录后水平。LHY经蛋白酶体降解调控，这与DET1有关。N-乙酰基葡萄糖氨基转移酶SPINDKY通过修饰GI影响生物节律。一个含有PAS/LOV区域、kelch重复序列和F-box的新的基因家族，包括Zeitlupe(ZTL)、Lov Kelch Protein2(LKP2)、

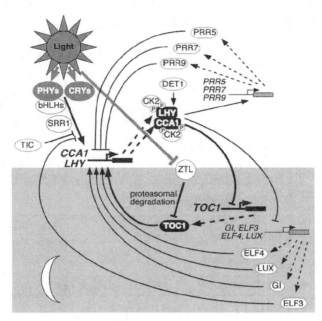

图 3.5　生理钟结构与机制（ⓒASPB，McClung，2006）

Flavin Binding Kelch Repeat F-Box（FKF）在拟南芥生物钟途径的蛋白降解中起重要作用。LOV 区域和趋光素（phototropin）相似，FKF 的 LOV 区域受光激活，限制于光周期的调节。*ZTL* 的表达在黄昏达到高峰而在黎明降到谷底，在白天发生蛋白酶介导的 ZTL 降解。F-box 通过与目标蛋白专一性结合，将目标蛋白泛素化而降解。ZTL 是 SCF 的组成成分，结合 TOC1 进入蛋白降解途径，是 TOC1 降解的关键成分（McClung *et al*，2006；Yanovsky and Kay，2003）。FKF 和 LKP2 也与 ZTL 共同作用，协调参与 TOC1 和 PRR5 的降解（Baudry *et al*，2010）。ZTL 的 LOV/PAS 区域与生物钟和胚轴延长的红光反应有关，kelch 区域影响蛋白质与 ZTL 在 LOV/PAS 和 F-box 区域的结合，是造成 ZTL 功能突变的区域（Kevei *et al*，2006）。而 TOC1 通过 CCA1 和 LHY 的抑制和经 ZTL 介导的蛋白质降解，是决定节律周期的关键成分（McClung *et al*，2006；Yanovsky and Kay，2003）（图 3.5，McClung，2006）。

（2）光质对生物钟的影响

生物钟的调控受光的调节，首先经过光受体蛋白光敏素（Phytochromes，吸收红光/红外光）、隐花素（Cryptochromes，对蓝光/紫外光反应）、趋光素（Phototropin）和 ZTL/FKF1/LKP2 输入光信号，光的质量也通过这些光受体发生作用。拟南芥 EF3 和 TIC（Time For Coffee）对光的输入进行负调控。黎明和黄昏都是光调节的信号（图 3.5，图 3.6）。光信号输入被 Sensitivity To Red Light Reduced1（SRR1）正向调控（Staiger *et al*，2003）。SRR1 介导 PHYB 的信号传导（Staiger *et al*，2003）。另外一个 bHLH（Basic Helix-Loop-Helix）转录因子光敏素相互作用因子 3（Phytochrome-Interacting Factor3，PIF3）通过与 *CCA1* 和 *LHY* 的 G-box 结合诱导它们的表达。在酵母中 PIF3 和 TOC1 相互作用，因此 PIF3 是联系光受体和生物钟关键基因表达调控的重要因子(McClung，2006)。

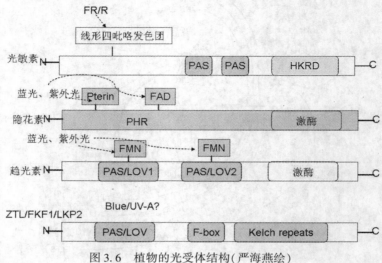

图 3.6　植物的光受体结构(严海燕绘)

光敏素 B(Phytochrome，PHYB)通过其 C-端的 PAS 重复序列以活性形式与 DNA 结合的 PIF3 专一而可逆地结合，表明对光的感受直接调控生理钟的负调控分支。

隐花素通过其 N 端结合的蝶呤(pterin)和黄素发色团(Flavin Chromophore)接受蓝光/紫外光，光能使蛋白质构象改变，通过其 C-端使 COP1(Constitute Photomorphogenic 1)失活，COP1 是一般光形态反应的抑制因子。趋光素的两个 PAS/LOV 区域结合黄素单核苷酸发色团(Flavin Mononucleotide，FMN Chromophore)，蓝光的吸收触发 FMN 和 PAS/LOV 区域的半胱氨酸基团共价结合，诱导构象变化，激活 C 端 Ser/thr 激酶活性，启动信号传导系列反应(McClung，2006)。

Zeitlupe(ZTL)、Flavin-binding Kelch repeat F-box 1(FKF1)、LOV Kelch Protein 2(LKP2)具有共同的结构。其中的 F-box 收集要进行泛素化的蛋白，六个 kelch 重复序列介导蛋白和蛋白之间的相互作用，使蛋白质进行降解。光周期的光受体蛋白的作用和结构如图 3.6 所示。

植物的光敏素有五种形式：PHYA、PHYB、PHYC、PHYD、PHYE。PHYA 在光下不稳定，是将远红光与黑暗区别的主要光受体。缺乏 PHYA 的拟南芥在短日条件下开花延迟。长日植物豌豆中 PHYA 也有相似的作用。PHYB、PHYD、PHYE 在光下稳定，是短日植物水稻的主要光周期光受体。

(3)生物钟与光周期

CO(*Constants*)基因在介导各种光周期信号包括光质、温度、生理钟到开花时间的调控中起重要作用。CO 蛋白激活 *FT* 基因，从而促进开花。*CO* 基因的转录和翻译受到生理钟的调控，而且不稳定。生物钟调控的 FKF1 控制周期性 Dof 转录因子(cycling Dof transcription factor 1，CDF1)的稳定性，而 CDF1 是 *CO* 转录的抑制因子。FKF1 可能是蓝光激活，使 CDF1 降解，*CO* 可以被转录。FKF1 还直接与 CO 结合以稳定 CO(Song et al.，2012)。所以在白天只有在较迟的时候才能积累到足够的转录产物进行翻译。CRY2 和 PHYA 具有稳定 CO 的作用。在长日下，由于光照时间长，白天内既有转录产物也有翻译产物，而短日下，白天只有转录产物，翻译产物在黄昏后一旦形成就降解(图 3.7，Hayama and Coupland，2004)。

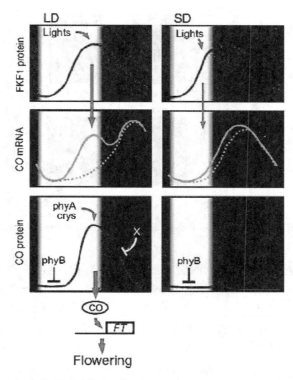

图 3.7　拟南芥光测量模式(ⓒASPB，Hayama and Coupland，2004)

而在短日植物水稻中，*CO* 类似基因 *HD1* 同时作为 *HD3A* 表达的激活和抑制因子。在光敏素激活下与光照同步表达，作为 FT 类似基因 *HD3A* 表达的抑制子起作用，从而抑制开花。短日下，*HD1* mRNA 在夜晚降临时没有表达，不能够抑制 *HD3A* 的表达，但由于光敏素活性形式 Pfr 的存在，作为激活子的 HD1 形式在短日下也合成，激活子的 HD1 形式只有在短日长夜的转录后修饰下形成，保证长夜中激活 HD3A 的表达，以诱导开花(图 3.8)(Yanovsky and Kay，2003；Imaizumi et al.，2005；Hayama and Coupl，2004；Hayama R. et al.，2007)。在同是短日植物的 *Pharbitis* 中，机理又有不同。PnFT 无论是长日还是短日，都是在黄昏后确定时间合成，且其达到开花需要的含量需要夜长 11 小时以上。PnCO 的合成不影响 PnFT 的表达，可能存在其他机理(Hayama et al，2007)。番茄中 SFT 同样具有促进开花的作用，但类似 *CO* 基因没有发现与开花相关(Ben-Naim et al.，2006；

Lifschitz et al.，2006）。

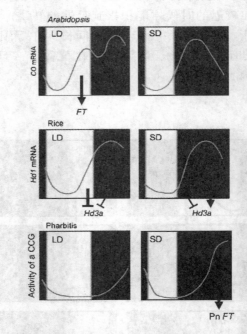

图 3.8　拟南芥、水稻生理节奏模式比较（ⓒASPB，，Hayama et al.，2007）

CRY2 在韧皮部促进 FT 合成，而韧皮部伴胞中结合在内质网的膜蛋白与 FT 结合（称为 FT 结合蛋白 FTIP1）帮助 FT 从伴胞运输到筛管，然后运输到茎顶端分生组织（SAM）（Liu et al.，2012）。在水稻中 SAM 一个 14-3-3 蛋白作为细胞内 FT 类似蛋白 HD3a 受体，与 HD3a、FD1 形成复合体，诱导 AP1 类基因 *OsMADS15* 的表达（Taoka et al.，2011）。

（4）生物钟的温度补偿效应

环境周期性的变化中除了光/暗周期性、日照长短的变化外还有与之相应的昼夜温度和季节温度的变化，生理节奏并不因昼夜温差和季节温差的变化而有很大的改变，维持在一定的范围内，生物钟这种对温度变化有一定稳定性的反应称为温度补偿（Temperature compensation）。

最近的研究揭示了生物钟内的关键基因 *GI*、*CCA1*、*LHY* 的作用是温度补偿的分子基础（Eckardt，2006；Kevei et al.，2006；Gould. et al.，2006）。高温下 *TOC1* 和 *GI* 表达量升高、*LHY* 表达量降低，*CCA1* 的表达高温下对温度没有依赖性。*TOC1*、*GI* 和 *LHY* 对高温的反向反应构成了高温下生理钟温度补偿效应。低温下 *TOC1* 表达量变化不大，但在 *gi* 突变体中节律周期缩短，成为 12 小时的周期，同时表达量降低。*GI* 表达量低温下在节律的峰值以外升高，峰值降低，*CCA1* 低温下野生型的表达同样变化不大，但在 *gi* 突变体中节律周期缩短，表达量下降。说明 *GI* 通过 *TOC1* 对 *LHY* 和 *CCA1* 进行温度依赖性的调控，这几个基因的共同作用在扩展保持生理节奏正常运行的温度范围中起重要作用（Eckardt，2006；Kevei et al.，2006；Gould et al.，2006）。

FLC 同样是生物钟中温度补偿的重要元件，在高温下生物钟的温度补偿中起重要作用。高温下 FLC 引起周期的延长，由于 *LD* 和 *LFD* 基因抑制 *FLC* 的表达，突变型 *ld* 和 *fld* 同样在高温下延长周期，但与 *flc* 突变型的共突变就没有周期的变化，说明 LD 和 LFD 对周期的影响需要 FLC 的存在(Edwards et al.，2006)。

FLC 作用的目标基因并没有上述提到的生物钟的关键基因。而其下游基因 *AGL20* 是一个重要基因。在基因组水平的研究中，132 个受 FLC 调控的基因中，32 个基因表达幅度最大，其中 MYB 类型的调控因子 LUX(LUX ARRHYTHMO，又名 PHYTOLOCK1)受 FLC 调控的变化有明显的周期性，并且与生物钟有关，可能在 TOC1、LHY 和 CCA1 生物钟循环中起着关闭循环的作用(McClung C. R，2006)。

2. 光质对开花的直接作用

蓝光受体 CRY2 接受蓝光后被磷酸化，然后与 CIB1 结合，诱导 CIB1 直接与 *FT* 基因启动子 E-box 结合，触发 *FT* mRNA 的转录，从而直接促进开花。此外，CIB1 还通过解除对 CO 的抑制，促进 *FT* 的转录(Liu et al.，2007)。

3. 激素的作用

赤霉素是开花决定过程中的重要激素，促进短日条件下的开花，独立于春化作用，不同于光周期的作用。在一些植物中可以取代春化作用。在长日条件下对开花决定影响较小。GA 信号传导途径中的一个成分 *Flowering promotive factor 1* 的过量表达和恒定激活 GA 信号的突变体都能使开花提前。GA 合成步骤的第一步突变体，使拟南芥在短日下不开花。对 GA 不敏感的突变体 *gai* 在短日下开花延迟。GA 处理的 *ga3* 突变体中，花器官特性基因 *AP3*、*PI*、*AG* 的表达迅速上调。RGA 在幼花抑制这些基因的表达，而对 *LFY* 和 *AP1* 的表达影响不大(Yu et al，2004)。

开花关键基因 *LFY*8bp 的启动子区域是 GA 信号作用的一个目标，通过增加 *LFY* 基因表达促进开花。这种作用与光周期对开花的作用不同。开花途径中其他整合因子 SOC1 以及 FT 都受到 GA 信号途径的调控。

三、开花因素的综合作用

利用 Affymetrix 的多种基因组芯片，Schmid 等人(2003)对拟南芥 *Columbia*(*Col*)、*Landsberg erecta*(*Ler*)两个野生品种和 *lfy*、*co*、*ft* 三种突变体植株茎顶端花决定发育过程进行了基因表达的全方位分析。在短日处理 30 天后进行长日处理，在发育的不同阶段和时间分析基因表达类型。基因芯片分析证明了花诱导过程中已经研究的在特定部位按特定时间顺序表达的基因的表达时空特异性。在茎顶端分生组织原基未来形成花的部位，MADS 盒基因 *SOC1*、*FRUITFULL*(*FUL*)、*SQUAMOSA PROMOTER BINDING PROTEIN LIKE 3*(*SPL3*)、SPL4、SPL5、REM1 表达，*FLOWERING PROMOTING FACTOR1*(*FPF1*)在周围区域表达。在花原基，阶段 1，花原基分生组织特性基因 *AP1*、*LFY*、*CAULIFLOWER*(*CAL*)被诱导表达，阶段 2，*SEPALLATA1*(*SEP1*)、SEP2、SEP3 被激活表达，很快 AP3、PI、AG 也被诱导表达，它们与 SEP 基因相互作用。所有这些特性基因都在两个品种中检测到。在花的中心表达的 *AG* 和茎与花顶端分生组织特定组织中表达的 *CRABS CLAW*(*CRC*)、*WUSCHEL*(*WUS*)在阶段 6 表达。它们的上调表达反映了花诱导后分生组织数目的增加，而茎分生组织特异的 STM 变化不显著。比较野生型 Ler 与 co、ft 突变体的基因表达类型，鉴定了 CO 和 FT 有较弱影响的基因有 *FUL*、*LFY*、*FPF1*、*SOC1*、*SPL3-5*、*AGL42*、*CRC*，而 co、ft 突变体中完全不表达的基因，即完全依赖 CO 和 FT 作用的基因有 *AP1*、*LFY*、*CAL*、*AP3*、*PI*、*AG* 和 *SEP* 基因。FT 也是 CO 的作用目标，而 SOC1 和 LFY 的表达也同时受 CO 和 FT 的影响，说明了开花决定的基因交叉调控。CO 和 FT 诱导的反应发生在转换长日条件七天后，也就是基因表达的变化在转换到长日条件后的七天可检测到。

光周期和自开花途径在 CO 作用的下游整合。FLC 和促进它表达的 FRI 是光周期决定开花途径中的重要抑制因子。敲除 FRI 后，在 Col 中 FLC 的表达减少远远大于 *FRI—Sf2* 等位基因。比较 *FLC-fri-Col*、*FLC FRI-Sf2*、*flc-3 FRI-Sf2*、*flc-3C-fri-Col* 转基因拟南芥茎顶端表达类型和开花决定基因的表达，所有四种类型中 CO 的表达类型相似。CAL 受到中度影响，SOC1 严重受到影响。FUL 的诱导在 *FLC FRI-Sf2* 完全没有，说明 FLC 与光周期中某些因素相互作用，而对其他一些因素是上位作用(Schmid et al.，2003)。

在开花诱导过程中，在茎顶端分生组织中本来表达的 FUL、SOC1 发生表达变化，作用在花特性基因的上游，茎顶端分生组织侧面的原基通过 LFY 蛋白的活性获得了花分生组织特性，诱导花器官的特性。LFY 基因激活的基因除了 *AP1*、*CAL*、*AP3*、*PI*、*AG* 和 *SEP* 基因外，还有 10 个基因，然而它们同时也受 *CO* 和 *FT* 的影响，说明不同花发生途径在这里的综合作用(Schmid et al.，2003)。

在短日到长日的转换实验中，有 101 个基因激活，231 个基因表达被抑制。而 101 个上调表达的基因中，有 11 个 MADS 盒基因和 5 个 *SPL* 基因，被抑制的 231 个基因中，没有 *SPL* 基因，只有一个 MADS 盒基因(Schmid. et al.，2003)。

在野生型 *Col* 和 *Ler* 中，以及 lfy 突变体中，光周期诱导可以抑制 AP2 类似基因 *SCHLAFMÜTZE*(*SMZ*)和 *SCHNARCHZAPFEN* (*SNZ*)的表达，而在 co 和 ft 突变体中它们的表达不被抑制。恒定过量表达 *SMZ* 和 *SNZ* 延迟开花时间，说明它们是开花抑制基因(Schmid. et al.，2003)。

在开花诱导过程中，MicroRNA 调控起着重要作用。MIR172 RNAs 类似 AP2 基因，有四类前体基因，*MIR172-a1*、*MIR172-a2*、*MIR172b*、*MIR172c*。其中 *MIR172-a2* 的表达依赖 CO 和 FT，在花诱导后上调表达。过量表达 miR172 与过量表达 *SMZ* 和 *SNZ* 的效果相反，提前开花。同样 miR172 通过翻译抑制发挥作用(Chen，2004)。除了 *AP2* 以外，*SPL3*、*SPL4*、*SPL5* 也被证明是 miRNA 作用的目标(Kasschau et al.，2003；Rhoades et al.，2002)。

四、年龄途径

近些年来的研究发现植物由营养生长到生殖生长过程中年龄也扮演着非常重要的角色。

miR156 是调控植物年龄途径的重要小分子 RNA，它的表达水平随着年龄的增长而逐渐降低，但其靶基因 *SQUAMOSA PROMOTERBINDINGPROTEINLIKE* (*SPL*) 逐渐上升，miR156 通过作用其靶基因来影响开花。SPL 是植物特有的一类转录因子，大多数的 SPL

都含有 miR156 识别位点,所以 miR156 通过剪切或翻译抑制来调控 SPL 的表达。SPL 可以直接激活 *SOC1*、*FUL* 和 *AP1* 等 *MADS box* 基因的表达诱导植物开花(Zhou et al., 2013)。miR156 的靶基因 *SPL9* 还可以结合到 miR172 的启动子上促进其表达,而 miR172 通过下调 AP2 类开花抑制因子的表达促进开花(Wu et al., 2009)。此外,研究发现,DELLA 蛋白是一类在赤霉素(gibberellin, GA)信号转导过程中起阻遏作用的蛋白,它可以和 SPL 相互作用,DELLA 与 SPL 异源二聚体的形成降低了 SPL 的转录激活活性,导致下游基因 *miR172*、*FUL* 和 *SOC1* 的激活受到阻遏,进而延迟了植物的开花(Yu et al, 2012)。

第二节　花序(inflorescence)的发育

植物花序的结构决定于什么时候在植株的什么位置开花。开花植物中有两种基本花序,有限(determinate(确定的)花序和无限(indeterminate)花序(未确定的)。在确定花序中,花序分生组织最终转变成花分生组织(floral identity),成为终端花(terminal flower)结构。无限花序(indeterminate inflorescence)只形成花序分生组织(inflorescence meristem),从其外围形成花分生组织(floral meristem)(Bradley et al., 1997)。决定花序结构的关键是决定花序分生组织的终端性基因以及分支基因。

一、无限花序形成的分子机理

拟南芥(*Arabidopsis*)和金鱼草(*Antirrhinum*)花序有一个相似的基因决定无限的花序分生组织向有限条件转变。在金鱼草中是 *CEN* 基因,在拟南芥是 *TFL1* 基因。金鱼草和拟南芥都是总状花序。总状花序中,开花关键基因 *LFY* 和 *FLO* 在侧生分生组织表达,在顶端分生组织中 *TFL* 和类似基因 *CEN* 抑制它们的表达,使顶端分生组织保持分生组织特性,从而决定总状花序的无限花序特性。然而,金鱼草 *cen* 突变体开花时间不受影响,拟南芥 *tfl1* 开花时间大大减少,说明 *TFL1* 还具有别的功能(Bradley et al., 1997)。

野生型拟南芥营养生长阶段生长原基以螺旋型形成,叶的节间很短,营养叶成簇生长。受到环境信号的影响后,顶端分生组织转变成花序分生组织,茎间延长(抽薹),此后形成的两、三片叶子的腋间分生组织也成为次生花序(或 coflorescence 共生花序),叶子上方都形成花(Bradley et al., 1997)(图 3.9)。*tfl1* 突变型与野生型的不同在于它的花序顶端分生组织变成花分生组织,整个花序最多开 5 个花,营养叶很少(图 3.9)。金鱼草 *cen* 突变体开花特性除了开花时间外与拟南芥 *tfl1* 突变型植株相似。黑麦草(*Ryegrass*)的 *LpTFL* 基因也有相似的功能。

多种植物中 TFL 类似基因结构和功能相似。对 *TFL1* 和 *CEN* 的基因组序列、cDNA 序列以及突变体基因序列比较研究表明,*CEN* 基因序列与 *TFL1* 位点序列相似(Bradley D. et al., 1997)。黑麦的 *LpTFL* 也与 *TFL1* 与金鱼草的 *CEN* 基因结构相似,突变体表型也相似,几种其他植物中 *TFL* 类似基因结构也与 *TFL* 相似(图 3.10),表明在植物花序分生组织的终端决定性具有相似的分子机理。但是在结构和功能上不同植物中的 *TFL* 表现出细微的差异,体现了进化上的不同(Jensen et al., 2001; Pillitteri et al., 2004)。

TFL1 基因在顶端花序分生组织次生花序分生组织的圆形表层下方转录表达,决定花

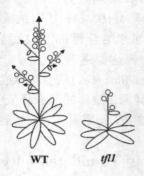

图 3.9　拟南芥野生型与 tfl1 突变型植株比较（ⓒASPB Jensen et al., 2001）。

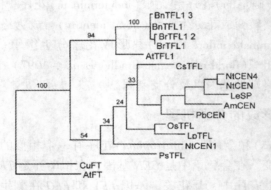

图 3.10　TFL1 类似序列比较（ⓒASPB, Pillitteri et al., 2004）

分生组织的 *LFY* 基因在叶腋包被的腋间分生组织表达（图 3.11、图 3.12）。*tfl*1 突变体中 *LFY* 在花序顶端异位表达，说明 *TFL* 在其表达部位抑制 *LFY* 的表达（Bradley et al, 1997; Liljegren et al., 1999.）。

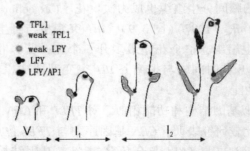

图 3.11　TFL 与几种花分生组织决定基因的表达分布（Ratcliffe et al., 1999，严海燕重绘）

TFL 不仅抑制 *LFY* 表达，也抑制 *AP1* 的表达（图 3.13）。在 35S*TFL1* 株系中，*LFY* 和 *AP1* 在生殖发育阶段的上调表达时间分别延迟了 23 天和 40～45 天（Ratcliffe et al., 1999）。

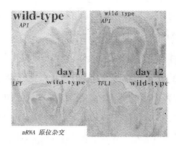

图 3.12　*TFL1*、*AP1* 和 *LFY* 在花序分生组织中的表达分布(ⒸASPB, Liljegren et al., 1999.)

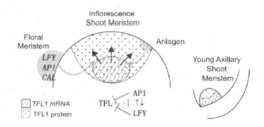

图 3.13　野生型拟南芥各类分生组织中 TFL1 和 LFY、AP1、CALmRNA 和蛋白质的表达分布以及相互作用(Contil and Bradley, 2007, ⒸASPB)

在长日照处理 5 天以前，野生型营养叶数目较多，同时 *TFL1* 的表达很少，5 天以后营养叶数目急剧下降，*TFL1* 的表达增加。说明 TFL 的功能与光周期和开花有关(Bradley et al., 1997；Liljegren et al., 1999.)。

TFL1 在花序和茎顶端分生组织以及幼嫩腋芽内部表达，在早期的茎顶端分生组织 *TFL1* 表达范围靠近表皮，但随着成熟范围缩小到内部。在分生组织周围表达的 LFY 促进 TFL1 蛋白移动到分生组织外围，在那里 TFL1 抑制 LFY、AP1 的表达，而 TFL1 蛋白不能移动到 AP1、LFY 表达的花芽分生组织(图 3.13)。说明野生型 *TFL1* 在花序分生组织形成后具有抑制花在顶端形成、保持花序分生组织状态的功能(Bradley et al., 1997；Contil and Bradley, 2007)。AP1 和 LFY 具有互相促进的功能(Lifschitz et al., 1999.)。

二、有限花序形成的分子机理

矮牵牛的聚伞花序是顶端开花的有限花序，花序发育中，顶端分生组织形成两个分生组织区域，顶端的一个发育形成花分生组织，侧生的一个保持花序分生组织特性，以后重复这样的分化过程。花分生组织 FM(floral meristem)的特性由 *ABERRANT LEAF AND FLOWER*(*ALF*)(*LFY* 类似基因)和 *DOUBLE TOP*(*DOT*)(*UFO* 类似基因)共同决定。ALF 不影响分生组织特性，在侧生花序分生组织不需要被抑制。*DOT* 的普遍表达抑制侧生花序分生组织特性，形成单生花，因此在侧生花序起始中的表达受到控制(Rebocho et al., 2008)。

WOX 类型的 *EVERGREEN*（*EVG*）基因在侧生花序分生组织（IM，inflorescence meristem）特异表达，决定侧生花序分生组织的形成，通过控制 *DOT* 基因的表达间接决定顶端花的形成。野生型矮牵牛中 *EVG* 基因只在花序分生组织中表达，突变体中决定分生组织特性的 *TER*（*WUS* 类似基因）在茎顶端分生组织形成多个分生中心，被两到四个花序托叶包围，表型有单花或异常的聚合多花。因此 *EVG* 基因影响分生组织的分化方向。*EVG* 基因的突变造成 *DOT* 基因的不表达，但 *EVG* 基因的表达和 *DOT* 基因的表达在时间和空间上分离，因此 *EVG* 基因对 *DOT* 表达的控制是间接的。*EVG* 基因从两方面控制 *DOT* 基因的表达：①*DOT* 在顶端花分生组织（FM）的表达完全依赖 *EVG* 在侧生花序分生组织（IM，inflorescence meristem）的表达。②干扰侧生花序分生组织（IM）起始或特性的突变完全抑制这种 *DOT* 对 *EVG* 的依赖（Rebocho et al.，2008）。

extrapetals（*exp*）突变和 *hermit*（*her*）突变都使聚伞花序转变形成单个花。Rebocho 等人通过 *EVG*、*DOT*、*ALF*、*EXP*、*HER*、*TER* 等几个基因在矮牵牛花序形成中的相互作用的研究结果的分析，提出了矮牵牛的聚伞花序形成的分子决定模型：有一个未知的可动因子 X 在侧生花序分生组织（IM）合成，抑制 *DOT* 在 IM 和 FM 的表达。*EVG* 通过促进侧生花序分生组织（IM）的繁殖和与 FM 的分离间接干扰未知因子在 FM 中对 *DOT* 的抑制，使 *DOT* 在 FM 表达，促进花的形成。在 *exp* 和 *her* 突变体中，侧生花序分生组织（IM）的发育被抑制，从而不需要 *EVG* 对 *DOT* 的抑制（Rebocho et al.，2008）。

第三节 花芽和花器官的发育

一、花芽的发育

在各种内部和外部环境因子诱导下，花序分生组织转变成花分生组织。在这个过程中，*FLC*（*FLOWERING LOCUS C*）被抑制，解除了对 *SOC1*（*SUPPRESSOR OF OVEREXPRESSION OF CONSTANS*）和 *FT*（*FLOWER LOCUS T*）的抑制，同时在光周期的 CO、赤霉素信号的促进下，SOC1 和 FT 分别促进花分生组织关键基因 *LFY*（*LEAFY*）和 *AP1*（*APETALA1*）基因的表达（图 3.14），由此促进开花。*FLC* 和 *CO* 对 *SOC1* 的调控是通过 *SOC1* 的启动子区域进行转录调控。短日下赤霉素是可以激活 *SOC1* 的唯一途径。*FT* 也是传递开花信号的一个主要基因，受 *CO* 的正调控和 *FLC* 的负调控，促进开花关键基因 *AP1* 的表达。*LFY* 同样也是长日和赤霉素信号的产物，这些信号也是通过 *LFY* 启动子区域进行转录水平的调控。*AP1* 和 *LFY* 是最终决定花分生组织特性的关键基因，它们的表达，形成了花原基（primordia），称为花分生组织（floral meristem），决定了花结构形成的起始。

LFY 和 *WUSCHEL*（*WUS*）共同作用促进 *AGAMOUS* 基因的表达，AG 反过来抑制 *WUS* 基因的表达。

开花关键基因 *AP1* 通过直接作用在启动子的特定区域抑制决定开花时间的基因 *AGAMOUS-LIKE 24*（*AGL24*），*SHORT VEGETATIVE PHASE*（*SVP*）和 *SOC1*，使这三个促进花序形成的基因在花分生组织的表达限制在早期的特定时期和区域（Liu et al.，2007）。*AP1* 的突变会导致各种茎端结构的形成，AP1 是营养生长到生殖生长转变的关键负反馈协调因子(Liu et al., 2007)。Blazquez 将已经获得的相关基因的关系绘制了一张网络图(图 3.14)综合说明花发育的基因决定过程。

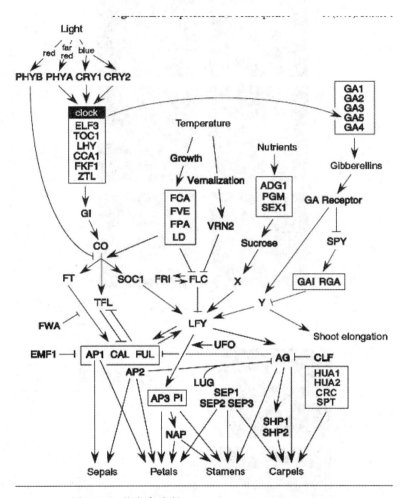

图 3.14　花发育途径(Blázquez www.biologists.com)

二、花器官决定

拟南芥花的结构有 4 轮，第一轮 4 个花萼(sepal)，第二轮 4 个花瓣(petal)，第三轮六个雄蕊(stamen)，第四轮两个心皮(carpel)(图 3.15A)。花由花原基发育形成的几天后，先形成花萼原基(sepal primordium)，然后形成花瓣和雌蕊原基，最后形成心皮。

花型是在几组基因的协同作用下顺序形成的，即各花器官在特定的部位、特定的时间专一化地形成。这种机理被称为 ABC 花器官决定模型。近年来许多研究结果支持并补充了这个模型(图 3.16)。

在这个模型中，A、B、C 三类基因决定 4 轮花器官的定位和形成。其中，A、C 互相

图 3.15　ABC 基因突变的花型（Wellmer et al., 2004, ⓒASPB）

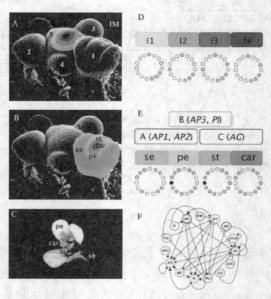

图 3.16　拟南芥花器官发育中基因调控网络对细胞命运的决定（Álvarez-Buylla et al., 2008, PLoS ONE）

抑制，有 A 的地方无 C，有 C 的地方无 A。A 分布在第一、二轮，C 分布在三、四轮，B 分布在二、三轮。这样形成了 A、AB、BC、C 四种基因的分布组合，决定了第一、二、

三、四轮花器官分别为花萼、花瓣、雄蕊、雌蕊(图3.16)。A类基因是 *AP1*，B类基因是 *AP3/PI*，C类基因是 *AG*。最近的研究发现仅有 ABC 类基因不能形成花器官，需要一类 D 基因 *SEP1*、*SEP2*、*SEP3* 共同作用参与花器官决定，SEP 蛋白与 ABC 产物以四聚体形式发挥作用。*UFO*、*WUS*、*LEAFY* 分别在特定区域表达，在 ABC 基因的上游促进它们的表达，从而促进开花。A 类基因 *AP1*、*AP2* 的突变造成了第二轮花瓣的缺失和第一轮花萼的异常(图3.15B、C)，B 类基因 *AP3*、*PI* 的突变造成了第二轮花瓣和第三轮雄蕊的缺失(图3.15D、E)。C 类基因 *AG* 的突变则没有第三轮雄蕊和第四轮雌蕊的形成，成为多轮花瓣(图3.15F)(Wellmer et al.，2004)。

　　Álvarez-Buylla 等人(2008)提出了花形态建成的基因调控网络的随机模型。这个模型指出，对高度非线性系统的随机干扰导致生物类型的出现和稳定性。他们采用基因调控网络(Gene Regulation Network，GRN)的随机 Boolean 模型研究花各部位的转变。每个基因随时间改变的表达状态由下式表示：

$$\chi_n(t+\tau) = Fn(\chi_{n_1}(t), \chi_{n_2}(t), \cdots, \chi_{n_k}(t))。$$

　　他们对花器官决定的 10 个基因进行了分析，结果与 ABC 模型一致。然而却是覆盖了 10 个基因的动力学模型(图3.16)。

　　他们又补充了分化方程的 Glass 模型用来说明调控网络的连续性。模型采用复杂的数学方法进行分析。

　　Wellmer et al.(2006)设计的综合基因调控网络图更好地描绘出花器官决定的过程和时间顺序(图3.17)。清楚显示 *LEAFY* 对各类花器官形成决定基因的促进作用，A 类基因 *AP1* 除了决定花萼与花瓣形成外，还促进 *LEAFY* 和 *UFO* 的表达。C 类基因 *AG* 被 AP2、CLF、SAP、LUG、SEU、ANT、RBE 抑制，在 W2 的位置不表达。AG 又抑制 *AP1* 的表达，在 C 存在的部位没有 *AP1* 的表达，所以没有花瓣形成。Mir172 抑制 AP2 的翻译，*AP2* 在所有花部位表达，而 mir172 表达的部位与 *AG* 相同，使得 *AG* 能够表达。UFO 通过与 AG 相拮抗的方式促进花瓣的发育(Durfee et al.，2003)。

　　事实上，花发育过程的基因网络调控更复杂。Wellmer 等人对拟南芥花早期发育过程进行了不同阶段基因组水平的表达分析，发现除了已经证明的 ABC 模型基因在特定区域顺序表达和作用外，还有其他作用以及其他基因的作用和变化(图3.17)。如 AP1 也促进 AP2 的表达，分生组织调控基因 *WUS* 和 *CLAVATA3*（*CLV3*）的表达在早期花发育过程的分生组织中逐渐减少到停止，*SHATTERPROOF 1* 和 *2*（*SHP1/2*），*CRABS CLAW*（*CRC*）、*NOZZLE/SPOROCYTELESS*（*NZZ/SPL*）在花发育前两天表达不变，当雄蕊和雌蕊原基起始发育时活性增加，C_2H_2 锌指蛋白 JAGGED(JAG) 和 NUBBIN(NUB) 的表达同时上调，与以前的不同时期表达结果不同。在 AP1 激活后第一天，大量基因表达下调，在 AP1 激活后 3~5 天，上调表达的基因数目超过下调表达的数目，这种现象与木质部导管形成过程中前阶段基因表达抑制为主到后阶段基因表达激活为主的现象一致，说明形态建成过程中基因表达调控的规律性(Wellmer et al.，2006)。研究还发现早期花发育过程中基因家族不同成员存在不同程度的基因功能的重复性，这种重复可能保证了器官的形态建成(Wellmer et al.，2006)。

　　在花发育过程有大量的文献和成果，即使是对目前的研究成果的总结和分析也不够全

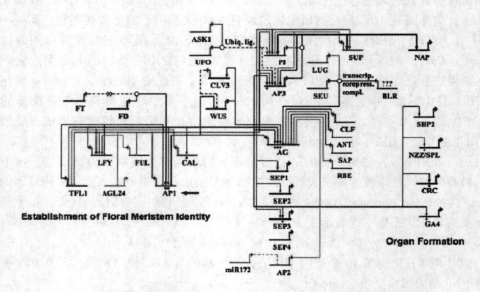

图 3.17 花类型形成的基因调控网络(Wellme et al. 2006, PLoS Genetics)

面，需要更多的理论和实验分析，才能逐步细化或填充已有的轮廓。

第四节 花型的发育

植物的花型除了上述基因控制外，还有其他一些基因在对称性和各花部的形状、大小等方面起作用。

两侧花型是进化上较高级的花，背腹特性的形成也是由相应区域基因的特异表达所控制。例如金鱼草的背腹不同的花是由于 *CYCLOIDEA*（*CYC*）和 *DICHOTOMA*（*DICH*）基因在花分生组织表达，并一直表达到在花芽原基的背部特异表达。单突变体的花型是半反常花，双突变体是反常对称花（Almeida et al., 1997；Luo et al., 1999；Luo et al., 1996；Gubitz et al., 2003；Hileman and Baum, 2003）。*CYC* 类似于拟南芥中的 *TCP1*。*CYC* 和 *DICH* 都属于 TCP 家族的转录因子。这个家族的成员根据 TCP 区域和 DNA 结合保守区的序列相似性可分为 I 和 II 类，许多成员在细胞生长和繁殖的类型方面起作用（Costa et al., 2005）。在花分生组织背部特异表达的 *RADIALIS*（*RAD*）受 *CYC* 和 *DICH* 的激活，编码 MYB 相关蛋白，与另一个在腹部特异表达的 MYB 蛋白 DIVARICATA（DIV）相拮抗，可能竞争作用于目标（Corley et al., 2005；Costa. et al., 2005）。

Corley 等人（2005）提出了金鱼草背腹特性形成的分子模型。这个模型认为：

①*CYC* 和 *DICH* 在花分生组织背部特异激活 *RAD* 基因。

②*RAD* 基因抑制 *DIV* 基因在花分生组织背部的表达。

Costa 等人（2005）进一步鉴定了 CYC 在 *RAD* 上的作用位点，证明 CYC 与 *RAD* 的启动子和内含子结合。同时用 CYC 对两类 TCP 蛋白的作用序列进行结合分析，发现虽然 CYC

在序列上与Ⅱ类TCP蛋白更相似,但结合的DNA序列与Ⅰ类更相似。CYC在拟南芥中的作用也不同。相对于野生型,过量表达CYC基因的拟南芥花瓣细胞大小增加,花瓣大小增加。但叶片生长受到抑制(Costa. et al., 2005)。

拟南芥是花辐射对称植物。其中没有RAD的类似分子,但当*CYC*和*RAD*同时在拟南芥表达时,它们可以相互作用,其表型类似于CYC强表达。这些结果说明可能背腹轴的分化关键在于RAD参加到了网络调控之中(Costa. et al., 2005)。在背腹轴上还可能存在其他多种背特性基因和腹特性基因,有待于研究和鉴定。

拟南芥中*BLADE-ON-PETIOLE1*(*BOP1*)和*BOP2*在叶和花的生长不对称类型中起着重要作用。它们在功能上重叠,在结构上类似于*NONEXPRESSOR OF PR GENES1*(*NPR1*)基因,可以与TGACG序列专一结合蛋白(TGA)转录因子在核中相互作用。已经证明BOP2定位于细胞质和细胞核,与*PERIANTHIA*(*PAN*)编码的TGA转录因子在核中相互作用,在幼花的分生组织表达。*bop1 bop2 pan*三突变花最外轮表现出五瓣不对称表型(Hepwort et al., 2005)。BOP基因的过量恒定表达在侧生器官边界区域上调*LATERAL ORGAN BOUNDARIES*(*LOB*)和*ASYMMETRIC LEAVES*2(*AS2*)的表达,而bop突变体中这些基因表达下调。在叶柄,*BOP1*和*BOP2*基因通过调控*PHB*和*FIL*控制近轴远轴极性。*BOP1*和*BOP2*基因在侧生器官的相邻区域抑制分生细胞命运的基因,促进侧生器官命运和极性基因表达(Ha et al, 2007)。

背腹轴基因沿着与茎垂直的方向作用,还可能有其他沿着茎轴向作用的基因。分生组织在两个互为90度的参数系统中决定自身位置,进行形态建成。

☞ 参考文献

Álvarez-Buylla ER, Chaos Á, Aldana M, Benítez M, Cortes-Poza Y, Espinosa-Soto C, Hartasánchez DA, Lotto RB, Malkin D, Santos GJE, and Padilla-Longoria P. Floral morphogenesis: stochastic explorations of a gene network epigenetic landscape. PLoS ONE. 2008, 3(11), e3626.

Almeida J, Rocheta M, Galego L. Genetic control of flower shape in *Antirrhinum majus*. Development. 1997, 124, 1387-1392.

Bastow R, Mylne JS, Lister C, Lippman Z, Martienssen RA, and Dean, C. Vernalization requires epigenetic silencing of FLC by histone methylation. Nature. 2004, 427, 164-167.

Baudry A, Ito S, Song YH, Strait AA, Kiba T, Lu S, Henriques R, Pruneda-Paz JL, Chua N, Tobin EM, Kay SA, Imaizumi T. F-Box Proteins FKF1 and LKP2 act in concert with ZEITLUPE to control arabidopsis clock progression. Plant Cell. 2010, 22, 606-622.

Ben-Naim O, Eshed R, Parnis A, Teper-Bamnolker P, Shalit A, Coupland G, Samach A, Lifschitz E. The CCAAT binding factor can mediate interactions between CONSTANS-like proteins and DNA. Plant J. 2006, 46, 462-476.

Blazquez M, Koornneef M, Putterill J. Flowering on time: Genes that regulate the floral transition. Workshop on the molecular basis of flowering time control. EMBO Rep. 2001, 2,

1078-1082.

Blazquez MA, Weigel D. Integration of floral inductive signals in Arabidopsis. Nature. 2000, 404, 889-892.

Blázquez MA. Flower development pathways CELL SCIENCE AT A GLANCE. www.biologists.com/jcs 3547-3548.

Boss PK, Bastow RM, Mylne JS, Dean C. Multiple pathways in the decision to flower: enabling, promoting, and resetting. Plant Cell. 2004, 16, S18-S31.

Bradley D, Ratcliffe O, Vincent C, Carpenter R, Coen E. Inflorescence commitment and architecture in Arabidopsis. SCIENCE. 1997, 275, 80-83.

Chen X. A microRNA as a translational repressor of APETALA2 in Arabidopsis flower development. SCIENCE, 2004, 303(26), 2022-2025.

Chen A, Dubcovsky J. Wheat *TILLING* mutants show that the vernalization gene *VRN1* down-regulates the flowering repressor *VRN2* in leaves but is not essential for flowering. PLoS Genet. 2012, 8(12), e1003134.

Choi K, Park C, Lee J, Oh M, Lee BNI. Arabidopsis homologs of components of the SWR1 complex regulate flowering and plant development. Development. 2007, 134, 1931-1941.

Conti1 L, Bradley D. TERMINAL FLOWER1 is a mobile signal controlling arabidopsis architecture. Plant Cell, 2007, 19, 767-778.

Corley SB, Carpenter R, Copsey L, Coen E. Floral asymmetry involves an interplay between TCP and MYB transcription factors in *Antirrhinum*. PNAS. 2005, 102(14), 5068-5073.

Costa MMR, Fox S, Hann AI, Baxter C, Coen E. Evolution of regulatory interactions controlling floral asymmetry Development. 2005, 132, 5093-5101.

Durfee T, Roe JL, Sessions RA, Inouye C, Serikawa K, Feldmann KA, Weigel D, Zambryski PC. The F-box-containing protein UFO and AGAMOUS participate in antagonistic pathways governing early petal development in Arabidopsis. PNAS. 2003, 100(14), 8571-8576.

Eckardt NA. A wheel within a wheel: temperature compensation of circadian clock. Plant Cell. 2006, 18: 1105-1108.

Edwards KD, Anderson PE, Hall A, Salathia NS, Locke JGW, Lynn JR, Straume M, Smith JG, Millar A. Plant Cell. 2006, 18, 639-650.

Gendall AR, Levy YY, Wilson A, Dean C. The VERNALIZATION 2 gene mediates the epigenetic regulation of vernalization in Arabidopsis. Cell. 2001, 107, 525-535.

Gould PD, Locke JCW, Larue C, Southern MM, Davis SJ, Hanano S, Moyle R, Munch R, Putterill J, Millar AJ, Hall A. The molecular basis of temperature compensation in the Arabidopsis circadian clock. Plant Cell. 2006, 18, 1177-1181.

Gubitz T, Caldwell A, Hudson A. Rapid molecular evolution of CYCLOIDEA-like genes in antirrhinum and its relatives. Mol. Biol. Evol. 2003, 20, 1537-1544.

Hayama R, Coupland G. The Molecular basis of diversity in the photoperiodic flowering responses of Arabidopsis and Rice. Plant Physiol. 2004, 135, 677-684.

Hayama R, Agashe B, Luley E, King R, Couplanda G. A circadian rhythm set by dusk determines the expression of FT homologs and the short-day photoperiodic flowering response in *Pharbitis*. Plant Cell. 2007, 19, 2988-3000.

Ha CM, Jun JH, Nam HG, Fletcher JC. BLADE-ON-PETIOLE1 and 2 control arabidopsis lateral organ fate through regulation of LOB domain and adaxial-abaxial polarity genes. Plant Cell. 2007, 19, 1809-1825.

Hemming MN, Peacock WJ, Dennis ES, Trevaskis B. Low-temperature and daylength cues are integrated to regulate FLOWERING LOCUS T in *Barley*. Plant Physiol. 2008, 147 (1), 355-366.

Hepworth SR, Zhang Y, McKim S, Li X, and Haughn GW. BLADE-ON-PETIOLE-Dependent signaling controls leaf and floral patterning in Arabidopsis Plant Cell. 2005. 17 (5), 1434-1448.

Hileman LC, Baum DA. Why do paralogs persist? Molecular evolution of CYCLOIDEA and related floral symmetry genes in *Antirrhineae* (*Veronicaceae*). Mol. Biol. Evol. 2003, 20, 591-600.

Jack T. Molecular and genetic mechanisms of floral control. Plant Cell. 2004, 16, S1-S17.

Jensen CS, Salchert K, Nielsen KK. A TERMINAL FLOWER1-Like gene from perennial ryegrass involved in floral transition and axillary meristem identity. Plant Physiol. 2001, 125, 1517-1528.

Johanson U, West J, Lister C, Michaels S, Amasino R, Dean C. Molecular analysis of FRIGIDA, a major determinant of natural variation in Arabidopsis flowering time. Science. 2000, 290, 344-347.

Kasschau KD, Xie Z, Allen E, Llave C, Chapman EJ, Krizan KA, Carrington JC. P1/HC-Pro, a viral suppressor of RNA silencing, interferes with Arabidopsis development and miRNA function. Dev. Cell. 2003, 4, 205-217.

Kevei E, Gyula P, Hall A, Kozma-Bognar L, Kim WY, Eriksson M, Toth R, Hanano S, Feher B, Southern MM, Bastow RM, Viczian A, Hibberd V, Davis SJ, Somers DE, Nagy F, Millar AJ. Forward genetic analysis of the circadian clock separates the multiple functions of ZEITLUPE. Plant Physiol. 2006, 140, 933-945.

Kim SY, Zhu T, Sung ZR. Epigenetic Regulation of Gene Programs by EMF1 and EMF2 in Arabidopsis. Plant Physiol. 2010, 152(2): 516-528.

Kim SY, Lee J, Eshed-Williams L, Zilberman D, Sung ZR. EMF1 and PRC2 Cooperate to Repress Key Regulators of Arabidopsis Development. PLoS Genet. 2012, 8(3): e1002512.

Levy YY, Mesnage S, Mylne JS, Gendall AR, Dean C. Multiple roles of Arabidopsis VRN1 in vernalization and flowering time control. Science, 2002, 297, 243-246.

Lifschitz E, Eviatar T, Rozman A, Shalit A, Goldshmidt A, Amsellem Z, Alvarez JP, Eshed Y. The tomato FT ortholog triggers systemic signals that regulate growth and flowering and substitute for diverse environmental stimuli. PNAS. 2006, 103, 6398-6403.

Liljegren SJ, Gustafson-Brown C, Pinyopich A, Ditta GS, Yanofsky MF. Interactions among APETALA1, LEAFY, and TERMINAL FLOWER1 specify meristem fate. Plant Cell, 1999, 11, 1007-1018.

Liu C, Zhou J Bracha-Drori K, Yalovsky S, Ito T, Yu H. Specification of Arabidopsis floral meristem identity by repression of flowering time genes. Development. 2007, 134, 1901-1910.

Liu L, Liu C, Hou XL, Xi W, Shen L, Tao Z, Wang Y, Yu H. FTIP1 Is an Essential Regulator Required for Florigen Transport. PLoS Biol. 2012, 10(4): e1001313.

Lohmann JU, Hong RL, Hobe M, Busch MA, Parcy F, Simon R, Weigel D. A molecular link between stem cell regulation and floral patterning in Arabidopsis. Cell. 2001, 105, 793-803.

Luo D, Carpenter R, Vincent C, Copsey L, Coen E. Origin of floral asymmetry in Antirrhinum. Nature. 1996, 383, 794-799.

Luo D, Carpenter R, Copsey L, Vincent C, Clark J, Coen E. Control of organ asymmetry in flowers of Antirrhinum. Cell. 1999, 99, 367-376.

Macknight R, Bancroft I, Page T, Lister C, Schmidt R, Love K, Westphal L, Murphy G, Sherson S, Cobbett C, Dean C. FCA, a gene controlling flowering time in Arabidopsis, encodes a protein containing RNA-binding domains. Cell. 1997, 89, 737-745.

Macknight R, Duroux M, Laurie R, Dijkwel P, Simpson G, Dean C. Functional significance of the alternative transcript processing of the Arabidopsis floral promoter FCA. Plant Cell. 2002, 14, 877-888.

Mathieu J, Yant LJ, Mürdter F, Küttner F, Schmid M. Repression of flowering by the miR172 target SMZ. PLoS Biol, 2009, 7, e1000148.

McClung CR. Plant circadian rhythms. Plant Cell. 2006, 18, 792-803.

Michaels SD, Amasino RM. Memories of winter: Vernalization and the competence to flower. Plant Cell Environ. 2000, 23, 1145-1153.

Nilsson O, Lee I, Blazquez MA, Weigel D. Floweringtime genes modulate the response to LEAFY activity. Genetics. 1998, 150, 403-410.

Ohnacker M, Barabino SM, Preker PJ, Keller W. The WD-repeat protein pfs2p bridges two essential factors within the yeast pre-mRNA 39-end-processing complex. EMBO J. 2000, 19, 37-47.

Parcy F, Nilsson O, Busch MA, Weigel D. A genetic framework for floral patterning. Nature. 1998, 395, 561-566.

Pillitteri LJ, Lovatt CJ, Walling LL. Isolation and characterization of a TERMINAL FLOWER homolog and its correlation with juvenility in Citrus. Plant Physiol. 2004, 135, 1540-1551.

Quesada V, Macknight R, Dean C, Simpson GG. Autoregulation of FCA pre-mRNA processing controls Arabidopsis flowering time. EMBO J. 2003, 22, 3142-3152.

Ratcliffe OJ, Bradley DJ, Coen ES. Separation of shoot and floral identity in Arabidopsis. Development. 1999, 126, 1109-1120.

Reeves PH and Coupland G. Analysis of flowering time control in arabidopsis by comparison of double and triple mutant. *Plant Physiol*. 2001, 126, 1085-1091.

Rebocho AB, Bliek M, Kusters E, Castel R, Procissi A, Roobeek I, Souer E, Koes R. Role of EVERGREEN in the development of the cymose petunia inflorescence developmental. Cell. 2008, 15, 437-447.

Rhoades MW, Reinhart BJ, Lim LP, Burge CB, Bartel B, Bartel DP. Prediction of plant microRNA targets. Cell. 2002, 110, 513-520.

Schmid M, Uhlenhaut NH, Godard F, Demar M, Bressan R, Weigel D, Lohmann JU. Dissection of floral induction pathways using global expression analysis. Development. 2003, 130, 6001-6012.

Schomburg FM, Patton DA, Meinke DW, Amasino RM. FPA, a gene involved in floral induction in Arabidopsis, encodes a protein containing RNA-recognition motifs. Plant Cell. 2001, 13, 1427-1436.

Simpson GG, Dijkwel PP, Quesada V, Henderson I, Dean C. FY is an RNA 39-end processing factor that interacts with FCA to control the Arabidopsis floral transition. Cell. 2003, 113, 777-787.

Sheldon CC, Conn AB, Dennis ES, Peacock WJ. Different regulatory regions are required for the vernalization-induced repression of FLOWERING LOCUS C and for the epigenetic maintenance of repression. Plant Cell. 2002, 14, 2527-2537.

Song YH, Smith RW, To BJ, Millar AJ, Imaizumi T. FKF1 Conveys Timing Information for CONSTANS Stabilization in Photoperiodic Flowering. SCIENCE, 2012, 336: 1045-1049.

Staiger D, Allenbach L, Salathia N, Fiechter V, Davis SJ, Millar AJ, Chory J, Fankhauser C. The *Arabidopsis SRR*1 gene mediates phyB signaling and is required for normal circadian clock function. GENE. DEV. 2003, 17, 256-268.

Sung S, He Y, Eshoo T, Tamada Y, Johnson L, Nakahigashi K, Goto K, Jacobsen SE, Amasino RM. Epigenetic maintenance of the vernalized state in Arabidopsis thaliana requires LIKE HETEROCHROMATIN PROTEIN 1. Nat. Genet. 2006, 38, 706-710.

Taoka K, Ohki I, Tsuji H, Furuita K, Hayashi K, Yanase T, Yamaguchi M, NakashimaC, Purwestri YA, Tamaki S, Ogaki Y, Shimada C, Nakagawa A, Kojima C, Shimamoto K. 14-3-3 proteins act as intracellular receptors for rice Hd3a florigen. NATURE, 2011

Trevaskis B, Hemming MN, Peacock WJ, Dennis ES. *HvVRN*2 responds to daylength, whereas *HvVRN*1 is regulated by vernalization and developmental status. Plant Physiol. 2006, 140 (4), 1397-1405.

Turner AS, Faure S, Zhang Y, Laurie DA. The effect of day-neutral mutations in barley and wheat on the interaction between photoperiod and vernalization. Theor Appl Genet. 2013, 126, 2267-2277.

Vogt SH, Weyens G, Lefèbvre M, Bork B, Schechert A, Müller. AE The FLC-like gene *BvFL*1 is not a major regulator of vernalization response in biennial beets. Front Plant Sci. 2014, 5, 146.

Weigel D, Meyerowitz EM. Activation of floral homeotic genes in Arabidopsis. Science. 1993, 261, 1723-1726.

Wellmer F, Riechmann JL, Alves-Ferreira M, Meyerowitz EM. Genome-wide analysis of spatial gene expression in Arabidopsis flowers. Plant Cell. 2004, 16, 1314-1326.

Wellmer F, Alves-Ferreira M, Dubois A, Riechmann JL, Meyerowitz EM. Genome-wide analysis of gene expression during early Arabidopsis flower development. PLoS Genetics. 2006, 2(7), 1012-1024.

Wood CC, Robertson M, Tanner G, Peacock WJ, Dennis ES, Helliwell CA. The *Arabidopsis thaliana* vernalization response requires a polycomb-like protein complex that also includes VERNALIZATION INSENSITIVE 3. PNAS. 2006, 103(39), 14631-14636.

Wu G, Park MY, Conway SR, Wang JW, Weigel D, Poethig RS. The sequential action of miR156 and miR172 regulates developmental timing in *Arabidopsis*. Cell. 2009, 138(4), 750-9.

Yanovsky MJ, Kay SA. Living by the calendar: How plants know when to flower. Nature reviews. 2003, 4, 265-275.

Yu H, Ito T, Zhao Y, Peng J, Kumar P, Meyerowitz EM. Floral homeotic genes are targets of gibberellin signaling in flower development. PNAS. 2004, 101(20), 7827-7832.

Yu S, Galvao V, Zhang YC, Horrer D, Zhang TQ, Hao YH, Feng YQ, Wang S, Schmid M, Wang JW. Gibberellin regulates *Arabidopsis* floral transition through miR156-targeted SQUAMOSA PROMOTER BINDING-LIKE transcription factors. Plant Cell. 2012, 24(8), 3320-32

Zhou CM, Zhang TQ, Wang X, Yu S, Lian H, Tang H, Feng ZY, Zozomova-Lihová J, Wang JW. Molecular basis of age-dependent vernalization in *Cardamine flexuosa*. Science, 2013, 340, 1097-1100.

第四章　高等植物的性别决定和生殖器官的发育

被子植物的有性生殖方式多数是雌雄同株的两性花植物(hermaphrodite)，形成完全花(perfect)，既有雄性花蕊(staminate，androecium)，也有雌性花蕊(pistillate，gynoecium)。然而有大约10%的开花植物具有不同程度的雌雄异花或异株的现象，是更为进化的结构，这一章我们将讨论植物性别分化的种类和机理。

第一节　开花植物的性多态现象

10%的开花植物形成了单性花，作为避免同系植物交配空间分离的方式，其中有各种形式的组合，有雌雄单性同株(monoecious)、雌雄单性异株(dioecious)，其间有各种中间形式，如雌性两性花同株(gynomonoecious)、雄性两性花同株(andromonoecious)、雌性两性花异株(gynodioecious)、雄性两性花异株(androdioecious)(Ainsworth，2000)。

为避免同系交配，雌雄开花时间可以不同。农业上有不少植物属于单性同株或单性异株，见表4.1(Ainsworth，2000)。

表4.1　　　　农业上重要的单性同株和单性异株植物

雌雄单性同株	雌雄单性异株
Caster bean	猕猴桃
黄瓜	柳
无花果	菠菜
油棕	杨树
核桃	山药
玉米	枣棕

植物单性异株的进化是多次进化形成的。在单性花的形成过程中，其中一性器官生长停止或细胞死亡，形成单性花(Grant et al.，1994；Freeman et al.，1997，Durand and Durand 1991；Sherry et al.，1993)。据估计单性异株植物可能从两个途径进化而来，一是先突变为雌性两性花异株；二是变为雌雄单性花同株，两个结果最后均可能变为雌雄单性异株。且可以继续变为雄性两性花异株和雌性、雄性两性花异株(Rishi & Ray，2014)。

完全花性别决定的机理是ABC基因决定花器官的分化，那么单性花是由什么决定的？目前的研究认为，有三个方面决定了性别的分化：一是存在决定性别分化的基因和性染色体；二是植物激素在生理水平对性别发育的调控；三是表观遗传调控，例如 DNA 甲基化和 smallRNA 对性别决定基因表达的调控。植物性别的决定与环境存在一定关系，某些环境条件下植物的性别可以发生反转（Vaughton et al., 2012）。下面我们将分别举例说明不同植物中的性别决定系统。

第二节 单性同株植物的性别决定

单性同株花的植物有不同类型的变异，包括单性花同株（monoecious）、单性花和两性花同株（gyno-and andro-monoecious）植物。

完全花性别决定的机理是 ABC 基因决定花器官的分化，那么单性花是由什么决定的？一些性别决定基因和植物激素在单性花的形成中起重要作用。

玉米 *Zea Mays* 是单性花植物，其雄花序（tassel）和雌花序（ear）中的单性花分别是通过选择性地消除雌蕊和雄蕊而形成的。在玉米的突变体中有两类决定性别的突变，一类是使雌蕊雄性化（masculinize）的突变，另一类是使雄蕊雌性化（feminize）的突变。

玉米的 *anther ear*（*an1*）、*dwarf*（*d1*、*d2*、*d3*、*d5*）是隐性突变，使雌蕊能形成雄蕊。其中，*D1*、*D3* 编码赤霉素合成途径中的酶，这些酶的突变体中赤霉素的合成受到影响。*D8* 编码类似赤霉素不敏感或 *gal-3* 的抑制因子，属于植物对赤霉素调控反应中的负调控因子家族，*d8* 突变体中赤霉素的信号传递受到去阻遏，具有显性表型，与 *d1*、*d2*、*d3* 等突变体的表型类似。这些结果说明内源赤霉素具有使花雌性化的作用（李毅，1997）。*AN1* 编码 DE-ETIOLATED2（DET2）酶，参与油菜素内酯的合成过程，这也说明油菜素内酯也参与了玉米雄花的发育过程（Hartwig et al., 2011）。

玉米雄蕊雌性化突变体有三个隐性突变 *ts1*、*tas2*、*ts4*，和三个显性突变 *Ts3*，*Ts5* 和 *Ts6*。其中 *ts1*、*ts2* 和 *Ts3*、*Ts5* 可以使雄花变为雌花，而另外两个突变引起雄花中雌花失去败育的能力（Zhang et al., 2014）。*ts1*、*ts2* 除了雄蕊小花雌性化外，一般不育的雌蕊小穗的第二朵花也成为可育花，形成双粒小穗。*TS1* 编码 lipoxygenase 酶，参与 JA 茉莉酸信号的传导过程（Acosta et al., 2009）。*TS2* 基因编码带有甾类脱氢酶特征序列的乙醇脱氢酶，在雌蕊中止发育前在其亚表层转录表达，与野生型雄性花中导致雌蕊败育的细胞程序化死亡的时间和空间定位有关。野生型雌蕊中 *TS1* 和 *TS2* 都有表达，且 *TS2* 的表达需要 *TS1* 的作用。野生型雌蕊程序化死亡作用受到 *SILKLESS1* 的抑制，其直接或间接作用于 *Ts2*（Ainsworth., 2000；Tanurdzic and Banks, 2004）。*Ts4* 基因编码 micro RNA zma-miR172e，该 micro RNA 可以结合 *indeterminate spikelete*（*ids1*），其编码花发育中的 AP2 类转录因子（Chuck et al., 2007）。而显性突变 *Ts6* 中，该基因 Ts4 结合区域发生碱基变异，导致 Ts4 无法结合。

黄瓜（*Cucumis sativus*）多数单性同株，也有单性异株或雌雄同花，所有的花芽在起始时都是雌雄同花。发育过程中雌蕊或雄蕊发育的中止导致了单性花的形成。在单性同株（monoecious）植株中，雄花分布在枝的底部，雌花分布在枝的顶部，F、A、M 三类基因决定黄瓜单性花的性别和分布。F 为半显性基因，沿着顶部朝底部雌性化的梯度性分布，A 基因是 F 基因的上位基因，也是雌性化表达需要的基因。M 基因是雄性化需要的基因，分别决定雌、雄花中雄蕊和雌蕊的选择性败育。M-ff 植株是单花同株（monoecious）、M-F-植株是雌株（female），mmF-植株是雌雄同花（hermaphroditic），mmff 是雄花和完全花同株（andromonoecious）（Tanurdzic. and Banks，2004）。

在黄瓜中，赤霉素和乙烯都影响花的性别分化。GA 起着雄性化的作用，而乙烯起着雌性化的作用。乙烯是主要的性别决定因素，赤霉素在乙烯上游执行其功能，是内源乙烯形成的负调控因素。Yin 和 Quinn 因此提出了乙烯作用模型，在这个模型中，F 基因编码决定沿着枝乙烯形成和建立分布梯度的分子，起着促进雌性化的作用；M 基因编码识别乙烯信号的蛋白，在乙烯信号的阈值水平以上抑制雄蕊发育。这个模型与黄瓜单性花在枝条上发育得早或迟现象一致，但也预测了黄瓜中从未或很少出现的中间类型。按照这个模型，应该还有其他基因也参与了性别分化过程（Tanurdzic. and Banks，2004）。

黄瓜中乙烯合成途径中的氨基环丙烷羧基合成酶基因有 *CS-ACS1*、*CS-ACS2*、*1-aminocyclopropane-1-carboxylic acid synthase*。*CS-ACS1* 被定位在 F 位点。单性花（monoecious）黄瓜基因组只有一份 *CS-ACS1* 基因，雌性植株（gynoecious）有两份。雌性植株比单性或雄性两性植株积累更多的 *CS-ACS* 转录产物，这与乙烯促进雌性形成的模型一致。Yamasaki 等人（2001）提供了 M 位点产物介导乙烯抑制雄蕊发育的证据，并指出乙烯的浓度很可能依赖于 F 位点，雌蕊、雄蕊对乙烯敏感性的不同可能依赖于 M 位点。总之，这两个位点在黄瓜性别决定中起着重要作用。

多数被子植物单性花的形成都是由于花器官的选择性败育。Kater 等人（2001）提出这种败育是基于器官性质或位置信息，他们用 MADS box ABC 同源基因在黄瓜中的异位表达证明了黄瓜中性器官的选择性败育是由位置决定而不是由其性质决定。在雄性花中，雌蕊只在第四轮败育；雌花中，雄蕊只在第三轮败育，此外，而且内轮中非繁殖性器官正常发育。因此 Kater 等人推测 C 类基因可能以性决定过程为作用的目标（Kater *et al*，2001；Tanurdzic and Banks，2004）。

第三节　单性异株被子植物

单性异株植物是产生性染色体的前提，换句话说所有的单性异株植物均具有产生性染色体的潜力（Ray et al.，2011）。但是由于缺乏必要的遗传和分子层面的数据，有关单性植物中性染色体的确定，目前为止仍非常有限。在低等植物中，已经发现的性染色体均为异型，而被子植物中，51% 的性染色体为同型，这也反映了二者在进化时间上的不同。*Silence latifolia* 是单性异株植物，雌株和雄株中，在开始时分别以雌花两性和雄花两性发育，在成熟前两性花发育停止，形成功能性的单性异株。个体性表型由性染色体决定，雄性由异配染色体 XY 决定，雌性由同配染色体 XX 决定。Y 染色体有三个区域决定性别分化，一个区域抑制雌性发育，另外两个区域促进雄性分化，这三个区域都不是雌性形成所必需。用 X-射线突变花粉，选择 F1 代的突变体，有两类新的突变型，一类是非 Y 连锁的，具雌雄同株特性；另一类是 Y 连锁的，具无性花。两性花突变体可能是由于抑制雌性发育基因的突变；具无性花的可能是由于雄性促进基因的突变（Ainsworth.，2000）。

在 *Silence latifolia* 雄花中表达的 50 多个与性表达有关的基因中，只有 4 个与 Y 连锁。

然而由于 Y 与 X 或常染色体同源，还没有发现绝对与 Y 连锁的基因。这些数据支持 *S. latifolia* Y 染色体更类似人类 Y 染色体由 X 染色体退化形成的现象。Y 染色体中有 X 染色体上的同源基因，但不相等，许多普遍表达的基因在基因组中是低拷贝（Tanurdzic and Banks，2004）。

有一些理论对从常染色体到 Y 染色体的进化进行推测，认为当形成了雄性或雌性决定基因后，为避免雄性基因和雌性基因之间重组，并遗传到下一代而分化形成了性染色体，且单性子代中雌性和雄性比例相同。同源染色体之间的重组受到 Y 染色体上同源片段反转的抑制，因此 X-Y 染色体间重组很少，导致 Y 染色体除了雄性决定基因和抑制雌性发育的基因外的退化。在 *Silence latifolia* 上的结果却与这个理论有不同。它的 Y 染色体比 X 染色体大 1.4 倍。这可能是由于 *Silence latifolia* 性染色体比人类 Y 染色体晚进化了 2.4 万～3.2 万年，处于进化的低级阶段（Charlesworth，2002）。

花器官是植物的生殖器官，花器官中的雄蕊和雌蕊与后代的繁殖直接相关。雄蕊中小孢子母细胞经过减数分裂形成小孢子，小孢子再发育成两个精子和一个营养细胞的配子体，即花粉，进入传粉受精阶段。雌蕊中大孢子母细胞经过减数分裂形成大孢子，并分化成为含有卵子和两个助细胞、两个极核的中心细胞以及另一端的三个反足细胞组成的七细胞胚囊，接着进入受精阶段。下面将介绍雌蕊和雄蕊的起始和发育过程和机理。

第四节 雄蕊和雄配子体的发育

花原基在 A 类、B 类、C 类及 *SEP* 基因的作用下，在特定部位分化形成特定的花器官，其中雄蕊是在第三轮的部位，在 B、C、*SEP* 基因的作用下，各种功能性基因表达，指导活跃的生理生化代谢活动和专一的组织形态结构建成活动，最后分化发育成为成熟的花丝、花药结构，并释放花粉。这个过程我们将分阶段介绍。

一、雄蕊原基的分化

根据新补充的花发育的 ABC 模型，雄蕊原基特性由 B 类基因 *AP3* 和 *PI*（拟南芥）、*DEF*（*deficiens*）和 *GLO*（*globosa*）（金鱼草）、C 类基因 *AG* 以及 E 类基因 *SEP* 共同决定。这些花器官决定基因分别在其作用的区域被激活。

1. B 类基因 AP3/PI 的启动

B 类基因（*PI*、*AP3*）的激活是在 *AP1*、*LFY*、*UFO* 等基因的共同作用下完成的（图 4.1）。*LFY* 基因产物与 *AP3* 基因的启动子结合，正向调控 *AP3* 的合成。突变 *lfy* 基因引起 *AP3* 基因表达的下调。然而 LFY 结合位点的突变并不改变 LFY 激活 *AP3* 的功能，因为 *LFY* 基因的作用是通过 *UFO*（*UNUSUAL FLORAL ORGANS*）基因的共同作用实现的，*ufo* 和 *lfy* 的双突变是致死突变（Jack，2004）。体内与体外实验均表明，LFY 与 UFO 蛋白存在物理互作，UFO 的结合加强了 LFY 行使转录调节的功能（Chae et al.，2008）。

UFO 编码一个含有 F-box 的蛋白。在哺乳动物、酵母、植物中 F-box 类蛋白是 SKP1-cullin-F-box（SCF）复合体的组成成分，该复合体选择泛素介导的蛋白质降解的底物。UFO 功能的丧失使所有四轮花器官形成异常，影响最大的是 B 类基因所在的花瓣和雄蕊，那

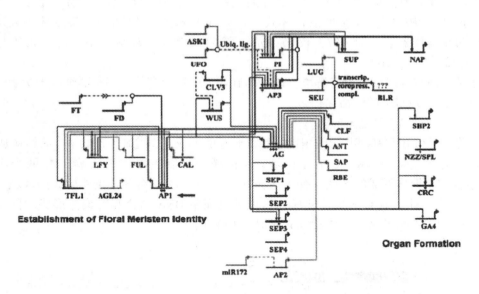

图 4.1　花类型形成的基因调控网络（Wellmer et al. 2006）

里 *AP3* 和 *PI* 的表达减少。在与 *LFY* 共表达的部位，无论是营养器官还是花器官，*UFO* 的过量表达都能引起相应部位 *AP3* 和 *PI* 的异常表达。而异源启动子控制的 *AP3* 和 *PI* 的共表达也能部分缓解 *ufo* 突变造成的异常（Levin and Meyerowitz, 1995；Lee *et al*, 1997；Parcy *et al*, 1998；Krizek and Meyerowitz, 1996.）。

UFO RNA 在各不同时期的瞬时表达具有特定的功能。在花发育的第一阶段，即刚由花序茎端分化的花原基中没有可探测的 *UFO* RNA，其表达被抑制；阶段 2 表达限制中心区域，在轮 3 和轮 4 的前体细胞部位 *UFO* RNA 有少量表达，这时还没有任何花器官原基的分化；阶段 3 和 4，花萼原基出现时，*UFO* RNA 在轮 2 和轮 3 花瓣和雄蕊前体细胞中有表达，在心皮前体细胞中没有表达，即表达以冠状类型分布在花原基上；到了阶段 5，表达限制在花瓣，这时期是轮 2 轮 3 器官起始的时期，*AP3* 和 *PI* 的表达类型在阶段 3 已经建立，所以 UFO 的表达与 AP3 和 PI 表达类型的建立有关（Jack, 2004；Durfee *et al*., 2003）。

ASK1（Arabidopsis Skp1-like）与 UFO 一起参与 Skp1-CUL1-F-box protein（SCF）复合体的功能。Zhao 等人证明 ASK1、UFO 与 LFY 共同作用调控 B 类基因表达（Zhao *et a*, .2001），他们推测 ASK1、UFO 与 LFY 的抑制因子结合，使其通过 SCF 复合体降解，释放对 LFY 的抑制，从而促进对 *AP3* 和 *PI* 表达的激活（Zhao et al., 2001）。

UFO 的功能还与花瓣的形成有关。一个弱的 *ufo* 突变体 *ufo-11* 可以造成轮 2 花瓣不能形成，但是轮 3 雄蕊正常，说明 UFO 在轮 2 花瓣形成中的作用。*ag* 和 *ufo-11* 的双突变体花瓣又成为正常，然而在 *ufo-11* 的突变体轮 2 没有探测到 *AG* RNA，说明轮 3 和轮 4 表达的 *AG* 可能通过细胞信号传导影响轮 2 花瓣的分化（Jack, 2004）。

AP1 基因激活 UFO 和 B 类基因，通过 *UFO* 促进花瓣形成。*UFO* RNA 在花瓣基部的

积累需要 AP1 活性，ap1 突变体中轮 2 花瓣基部探测不到 UFO 转录产物，花器官的发育也受到抑制。VP16 是一个强的活化区域，AP1：VP16 融合基因在 ap1 突变体中表达，使轮 1 成为花瓣样器官，而 AP1：VP16：ufo 的突变体却不能形成花瓣，说明 AP1 是通过 UFO 作用的（Jack，2004）。

花诱导还有许多问题没有解决，如 AP3 在 ap1lfy 双突变体中一小群细胞中的表达表明存在独立于 AP1/LFY 的激活途径。

2. C 类基因 AG 的起始活化

C 类基因和 B 类基因共同作用影响雄蕊原基的形成。C 类基因产物 AG 的结构从 N 端到 C 端分为 N、M、I、K、C 五个区域，N 区域是抑制蛋白作用区域，MI 两个区域是 DNA 结合和二聚体形成的区域。有 N 区域并有完整 DNA 结合和二聚体形成的区域的植株表现为 ag 突变体，有 C 区域、没有 N 区域并有完整 DNA 结合和二聚体形成的区域表现为 ap2 突变体表型（图 4.2，Mizukami et al.，1996）。

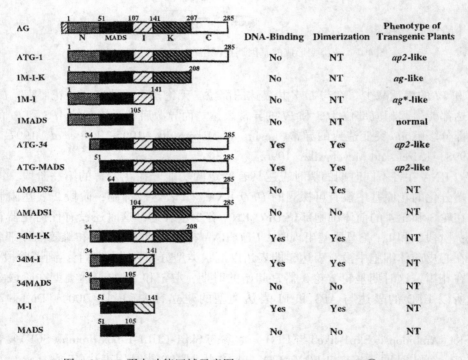

图 4.2　AG 蛋白功能区域示意图（Mizukami et al.，1996，ⒸASPB）

AG 基因的 3′增强子区域对于早期 AG 的激活和在心皮中的表达更为重要，而 5′增强子区域在晚期雄蕊中的表达更为重要（Deyholos and Sieburth，2000）。3′增强子区域含有两对相邻的 LFY 和 WUS 结合位点（LBS 和 WBS），5′增强子区域含有一对假定的 LBS 和 WBS 位点，这些 LBS 和 WBS 位点对功能的实现都是必需的。在 5′增强子区域还有第四个多变的 LBS 位点，与 WBS 不在一起，但其功能更重要（Busch et al.，1999；Lohmann et al,

2001；Hong et al.，2003）。

C 类基因 AG 的第二个内含子是 LFY 和 WUS 激活的作用位点，也是 LUG 和 AP2 抑制的作用位点（Deyholos and Sieburth，2000）。一个弱的 ag 突变体 ag-4 是无限花，具有花萼-花瓣-雄蕊重复分布类型。强的 ag 突变体 ag-3 是花萼-花瓣-花瓣重复类型。两个增强基因 hua1 和 hua2 的双突变可以导致 ag-4 的增强，产生类似于 ag3 的表型。HUA1 编码具有 6 个 CCCH 锌指结构的核 RNA 结合蛋白，HUA2 编码的蛋白与已知的 RNA 代谢酶类具有一定的相似性，参与了 AG 转录后的加工过程（Jack，2004）。在 hua 的突变体中，存在部分加工的 AG mRNA，含有外显子 1、外显子 2、内含子 2 和紧随其后的多聚腺苷酸末端，但是缺乏内含子 1 和外显子 3 到 7（Jack，2004）。

HEN1、HEN2 和 HEN4 是 hua1hua2 的增强基因。HEN2 编码 DexH-box RNA 解旋酶，HEN4 编码含 KH 区域的蛋白，已经知道 KH 区域具有结合单链 RNA 的活性，HUA1、HUA2、HEN2 和 HEN4 作用于 AG mRNA 的处理过程。HUA1 和 HEN4 之间发生蛋白质之间的作用，它们以复合体的形式发挥功能。HEN4 的核定位依赖于 HUA1（Jack，2004）。

AP2 基因是 A 类基因，可以抑制 C 类基因的表达。AP2 事实上在四轮花器官中均有表达，但是在 1、2 和 3 轮的表达量要高于第 4 轮（Wollmann et al.，2010）。而 AG 主要在 3 轮和 4 轮花器官中表达，因此在第三轮花器官中，AG 和 AP2 表达区域是重叠的。但是 AP2 在第三轮中并没有抑制 AG 的表达，这主要是因为存在 miRNA172 对 AP2 的调节作用。miRNA172 表达模式正好与 AP2 相反，在第三和第四轮花器官中高表达，在第二轮花器官中少量表达，在第一轮花器官中表达更少。因此，在第三轮花器官中，AP2 由于受到 miRNA172 调节，表达下降，不足以抑制 AG 的表达，表现出雄蕊特性。miRNA172 对 AP2 的表达调控可以通过降解其 mRNA，也可以阻止其翻译的进行（Jack，2004；Nathanael and Thomas，2014）。而 HEN1 基因通过作用于 AP2 的互补 mi172RNA 而调节 AG 的表达。

AG 基因还受 CURLY LEAF（CLF）、STERILE APETALA（SAP）、AINTEGUMENTA（ANT）的负调控，决定花瓣的特性（Krizek et al.，2000）。

二、花药和花粉的形成

雄蕊由花药和花丝组成。花药的发育从功能结构上包括小孢子发生和配子体发生两个阶段。小孢子发生在花发育阶段 1 到 7，包括花药发育、组织专一化、减数分裂；配子体发生在花发育阶段 8~14，包括小孢子从四分体释放，成熟为花粉粒。绒毡层在这个阶段为小孢子提供营养和花粉外被的成分，花丝延长、花药增大、裂解、释放花粉（Alves-Ferreira et al.，2007）。雄蕊发生阶段和关键调控基因如图 4.3 所示。

ap3 突变体表现为：没有花瓣和雄蕊，有额外的花萼和心皮。ap3 突变体中下调表达的基因中，只有很少的基因专一性地在花瓣中表达，多数是雄蕊专一表达的。spl/nzz 突变体表现为：珠心和花粉囊不能形成，是在雌雄蕊发育中都起作用的转录因子。ms1 的表型是：花粉无活性，其余全正常，其编码控制绒毡层细胞程序化死亡的同源盒基因。ms1 突变体中有 73% 的基因在小孢子和花粉中下调表达（Alves-Ferreira et al.，2007）。

在 spl/nzz 和 ms1 突变体中没有显示差异表达，但雄蕊专一表达的基因可能与雄蕊其他性状相关如连接组织、维管束、花丝等（Alves-Ferreira et al.，2007）。

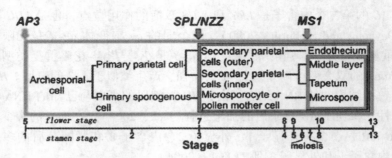

图 4.3　雄蕊发生阶段和关键调控基因(Alves-Ferreira et al., 2007, ⓒASPB,)

不同发育阶段的雄蕊专一表达的基因重叠很少，说明各特定发育阶段表达特定群基因。例如受 AG 控制的 At3g17010 及编码 B3 类型转录因子的 At5g09780 在 ap3 突变体中表达，但在 spl/nzz 和 ms1 突变体中不表达，在绒毡层和阶段 6 花药的中层表达(图 4.4B、C)。这两个基因可能是雄蕊发育中的关键基因，它们的功能可能重叠(图 4.4，Alves-Ferreira et al, 2007)。

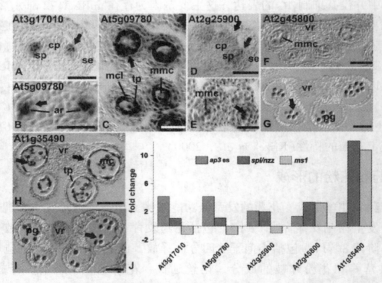

图 4.4　雄蕊发育过程中几个基因的表达分布 (Alves-Ferreira et al., 2007, ⓒASPB)
ar, Archesporial cell; cp, carpel primordium; mmc 小孢子母细胞; mcl 中细胞层; pg 花粉粒; se 花瓣; sp 雄蕊原基; ta 绒毡层; vr 维管束

At2g25900 基因编码锌指蛋白，在 ap3 和 spl/nzz 中表达，但 ms1 中不表达，野生型中只在幼小的雄蕊和心皮原基表达(图 4.4D、E)，花药阶段 6 以后没有表达。在花发育阶段 9~11，NtLiM 样蛋白基因 At1g35490 在绒毡层强表达(图 4.4H)，bZIP 转录因子基因 At2g45800 在花粉粒表达(图 4.4G)，在花药发育早期它们表达量都很低(图 4.4F、I)

(Alves-Ferreira et al., 2007)。

1. 与雄蕊发育有关基因的鉴定和功能

雄蕊原基中 B 类、C 类、*SEP* 基因控制表达的基因有蛋白质、淀粉、蔗糖代谢、渗透压调节、细胞壁生物合成和扩展、糖的运输、脂类的转移、类黄酮合成、细胞骨架的结构等，直接参与了花丝花粉发育过程中生理生化反应和形态建成，与花丝和花粉的快速生长、水分运动、脱水、抗逆性、花粉开裂、贮藏物质的积累等密切相关。采用染色质免疫共沉淀、转录组学、转突变基因和差异杂交分析相结合的方法，可以研究 B 类和 C 类基因作用的目标基因。用这种方法找到了金鱼草中 12 个 B 类基因调控的差异表达的基因，如 *tap1*，绒毡层表达预测的分泌蛋白基因、*fil1*，花丝和花瓣基部表达的细胞壁蛋白。对拟南芥野生型和 C 类基因突变体 *ag* 进行减法杂交研究，将得到的差异表达基因进一步用来对 *ap3* 突变体进行差异表达分析，发现了 13 个雄蕊中特异表达的基因。这些雄蕊中特异表达的基因包括编码水解酶、脂转移酶的基因。还发现了 AP3/PI 作用的基因中有一个在细胞分裂和细胞延展转换中起作用的基因(Scott et al., 2004)。

B 类基因 *AP3* 和 *PI* 都属于 MADS-box 基因，它们的产物形成异源二聚体，在体外结合到 CC(A/T)6GG 的 CArG box(Riechmann et al., 1996; Hill et al., 1998)。Wuest 等(2012)通过比较全基因组范围内的基因表达情况，比较了 *ap3* 和 *pi* 双突变体中的基因表达情况，发现差异基因的数量随着花发育的进程逐渐增多，有超过 2100 个基因表达存在差异；这些基因涉及许多重要的功能，特别是与花瓣和雄蕊发育相关基因。通过染色质免疫共沉淀技术，AP3/PI 在全基因组范围内有超过 1500 个结合位点；在 2100 个基因中有 460 个基因为其结合的目标基因。它们可以通过促进或者抑制表达，也就是说 *AP3* 和 *PI* 可以促进也可以抑制相关基因的表达。

拟南芥整个花粉发育过程约有 14000 个基因表达，成熟花粉有约 7000 个转录子，花粉中大量表达的占 26%，花粉专一的占 11%(Pina et al., 2005; Honys et al., 2004; Schmid et al., 2005; Verelst et al., 2007)。Suwabe 等人用激光切割方法研究了 140 个已经证明是花药专一表达的发育中水稻花药各部分的转录组基因，进一步把这些基因的表达精确定位。其中雄配子体专一的基因有 71 个，占 51%，绒毡层专一的基因有 7 个，占 5%，雄配子体和绒毡层都表达的有 62 个，占 44%。同时也确证了过去证明在绒毡层专一表达的 11 个基因的定位表达(Suwabe et al., 2008)。Tang 等人(2010)用激光切割技术对水稻花粉母细胞 PMC(Pollen mother cell)、Deveshwar 等人(2011)对减数分裂前 PMA(Pre-meiotic)、减数分裂 MA(Meiotic)、单细胞花粉 SCP(Single-celled pollen)、三核花粉 TPA(Tri-nucleate pollen)时期的花药进行了基因表达组学的类型分析。从减数分裂前到三核花粉阶段共有 22000 个基因表达，其中减数分裂前 PMA 表达 17497 个，减数分裂 MA 表达 18090 个，单细胞花粉 SCP 表达 17953 个，三核花粉 TPA 表达 15465(Deveshwar et al., 2011)。

多年来对突变体的研究揭示了大量孢子体雄性育性有关的基因，花粉发育也受配子体突变的影响，绒毡层线粒体基因组的突变由于使绒毡层退化而导致花粉不育。孢子体突变影响雄蕊发育的各个过程，如减数分裂中染色体配对、分离、绒毡层可育性、花粉壁形成、花丝延长、花药开裂等。

2. 花药发育的控制机制

花药的发育过程同其他植物器官发育不同的特点是，小孢子囊（microsporangia）是由单个孢原细胞（archesporial cells）形成的。从形态发育阶段看，近轴远轴极性的建立、细胞类型的专一化和小孢子囊辐射对称的形成是花药发育过程的关键阶段（Scott et al., 2004）。

(1) 近轴远轴极性的建立

在拟南芥花药原基小孢子囊的形成过程中，靠近花瓣的两个远轴的室（locules）比近轴的两个室大，表现出极性的分化，之间进一步由连接组织分离。研究表明，有许多基因可以在近、远轴中特异性表达。例如，Nakayama 等人发现两个远轴表达的基因 *At2g01110* 和 *At5g57800*，分别编码类囊体膜形成蛋白 cpTatC 和脂转移蛋白 WAX2，后者主要在远轴表皮表达。而 *At3g09730* 和 *At3g60390* 在近轴表达，前者在花器官原基近轴和成熟花瓣的保卫细胞专一表达，后者在花器官起始后的前两个到四阶段的花原基近轴表达，编码含有 PHD 指的 HD-ZIP 蛋白 HAT3（Nakayama et al., 2005）。

YABBY 基因家族的 *FILAMENTOUS FLOWER*（*FIL*）、*YAB2*、*YAB3* 在拟南芥侧生器官的离轴表达，包括子叶、叶子、花瓣、雄蕊原基和心皮，决定器官的远轴特性的形成（Siegfried et al., 1999）。*YABBY* 基因家族蛋白含有一个 Cys 锌指区，与其他蛋白相互作用，还有一个与 HMG 相似的 DNA 结合区，不同的 YABBY 蛋白中这两个区域结构不同（Meister et al., 2005）。

拟南芥侧生器官的非对称性是通过定位基因的相互作用决定近轴远轴特性而建立的，近轴特性基因抑制远轴特性基因。远轴特性的形成需要排除近轴特性基因的抑制，GARP 样的转录调控因子 KANADI 和一组 microRNAs 可以介导对这种抑制的排除（miR165/6；Eshed et al., 2001, 2004; McConnell et al., 2001; Emery et al., 2003; Juarez et al., 2004; Kidner and Martienssen, 2004; Mallory et al., 2004; McHale and Koning, 2004）。而生长素通过调控 KANADI 的活性，在这种极性建立的过程中起重要作用（Pekker. et al., 2005）。

花药中 *Fil1-yabby1* 和 *kanadi1*（*kan1*）-*kan2* 的双突变导致辐射对称花丝状结构的形成，同在叶中一样，*FIL* 在花药的连接组织的远轴端表达，负调控近轴决定基因 HD-ZIP 转录因子基因 *PHB*、*PHAVOLUTA* 和 *REVOLUTA* 在远轴的表达，促进连接组织生长，*PHB* 的表达则标志花药分裂面的形成（Scott et al., 2004；Dinneny et al., 2006）。

NUBBIN（*NUB*）和 C2H2 锌指蛋白转录因子 *JAGGED*（*JAG*）也通过确定雄蕊的极性而决定其形状。其中 *NUB* 在雄蕊的近轴端表达，与 *JAG* 共同促进小孢子囊形成。它们极性建立的作用与 *YABBY*/*KANADI* 平行，作用于不同类型的组织（Dinneny et al., 2006）。

(2) 细胞类型的专一化

同叶分生组织一样，拟南芥花分生组织也由三层组织发生层组成，表皮 L1（epidermis）、亚表皮 L2（subepidermis）、核心 L3（core）。通常在 L2 层的细胞平周分裂起始雄蕊原基。由 L2 起始的细胞形成花药中大部分细胞类型，包括孢原细胞。L3 层形成维管组织，有时也形成连接组织。L2 层细胞经过一系列复杂的分裂活动，形成 4 个辐射对称的小孢子囊以及最终同花丝连接的输导组织。四个小孢子囊是由 L2 层的孢原细胞平周分裂形成与 L1 相邻的初生周壁细胞(Primary Parietal Cell, PPC)和靠内的初生孢子母细胞(Primary Sporogenous Cell, PSC)。孢原母细胞的特化在拟南芥是由 *NOZZLE/SPOROCYTELESS*(*NZZ/SPL*)基因决定的,*nzz/spl* 突变体不形成孢原细胞。花发育中的 C 类基因 *AG* 可以激活 *NZZ/SPL* 的表达,这也说明 *AG* 基因通过这种调控可以同时促进雌雄生殖器官的发育(Ito et al., 2004)。玉米中 *msca*1(*maize sterile converted anther*1)可以形成孢原细胞,但不能分裂成为周壁细胞和孢子母细胞,不形成小孢子囊,却在表皮形成雄蕊结构(Scott et al, 2004)。

决定花药中分化成孢原细胞的数目与茎顶端分生组织控制多极化细胞数目的机理相似。茎顶端分生组织的细胞数目由富含亮氨酸重复受体激酶 *CLV*1(*CLAVATA*1)和信号合作基因 *CLV*2 以及配体决定。花药中,每个小孢子囊区域孢原细胞命运的细胞数目被 *EXS/EMS1* 限制为一个(图 4.5),同时也决定绒毡层的发育。突变体每个小孢子囊有多个孢原细胞,没有绒毡层,后期小孢子由于没有绒毡层的营养供应而退化降解。*EXS/EMS1* 为富含亮氨酸重复序列受体激酶(Zhao et al, 2002; Scott et al, 2004)。TPD1 是一个分泌蛋白,它的突变型与 *exs/ems* 的表型相似,*tpd1 ems1* 双突变表型也相同(图 4.5G-J)(Yang et al., 2005; Jia et al., 2008)。EMS 是与 TPD1 结合的受体,TPD1 在植物活体和体外都与 EMS 直接结合,使其磷酸化,它们的表达范围都在小孢子囊(图 4.5AB)。TPD1 的分布范围确定了小孢子发生的范围。作为信号蛋白,TPD1 与 EMS 受体是决定花药细胞命运的同一信号途径的组成成分(Yang et al, 2003a, 2005; Jia et al., 2008)。TPD1 过量表达使绒毡层降解延迟,严重时造成雄性不育。*tpd*1 突变小孢子母细胞过量形成。水稻中的 *MULTIPLE SPOROCYTE*1(*MSP*1)是 *EXS/EMS1* 的类似物,相似的还有玉米 *multiple archesporial cell1*(*mac1*)。*msp1* 突变体雄蕊和雌蕊都发生突变(Scott et al., 2004)。水稻 OsTDL1A 与 MSP1 结合,决定孢子发生(Zhao et al, 2008)。水稻花药中 MSP1 在花药减数分裂前 PMA 到减数分裂 MA 阶段专一表达(Deveshwar et al., 2011)。

(3) 小孢子囊辐射对称的形成

孢原细胞的两个产物分别向两个方向分化。初生孢子母细胞 PSC(primary sporogenous cell)经过几次分裂后形成性母细胞。初生周壁细胞 PPC(primary parietal cell)经过平周分裂,形成了与 L1 相邻的药室内壁细胞和次生周壁细胞(SPC),次生周壁细胞再平周分裂,形成靠药室内壁的中层细胞和与小孢子母细胞相邻的绒毡层细胞(tapetal)。在 *exs/ems1* 突变体中绒毡层发育受影响,而且常缺乏中层细胞(Zhao et al., 2002; Scott et al., 2004; Jia et al., 2008)。

辐射对称的小孢子囊结构并不能完全由孢原细胞的平周分裂和垂周分裂形成。在连接组织接壤处孢子囊外层在某些物种起源不同。因此提出了由初生小孢子母细胞建立的辐射中心信号场的模型。PSC 以及它的分裂产物可以诱导邻近细胞的分裂和分化。其过程如图 4.6 所示。

*TPD*1 转录产物密布在孢子团中为发育中小孢子体为中心的辐射信号分布提供了证据(Scott et al, 2004; Jia et al., 2008)。受 AG 控制的 *At3g17010* 及编码 B3 类型转录因子的 *At5g09780* 在绒毡层和阶段 6 花药的中层表达,可能是雄蕊发育中功能重叠的关键基因。*At2g25900* 基因编码锌指蛋白,只在幼小的雄蕊和心皮原基表达,花药阶段 6 以后没有表

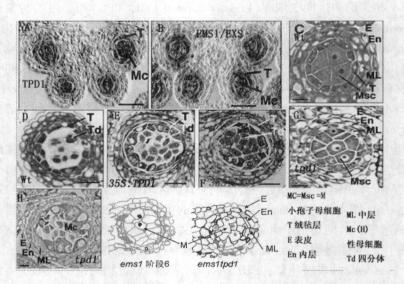

图 4.5　EMS1/TPD1 对小孢子囊发生的影响(Yang et al., 2003a, 2005 ⓒASPB, I, J, Jia et al., 2008)

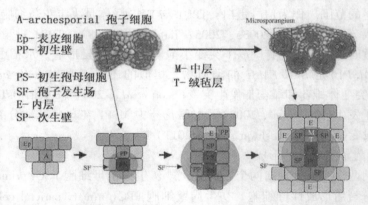

图 4.6　孢子囊发生辐射场模型 (Scott et al., 2004, ⓒASPB)

达(Alves-Ferreira et al., 2007)。

类似于 CLV1 的 BAM1 和 2 受体激酶在花药早期发育花粉母细胞命运决定中起重要作用,突变体花药形态异常(Hord et al, 2006)。

3. 小孢子囊的发育

小孢子和绒毡层的发育过程中,脂类合成基因主要在小孢子发生早期表达,介导脂类贮藏的油脂蛋白类基因在小孢子发生的中期和晚期表达。多数与脂类降解有关的基因在小孢子发生的晚期表达。一些与花粉外被形成有关的代谢类基因在绒毡层细胞高度活跃,另一些在花粉发育的晚期在花粉粒中活跃表达(Alves-Ferreira et al., 2007)。在雄蕊发育中期,早期花药发育中表达的 *MYB26/MALE STERILE*35 参与内层的形成(Yang et al., 2007a; Alves-Ferreira et al., 2007)。*TAZ1*(*TAPETUM DEVELOPMENT ZINC FINGER*

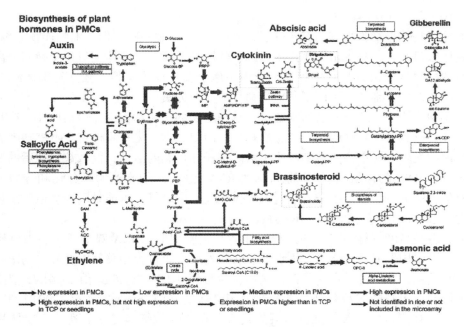

图 4.7 水稻小孢子母细胞中与激素合成相关基因的表达（Tang *et al*, 2010, ⓒASPB）

*PROTEIN*1) 在减数分裂前在除了绒毡层和配子体外的所有细胞表达，减数分裂后在绒毡层专一表达，决定绒毡层的发育，从而决定小孢子的育性（Kapoor *et al*., 2002）。

在小孢子囊发育过程中，中层细胞在小孢子母细胞和绒毡层的扩展下被挤破，小孢子母细胞和绒毡层之间的细胞质连接胞间连丝也因为小孢子母细胞胼胝质壁的迅速合成而破坏。小孢子母细胞和绒毡层最后都发育成为多核细胞。随后小孢子母细胞进入减数分裂，小孢子母细胞和绒毡层之间的胞间连丝扩展成直径为 0.5 微米的细胞质通道，进行细胞质的交流。人们相信细胞质通道与小孢子团的同步性有关。绒毡层发育后期，绒毡层原生质体之间的细胞壁溶解，胞间连丝增大成为不规则通道。减数分裂后的发育涉及孢子囊内多核体的细胞质交流，这种交流在减数分裂后是必需的。*exs/ems* 突变体中缺乏可见的绒毡层，孢子囊发育停留在四分体阶段，推测是由于绒毡层中 β-1,3glucanase（β-1,3 葡聚糖酶）的缺乏，使小孢子不能从四分体胼胝质壁中释放出来（Scott *et al*., 2004）。

（1）小孢子母细胞中合成的激素与细胞分裂

水稻小孢子母细胞中与各种激素合成相关基因的表达情况在图 2.7 中描绘出来。强表达的直接催化具有活性激素合成的基因有细胞分裂素反式玉米素合成基因，中强表达的催化具有活性激素合成的基因有细胞分裂素顺式玉米素合成基因以及脱落酸、赤霉素 GA4 合成基因。在激素合成产物前一步产物催化合成酶基因强表达的有生长素。前三步产物催化合成酶基因中强和强表达激素的有茉莉酸、乙烯，强表达的有油菜类甾醇。那些没有直接活性激素产物的激素可能在孢子发生的以后阶段发挥作用（Tang *et al*., 2010）。因此在孢原母细胞中细胞分裂素的合成可能直接与减数分裂有关，而赤霉素、脱落酸则分别与细

(2)小孢子母细胞的减数分裂

减数分裂是性母细胞特有的有丝分裂，其中 DNA 复制一次，但是细胞连续分裂两次，导致染色体数目减半。高等植物小孢子母细胞的减数分裂中染色体配对、交换、分离同其他物种减数分裂过程相似，但减数分裂产物小孢子发育成为花粉，独立地形成雄性配子体，在细胞壁形成等细节上不同于其他生命界的减数分裂。

植物小孢子体中，伴随着核活动还进行着细胞质的交流和重组，包括质体、线粒体的脱分化、分裂以及 rRNA 和 mRNA 的急剧减少。前期 cDNA 文库的研究表明核基因表达急剧减少，说明发生着从小孢子体细胞质中清除孢子体信息的活动，使减数分裂后的配子体发育摆脱有害 RNA 的作用（包括病毒和沉默 RNA 元件）。细胞器的脱分化和分裂可能也是源于核信息的减少。但小孢子发生对线粒体突变高度敏感，可能是因为绒毡层能量生产的高效性需求（Scott et al, 2004；Alves-Ferreira et al, 2007）。

减数分裂是高度特化和复杂的过程，任何与细胞周期、DNA 双链断裂、染色质凝缩和染色体高级结构形成、联会复合体形成、纺锤丝形成等过程相关基因变异，均影响减数分裂的正常进程，导致花粉育性降低。例如，参与酵母 DNA 复制起始的 *CDC45* 拟南芥类似基因也影响拟南芥的减数分裂，是减数分裂必需的基因（Stevens et al, 2004）。拟南芥 *DUET* 编码 PHD 指蛋白，参与染色质凝聚过程，在雄性母细胞专一表达，突变体从双线期开始异常一直延续到减数分裂（Reddy et al, 2003）。拟南芥 *ATK1* 基因对小孢子母细胞减数分裂过程中纺锤体的形成是必需的（Chen et al, 2002）。*AtZYP*、*AtASY1*、*AtMND1* 则对减数分裂中同源染色体的配对是不可缺少的（Panoli et al, 2006）。*Arabidopsis Separase* (*AESP*)是拟南芥中与染色体中两个姐妹染色单体分离有关的基因，在胚发生和减数分裂过程中影响相连接的姐妹染色单体的释放（Liu and Makaroff, 2006）。

Tang 等人（2010）对水稻花粉母细胞 PMC 基因转录组功能类型的分析也表明，在 1158 个的 PMC 偏好表达的基因中，有参与减数分裂重组和细胞周期控制的基因，如双链断裂有关基因 *OSPO1-1*、*PAIR1*；末端加工有关的假定的 *OsRAD50*、*OsMRE11*、*OsNBS1*；装载重组复合体的 *OsBRCA2*、单链 DNA 结合蛋白、*OsPHS1*；与链侵入有关的 *OsDMC1*、*OsRAD51*、*OsPAIR2*、*OsRPA1a*；与链交叉有关的 *ZEP1*、*MER3*、*MSH3*、拟南芥 *PID*、*MUS81*、*SLX4*、*MSH1* 类似基因；还有染色体结构控制的基因 *RAD21-4*、*PAIR3*；减数细胞周期控制的 *Os MEL1*、*OsSDS* 等（Tang et al, 2010）。

在小孢子母细胞减数分裂过程中，新形成的子细胞质膜和最初的纤维素壁之间沉降 β-1,3 葡聚糖组成胼胝质细胞壁，减数分裂结束后，小孢子之间也沉降了胼胝质。多数单子叶植物第一次减数分裂后胼胝质壁就在子细胞之间形成，第二次减数分裂后同样在四分体之间形成胼胝质壁（连续型）。多数双子叶植物在四分体形成后才同时进行细胞分裂，胼胝质壁在小孢子之间扩展，直到小孢子完全分离（同时型）（Scott et al, 2004）。

(3)小孢子母细胞减数分裂的细胞壁

孢子体有丝分裂和小孢子母细胞减数分裂的分裂面形成的控制不同。减数分裂未来细胞分离的位点不是前前期带的标志，在连续型的胞质分裂中，减数分裂第二次分裂后，胞质同时分裂，每个小孢子核被辐射状微管围绕，这些微管与周围的细胞质形成小孢子区域。在孢子区域界面，胞质分裂面由含有细胞壁和膜的组成成分的颗粒交接处确定，如这些颗粒结合，胞质分裂沿着这个平面进行。拟南芥 tetraspore/stud (tes/std) 突变体不能完成小孢子母细胞的胞质分裂。TES 基因编码在减数分裂末期建立围绕小孢子核的微管辐射列所需要的激酶 (Scott et al, 2004)。TES 在减数分裂前的花药各部位表达，表明雄性减数分裂的胞质分裂是由小孢子体控制 (Scott et al, 2004)。

小孢子间的胼胝质壁的形成和溶解是单个小孢子形成的重要因素。胼胝质壁在小孢子体发育中的功能可能有两个方面。一是分子筛或屏障的作用，将孢子发生细胞和其他孢子体的细胞分离，或将减数分裂产物分离，防止细胞粘着和融合。另一方面是作为成熟花粉粒外壁特殊结构形成的模板，以及与花粉粒的释放有关。

拟南芥位于质膜上的糖基转移酶 UDP 葡萄糖 β-1,3 葡聚糖合酶 5 (glucan synthase-like, AtGs15) 与酵母 β-1,3 葡聚糖合酶同源，可能是小孢子体中负责胼胝质合成的酶 (Scott et al, 2004)。而拟南芥的 A6 基因和烟草的 TAG1 基因编码类似于 β-1,3 葡聚糖酶的多肽，与 callase 的活性和表达类型相关。A6 专一地在绒毡层表达。减数分裂末期，由绒毡层分泌的、含有内源和外源葡聚糖酶和纤维素酶的 Callase 降解四分体小孢子间和外部的胼胝质壁，释放单个小孢子，参与对胼胝质壁的降解。另外，编码多聚半乳糖醛酸酶类似基因 quartet 3 的突变造成花粉母细胞壁降解需要的多聚半乳糖醛酸酶缺陷，使小孢子不能分离 (Scott et al, 2004; Rhee et al, 2003)。β-1,3 葡聚糖酶表达时间的变化或不能表达导致四分体细胞壁解聚酶的异常，是细胞质雄性不育的主要原因 (Scott et al, 2004)。

牵牛花和百合花药中，callase 的分泌和表达受到发育的严格控制。β-1,3 葡聚糖酶表达时间的变化或不能表达导致四分体细胞壁解聚酶的异常，是细胞质雄性不育的主要原因 (Scott et al, 2004)。然而天然没有胼胝质壁的 Pandanus odoratissimus 以及由于内源 β-1,3 葡聚糖酶异常表达而不形成胼胝质壁的转基因烟草都能正常进行减数分裂而形成小孢子四分体。不形成胼胝质壁的转基因莴苣、油菜、番茄、玉米也都能正常进行减数分裂 (Scott et al, 2004)。一些天然形成永久性小孢子四分体的种如 Juncaceae, Ericaceae, Oenotheraceae 在四分体小孢子间相交的壁没有或几乎没有胼胝质的形成，正常形成胼胝质壁的番茄在没有胼胝质形成时也形成永久性的四分体。每个小孢子具有独立的孢外壁，但在孢子之间相交处融合防止它们分离 (Scott et al, 2004)。这说明，胼胝质壁的形成并不是小孢子活性形成所必需。

除了胼胝质，果胶也是影响孢子分离的重要因素。拟南芥四分体突变体形成永久性的四分体，其胼胝质壁形成正常，但围绕四分体的亲本小孢子体的果胶不能降解，编码拟南芥果胶甲酯酶的 QUARTET (QRT) 基因的突变体花粉粒以四分体形式释放，小孢子不能分离，表明果胶的降解对小孢子的分离也是必需的 (Scott et al, 2004; Francis et al, 2006)。

(4) 绒毡层的发育和花粉外被的形成

绒毡层在性母细胞发育过程中提供营养和花粉壁形成所需的物质，由于发育早期与性母细胞之间的细胞连接已经破坏，没有信号传递。但是绒毡层与小孢子体一样进行大量的蛋白质合成和 DNA 复制，矮牵牛中绒毡层核的 DNA 拷贝数可以达到 8 倍，成为绒毡层独特的代谢特点，伴随着蛋白质的大量合成，这种高水平的合成活性需要大量的能量供给 (Scott et al, 2004)。

绒毡层细胞在花粉壁形成中起中心作用。绒毡层细胞在不同种中表现不同，可以是分泌型或保留在小孢子囊外周或变形侵入药室及发育中小孢子之间。有些植物中，绒毡层在早期成为碎片，破碎的原生质成分移入药室。绒毡层为花粉外壁提供富含脂类的外壁。分泌型的百合（*Lilium*）绒毡层在孢粉外壁沉积混合的类胡萝卜素（carotenes）、黄烷醇类（flavonol）和脂类。*Asteraceae* 侵入型的绒毡层渗透进入花粉壁复杂的内室。十字花科花粉外表面的复杂外被称为 tryphines，是绒毡层碎片在花粉外壁形成的，含有花粉在柱头表面成功发育必需的多种脂类、糖脂、蛋白。拟南芥花粉外被成分缺陷的突变体授粉后不能水化，油菜小的富含半胱氨酸的花粉外被蛋白与柱头的相互作用有关，尤其是在自交不亲和系统的雌性决定中有重要作用。这些种中雄性不亲和性的决定因素属于花粉外被蛋白（Scott et al，2004）。在花粉内壁吸水膨胀后，花粉外壁还赋予花粉弹性，使之容易通过珠孔通道（Takaso and Owens，2008）。

DYSFUNCTIONAL TAPETUM1（DYT1）是拟南芥 bHLH 转录调控因子，在花药发育阶段 5 晚期到阶段 6 早期在绒毡层强表达，受 *spl/nzz* 和 *ems1/exs* 正调控。野生型与突变体的比较转录组分析表明，*DYT1* 可能参与了脂代谢与转运、花粉外壁形成、细胞壁加工、木质素和类黄酮等的合成及转运等过程，是保证绒毡层正常功能和花粉育性形成的核心调控基因（Feng et al.，2012）。*dyt1* 突变体中许多偏向在绒毡层表达的基因表达下调，说明 *DYT1* 在 *SPL/NZZ* 和 *EMS1/EXS* 下游作用，调控许多在绒毡层发育中起重要作用的基因（Zhang et al，2006）。但是 *DYT1* 不是决定绒毡层正常发育的充分条件，其他基因如 *AtMYB33*、*AtMYB65*、*SERK1/SERK2*、*TPD1* 也是决定绒毡层形成的重要基因。同 *EMS1/EXS* 一起，*SERK1/SERK2*、*TPD1* 是在上游作用的基因，功能重叠的 *AtMYB33*、*AtMYB65* 可能与 *DYT1* 一样，也是在 *EMS1/EXS*、*SERK1/SERK2*、*TPD1* 下游作用的基因（Zhang et al，2006），它们受 miRNA 的调控，限制在幼小花药中表达（Miller and Gubler，2005）。

MALE STERILITY1（MS1）是 PHD 类的转录因子基因，负调控自身的表达，定位在绒毡层细胞核中，在四分体晚期到小孢子释放期表达，之后很可能通过依赖泛素的蛋白质降解系统降解。*ms1* 突变幼芽有 260 个基因的表达改变，其中 228 个下调，32 个上调表达。过量表达 *MS1* 导致营养生长过度分枝，部分可育花成熟花粉壁物质增加。说明 MS1 在绒毡层合成花粉壁物质和花粉外被物质的过程中起重要作用，从而影响花粉的可育性（Yang et al，2007b）。

TAZ1（*TAPETUM DEVELOPMENT ZINC FINGER PROTEIN1*）在减数分裂前在除了绒毡层和配子体外的所有细胞表达，在减数分裂后在绒毡层专一表达，决定绒毡层的发育，从而决定小孢子的育性。*TAZ1* 沉默导致绒毡层发育异常和过早降解，小孢子营养不足而不育（Kapoor et al，2002）。

植物激素在绒毡层发育过程中也起重要作用。水稻绒毡层发育过程中细胞分裂素、赤霉素、乙烯、油菜类甾醇、水杨酸、脱落酸的一些信号传导相关基因在花药发育的减数分裂、四分体、单核花粉阶段中花药各部位都有表达。而生长素信号传导受体 TIR1：3 专一在四分体阶段表达，脱落酸信号传导相关基因 *PP2C1-9* 及该途径以后的相关基因除 *VP1*、*bZIP10*、*bZIP12* 以外的基因都偏好在四分体强表达，*bZIP72* 在减数分裂和单核阶段的绒毡层也有较强表达（Hirano et al.，2008）。说明花药发育的四分体阶段，生长素诱导的生长发育旺盛(表 4.2.)。

表 4.2　绒毡层发育过程中激素相关基因的表达(Hirano et al., 2008)

	激素合成阶段相关基因			激素信号传导相关基因		
	减数分裂	四分体	单核花粉	减数分裂	四分体	单核花粉
细胞分裂素	IPT7	IPT3	**IPT7**、**CKX5**、11	**HK1**、2、3、HP124、RR17、18、19、RR2、6、9、10	HK1、**2**、**3**、HP1、2、4、**RR17**、18、19、**RR9**、10	HK1、**2**、3、4、HP1、**2**、4、**RR17**、18、19、**RR2**、6、9、10
生长素	**YUCCA5**	YUCCA5、NIT1	**NIT1**			TIR1;3
赤霉素	GA20ox2	GA20ox1	**GA20ox1**、2、EUI	**GID2**、SLR1、SPY、GAMYB	GID2、**SLR1**、SPY、GAMYB、**L1**	SLR1、**SPY**、GAMYB、SLR1、L1、**L2**
脱落酸	ABA2、ABAox81、3	**ABA2**、**ABAox81**、3	**ABA2**、**ABAox81**、2、3	PLD α1、12、PP2C2、4、6、8、bZIP72	**PLD α1**、**PP2C1-4**、5、6、8、9、**SAPK8**、9、**TRAB1**、**BZIP23**、40、42、46、72	**PLD α1**、**PP2C3**、4、6、SAPK9、**VP1**、TRAB1、BZIP12、23、72
乙烯			ACO2	ETR1;1、**EIN2**;1、2;2	ETR1;1、**EIN4**;2;1、2;2、3;1、3;2、3;3、**CTR1**;1	**ETR1**;1、**EIN2**;1、2;2、3;3
油菜类甾醇	FRACKEL1、2、DIM、DWF5、7、DWARF	**SMT1**、NYD1、DWF7、DIM、**DWARF**、BAS1L2	DIM、D11、CPD1、BAS1L2	BRI1、**BAK1**;1;1、2、SSL1、2、**BZR1**	**BRI1**、BAK1;1、1;2、SSL1、2	BRI1、**BAK1**;1、1;2、SSL1、2、**BZR1**
茉莉酸	AOC	**DAD1**;3、AOS2、AOC、ACX、KAT	**AOS2**、AOC、AIM1、KAT、**JAR1**;2、JMT1		COI1、JAZ1、**2**、3、**5**	**JAZ1**、3、5、7

注：黑体为强表达，其余为中强表达。

(5) 花粉成熟过程基因表达的调控

AtmIKC 亚家族的 MADS-box 基因家族 AGL30、AGL65、AGL66、AGL94、AGL104 基因在花粉成熟过程中大量表达，其他发育时期和部位少量表达。这五个基因产物相互作用，形成复合体，与 DNA 结合，作为转录因子，调控基因表达。它们调控的基因数目和变化如图 4.8 所示，有一大批基因受它们的调控，它们的功能是以聚合体的形式实现的(图 4.8)。MIKC 聚合体对花粉发育中基因表达的调控活性从单核花粉期开始，双核期增加，三核期达到高峰（图4.9）。调控的方式有抑制表达（*WRKY*43、*SCL*8、*CCA*1、*MIKC*自身），也有促进表达（*MYB*97、*AGL*18、*AGL*29）（Verelst *et al*, 2007）。

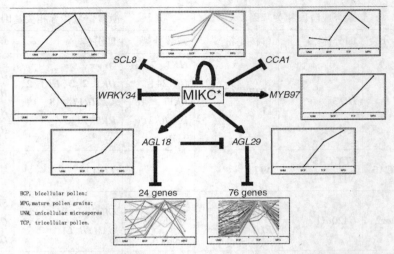

图4.8 *AtMIKC*基因调控的功能重叠性（Verelst *et al.*, 2007）

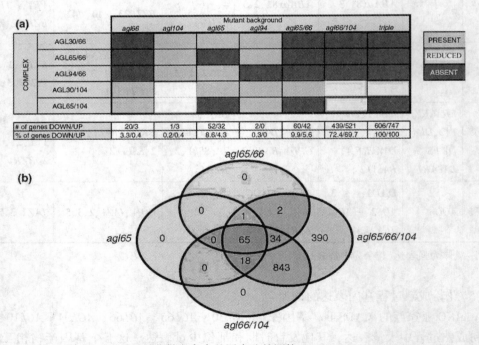

图4.9 MIKC对花粉发育中基因表达的调控（Verelst *et al.*, 2007）

4. 花粉壁的结构、合成与类型

在雄性减数胞质分裂后，四分体中小孢子独立起始形成细胞壁。细胞壁有三层结构：内壁是果胶纤维素壁，其外面围绕着孢子花粉素为基质的外壁(exine)，它又由外壁内层(nexine)和外层孢粉(sexine)组成。外层孢粉最为复杂，它的耳柱和顶盖是花粉壁种间专一性类型变异的基础(Scott et al., 2004, Jiang et al., 2012)。

胼胝质首先沉积在小孢子表面，接着是外层孢粉的前体 primexine，然后是外层内壁 nexine，最后是内壁。Primexine 含有大量多糖，作为模板指导孢子花粉素的沉积。烟草小孢子形成的早期移去胼胝质壁使顶盖缺失，但耳柱定位不受影响，表明胼胝质为顶盖形成提供固体支持但不为壁元件的定位提供模板（图 4.10）(Scott et al, 2004)。胼胝质(Callose, β-1, 3 glucan)决定花粉壁的类型。编码雄蕊专一的 β-1, 3 葡聚糖合酶基因 CALS5 决定分离中短时期内小孢子胼胝质壁形成，这阶段的胼胝质沉积对花粉外壁和可育性十分关键(Nishikawa1 et al, 2005)。

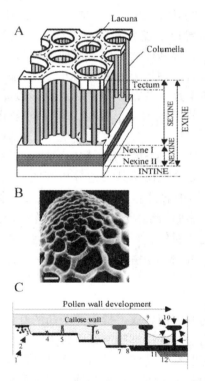

图 4.10　花粉壁的结构(Scott et al., 2004, ⓒASPB)

小孢子释放之前，孢粉素是由小孢子合成和分泌的前体多聚化形成。小孢子释放后大量的孢粉素前体由绒毡层合成和分泌到壁里，孢粉素为外壁提供了不平行的物理强度和化学惰性以及生物抗逆性。孢粉素的成分主要包括长链脂肪酸、少量酚类化合物，酚类单体由多酚类特性(如木质素和软木脂)的酯键相连，因此孢粉素和角质、木质素和软木脂一样是生物多聚体（Scott et al, 2004）。

编码质膜蛋白的拟南芥 *RUPTURED POLLEN GRAIN1*（*RPG1*）基因影响减数分裂后小孢子间外层孢粉的前体 primexine 的沉积方式，突变体前孢粉素随机分布，造成花粉粒开裂，细胞质流出（Guan et al, 2008）。另一个钙结合的膜蛋白 DEX1 的突变同样引起前孢粉素随机分布，不同的是，突变体的小孢子质膜不形成野生型具有的波纹，前孢粉素沉积延迟、变薄、构象改变，前孢粉素中的间隔不形成，导致前孢粉素随机分布，使孢粉素不能附着在小孢子上（Paxson-Sowders et al, 2001）。

萌发孔和耳柱列在孢粉壁精确定位。在萌发孔处，只有内层而没有孢粉素前体的沉积。Heslop-Harrison（1963）提出在未来萌发孔位置，内质网的沟屏防止了孢粉素前体的沉积的假说，随后 Dover、Sheldon、Dickinson 指出减数分裂纺锤体在萌发孔处定位，可能把细胞质拉离质膜。虽然孢粉壁类型繁多，但基本结构相似，都由耳柱形成的网状排列和一系列相套的空隙组成（Scott et al, 2004）。

决定种间专一的孢粉壁类型在减数分裂前小孢子体的二倍体核中表达，并且通过小孢子遗传。在百合发育中小孢子体的离心实验表明，蛋白质外被颗粒与减数分裂起始时 primexine 在细胞质出现的位置以及随着减数分裂插入到质膜的类型有关。这些颗粒通过蛋白或其他物质插入质膜，影响耳柱的定位。这种颗粒与质膜的融合的方式有两种假说。一种是油滴在水上的方式，另一种是土地干裂的方式。油滴在水上的模式中，颗粒以油滴的方式嵌入膜中，成为六角形片状分布，耳柱沿六角形边界沉积形成；土地干裂模型中，颗粒在质膜中成片分布然后收缩成六角形裂缝，耳柱同样沿六角形裂缝形成（Scott et al, 2004）。

在拟南芥中 ABORTED MICRSOSPORES（AMS）是一个主要调控因子，协调花粉壁的形成以及孢粉素的生物合成。全基因组共表达分析表明，花药中 98 个特异性表达的基因中有 70 个基因在 *ams* 突变体中表达量减少，在其中，23 个基因受到 AMS 的直接调控，这些基因涉及胼胝质降解，脂肪酸链延长，苯环化合物合成，以及脂类转运；这些可能涉及孢粉素前体的合成；与此相对应，在突变体中，小孢子不能释放，孢粉素沉积缺陷、苯环类化合物显著下降，cutin 单体等含量显著下降（Xu et al., 2014）。

三、花药的开裂

成熟的花粉经过花药的开裂而释放。拟南芥花药的开裂过程从中层和绒毡层的降解开始，接着药室内层扩张，内层和连接细胞上纤维状带沉积，隔膜降解形成双室花药，接着裂口开裂。烟草脱离实验证明裂口功能区域对开裂是必需的。缺乏花粉和绒毡层的雄性不育烟草花药正常开裂，说明开裂不需要花粉和绒毡层的信号。在开裂前，裂口细胞裂解的同时，花药内室和表皮细胞膨胀饱满，在花药壁产生向内的力，使变弱的裂口破坏。接着花药内室脱水干化，在细胞壁不同加厚处收缩力不同，产生向外弯的力，使花药壁收缩，裂口完全打开，花粉释放出去。拟南芥 *ms35* 突变体产生有活力的花粉，隔膜和裂口降解正常，水分移动正常，花药内室不能进行次生壁的木质化加厚，也不能进行花药壁收缩相伴的收缩（图 4.11）。*MS35* 又名 *MYB26*，编码 R2R3 类型的 MYB 转录因子，调控苯丙醇合成途径，可能激活花药内室细胞提供木质素元件用于加厚（Scott et al, 2004）。

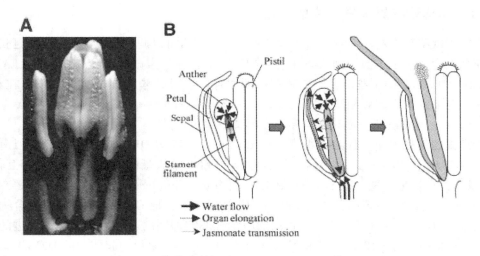

图 4.11　花药开裂机理（Scott et al, 2004，ⓒASPB）
(A) 油菜 Brassica oleracea 雄蕊花药远轴表面表皮细胞在开裂前充满了液体。
(B) 花粉成熟、花药开裂、花开放受茉莉酸调控模型。阴影区域代表对茉莉酸反应，吸收水分延长。

　　最近发现脂类衍生物茉莉酸（Jasmonic acid，JA）在开裂过程中起作用。所有茉莉酸生物合成或信号传递途径突变体有相似的表型：花丝延长减少，花药开裂延迟，花粉活性降低，导致雄性不育。已经分离到几个茉莉酸合成途径酶的突变体造成的雄性不育，并且这种不育可以用施用茉莉酸恢复育性。茉莉酸在雄性育性方面的作用可用茉莉酸信号传递突变体 *coronatine-insensitive* 证明，该突变体雄性不育，而且对茉莉酸处理不敏感（Scott et al, 2004）。

　　花药开裂缺陷型（defective in anther dehiscence1，*DAD1*）编码磷脂酶 A1，催化茉莉酸合成的起始步骤，*dad1* 突变体花药干化延迟，当野生型开花时，花药内室和连接细胞脱水收缩，突变体 *dad1* 花药内室和连接细胞充分延伸，药室充满了液体。表达研究证明 *DAD1* 的表达限于开花前的花丝，因此花丝可能是花中茉莉酸的主要来源。Ishigoro 提出花丝中合成的茉莉酸调控雄蕊和花瓣的水分运输、引起相关的开花、花丝延长、花药开裂的模型。这个模型假设茉莉酸与参与花药水分运输基因的表达有关。AtSUC1，一个质膜 H^+-sucrose 同向转运蛋白，理论上能够运输蔗糖，增加水分吸收，在花药发育的最后阶段聚集在围绕着微管组织的连接细胞。*dad1* 突变体中花丝和花瓣的延长受到抑制，表明 JA 调控水分运入这些器官。洋葱花药的开裂与花丝延伸的速率有关。花药开裂前，药室先脱水，水分通过花丝运出到花瓣。另一个模型假设 JA 调控干化时细胞程序化死亡（Scott et al, 2004）。

　　乙烯信号传递也在花药开裂中起重要作用，其机理可能与茉莉酸相似（Scott et al, 2004）。

四、赤霉素在雄蕊发育中的作用

赤霉素缺陷阻止花药发育，造成雄性不育。赤霉素可以调控雄蕊花丝细胞的延长，还控制花药发育中决定小孢子到成熟花粉粒的过程。在赤霉素缺陷突变体中，DELLA 家族蛋白 RGA 和 RGL2 抑制花瓣、雄蕊和花药的发育，说明赤霉素与 RGA 和 RGL2 在花瓣、雄蕊和花药的发育中起着相反作用。

1. RGA 是开花过程中赤霉素信号传导的重要因子

赤霉素的信号传导过程是赤霉素受体 GA-INSENSITIVE DWARF1（GID1）（在拟南芥是 GID1a、GID1b、GID1c）与 GA 结合，然后再与 DELLA 家族蛋白的 DELLA 区域相互作用，使 DELLA 蛋白构象改变，在 SCF E3 泛素连接酶（ubiquitin ligase）复合物的组成成分 F-box 蛋白（水稻中是 GID1，拟南芥中是 SLEEPY1）的标记下，把 GA-GID1-DELLA 复合物送到蛋白质降解机器降解。由于 DELLA 蛋白的减少，使它抑制的基因上调表达，促进的基因下调表达（Hou et al.，2008）。拟南芥开花过程中，在 GA 途径中起作用的 DELLA 蛋白是 RGA。

Hou 等人利用基因芯片对开花过程中受 RGA 影响的基因进行了全面研究。在这个研究结果中，受 RGA 直接调控的基因有 8 个目标基因，其中三个在花药特异表达，而三个中的两个过量表达时表型与 DELLA 蛋白过量表达一样，抑制花器官发育（Hou et al.，2008）。

到花发育阶段 10 为止，RGA 上调表达的基因有 413 个，下调表达的基因有 393 个（Hou et al.，2008）。

2. RGA 直接调控开花过程中的代谢途径，也通过调控网络负调控花的发育

RGA 下调表达的基因中，有 171 个是代谢途径方面的基因，占下调表达基因的 44%，很多与细胞壁结构的重塑和修饰有关，如编码细胞壁蛋白富含脯氨酸的细胞壁蛋白、富含羟脯氨酸的糖蛋白、富含甘氨酸的蛋白、各种糖蛋白（阿拉伯半乳糖、木葡聚糖转移酶、多聚糖醛酸酶）、果胶相关的酶类。而拟南芥基因组中代谢相关的基因比例只有 27%。RGA 下调表达的基因中，转录调控因子、蛋白与蛋白相互作用或蛋白与核酸结合的涉及基因调控或信号传导途径的基因所占比例是整个基因组中相应类型基因的比例，说明 RGA 直接抑制与花器官发育相关的代谢过程（Hou et al.，2008）。

RGA 上调表达的 413 个基因中，有 11% 是转录调控因子基因，17% 是蛋白与蛋白相互作用基因，15% 是与核酸结合的蛋白基因。在整个基因组中，上述各类基因所占比例分别为：6%、7%、7%，有明显提高。这些基因中有 bZIP、MYB、bHLH、WRKY、F-box、SKP、SPOP、RING-锌指等。而代谢相关基因为 35%，同样占最高比例。说明除了在花发育过程中直接调控代谢过程外，RGA 可能激活抑制花器官发育的调控因子，在花发育过程中起着抑制的负调控作用（Hou et al.，2008）。

3. RGA 主要调控的花部位是雄蕊、花粉和花瓣

RGA 调控表达的基因中，表达特异分布在雄蕊和花粉的基因比例分别占 19.4% 和 38.2%，是比例最大的。其次是花瓣，占 9.9%。而其他各花部特异表达的基因比例较低或没有。说明 RGA 作用的主要目标是雄蕊、花粉和花瓣（Hou et al.，2008）。

而在雄蕊特异表达的基因中，135 个是下调表达基因，只有 19 个是上调表达基因。在 GA 信号刺激下，RGA 是下调表达，引起它下调表达基因的上调。说明 GA 通过 RGA 调控一组雄蕊专一的基因调控雄蕊或花粉的发育(Hou et al.，2008)。

4. RGA 调控雄蕊发育过程的基因与茉莉酸反应的基因重叠

茉莉酸也是影响雄蕊发育和花粉成熟的重要激素。76 个 RGA 下调表达的基因和 56 个 RGA 上调表达的基因同时也是茉莉酸反应基因(Hou et al.，2008)，其中，茉莉酸诱导的 *THIONIN2.1* 和 *JASMONIC ACID CARBOXYL METHYLTRANSFERASE*，同时被 RGA 下调表达。Glucosinolates(GSLs)，一种来源于氨基酸的芸薹素家族次生物质，具有防御食草动物和细菌的功能。JA 和 RGA 同时下调决定几种 GSLs 基本合成的 MYB28 转录因子，编码 CYP79B2 和 CYP83A1 的细胞色素 P450 家族的基因，也被 RGA 下调表达。这些基因都参与合成 GSLs，说明 JA 和 RGA 在雄蕊发育过程都控制氨基酸代谢(Hou et al.，2008)。

5. RGA 调控的基因与其他激素或逆境反应相关

ABA 反应的基因如编码 ABA 反应蛋白的 *At5g53820* 和 *At5g08350* 基因、编码 LATE EMBRYOGENESIS ABUNDANT 蛋白的基因 *At4g13560*、*At1g52680*、*At2g46140* 和 *At5g38760*、*WRKY* 都受 RGA 的调控(Hou et al.，2008)。

RGA 上调表达的基因中有一些乙烯相关的基因，如编码假定的乙烯反应的钙结合蛋白 SR1 基因和编码乙烯受体 ERS2(ETHYLENE RESPONSE SENSOR2)的基因(Hou et al.，2008)。

激活细胞分裂素(Cytokinin)合成的 KNAT2 被 RGA 上调表达，RGA 可能是 GA 和 Cytokinin 途径连接的关键环节(Hou et al.，2008)。

RGA 和生长素共同调控的基因只有两个未知基因(Hou et al.，2008)。与拟南芥对逆境反应和能量信号传导调控网络中心综合因子 Snf1 相关的蛋白激酶 KIN10 调控诱导的基因相比，有 118 个 RGA 上调的基因相同，只有 8 个 RGA 下调的基因也被 KIN10 抑制，很少有 KIN10 诱导、RGA 抑制或 KIN10 抑制、RGA 上调表达的共同基因。说明这两个基因在花发育过程中对逆境的反应中作用一致(Hou et al.，2008)。

第五节　雌蕊和雌配子体的发育

植物的雌蕊由花中心的心皮(Carpel)形成，是第四轮位于花中心的花器官，在花发育过程中最后形成。由 C 类基因和 E 类基因 *SEP* 决定。成熟的雌蕊由柱头(Stigma)、花柱(Style)和子房(Ovary)组成。

一、雌蕊和雌配子的形态发生

形成雌蕊的心皮是由叶子进化而来，心皮的两个边缘自身或与其他心皮边缘融合，形成单雌蕊、离生雌蕊或合生雌蕊，相应的子房称为单子房或复子房。心皮边缘结合的部分称为腹缝线，一般是胚珠(Ovule)着生的部位。心皮中央相当于叶子中脉的地方叫背缝线。腹缝线和背缝线处都有维管束。腹缝线处的维管束从胚珠着生处进入胚珠，为胚珠提供营养物质。胚珠中形成雌配子和雌配子体，受精后发育形成种子(高信增，1978)。

胚珠是在腹缝线两侧或腹缝线处的胎座原基上发育形成。图 4.12 是拟南芥花中胎座的位置(Roeder and Yanofskya，2006)。

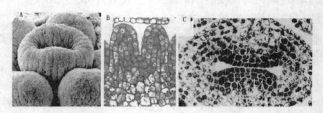

图 4.12　拟南芥中胎座(P)的发育(Roeder and Yanofskya，2006，©ASPB)

由胎座上胚珠原基发育形成珠被、珠心、珠柄几个部分。珠心由大孢子母细胞形成并进行减数分裂形成单倍体的大孢子，即大孢子发生过程。大孢子四分体继续分化形成结构性的雌配子体，即雌配子体发生的过程。与此同时，胚珠、珠被与珠柄同时发育。成熟的胚珠包括外珠被、内珠被、胚囊、珠孔、胚柄等结构(图 4.13)(Yadegari and Drews，2004)。

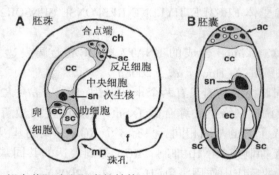

图 4.13　拟南芥胚珠和胚囊的结构(Yadegari and Drews，2004，©ASPB)

雌蕊发育的两个关键过程是大孢子发生和雌配子体形成。从单倍体大孢子开始到雌配子体形成被分为 7 个阶段(图 4.14)(Yadegari and Drews，2004)。单倍体大孢子第一次有丝分裂后是第二阶段(FG2)，第二次有丝分裂后是第三阶段(FG3)，第三次有丝分裂后是第四阶段(FG4)，八核分向两极(FG5)，两极核移向中心，中心细胞形成(FG6)，反足细胞消失(FG7)。

大孢子发生和雌配子形成在不同的物种中发育类型不同。被子植物雌配子体发育类型总结如图 4.15 所示(Yadegari. and Drews，2004)。

二、雌蕊和雌配子发育的分子机理

1. 胚珠发育调控

(1)胎座(Placenta)的定位和形成

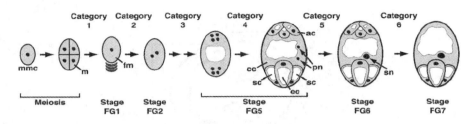

图 4.14 拟南芥雌配子体发育阶段(Yadegari. and Drews，2004，ⒸASPB)

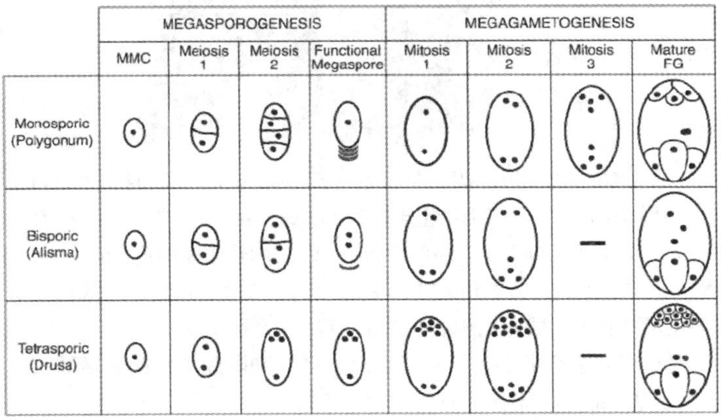

图 4.15 雌配子体的类型(Yadegari. and Drews，2004，ⒸASPB)

胎座是心皮上特化的分生组织区域，由此形成胚珠。成熟雌蕊有两种心皮融合形式，其小室由中心隔膜分离。中脊是由心皮边缘部分融合形成，子房发育中两侧中脊向内生长融合形成隔膜。胎座部分由中脊靠侧面的部分形成(图 4.12，图 4.16)。心皮是分生细胞保持和类型决定的关键结构。雌蕊的中间区域保持相对的未分化状态，两侧发育成包括胎座分生活性在内的组织(Skinner et al.，2004)。

(2) 胚珠结构特性的形成

胎座和胚珠由心皮形成，AG 是决定心皮形成的转录因子，可能控制包括胚珠在内雌蕊的所有结构的形成。然而过量表达 AG 使胚珠变成心皮样结构。

BEL1 编码同源盒蛋白，影响胚珠特性。bel1 突变体在珠被处围绕珠心形成无形状的领状结构，野生型拟南芥中，开花期时 AG 表达下降，但 bel1 突变体 AG 积累，表明 BEL1 对 AG 具有抑制作用。突变体开花后异常结构继续生长，形成子房、花柱、柱头的结构，并继续形成一套次生胚珠，这也说明 AG 对胚珠特性形成也有作用。bel1 突变体的合点特征消失。合点处 BEL1 的表达可能克服 AG 的过度作用。另外 1% 的 agbel1ap2 三突变体出现正常珠被(图 4.17)，说明有其他基因也决定胚珠形成(Skinner et al.，2004)。

BEL1 和其他因子对珠被形态特性有正的决定作用，缺乏可导致 AG 占支配地位，导

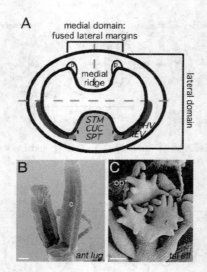

图 4.16 心皮边缘组织的发育（Skinner et al., 2004, ⓒASPB）

A. 拟南芥雌蕊的横切面。顶部是结构组分，底部是表达类型。中间区域（The medial domain）由侧部边缘自然融合形成（被垂直线分开）。内部中间区域由中间脊和胎座（p）组成。STM、CUC1、CUC2、SPT 在中间区域表达，与 PHAVOLUTA 和 REV 在胚珠原基形成的胎座表达区域重叠。这种重叠对胎座的形成非常重要。两边的中间区域向内生长，最后融合形成隔膜。

B. ant-9 lug-3 双突变未融合的心皮。包括胎座、胚珠和隔膜的中间区域缺失。Bar= 100μm. C. tsl-1 ettin-2 双突变体胚珠原基（op）在无其他心皮结构下形成 Bar=50μm.

致心皮样结构的出现。与 AG 进化上相似的 SHATTERPROOF1（SHP1）、SHP2、SEEDSTICK（STK，又名 AGL11）在促进胚珠特性上有共同的功能，SHP1、SHP2 在决定瓣边缘特化的功能上可取代 AG，所有四个基因都有决定胎座和胚珠特性的功能。shp1shp2 双突变表型没有显著变化，但 stk 胚珠在胚柄处不形成分离层，比野生型形成更多的细胞。shp1shp2stk 三突变除了 stk 单突变胚柄的变异外，远端形成心皮样结构（图 4.17）。BEL1 和 AG-SEP 二聚体结合，抑制 WUS 在合点区域的表达，促进 INO 控制的外被的发育（Skinner et al, 2004；Brambilla et al, 2007）。

SEP3（AGL9）在胚发生前一直在胎座和胚珠原基表达，SEP1/sep1sep2sep3 突变胚珠表型与 stkshp1shp2 胚珠相似，STK、AG、SHP1、SHP2 与 SEP 蛋白形成多聚体复合物，是外被特性基因。STK-SEP-SHP 复合体起着稳定 BEL1-AG-SEP 复合物的作用，控制珠被的形成。不同物种中这种作用是保守的。例如，矮牵牛 FLORAL BINDING PROTEIN7 FBP7 和 FBP11 之间有 90% 的相似性，属于 AG 系列，是 STK 的类似基因，表达模式与 STK、SHP1、和 SHP2 相似。FBP7、FBP11 与 SEP 的类似蛋白 FBP2、FBP5 相互作用；水稻 STK 类似蛋白 OsMADS13 与 SEP 相关蛋白 OsMADS24、OsMADS45 相互作用（Skinner et al, 2004；Colombo et al, 2008）。

(3) 原基的向外生长

图 4.17　胚珠特性决定基因的相互作用(Skinner et al., 2004, ⓒASPB)

(A) bel1-1 花发育阶段 12 胚珠在两层珠被处有一个无形态的细胞领(箭头)。

(B) 开花(anthesis)后,领状细胞继续生长成心皮状。这种次生心皮上可见到柱头乳突。一些胚珠开花后停止生长并降解(箭头)。

(C) ap2-6 bel1-3 ag-1 三联突变体中,胚珠在心皮样花瓣上形成。这些胚珠通常是未分化的结构(u)。尽管通常是钟形结构(b),心皮样结构 carpelloid (c) 的胚珠也能形成。

(D) 三联突变体 stk shp1 shp2 开花后的胚珠。一个胚珠柄支撑突变体远端形成的瓣样(v)和花柱样结构(s)。箭头标记珠柄远端。(A)(B)Bars=100μm (C)(D)50μm

　　与茎顶端分生组织中侧芽起始时边界与茎顶端分生组织的分离以及胚发育中子叶与顶端分生组织的分离相似,胚珠原基的起始由 CUC 基因决定。SHOOT MERISTEMLESS (STM)、CUP-SHAPED COTYLEDONS1(CUC1)、CUC2 在分生组织初始原基之间表达,与分生组织保持有关。胚发育早期 CUC1 和 CUC2 促进 STM 表达,当 STM 发挥功能时抑制 CUC2 的表达,使之在 STM 不活跃的周围表达(Aida et al., 1999)。CUC1 和 CUC2 也是决定心皮边缘原基(Carpel margin meristems, CMMs)形成的重要调节基因,通过控制 STM 的表达,来维持分生组织活性(Kamiuchi et al., 2014)。

　　充足的能量供给在胎座细胞分裂和向外延伸中起重要作用。huellenlos (hll) 突变体因失去活性线粒体核糖体蛋白,表现出短而退化的原基。ant (aintegumenta) 突变体有正常的原基但外被异常,ant、hll 双突变体有短的原基和突变的胚柄。hll 也表现与 short integuments 2(sin2) 基因的相互作用(Skinner et al, 2004)。ANT 编码一个具有 APETALA2(AP2) 结构域的转录调控因子,控制器官发育起始和促进细胞分裂(Klucher et al., 1996),在心皮的中间区域表达,与该区表达的 STM 所起的抑制分化的效果相平衡(图 4.14)。对拟南芥胚珠原基在近轴的起始是必需的(Skinner et al, 2004;Schneitz et al, 1998b)。LEUNIG(LUG) 编码与 Tup1/Groucho 和 Ssdp/Chip 蛋白家族序列相似的共转录调控子(Conner and Liu, 2000;van Meyel et al, 2003)。ANT 与 LUG 是转录共抑制子,抑制 AGAMOUS(AG) 活性。但 antlug 失去中脊并不是 AG 过量表达造成,而是失去 ANT 和 LUG 共有刺激雌蕊中间脊区域细胞繁殖的作用所造成。此外,它们在胎座和胚珠持续表达,促进胎座生长、胚珠原基形成(Skinner et al, 2004)。

　　SEUSS(SEU) 基因在功能上与 LUG 有许多共同之处。SEU 与 LIM 区域结合蛋白家族基因相似,也编码一个共转录调控子。SEU 通过 LUG 中的 LisH/LUFS 区域与之结合形成复合物,参与抑制 AG 在花被的表达(van Meyel et al, 2003;Sridhar et al, 2004;Sridhar et al, 2006)。拟南芥还有三个类似 SEU 的基因 SEUSS-LIKE(SLK),在胚珠起始中 SLK1、SLK2 在 ANT \ SEU \ LUG 控制的过程中不可缺少,例如,slk1slk2 双突变增强 lug 胚珠和花缺陷的表型(Bao et al.，2010)。在雌蕊和根发育中最适的生长素信号传导需要 *SEU* 和 *SLK*1 的功能，推测通过生长素途径在侧生器官和胚珠数目决定方面起作用(Bao et al.，2010)。*SEU* 和 *SLK* 作用的另一条途径是通过其下游基因 *PHABULOSA*(*PHB*)、*REVOLUTA*(*REV*)和 *CRABS CLAW*(*CRC*)(Azhakanandam et al, 2008)。

CRC 基因编码 YABBY 家族的蛋白，早期在心皮内部径向和胎座相邻处表达，这部分 *CRC* 不表达造成胚珠数目减少，可能通过离轴信号传递或限制 *STM* 和其他 *KNOX* 基因的表达直接决定胎座和原基的起始。SEU 与 ANT 在子房促进 *CRC* 基因的表达，在雌蕊顶端中脊区域抑制 *CRC* 基因的表达(Azhakanandam et al, 2008；Skinner et al, 2004)。

PHB 和 *REV* 在雌蕊阶段 6 的中脊和近轴侧生区域表达，可能与胎座的形成及胚珠的起始有关。SEU 与 ANT 对它们的这种表达有促进作用(Azhakanandam et al, 2008)。NZZ 抑制 *PHB* 在珠心的表达(Sieber et al, 2004)。

YAB1/FIL 基因与 *ANT* 基因可能功能重叠，*fil ant* 双突变雌蕊中脊几乎完全丧失，*AP3* 表达减少，*AG* 表达异常，*AP3* 和 *AG* 的表达变化在 *seu ant* 双突变雌蕊中没有出现，说明 SEU 和 YAB1 功能的不同(Azhakanandam et al, 2008)。YAB1/FIL、SEU、LUG、CRC 可能是在雌蕊中脊发育过程中起重要作用的多蛋白复合体的部分组成成分。此外还发现 *SPATULA*(*SPT*)、*TOUSLED*(*TSL*)等基因的突变引起边缘区域变异(Azhakanandam et al, 2008)。分生组织因子相互作用，以促进侧生器官近轴特性分生组织形成的方式促进胎座的形成。在中间区域表达的 *STM* 和稍晚表达的 *REV* 可能是这类基因(Skinner et al, 2004)。

(4)胚珠原基的类型决定

胚珠原基远近信息确定三个分化区域：远端成为珠心区，将形成大孢子和胚囊。中间是合点区，珠被形成区。近端是胚柄形成区。

面对柱头的一端称为顶端(gynoapical)，面对花托的一端称为基部(gynobasal)。这个方向代表沿雌蕊轴向的方向，与胚珠近轴远轴方向垂直。沿雌蕊轴向的胚柄和外珠被的区别生长引起 S 形胚珠的形成。

WUS(wuschel)同源盒蛋白在茎、花和根顶端分生组织、胚发生中植物干细胞的保持和发生中是关键因子。在胚珠发育中，WUS 在珠心表达，然后通过信号传导控制相邻区域合点部位基因表达和组织分化，决定珠被的起始(Groβ-Hardt et al.，2002)。*WUS* 表达高峰与珠被起始时期一致。CLV1 只在分生组织中表达，在胚珠中不表达。用 *CLV*1：*WUS* 转基因分析，转基因植物完全缺乏珠被(图 4.18)。使用 *ANT* 启动子，*WUS* 在合点和远端胚柄按照 ANT 的模式异常表达，导致多层珠被样结构形成(图 4.19)。珠被的多层性和远轴胚柄区化体现了 *ANT* 表达的特点。说明野生型中 WUS 和 ANT 之间的空间关系也决定珠被的正确起始位置(Skinner et al, 2004)。

ANT 决定珠被的起始和生长，在胚珠原基早期表达，在胚珠发育第二阶段，珠被起始前限于远端胚柄和合点表达；珠被细胞开始分裂后则限于珠被原基和远端胚柄表达。*ant* 突变体在合点处只有一点突起(图 4.18)。

珠被在胚珠原基的近远轴上起始的位置由 NOZZLE/SPOROCYTELESS(NZZ/SPL)核蛋白决定。*nzz/spl* 突变导致胚珠上珠心位置的缩短，代表了珠被在胚珠原基近远轴上位置向

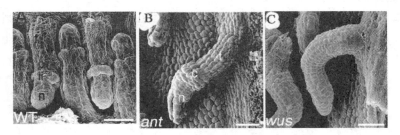

图 4.18 *ant* 和 *CLV*1：*WUS* 胚珠表型

（B）*ant* 胚珠不能形成珠被，限制合点细胞扩张形成脊（C）珠被没有生长。c, chalaza；f, funiculus；ii, inner integument；n, nucellus；oi, outer integument. Bars=25μm. （Skinner et al., 2004, ⓒASPB）

图 4.19 WUS ANT 空间关系决定珠被位置 is, integument structures；（Skinner et al., 2004, ⓒASPB）

远轴方向移动，与此相一致的变化是胚柄的延长。这种变化与 ANT 在远轴表达区域扩张相一致，即 *nzz/spl* 引起 ANT 异位表达（图 4.20），说明 NZZ 限制 ANT 使其表达不超过合点，NZZ 通过对 ANT 的负调控决定珠被起始的位置（Skinner et al, 2004）。

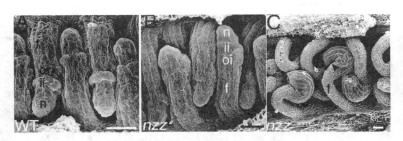

图 4.20 NZZ 控制珠被起始位置

（A）野生型（B）阶段 2-Ⅰ 外被刚起始，内外珠被起始位置更靠远端。（C）. nzz-2 突变体花药期胚珠，外被向远轴端移动导致珠柄延伸（Skinner et al., 2004, ⓒASPB）。

（5）外珠被起始和方向

YABBY 蛋白 INNER NO OUTER（INO）决定外珠被的起始。INO 在外被起始前阶段 2-

I,只在外被起始的位置、胚珠的雌蕊基部表达。外被在内被起始后接着形成,因此可能依赖内被起始的位置和 INO 表达的位置。INO 不仅建立胚珠的极性,也提供外珠被的远轴特性(图 4.21)。锌指转录因子 SUPERMAN(SUP)抑制 INO 在雌蕊基部以外区域的表达(Meister et al, 2002;Skinner et al, 2004)。

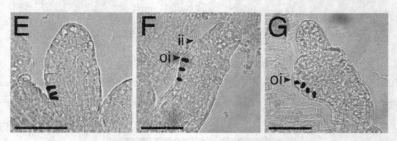

图 4.21　INO 启动子控制的表达在不同发育时期保持在外被区域(Skinner et al., 2004,ⓒASPB)

(6)外珠被的延伸

外珠被发育对细胞分裂和扩张较敏感;外珠被生长时期有限,不受精可导致胚珠退化;形态发生的微小异常可造成雌性不育。

外珠被和内珠被协调生长,*lug*、*tsl*、*seuss*(*seu*)突变体外珠被生长延迟或减少,内珠被过度扩张(图 4.22)。TSL 是核 Ser/Thr 蛋白激酶,可能在信号传递中起作用。LUG 和 SEU 一起作为转录抑制因子作用。这些突变体的内珠被过度生长也可能是由于外珠被生长减少而引起的机械影响。影响细胞分裂和扩张的基因也影响珠被的延伸。short integuments 2-1(SIN2)是线粒体 DAR GTPase,与核糖体大亚基形成有关(Hill et al, 2006),维持珠被发育中的细胞分裂(Skinner et al, 2004)。*dicer-like*1(*dcl*1,以前称为 *short integuments*1)使珠被近远轴向的细胞延长缩短。DCL1 RNase Ⅲ/RNA helicase 调控 miRNA 活性,说明 miRNA 参与与发育有关基因的翻译调控(Golden et al, 2002)。核蛋白 TSO1 与细胞延伸方向和细胞板的形成有关(Skinner et al, 2004)。

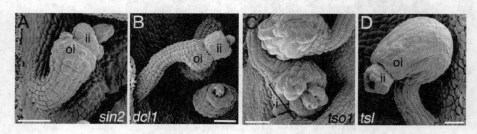

图 4.22　花药发生时期胚珠外被细胞繁殖和扩张的突变体

(A)sin2-1 外被细胞未成熟就停止分裂。(B) dcl1-7 突变体外被细胞数目正常,但不能扩张。(C) tso1-3 外被细胞有异常的细胞扩张和分裂。(D) ts-1 突变体外被细胞繁殖减少,内部细胞过度繁殖,导致突出外被。(Skinner et al., 2004,ⓒASPB)

2. 大孢子发生和雌配子体的形成

水稻中决定进入小孢子发生细胞数目的 *MSP*1(*MULTIPLE SPOROCYTE*)基因同样决定进入大孢子发生的细胞数目, *msp1* 突变体多个大孢子母细胞在胚珠中形成多个大孢子(Nonomura *et al*, 2003)。拟南芥的类似基因是 *EXS/EMS*,可能决定胞原细胞数目的因素对大孢子和小孢子发生是同一套基因,在高等植物中是保守的。

SPOROCYTELESS(*SPL*)/*NOZZLE*,是小孢子和大孢子发生必需的转录调控因子,在花药和胚珠中表达。纯合 *spl* 突变体胚珠完全缺乏胚囊,但所有母体细胞类型都存在(Yu *et al*, 2005)。FOUR LIPS(FLP) 以及 MYB88 是调节生殖组织进入配子发生的重要调节基因(Makkena *et al*., 2012)。

大孢子发生的过程是减数分裂形成单倍体大孢子的过程,许多影响减数分裂的基因影响大孢子发生,如拟南芥的 *CDC4* 类似基因(Stevens *et al*, 2004)、*AtATM*(Garcia *et al*, 2003)、细胞分裂素受体基因(Pischke *et al*., 2002)、*Arabidopsis-mei2-Like*(*AML*)基因(Kaur. *et al*., 2006)。

单倍体的大孢子形成后,再经过三次有丝分裂,形成八个单倍体细胞,并分化形成胚囊(表4.3)。此过程包括细胞核迁移、核融合、极性形成、细胞凋亡以及不对称有丝分裂等重要事件,均有重要基因参与调控(Guo and Zhang, 2014)。例如, CYP85A1 是拟南芥雌配子发生起始所必需(Perez-Espana *et al*., 2011),而 GAMETOPHYTIC FACTOR1(GFA1)参与前体 mRNA 剪接,也是雌配子发生所必需(Moll *et al*., 2008; Liu *et al*., 2009)。助细胞是被子植物生殖所必需的,参与对花粉管吸引,使其能够正确找到珠孔的位置并释放精细胞。MYB98 编码一个 R2R3-MYB 蛋白,作为转录因子在助细胞中表达,参与上述过程(Punwani *et al*., 2007)。中央细胞也参与了对花粉管的吸引和胚乳的发育。*AGL61* 在中央细胞特异性表达,突变体中中央细胞的大小改变,且中央液泡消失(Steffen *et al*., 2008)。

表4.3　胚囊发育阶段(Ye *et al*., 2005 ⓒ ASPB, addaped with permission)

时期	花发育时期	胚囊发育时期
早期	晚11	FG1(单核)
早期	早12	FG2(早期双核)
早期		FG3(晚期双核)
早期	中12	FG4(四核)
晚期	晚12	FG5(八核)
晚期	13	FG6(七细胞)
晚期		FG7(四细胞)

具有 7 个细胞和 8 个核的胚囊是双受精所必需的,此后才能完成种子的形成与发育。胚囊周围孢子体组织的变异同样会影响胚囊的正常发育。例如,由于 *ant* 和 *bel1* 变异所导

致的珠被发育异常,会导致雌配子不能发生。与胚珠发育相关基因的变异如 *sin1*、*stk*、*shp1* 和 *shp2* 均可以调节 VERDANDI(VDD),一个猜测的转录因子,而 *vdd* 突变同样导致雌配子不能发生(Matias-Hernandez *et al.*,2010)。在茄科植物中,*ScRALF3*,在珠被和细胞核中表达,参与雌配子和周围孢子体信息交流(Chevalier *et al.*,2013)。

Yu 等人(2005)对拟南芥发育早期和晚期的雌配子体(表 4.4)进行了转录组水平的研究,同 *spl* 突变体相比,野生型早期阶段雌配子体上调表达(高于 2 倍、$p<0.005$、信号值>60)基因有 97 个,晚期有 202 个,两时期重叠的上调基因有 73 个,早期专一的上调基因有 23 个,晚期专一的上调基因有 128 个(图 4.23)(Yu *et al*,2005)。晚期上调表达的基因数目远多于早期,反映了早期细胞形态建成和分化活性远不如晚期活跃,与形态变化一致。除了未知功能的蛋白以外,基础代谢的有关基因所占比例最大,为 19.1%,其余的依次为去毒抗逆、组织结构、运输、蛋白质降解、信号传导、能量代谢、转录调控、次生代谢、器官发生、蛋白质合成/DNA 降解(图 4.23)(Yu *et al*,2005)。

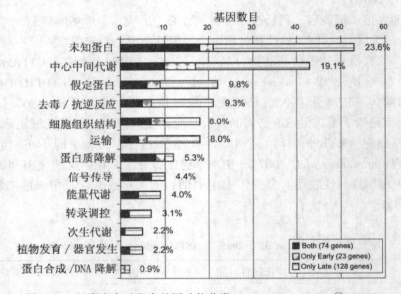

图 4.23　胚囊发育过程中基因功能分类 (Yu *et al.*,2005,©ASPB)

把其中 6 个基因的启动子与 GUS 相融合,进行早期和晚期雌配子体表达分布研究。这些基因的功能和在早期、晚期、幼苗中的表达分布如表 4.4 所示。

表 4.4　六个基因启动子控制的表达分布(Yu *et al.*,2005,©ASPB,addaped with permission)

基因	功能	表达时期和部位		
		早期胚囊	晚期胚囊	幼苗
At1g26795	自交不亲和蛋白	FG4 大液泡珠孔和合点核	FG5 胚囊	无
At1g36340	糖基水解酶家族 28	FG4 大液泡珠孔和合点核	FG7 反足细胞	无

续表

基因	功能	表达时期和部位		
		早期胚囊	晚期胚囊	幼苗
At2g20070	假定蛋白	FG1、FG2 分裂中核	FG6 合点	无
At5g40260	LIM7	FG2 MSI 胚囊表达	FG6 胚囊	无
At4g22050	Aspartyl 蛋白酶	FG4 胚囊合点	FG6 合点	侧根、叶柄

这些结果说明 *SPL* 基因控制一批基因在雌配子体发育的特异时期和特定部位的表达，从而控制胚囊的发育过程。

3. 胚珠发育过程中基因相互作用模式概述

以拟南芥中雌蕊的纵向轴为中心，心皮边缘融合形成的中间区域处一些蛋白形成大的调控复合体如 ANT、LUG、SEU、STK-SEP-SHP、BEL1-AG-SEP，与其他中间区域表达的 STM、CUC、SPT、WUS 蛋白和两侧（远轴）心皮侧面表达的 CRC、REV、PHB 共同作用下，在这两区域之间即胎座上起始胚珠的发育。已经知道，*CUC* 是 *STM* 的上游基因，STM 反过来控制 CUC2 的空间分布（Aida et al.，1999）。STM 与 BELL 类型的蛋白形成异源聚合体，这对 STM 的功能是必需的（Cole et al.，2006）。严海燕分析，由于 STM 的功能是促进分生组织形成，而 AG-SEP 促进花器官的分化，那么在 BELL 与 AG-SEP 和 STM 之间的聚合体是否竞争性的关系？这一问题有待实验证明。

Skinner 等（2004）根据已有实验结果，对胚珠发育的分子机理进行了解释。在外被起始以前，在 WUS、ANT、NZZ 因子诱导下，远端边界表达形成外被，同时 NZZ 决定 ANT 在远端表达的程度和珠心的位置。INO 仅在外被起始前，在将要形成外被的胚珠基部表达，并依赖 ANT 和 BEL1 的活性。内外珠被融合后，INO 在外珠被的远轴细胞表达。INO 在这些细胞表达的保持需要 ANT 和 INO，INO 支持 ANT 的表达。INO 自调控环受到 SUP 负调控。该基因对限制 INO 在胚珠基部的表达是必需的。SIN2 和 TSO1 促进珠被细胞的繁殖，而 TSO1 和 DCL1 调控珠被细胞扩张。LUG、SEU 和 TSL 对内外珠被的协调生长是必需的，保证花药时期外珠被生长超过并封闭内珠被（图 4.24）（Skinner et al，2004）。严海燕认为，由于 WUS 在茎顶端分生组织中与原分生组织的保持有关，在胚珠发育过程中只在珠心部位表达，而珠心是未来大孢子体发育的关键部位，可能在早期阶段也具有原分生组织的特性，因此 WUS 在这里作用的本质与茎顶端分生组织可能是一致的。

三、雌配子体与雄配子体发育的协调控制

在胚珠和花药原基，相同的分子机制决定孢原细胞的确定（表 4.5），进入减数分裂后，由于小孢子和大孢子的发展方向不同，参与细胞发育进程的基因有了不同（表 4.5）。

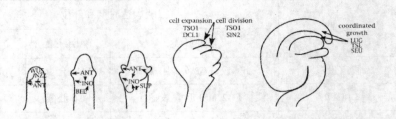

图 4.24　胚珠发育过程中基因控制模型（Skinner et al., 2004, ⓒASPB）

表 4.5　　　　　　　　大小孢子发育过程基因表达异同比较
(Wilson and Yang, 2004; Nonomura et al, 2003))

	孢原母细胞	减数分裂	四分体	单核有丝分裂	孢子分化
相同	SPL/NZZ、MSP1/EXS/EMS1	DIF1/SYN1、SDS、DSY1、MEI1、AtDMC1、AtSPO11、ASY1、MS5/TDM、AtRAD51、50、BRCA2、MRE11、SWI11			
大孢子特有	SAP、DYAD		AKV	GF、FEM2、3、GFA4、5、CDC16、PR1	GFA2、3、7、FEM4
小孢子特有	TPD1、GNE1	ASK1、MMD/DUET、STUDITES	QRT	MS1、AMS1	SIDECAR、GEM1

TPD1 和 EXS/EMS1 决定孢原细胞的起始和营养组织绒毡层的发生，*SWITCH1 /DYAD* 的表达标志孢子体向配子体的发生开始，即减数分裂的开始（Wilson and Yang, 2004）。在配子体发生过程中，孢子体和配子体之间进行密切的信息和物质交流，协同控制配子体的发育。在减数分裂过程中，同动物细胞一样，发生着染色质的凝聚、染色体的形成、同源配对、遗传物质的交换重组，细胞周期的调控，有许多因素参与其中。

雌配子与雄配子的发育过程相协调，保证两者在适当的时期相遇，融合形成合子。

☞ 参考文献

Aida M, Ishida T, Tasaka M. Shoot apical meristem and cotyledon formation during *Arabidopsis* embryogenesis: interaction among the *CUP-SHAPED COTYLEDON* and *SHOOT MERISTEMLESS* genes. Development 1999, 126, 1563-1570.

Acosta IF1, Laparra H, Romero SP, Schmelz E, Hamberg M, Mottinger JP, Moreno MA, Dellaporta SL. Tasselseed1 is a lipoxygenase affecting jasmonic acid signalingin sex determination of maize, Science, 2009, 323, 262-265.

Ainsworth C. Boys and girls come out to play: the molecular biology of dioecious plants. Annals of Botany. 2000, 86, 211-221.

Alves-Ferreira M, Wellmer F, Banhara A, Kumar V, Riechmann LJ, and Meyerowitz EM. Global expression profiling applied to the analysis of *Arabidopsis* stamen development. Plant Physiol. 2007, 145, 747-762.

Angenent GC and Colombo L. Molecular control of ovule development. Trends in Olant Science. 1996, 1, 228-232.

Armstrong SJ, Caryl AP, Jones GH, Franklin FC. Asy1, a protein required for meiotic chromosome synapsis, localizes to axis-associated chromatin in *Arabidopsis* and *Brassica*. J Cell Sci, 2002, 115, 3645-3655.

Aryal R, Ming R. Sex determination in flowering plants: papaya as a model system. Plant Sci. 2014, 217-218: 56-62.

Azhakanandam S, Nole-Wilson S, Bao F, and Franks RG. SEUSS and AINTEGUMENTA mediate patterning and ovule initiation during gynoecium medial domain development. Plant Physiol. 2008, 146, 1165-1181.

Bao F, Azhakanandam S, Franks RG. SEUSS and SEUSS-LIKE transcriptional adaptors regulate floral and embryonic development in *Arabidopsis*. Plant Physiol. 2010, 152, 821-836.

Brambilla V, Battaglia R, Colombo M, Masiero S, Bencivenga S, Kater MM, and Colombo L. Genetic and molecular interactions between BELL1 and MADS Box factors support ovule development in *Arabidopsis* Plant Cell. 2007, 19, 2544-2556.

Busch, MA, Bomblies, K, and Weigel, D. Activation of a floral homeotic gene in *Arabidopsis*. Science. 1999, 285, 585-587.

Chae E, Tan QK, Hill TA and Irish VF. An *Arabidopsis* F-box protein acts as a transcriptional co-factor to regulate floral development. Development. 2008, 135, 1235-1245.

Charlesworth D. Plant sex determination and sex chromosome. Heredity. 2002, 88, 94-101.

Chen C, Marcus A, Li W, Hu Y, Calzada JV, Grossniklaus U, Cyr RJ and Ma H.. The *Arabidopsis ATK*1 gene is required for spindle morphogenesis in male meiosis. Development. 2002, 129, 2401-2409.

Chevalier E, Loubert-Hudon A, Matton DP. ScRALF3, a secreted RALF-like peptide involved in cell-cell communication between the sporophyte and the female gametophyte in a solanaceous species. Plant J. 2013, 6, 1019-1033.

Chuck G, Meeley RB, Irish E, Sakai H and Hake S. The maize tasselseed4 microRNA controls sex determination and meristem cell fate by targeting *Tasselseed6/indeterminate spikelet*1. Nat Genet. 2007, 39, 1517-1521.

Cole M, Nolte C, Werr W. Nuclear import of the transcription factor SHOOT MERISTEMLESS depends on heterodimerization with BLH proteins expressed in discrete sub-domains of the shoot apical meristem of *Arabidopsis thaliana*. Nucleic Acids Res. 2006, 34(4), 1281-1292.

Colombo L, Battaglia1 R and Kater MM. *Arabidopsis* ovule development and its evolutionary conservation. Trends in Plant Science. 2008, 13, 444-450.

Conner J, Liu Z LEUNIG, a putative transcriptional corepressor that regulates *AGAMOUS* expression during flower development. PNAS. 2000, 97, 12902-12907.

Deveshwar P, Bovill WD, Sharma R, Able JA, Kapoor S. Analysis of anther transcriptomes to identify genes contributing to meiosis and male gametophyte development in rice. BMC Plant Biology, 2011, 11, 78.

Deyholos, MK, and Sieburth, LE. Separable whorl-specific expression and negative regulation by enhancer elements within the *AGAMOUS* second intron. Plant Cell. 2000, 12, 1799-1810.

Dinneny JR, Weigel Dand Yanofsky M F. NUBBIN and JAGGED define stamen and carpel shape in *Arabidopsis*. Development. 2006, 133, 1645-1655.

Durand B, Durand R. Sex determination and reproductive organ differentiation in Mercurialis. Plant Science. 1991, 80, 49-65.

Durfee T, Roe JL, Sessions RA, Inouye C, Serikawa K, Feldmann KA, Weigel D, and Zambryski PC. The F-box-containing protein UFO and AGAMOUS participate in antagonistic pathways governing early petal development in *Arabidopsis*. PNAS. 2003, 100, 8571-8576.

Emery, JF, Floyd, SK, Alvarez, J, Eshed, Y, Hawker, NP, Izhaki, A, Baum, SF, and Bowman, JL. Radial patterning of *Arabidopsis* shoots by class III *HD-ZIP* and *KANADI* genes. Curr. Biol. 2003, 13, 1768-1774.

Eshed, Y, Baum, SF, Perea, JV, and Bowman, JL. Establishment of polarity in lateral organs of plants. Curr. Biol. 2001, 11, 1251-1260.

Eshed, Y, Izhaki, A, Baum, SF, Floyd, SK, and Bowman, JL. Asymmetric leaf development and blade expansion in *Arabidopsis* are mediated by KANADI and YABBY activities. Development. 2004, 131, 2997-3006.

Feng B, Lu D, Ma X, Peng Y, Sun Y, Ning G, Ma H. Regulation of the *Arabidopsis* anther transcriptome by *DYT 1* for pollen development. Plant J, 2012, 72, 612-624.

Francis KE, Lam SY, and Copenhave GP. Separation of *Arabidopsis* pollen tetrads is regulated by *quartet* 1, a pectin methylesterase gene. Plant Physiol. 2006, 142, 1004-1013.

Freeman DC, Doust JL, El-Keblawy A, Miglia KJ, McArthur ED. Sexual specialization and inbreeding avoidance in the evolution of dioecy. Bot Rev. 1997, 63, 65-92.

Garcia V, Bruchet H, Camescasse D, Granier F, Bouchez D, and Tissier A. *AtATM* is essential for meiosis and the somatic response to DNA damage in plants. Plant Cell. 2003, 15, 119-132.

Golden TA, Schauer SE, Lang JD, Pien S, Mushegian AR, Grossniklaus U, Meinke DW, and Ray A. *Short integuments* 1/*suspensor* 1/*carpel factory*, a dicer homolog, is a maternal effect gene required for embryo development in *Arabidopsis*. Plant Physiol. 2002, 130, 808-822.

Gonzalez D, Bowen AJ, Carroll TS, and Conlan RS. The transcription corepressor LEUNIG interacts with the histone deacetylase HDA19 and mediator components MED14(SWP) and CDK8(HEN3) to repress transcription. Mol Cell Biol. 2007, 27, 5306-5315.

Grant S, Hunkirchen B, Saedler H. Developmental diferences between male and female flowers in the dioecious plant white campion. Plant J. 1994, 6, 471-480.

Groβ-Hardt R, Lenhard M, Laux T. *WUSCHEL* signaling functions in interregional communication during *Arabidopsis* ovule development. GENE DEV. 2002, 16, 1129-1138.

Guan Y, Huang X, Zhu J, Gao J, Zhang H, and Yang Z. *RUPTURED POLLEN GRAIN* 1, a member of the MtN3/saliva gene family, is crucial for exine pattern formation and cell integrity of microspores in *Arabidopsis*. Plant Physiol. 2008, 147, 852-863.

Guo A, Zheng CX. Female gametophyte development. J Plant Biol. 2013, 56, 345-356.

Hartwig T, Chuck GS, Fujioka S, Klempien A, Weizbauer R, Potluri DP, Choe S, Johal GS, Schulz B. Brassinosteroid control of sex determination in maize. Proc Natl Acad Sci(U S A). 2011, 108, 19814-19819.

Higgins JD, Sanchez-Moran E, Armstrong SJ, Jones GH, Franklin FC. The *Arabidopsis* synaptonemal complex protein ZYP1 is required for chromosome synapsis and normal fidelity of crossing over. Genes Dev, 2005, 19, 2488-2500.

Hill TA, Broadhvest J, Kuzoff RK and Gasser CS. *Arabidopsis* SHORT INTEGUMENTS 2 is a mitochondrial DAR GTPase. Genetics 2006, 174, 707-718.

Hirano K, Aya K, Hobo T, Sakakibara H, Kojima M, Shim RA, Hasegawa Y, Ueguchi-Tanaka M, Matsuoka M. Comprehensive transcriptome analysis of phytohormone biosynthesis and signaling genes in microspore/pollen and tapetum of rice. Plant Cell Physiol. . 2008, 49 (10), 1429-1450 doi: 10. 1093/pcp/pcn123

Hong RL, Hamaguchi L, Busch MA, and Weige lD. Regulatory elements of the floral homeotic gene *AGAMOUS* identified by phylogenetic footprinting and shadowing. Plant Cell. 2003, 15, 1296-1309.

Honys D, Twell D, Transcriptome analysis of haploid male gametophyte development in*Arabidopsis*. Genome Biol. 2004, 5, R85(1-13).

Hord CLH, Chen C, DeYoung BJ, Clark SE, Ma H. The BAM1/BAM2 receptor-like kinases are important regulators of *Arabidopsis* early anther development. Plant Cell. 2006, 18(7), 1667-1680.

Hou X, Hu WW, Shen L, Lee LYC, Tao Z, Ha J, Yu H. Global identification of DELLA Target genes during *Arabidopsis* flower development. Plant Physiol. 2008, 147, 1126-1142.

Ito T, Wellmer F, Yu H, Das P, Ito N, Alves-Ferreira, M, Riechmann JL and Meyerowitz EM. The homeotic protein AGAMOUS controls microsporogenesis by regulation of *SPOROCYTELESS*. Nature, 2004, 430, 356-360.

Jack T. Molecular and genetic mechanisms of floral control. Plant Cell. 2004, 16, S1-S17.

Jia G, Liu X, Owen H A, and Zhao D. Signaling of cell fate determination by the TPD1 small protein and EMS1 receptor kinase. PNAS. 2008, 105, 2220-2225.

Juarez, MT, Kui, JS, Thomas, J, Heller, BA, and Timmermans, MC. MicroRNA-mediated repression of rolled leaf1 specifies maize leaf polarity. Nature. 2004, 428, 84-88.

Kamiuchi Y, Yamamoto K, Furutani M, Tasaka M, Aida M. The *CUC1* and *CUC2* genes promote carpel margin meristem formation during *Arabidopsis* gynoecium development. Front Plant Sci. 2014, 5: 165.

Kapoor S, Kobayashi A, Takatsuji H. Silencing of the tapetum-specific zinc finger gene *TAZ1* causes premature degeneration of tapetum and pollen abortion in *Petunia*. Plant Cell. 2002, 14, 2353-2367.

Kater MM, Franken J, Carney K, Colombo L, and Angenent GC. Sex determination in the monoecious species cucumber is confined to specific floral whorls. Plant Cell. 2001, 13, 481-493.

Kaur J, Sebastian J, and Siddiqi I. The *Arabidopsis-mei2*-Like genes play a role in meiosis and vegetative growth in *Arabidopsis*. Plant Cell. 2006, 18, 545-559.

Kidner CA, Martienssen RA. Spatially restricted microRNA directs leaf polarity through *ARGONAUTE 1*. Nature. 2004, 428, 81-84.

Klucher KM, Chow H, Reiser L and Fischer RL. The *AINTEGUMENTA* gene of *Arabidopsis* required for ovule and female gametophyte development is related to the floral homeotic gene *APETALA*2. Plant Cell. 1996, 8, 137-153.

Krizek BA, Meyerowitz EM. The *Arabidopsis* homeotic genes *APETALA*3 and *PISTILLATA* are sufficient to provide the B class organ identity function. Development. 1996, 122, 11-22.

Krizek BA, Prost V, Macias A. AINTEGUMENTA promotes petal identity and acts as a negative regulator of *AGAMOUS*. Plant Cell. 2000, 12, 1357-1366.

Lee I, Wolfe DS, Nilsson O, Weigel D. A LEAFY coregulator encoded by *UNUSUAL FLORAL ORGANS*. Curr Biol. 1997, 7, 95-104.

Levin JZ, Meyerowitz EM. *UFO*: An *Arabidopsis* gene involved in both floral meristem and floral organ development. Plant Cell. 1995, 7, 529-548.

Liu M, Yuan L, Liu NY, Shi DQ, Liu J, Yang WC. *GAMETOPHYTIC FACOR1*, involved in pre-mRNA splicing, is essential for megagametogenesis and embryogenesis in *Arabidopsis*. J Integr Plant Biol. 2009, 3, 261-271.

Liu Z, Makaroff CA. *Arabidopsis* separase AESP is essential for embryo development and the release of cohesin during meiosis. Plant Cell. 2006, 18, 1213-1225.

Lohmann JU, Hong R, Hobe M, Busch MA, Parcy F, Simon R, and Weigel D. A molecular link between stem cell regulation and floral patterning in *Arabidopsis*. Cell. 2001, 105, 793-803.

Makkena S, Lee E, Sack FD and Lamb RS. The R2R3 MYB transcription factors FOUR LIPS and MYB88 regulate female reproductive development. J Exp Bot. 2012, 63, 5545-5558.

Mallory AC, Reinhart BJ, Jones-Rhoades MW, Tang G, Zamore PD, Barton MK, and Bartel DP. MicroRNA control of *PHABULOSA* in leaf development: Importance of pairing to the *microRNA* 59 region. EMBO J. 2004, 23, 3356-3364.

Matias-Hernandez L, Battaglia R, Galbiati F, Rubes M, Eichenberger C, Grossniklaus U, Kater MM, Colombo L. *VERDANDI* is a direct target of the MADS domain ovule identity complex and affects embryo sac differentiation in *Arabidopsis*. Plant Cell. 2010, 6, 1702-1715.

McConnell JR, Emery J, Eshed Y, Bao N, Bowman J, Barton MK. Role of *PHABULOSA* and *PHAVOLUTA* in determining radial patterning in shoots. Nature. 2001, 411, 709-713.

McHale NA, and Koning RE. MicroRNA-directed cleavage of *Nicotiana sylvestris PHAVOLUTA* mRNA regulates the vascular cambium and structure of apical meristems. Plant Cell. 2004, 16, 1730-1740.

Meister RJ, Kotow LM, Gasser CS. SUPERMAN attenuates positive INNER NO OUTER autoregulation to maintain polar development of *Arabidopsis* ovule outer integuments. Development. 2002, 129, 4281-4289.

Meister RJ, Oldenhof H, Bowman J L, Gasser CS. Multiple protein regions contribute to differential activities of YABBY proteins in reproductive development. Plant Physiol. 2005, 137, 651-662.

Miller AA, Gubler F. The arabidopsis GAMYB-Like genes, *MYB33* and *MYB65*, are microRNA-regulated genes that redundantly facilitate anther development. Plant Cell. 2005, 17, 705-721.

Ming R, Bendahmane A, Renner SS. Sex chromosomes in land plants. Annu Rev Plant Biol. 2011, 62, 485-514.

Mizukami Y, Huang H, Tudor M, Hu Y, Ma H. Functional domains of the floral regulator AGAMOUS: characterization of the DNA binding domain and analysis of dominant negative mutations. Plant Cell. 1996, 8, 831-845.

Moll C, von Lyncker L, Zimmermann S, Kägi C, Baumann N, Twell D, Grossniklaus U, Gross-Hardt R. CLO/GFA1 and ATO are novel regulators of gametic cell fate in plants. Plant J. 2008, 6, 913-921.

Nakayama N, Arroyo J M, Simorowski J, May B, Martienssen R, Irish VF. Gene trap lines define domains of gene regulation in *Arabidopsis* petals and stamens. Plant Cell. 2005, 17, 2486-2506.

Nishikawa1 S, Zinkl GM, Swanson RJ, Maruyama D, Preuss D. Callose (β-1,3 glucan) is essential for *Arabidopsis* pollen wall patterning, but not tube growth. BMC Plant Biol. 2005, 5, 22-30.

Nonomura K, Miyoshi K, Eiguchi M, Suzuki T, Miyao A, Hirochika H, Kurata N. The MSP1 gene is necessary to restrict the number of cells entering into male and female sporogenesis and to initiate anther wall formation in rice. Plant Cell. 2003, 15, 1728-1740.

Nonomura K, Morohoshi A, Nakano M, Eiguchi M, Miyao A, Hirochika H, Kurataa NA. Germ cell-specific gene of the ARGONAUTE family is essential for the progression of premeiotic mitosis and meiosis during sporogenesis in rice. Plant Cell. 2007, 19, 2583-2594.

Panoli AP, Ravi M, Sebastian J, Nishal B, Reddy TV, Marimuthu M PA, Subbiah V, Vijaybhaskar V, Siddiqi I. AtMND1 is required for homologous pairing during meiosis in *Arabidopsis*. BMC Mol Biol. 2006, 7, 24-36.

Parcy F, Nilsson O, Busch MA, Lee I, Weigel D. A genetic framework for floral patterning. Nature. 1998, 395, 561-566.

Paxson-Sowders DM, Dodrill CH, Owen HA, Makaroff CA. DEX1, a novel plant protein, is required for exine pattern formation during pollen development in *Arabidopsis*. Plant Physiol. 2001, 127, 1739-1749.

Pekker I, Alvarez J P, Eshed Y. Auxin response factors mediate arabidopsis organ asymmetry via modulation of KANADI activity. Plant Cell. 2005, 17, 2899-2910.

Pérez-España VH, Sánchez-León N, Vielle-Calzada JP. CYP85A1 is required for the initial of female gametogenesis in *Arabidopsis thaliana*. Plant Signal Behav. 2011, 3, 321-326

Pina C, Pinto F, Feijó JA, Becker JD: Gene family analysis of the *Arabidopsis* pollen transcriptome reveals biological implications for cell growth, division control, and gene expression regulation. Plant Physiol. 2005, 138, 744-756.

Pischke MS, Jones LG, Otsuga D, Fernandez DE, Drews GN, Sussman MR. An *Arabidopsis* histidine kinase is essential for megagametogenesis. PNAS. 2002, 99, 15800-15805.

Prunet N, Jack TP. Flower development in *Arabidopsis*: there is more to it than learning your ABCs. Methods Mol Biol. 2014, 1110, 3-33.

Punwani JA, Rabiger DS, Drews GN. MYB98 positively regulates a battery of synergid-expressed encoding filiform apparatus localized proteins. Plant Cell. 2007, 8, 2557-2568.

Reddy TV, Kaur J, Agashe B, Sundaresan V, Siddiqi I. The *DUET* gene is necessary for chromosome organization and progression during male meiosis in *Arabidopsis* and encodes a PHD finger protein Development. 2003, 130, 5975-5987.

Rhee SY, Osborne E, Poindexter PD, Somerville CR. Microspore separation in the *quartet* 3 mutants of *Arabidopsis* is impaired by a defect in a developmentally regulated polygalacturonase required for pollen mother cell wall degradation. Plant Physiol. 2003, 133, 1170-1180.

Robinson-Beers K, Pruitt, bi' RE and Gasser CS. Ovule development in wild-Type A*rabidopsis* and two female-sterile mutants. Plant Cell. 1992, 4, 1237-1249.

Roeder AHK and Yanofskya MF. Fruit development in *Arabidopsis*. The *Arabidopsis* Book. 2006. ASPB.

Schmid M, Davison TS, Henz SR, Pape UJ, Demar M, Vingron M, Scholkopf B, Weigel D,

Lohmann JU: A gene expression map of *Arabidopsis* development. Nat Genet. 2005, 37, 501-506.

Schneitz K, Baker SC, Gasser CS, Redweik A. Pattern formation and growth during floral organogenesis: HUELLENLOS and AINTEGUMENTA are required for the formation of the proximal region of the ovule primordium in *Arabidopsis thaliana*. Development. 1998b, 125, 2555-2563.

Schneitz K, Balasubramanian S, Schiefthaler U. Organogenesis in plants: the molecular and genetic control of ovule development. Trends Plant Sci Rev. 1998a, 3, 468-472.

Scott RJ, Spielman M, and Dickinson HG. Stamen structure and function. Plant Cell. 2004, 16, S46-S60.

Sherry RA, Eckard KJ, Lord EM. Flower development in dioecious *Spinacia oleracea* (*Chenopodiaceae*). Am J Bot. 1993, 80, 283-291.

Sieber P, Gheyselinck J, Gross-Hardt R, Laux T, Grossniklaus U, Schneitz K. Pattern formation during early ovule development in *Arabidopsis thaliana*. Dev Biol. 2004, 273, 321-334.

Siegfried KR, Eshed Y, Baum SF, Otsuga D, Drews GN, Bowman JL. Members of the *YABBY* gene family specify abaxial cell fate in *Arabidopsis*. Development. 1999, 126, 4117-4128.

Skinner DJ, Hill TA, Gasser CS. Regulation of ovule development. Plant Cell, Supplement 2004, 16, S32-S45.

Smyth DR, Bowman JL, Meyerowitz EM. Early flower development in *Arabidopsis*. Plant Cell. 1990, 2, 755-767.

Sridhar VV, Surendrarao A, Gonzalez D, Conlan RS, Liu Z. Transcriptional repression of target genes by LEUNIG and SEUSS, two interacting regulatory proteins for *Arabidopsis* flower development. PNAS. 2004, 101, 11494-11499.

Sridhar VV, Surendrarao A, Liu Z. APETALA1 and SEPALLATA3 interact with SEUSS to mediate transcription repression during flower development. Development. 2006, 133, 3159-3166.

Stahle MI, Kuehlich J, Staron L, von Arnim AG, Golza JF. YABBYs and the transcriptional corepressors LEUNIG and LEUNIG_ HOMOLOG maintain leaf polarity and meristem activity in *Arabidopsis*. Plant Cell. 2009, 21, 3105-3118.

Steffen JG, Kang IH, Portereiko MF, Lloyd A, Drews GN. AGL61 interacts with AGL80 and is required for central cell development in *Arabidopsis*. Plant Physiol. 2008, 1, 259-268.

Stevens R, Grelon M, Vezon D, Oh J, Meyer P, Perennes C, Domenichini S, Bergounioux CA. CDC45 homolog in *Arabidopsis* is essential for meiosis, as shown by RNA interference-induced gene silencing. Plant Cell. 2004, 16, 99-113.

Suwabe K, Suzuki G, Takahashi H, Shiono K, Endo M, Yano K, Fujita M, Masuko H, Saito H, Fujioka T, Kaneko F, Kazama T, Mizuta Y, Kawagishi-Kobayashi M, Tsutsumi N, Kurata N, Nakazono M, Watanabe M. Separated transcriptomes of male gametophyte and tapetum in rice: validity of a laser microdissection (LM) microarray. Plant Cell Physiol. 2008, 49, 1407-1416.

Takaso T, Owens JN. Significance of exine shedding in Cupressaceae-type pollen. J Plant Res. 2008, 121, 83-85.

Tang X, Zhang Z, Zhang W, Zhao X, Li X, Zhang D, Liu Q, Tang W. Global Gene profiling of laser-captured pollen mother cells indicates molecular pathways and gene subfamilies involved in rice meiosis. Plant Physiol. 2010, 154(4), 1855-1870.

Tanurdzic M, Banks JA. Sex-determining mechanisms in land plants. Plant Cell. 2004, 16, S61-S71, Supplement

Van Meyel DJ, Thomas JB, Agulnick AD. Ssdp proteins bind to LIM interacting co-factors and regulate the activity of LIM-homeodomain protein complexes in vivo. Development. 2003, 130, 1915-1925.

Vaughton G and Ramsey M. Gender plasticity and sexual system stability in *Wurmbea*. Annals of Botany 2012, 109, 521-530.

Verelst W, Twell D, Olter SD, Immink R, Saedler H, Münster T. MADS-complexes regulate transcriptome dynamics during pollen maturation. Genome Biol. 2007, 8, R249(1-15).

Wilson ZA, Yang C. Plant gametogenesis: conservation and contrasts in development. Reproduction. 2004, 128, 483-492.

Wollmann H, Mica E, Todesco M, Long JA, Weigel D. On reconciling the interactions between APETALA2, miR172 and AGAMOUS with the ABC model of flower development. Development. 2010, 137, 3633-3642.

Wuest SE, O'Maoileidigh DS, Rae L, Kwasniewska K, Raganelli A, Hanczaryk K, Lohan AJ, Loftus B, Graciet E, Wellmer F. Molecular basis for the specification of floral organs by *APETALA3* and *PISTILLATA*. Proc Natl Acad Sci(U S A). 2012, 109, 13452-13457.

Xu J, Ding Z, Vizcay-Barrena G, Shi J, Liang W, Yuan Z, Werck-Reichhart D, Schreiber L, Wilson ZA, Zhang D. ABORTED MICROSPORES acts as a master regulator of pollen wall formation in *Arabidopsis*. Plant Cell, 2014, 26, 1544-1556.

Yadegari R, Drews GN. Female gametophyte development. Plant Cell. 2004, 16: S133-S141, Supplement

Yamasaki S, Fujii N, Matsuura S, Mizusawa H, Takahashi, H. The M locus and ethylene-controlled sex determination in andromonoecious cucumber plants. Plant Cell Physiol. 2001, 42, 608-619.

Yang C, Vizcay-Barrena G, Conner K, Wilson ZA. *MALE STERILITY1* is required for tapetal development and pollen wall biosynthesis. Plant Cell. 2007b, 19, 3530-3548.

Yang C, Xu Z, Song J, Conner K, Vizcay Barrena G, Wilson ZA *Arabidopsis* MYB26/MALE STERILE35 regulates secondary thickening in the endothecium and is essential for anther dehiscence. Plant Cell. 2007a, 19, 534-548.

Yang S, Jiang L, Puah C, Xie L, Zhang X, Chen L, Yang W, Ye D. Overexpression of

TAPETUM DETERMINANT1 alters the cell fates in the *Arabidopsis* carpel and tapetum via genetic interaction with *EXCESS MICROSPOROCYTES1/ EXTRA SPOROGENOUS CELLS*. Plant Physiol. 2005, 139, 186-191.

Yang S, Xie L, Mao H, Puah C, Yang W, Jiang L, Sundaresan V, Ye D. *TAPETUM DETERMINANT*1 Is required for cell specialization in the *Arabidopsis* anther. Plant Cell. 2003a, 15(12), 2792-2804. doi: 10. 1105/tpc. 016618.

Yang X, Makaroff CA, Ma H. The *Arabidopsis MALE MEIOCYTE DEATH*1 gene encodes a PHD-Finger protein that is required for male meiosis. Plant Cell. 2003b, 15, 1281-1295.

Yu H, Hogan P, Sundaresan V. Analysis of the female gametophyte transcriptome of *Arabidopsis* by comparative expression profiling. Plant Physiol. 2005, 139, 1853-1869.

Zhang J, Boualem A, Bendahmane A, Ming R. Genomics of sex determination. Curr Opin Plant Biol. 2014, 18, 110-116.

Zhang W, Sun Y, Timofejeva L, Chen C, Grossniklaus U, Ma H. Regulation of *Arabidopsis* tapetum development and function by *DYSFUNCTIONAL TAPETUM*1 (*DYT1*) encoding a putative bHLH transcription factor. Development. 2006, 133, 3085-3095.

Zhao D, Wang G, Speal B, Ma H. The *EXCESS MICROSPOROCYTE* gene encodes a putative leucine-rich repeat receptor protein kinase that controls somatic and reproductive cell fates in the *Arabidopsis* anther. Gene Dev. 2002, 16, 2021-2031.

Zhao D, Yu Q, Chen M, Ma H. The *ASK* 1 gene regulates B function gene expression in cooperation with UFO and LEAFY in *Arabidopsis*. Development. 2001, 128, 2735-2746.

Zhao X, Palma J, Oane R, Gamuyao R, Luo M, Chaudhury A, HervéP, Xue Q, Bennett J. OsTDL1A binds to the LRR domain of rice receptor kinase MSP1, and is required to limit sporocyte numbers. Plant J. 2008, 54, 375-387.

第五章 植物的传粉和受精

植物的花粉成熟后，被释放出来，不同的植物通过不同的传粉机制，将花粉传播到雌蕊上。成熟花粉含有贮藏物质，包括碳水化合物或脂类，进行配子体指导的 RNA 合成，具有生殖核和营养核。营养核用于为花粉的萌发和花粉管的生长或两核花粉中生殖核的进一步分裂提供营养。风媒花粉与以动物为媒介的花粉和柱头在结构上大不相同。在花粉和柱头之间，许多花的花粉和柱头具有自交不亲和的特性，自交不亲和的机理也有不同的类型。

花粉到达柱头后，与柱头发生相互识别和相互作用后萌发，花粉管进入柱头，并深入花柱，在花柱内受到雌蕊中各种因素和信号的导引，向胚珠生长，最后通过珠孔，在胚囊内释放两个精子。精子依然定向行动，一个与卵子结合，形成合子，一个与中心细胞结合，形成三核的中心细胞，以后发育形成胚乳，贮存营养物质。

拟南芥花粉萌发后的生长分为四个阶段：①从柱头突起上进入花柱。②沿着传输管道基质生长。③在子房的隔膜表面生长。④朝着胚珠生长（Hülskamp et al., 1995）。这四个过程机理不同。每个过程之间有信号传导的变化。花粉管在花柱中的生长首先受到花柱结构的指引，花粉管在隔膜上生长的方向受胚珠影响，胚珠中没有胚囊的突变体花柱中花粉管失去了到胚珠的定向（Hülskamp et al., 1995）。桤木（alder）花粉落在雌蕊柱头后的生长是间歇性的，分为四个阶段，各阶段影响因素也不同。这四个阶段是：①从柱头向花柱生长。②在花柱中生长。③从花柱向子房上部生长。④从合点向胚囊生长。第一步生长与胚珠和胚囊无关。以后的生长与胚珠发育相协调。花粉管在花柱中停留时间从一周到七周，第二步生长在胚珠珠心减数分裂后开始。第三步从其中一个胚囊达到两核阶段开始。第四步在胚囊成熟时开始。Casuarina equisetifolia 花粉第三个阶段被分为两部分，花粉管生长到达合点前停止在胚柄表面，花粉管的间歇性生长正是在等待胚囊发育到适当的时期（Sogo. and Tobe, 2005）。以上所有过程都是在精细复杂的调控下进行的，本章我们将详细介绍从花粉在柱头上与柱头的相互作用到受精整个过程的机理。

第一节 花粉的萌发

一、花粉的种类和结构

1. 花粉的种类

从发育时期看，释放的花粉有三类：单核花粉、双核花粉、三核花粉。单核花粉要经过一次分裂后形成含营养核和生殖核的两核花粉，生殖核需要再进行一次有丝分裂形成两个精子。在花粉管中生殖核一般都完成第二次有丝分裂，含有两个精子。

从传粉方式看，有风媒花和虫媒花。风媒花的花粉形态小、重量轻、含水较少，便于被风携带。虫媒花粉形态较大，含水较多，较粘，外壁结构复杂，便于昆虫或动物粘着。

从自交亲和性分，有自交亲和和自交不亲和的花粉。自交不亲和在多数植物家族发生在萌发后，特定植物家族(草本植物、芥菜等)自交不亲和反应发生在柱头上。

2. 花粉壁结构

有三层：

花粉外壁(exine)，本身多层，含有化学抗性多聚物孢粉素，结构精细，类型因物种不同而多样，中间分布有萌发孔，便于花粉萌发。

花粉内壁(intine)有时也是多层，主要由纤维素组成。

花粉外被，由脂类、蛋白、色素、芳香化合物等组成，充填到外壁空隙中对花粉和柱头的相互作用以及萌发起重要作用。

3. 花粉结构多样性

不同物种的花粉在大小、营养成分、色素、外壁装饰、芳香成分等性质上不同，这些性质在花粉的水化、粘着、花粉传递、萌发等过程中起重要作用。

4. 花粉壁的结构多样性

花粉壁结构具有物种专一性。花粉的多样性在减数分裂期就已经决定。有两大类型的分裂方式：

(1) 同时发生型：第一次减数分裂后接着进行第二次分裂，然后胼胝质围绕四个小孢子沉积。

(2) 连续发生型：第一次分裂后形成的二价小孢子体外沉积胼胝质，然后再进行第二次分裂。

同时分裂类型在双子叶植物中存在，而连续型分裂在单子叶植物中存在。

小孢子在胼胝质壁内的排列决定以下几方面：

(1) 营养核和生殖核的极性排列。

(2) 花粉释放时的聚集度(单体、双体、四分体或成簇)。

(3) 花粉外壁雕刻形状。

(4) 萌发孔位置。

外壁前体基质在发育中小孢子原生质膜和胼胝质外壁之间沉积，胼胝质被酶解后单个小孢子被释放出来。拟南芥 *quartet* 突变体胼胝质沉积异常，四分体不分离；原始种类花粉以四分体形式存在。

花粉外壁的雕刻类型和萌发孔的位置在减数分裂后由细胞外壁前体决定。胼胝质的临时沉积和降解在被子植物中发生，之后由沉积的孢粉素决定其类型(Edlund et al.，2004)。最初起始的物种专一性的前外壁素的沉积需要质膜、细胞骨架、颗粒和内质网共同作用。拟南芥 *DEFECTIVE IN EXINE1* 基因产物与质膜结合，聚集引导孢粉素沉积(Edlund et al.，2004)。

萌发孔的数目、位置、结构的不同也是外壁多样性的因素。单子叶植物有一个萌发孔，是原始性状。双子叶植物有三个萌发孔。还有两种极端情况，没有萌发孔和没有外壁。萌发孔位置确定的时期是四分体外壁形成期，与细胞分裂有关（Edlund et al.，2004）。花粉萌发孔可能的功能有：①花粉干燥和水化时水分进出的通道。②调节花粉粒收缩和膨胀引起的压力。③花粉管伸出的入口。

花粉内壁是由花粉细胞本身合成的纤维素，其结构适应于外壁的排列。例如具有光滑外壁，不能结合大量花粉外被的内壁水化程度高，且具有水解酶。

在萌发孔外壁薄处，在最内的内壁和薄的外壁之间有额外的一层内壁，一些含有酶和潜在的过敏原，另一些在细胞壁膨胀和花粉管萌发时起作用。内壁的纤维围绕萌发孔成辐射状排列，造成环绕花粉粒的环。能够加强和延长花粉管的极性。花粉管萌发延长时，萌发孔处的内壁成为花粉管的一部分。新的壁材料添加在生长的尖端。内壁的酶活性整合到花粉管侧壁上，可能在入侵和自交不亲和方面起作用（Edlund et al.，2004）。

5. 花粉结构和传送

为适应动物传粉，一些花粉不育，专门用于吸引动物。如 *Lagerstroemia* 有两态花粉，蓝色可育花粉和黄色饲喂不育花粉。尽管饲喂花粉可以萌发但达不到花柱。腰果形成四种三维结构相似但柱头萌发和穿透能力不同的花粉。一些动物如甲虫、蝇、蜜蜂、鸟等根据花粉的大小和表面特点选择。风媒植物花粉的特点是个体小。

不同物种花粉外被成分具有多样性。风媒花外被含量很少，仅有足够与柱头相互作用的成分。虫酶花含量很丰富，草类花粉很少内含物，油菜花粉含有丰富的脂类和蛋白体。花粉外被物质由围绕着花粉的绒毡层细胞形成。这些细胞形成脂类和蛋白质，随后细胞降解，内含物填入花粉外壁空腔。同富含孢粉素的外壁相比，对花粉外被的研究更详细，鉴定存在各种链长的脂肪酸、蛋白、类胡萝卜素、类黄酮类物质。玉米花粉外被主要成分木聚糖酶在柱头降解木糖，对花粉管的穿入柱头起重要作用。*B. Oleracea* 中 100 多种蛋白被电泳分离，其中包括柱头花粉相互作用和自交不亲和的蛋白。拟南芥高分子量外被蛋白中有脂酶、富含甘氨酸的油脂蛋白、钙结合蛋白、类似于细胞外受体激酶蛋白（Edlund et al.，2004）。

花粉外被还含有吸引昆虫的挥发性脂肪。如吸引蜜蜂的 18C 不饱和脂肪酸。10 个科 15 个种开花植物主要有三类挥发性物质：类异戊二烯（isoprenoids）、脂肪酸、苯类，每种都有特征性的混合挥发物和不同程度的挥发（Edlund et al.，2004）。花粉结构在和柱头之间相互作用中的功能总结在表 5.1 中。

表5.1　　　　　　　　　　　花粉和柱头的相互作用

结构特征	功能重要性
花粉粒大小	生物与非生物授粉者携带的选择和液体动力
花粉数目/每授粉单位花粉粒	增加传递效率

续表

结构特征	功能重要性
花粉外被	保护花粉细胞不干化，防止紫外辐射，病原入侵、附着，以色、香吸引动物，参与附着的蛋白成分、相容性、信号传导、水化必需的蛋白和脂。
外壁类型	与生物和非生物载体作用，影响柱头表面结构，介导柱头附着，保持花粉外被，影响壁强度和弹性。
外壁孔的性状	干化和吸水的水流通道，干化进程限制花粉成活性和生命周期。

（Edlund et al., 2004, ⓒASPB, addaped with permission）

二、柱头的类型和多样性

柱头是二倍体，表面有大量小突起（papillae），与特定结构的花粉粘着接触，提供花粉的落脚点和花粉管穿入点。柱头表面根据含水量的多少分为干柱头和湿柱头。湿柱头的柱头上覆盖有分泌物（蛋白、脂类、多糖、色素等）。干柱头的柱头小突起覆盖有蜡质、角质和蛋白样薄膜。风媒植物中常见（Edlund et al., 2004）。

对1000种植物进行研究表明，被子植物形成三核花粉的种一般有干柱头，形成二核花粉的种一般与湿柱头作用（Edlund et al., 2004）。

所有柱头都具有捕捉花粉、支持水化和萌发、提供花粉管的进入点和引导到达子房的路径。根据花粉释放的时间对雌蕊成熟的时间进行控制，有雄蕊先熟和雌蕊先熟的分类。

测定雌蕊成熟的标志有：
(1) 简单酶活性的存在。
(2) 支持花粉萌发。
(3) 支持受精。
(4) 形态特征：小突形成，分泌物和酶的存在。

三、花粉在柱头的识别、附着、水化和萌发

花粉落在柱头上，识别附着、水化、萌发、延伸，进入传输道（transmitting tract, TT）。花粉管在纵隔上出现隔膜（septum, S），长到胚珠柄（funiculus, f）并进入珠孔，使卵和中心细胞受精（Edlund et al., 2004）（图5.1）。

雌蕊作为花粉筛在不同的阶段使雌蕊上不亲和或不适宜的花粉停止发展，只允许特定的花粉进入雌蕊，帮助花粉萌发，并引导花粉管生长，完成双受精过程。花粉（花粉管）和雌蕊之间相互作用，共同完成受粉和双受精的整个过程。

同种的异花授粉花粉和柱头之间一般都是亲和的，而由于多数植物的雌雄同花特性使自花授粉成为可能，为了排除自交造成的品种退化的可能性，这些植物进化了自交不亲和（Self incompatible, SI）的机制。自交不亲和由一个单一多态的基因位点决定，花粉和雌蕊分别控制花粉和雌蕊特性的S位点的重组决定了对花粉的拒绝。不同种之间的花粉和雌蕊

第五章 植物的传粉和受精

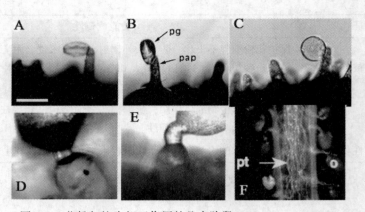

图 5.1 花粉与柱头相互作用的几个阶段（Iwano et al., 2007；
Lush et al., 1998；Hülskamp et al., 1995, ⓒASPB）
注：ABC 为油菜花粉粘着吸水，DE 为烟草花粉萌发和穿透，F 为拟南芥花粉管生长。

之间通常是不亲和和不适宜的，但还是有亲和的种间杂交现象，说明了自交不亲和机理的多样性和复杂性（Hiscock and Allen, 2008）。

1. 识别附着

花粉和柱头的形状、结构的匹配是第一个识别的因素（图 5.2），花粉的含水性和柱头的含水性也是一个重要特性。

花粉在柱头上的附着由花粉和柱头相互作用决定，其中包括了柱头分泌物、突出物结构和成分，及花粉外壁和外被结构和成分的相互作用。

用拟南芥和矮牵牛花粉同时对拟南芥柱头授粉，大量拟南芥花粉附着在柱头上，矮牵牛花粉很少附着。用不同进化关系物种的花粉施加在拟南芥柱头上，进化关系越远，花粉附着强度越低（图 5.2）。

用拟南芥、*Artemesia douglasiana*、*Cynodon dactylon*、*Poa pratensis*、*Quercus agrifolia* 花粉外壁碎片对拟南芥柱头授粉，然后用 1% 吐温 20 洗一小时后比较柱头上残留花粉外壁，结果显示，只有拟南芥花粉外壁碎片大量留在拟南芥柱头上，*Artemesia douglasiana*、*Quercus agrifolia* 只有零星小点留在柱头上，其余全部从柱头上洗干净（Zink et al., 1999）。

花粉在干柱头上的附着是由花粉特性决定的。在湿柱头上附着受分泌物的帮助，分泌物在百合中是水性的，在烟草和矮牵牛中是脂溶性的。

拟南芥花粉的迅速附着由花粉外壁（exine）的生物物理和生物化学因素决定，由于时间短暂，迅速附着不可能是蛋白-蛋白之间的作用（Edlund et al., 2004）。之后，花粉外被的脂和蛋白复合物移动到花粉-柱头接触面上形成"脚"。柱头表面蛋白也对附着有贡献。这阶段进行蛋白-蛋白之间的相互作用。包括花粉外被蛋白和油菜 S 位点相关蛋白（S-locus-related protein, SLR1）之间高度选择的相互作用（图 5.3）（Edlund et al., 2004）。

图 5.3 是花粉粒（P）和一个柱头突起（S）的透射电镜图，图中显示了花粉外被、内壁（intine）、外壁（exine）、柱头细胞壁、柱头角质层。富含脂类物质的脚在两者表面集聚。

第一节　花粉的萌发

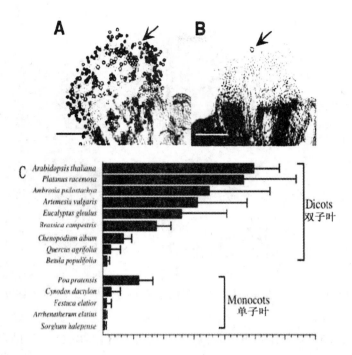

图 5.2　拟南芥的柱头对花粉的选择性和影响因素（Zink et al.，1999，
adapted with permission by Development）

（A）拟南芥花粉附着
（B）矮牵牛花粉附着
（C）花粉应用在拟南芥柱头上 n10 分析。一般单子叶花粉附着力低于双子叶花粉。

这里覆盖柱头角质的表层不明显（Edlund et al.，2004）。

油菜 SLR1 和 S 位点糖蛋白（S-locus glycoprotein，SLG）是柱头表达的 S 位点相关的糖蛋白，它们在遗传位点上不连锁，但序列高度相似，和花粉外被蛋白相互作用。作用之前，花粉外被基质和柱头表面基质充分混合，SLR1 和 slr1 花粉在柱头的附着强度相同。SLR1 和花粉外被蛋白的结合，加强了细胞之间的粘着力。两种蛋白的抗体都能减少花粉附着。每种蛋白都分别与花粉外被中的特定蛋白结合。SLR1 与 SLR1-BP（Binding protein）结合，SLG 与 PCP-A1（Pollen coat proteins）结合，通过花粉蛋白与柱头蛋白的这种特异化学结合和非特异的物理融合，增强花粉到柱头的附着。花粉管在花粉粒中形成，穿过"脚"到柱头表面，将花粉系到柱头上。当花粉不相配时，花粉管的进一步生长受到阻止。另一种干柱头植物白薯 Ipomoea trifida 也有相似的 SI 决定机制。自交不亲和花粉停止在柱头上（Edlund et al.，2004；Hiscock and Allen，2008）。

没有柱头分泌物的情况下，花粉外被对附着起很大作用，分泌物从花粉外被流出到柱头上，在柱头和花粉之间形成"脚"，起粘着作用。拟南芥无花粉外被的突变体 eceriferum（cer）花粉在柱头的黏着受到影响。纯化的花粉外壁碎片可以附着在柱头上（Zink. et al.，

155

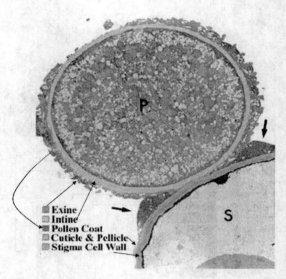

图 5.3 花粉在柱头上附着脚的形成（Edlund et al., 2004, ©CASPB）

1999）。花粉外被和柱头分泌物中都有脂酶，分泌物相互融合，帮助花粉管进入柱头（Zink. et al., 1999；Edlund et al., 2004；Hiscock and Allen, 2008）。

2. 花粉的水化

十字花科植物在干柱头上的水化需要与突起接触，在花粉外被的帮助下从外壁流到两者接触区域。拟南芥、油菜（Brassicaceae）、禾本科草、罂粟的柱头都是干柱头，自交不亲和类型油菜是孢子体型，禾本科草、罂粟是配子体型。

柱头表皮由角质层覆盖，水和大分子物质可通过，可防止病原入侵，对花粉管穿透形成障碍。

拟南芥花粉外被含有与一小套蛋白一起的长链或短链脂类分子，包括 6 个脂肪酶和富含甘氨酸和一个脂类结合区域的油脂蛋白。拟南芥花粉外被长链脂类分子合成的突变影响水化，加入三乙酰甘油可恢复水化。油菜花粉外被结构与此相似。油菜油脂或外被结构的破坏可延迟或阻止花粉水化。应用外源脂类可以绕过花粉水化的控制（Edlund et al., 2004）。Hiscock 和 Allen 认为，花粉外被脂类在水化过程中的作用可能是在花粉柱头连接介质中建立一个水势梯度，指导花粉管生长（2008）。

在脂类提供水吸收通道的同时，蛋白质可能起调节作用。油菜水化过程依赖连续的蛋白质合成。拟南芥和油菜花粉外被都有富含甘氨酸的油脂蛋白（Glycine-rich olesin-domain protein，GRP），已经证明拟南芥花粉外被中的 GRP17 是水化必需的。拟南芥 GRP 和一组花粉外被脂酶，具有种和品种间变异性，可能在种和亚种间花粉专一性识别中起作用（Hiscock and Allen, 2008）。拟南芥特别是花粉外被上脂和油脂蛋白对水化是必需的（Edlund et al., 2004），柱头表面角质层上有很薄的膜样蛋白层突起，对相容花粉的进入是必需的，去污剂或蛋白酶都能阻止花粉管进入柱头。

花粉外被中脂类基质在自交不亲和中也起作用。编码拟南芥花粉外被长链脂类分子合成的酮酯酰辅酶 A 合成酶基因 *FIDDLEHEAD* 的突变影响花粉的发育。相容性花粉可以帮助非相容性花粉在柱头上水化，但这种作用很有限（Hiscock and Allen，2008）。

油脂蛋白是双亲性蛋白，在种子中分布在油脂体表面，控制油脂体的大小。严海燕假设，花粉和柱头间的油脂蛋白也具有双亲性，它们通过与脂类的结合形成水和油两种界面，大量脂类通过脂酶的修饰，与油脂蛋白相结合，形成以油脂为背景的连接花粉和柱头的水通道。而这种油脂蛋白和花粉外被脂酶，由于具有种和品种间变异，很可能通过亲和性的识别限制不亲和花粉和柱头间水通道的形成，在水化一步进行自交不亲和的限制。

花粉降落在湿柱头时水迅速围绕花粉粒聚集，花粉通过与柱头接触面的"脚"或干柱头突起从柱头吸收水分、营养和其他小分子。柱头上水通道分子的表达提供了从柱头迅速释放水到花粉的可调控通道。柱头表皮可能对水可渗透。花粉的水化受到时间空间上的调控。不适当的水化可造成灾难性的结果。干柱头植物中花粉水化调控可作为不亲和花粉授粉的障碍（Edlund et al.，2004）。

湿柱头分泌有饱和和不饱和三酰甘油，或主要是可溶性碳水化合物，大量蛋白质，分泌活跃期表面角质层破坏，维管活性增强。柱头分泌活动是花粉捕捉和附着的重要手段，同时也能使病原菌陷于其中，起着防卫作用，柱头分泌高水平活性氧可能与此有关（Hiscock and Allen，2008）。

烟草是湿柱头。烟草花粉外被上没有油脂样蛋白。这种湿柱头的水化由柱头因子决定（Bots and Mariani，2004）。

烟草花粉浸没在纯化的脂或柱头分泌物中，附近提供水环境，花粉管在靠近两相界面的萌发孔处形成。说明水的直接作用。烟草缺乏富含脂类的花粉外被突变也使柱头上水化不能进行或不能萌发。缺乏外被的花粉在高湿度能够水化，但缺乏轴向信息，萌发点相对于柱头具有随机性。人们提出了脂和水在引导花粉管在柱头上生长和进入传输管道的假设，在柱头脂质基质中水的分布受到控制，水流向花粉的途径决定了花粉管生长的途径（Edlund et al.，2004；Hiscock and Allen，2008）。

而在另一种湿柱头植物百合中，柱头分泌物是富含碳水化合物的水相，花粉管生长方向由两种多肽化学蓝素（chemocyanin）和柱头/花柱富含半胱氨酸的附着素（stigma/stylar cysteine-rich adhesin，SCA）引导，化学蓝素是一种含铜蛋白，作为化学信号指引花粉管生长方向，SCA 本身没有方向指导作用，但可以增强化学蓝素的方向指导作用（Reviewed by Hiscock and Allen，2008）。SCA 可被花粉管内吞进入细胞内，外源游离的泛素处理花柱可以促进 SCA 的内吞，进而促进百合花粉管附着（Kim et al.，2006）。百合含有的 Ankyrin 重复序列的蛋白 lily ankyrin repeat-containing protein（LlANK）是泛素连接酶，存在于膜包被的细胞器，对花粉萌发和生长是必需的（Huang et al.，2006）。三者之间是否有联系，值得进一步研究。

最近发现干柱头植物拟南芥柱头分泌物中也有和百合化学蓝素相似的植物蓝素（plantcyanin），与花粉管生长有关，过量表达引起种子结实减少，花粉管生长异常。可能植物蓝素的导向机制在干柱头和湿柱头中机制相似（Reviewed by Hiscock and Allen，2008）。

3. 花粉的萌发

花粉水化和花粉管萌发可以很快发生，时间在一个小时内不等，依赖于花粉在花药开裂时干化的程度。

草本花粉从不完全脱水。离开花药时代谢活性中等。这使水化在落到柱头上后几分钟很快萌发。相反，百合花粉释放时干化程度很高，在极端环境下能存活，但落到适当的柱头上水化后花一个小时萌发。

拟南芥和油菜的三核花粉粒附着在干柱头上后，发生化学结合，生物化学变化，代谢活性增加，RNA 合成，花粉管从萌发孔出现，穿透柱头，在细胞间生长，分泌果胶酶(Edlund et al.，2004)。

图 5.4 显示拟南芥授粉早期事件的结果。①花粉外被移动到花粉与柱头接触点，在两个表面形成脚，用脂类染料 FM1-43 可观察到。②花粉管从花粉外壁伸出，进入柱头突起，用细胞壁染料刚果红(Congo red)可见。③花粉管在突起的细胞壁之间弯绕进入花柱，不被刚果红染色(Edlund et al.，2004)。

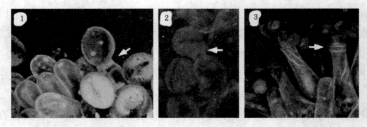

图 5.4　拟南芥授粉早期事件(Edlund et al.，2004，ⓒASPB)

柱头接受花粉的时间期限是在不同的物种授粉后一个小时到几天不等。柱头接受花粉的能力受几个因素的影响：①通过粘着捕捉花粉的能力。②使花粉水化的能力。③使花粉萌发的能力。

恰当的花粉发育时期是接受花粉能力的关键时期，不成熟的柱头或衰老、退化的柱头都不能提供完全正常的授粉过程。前者停止在水化前，后者不能生长。柱头角质表皮的破裂和角质酶或其他脂酶的作用帮助花粉进入柱头(Edlund et al.，2004)。

水化使花粉利用大量预先合成的 mRNA 激活代谢过程，营养细胞的细胞质和细胞骨架重新组织，花粉变成极性化细胞，将其细胞质和细胞骨架组织到与柱头接触处，支持管的伸出。这些变化发生在水化后几分钟到几十分钟，细胞骨架围绕核形成纤丝状，并且细胞骨架向花粉管萌发处极化分布。将营养核重排使之在生殖核前进入柱头。将线粒体和多糖颗粒集结在花粉管头部。选择质膜颗粒将胼胝质沉积在萌发位点(Edlund et al.，2004；Hiscock and Allen，2008)。到花粉管生长点的可能的传导极性信号有水、脂、离子、肽。一种五氨基酸、硫酸化的肽段(Phytosulphokine)，在花粉少量情况下诱导萌发。这个肽段的假定受体是一个 120 kU 和一个 160 kU 糖基化膜蛋白(Edlund et al.，2004)。

花粉管内，Ca^{2+} 在花粉管尖部聚集，向后形成递减的浓度梯度，这种梯度对管尖部生长的速度和方向的信号调节起着中心作用。其他离子如 H^+、Cl^-、K^+ 的浓度梯度在花粉管生长延伸过程中也经历与花粉管延长速率震荡相似的周期性震荡(Hiscock and Allen, 2008)。

极化信号触发 RHO OF PLANTS1(ROP1)的聚集，它是一个参与 F-actin 动力学、在花粉管尖建立梯度的 GTP 结合蛋白。同 ROP1 协同作用的有 ROP INTERACTING CRIB-CONTAINING1 蛋白，分布于生长中的花粉管尖，它们的功能集中在分泌颗粒的传递(Edlund et al.，2004)。

其他分布在管尖部位的蛋白与细胞极性的建立有关。延长的蕨类植物根尖有一种 annexin 与根尖小泡外分泌有关，表现了依赖钙的与磷脂结合的反应，影响细胞骨架和潜在的依赖电压的钙离子通道活性。

在花粉内部相对于外部信号建立了极性后，花粉管要伸出外壁，根据物种特点，或从萌发孔伸出，或直接突破花粉外壁。黑麦和桉树在萌发孔处的内膜被溶解，突破孢粉外壁。拟南芥花粉有三个萌发孔，花粉管常精确地从与柱头接触的外壁处萌发(Edlund et al.，2004)。

花粉管萌发需要三种条件：①降解花粉壁的酶。②通过局部凝胶膨胀力。③聚集的膨胀压。

综合机理可能是在花粉柱头接触处部分降解的外壁上膨压或凝胶膨胀力比别处容易突破(Edlund et al.，2004)。

4. 柱头花粉之间的活性氧、活性氮信号传导

动植物中活性氧(Reactive oxygen species，ROS)、活性氮尤其是 NO 是各种信号传导途径中的关键组分。在花粉管生长和花粉柱头相互作用中也发现了它们的作用。

千里光(*Senecio squalidus*)中的柱头专一的过氧化物酶(stigma-specific peroxidase，SSP)只在柱头突起表达，SSP 蛋白在突起表面的细胞质不连续分布。用 ROS 敏感荧光染料 DCFH2-DA 染色，在共聚焦显微镜下，千里光柱头活性氧水平远高于其他物种，而且 ROS 主要限制在柱头突起部位。过氧化氢清除剂丙酮酸钠可以减少突起上的 ROS 水平，说明过氧化氢是突起上主要的 ROS。拟南芥柱头突起同样也有高水平的 ROS/H_2O_2，对从单子叶到双子叶植物的 20 种被子植物的干柱头和湿柱头进行鉴定，发现所有柱头上都有 ROS 积累。这些结果说明 ROS 可能是 SSP 的底物(Reviewed by Hiscock and Allen, 2008)。鉴于在保卫细胞质膜上的超极化 Ca^{2+} 依赖渗透通道可被 ROS 调节的事实，Mori 和 Schroeder 提出 ROS 激活 Ca^{2+} 通道，引发多种信号传导通路的激活(Mori and Schroeder, 2004)。根毛和保卫细胞中，NADH 氧化酶介导活性氧的产生(Mori and Schroeder.，2004)。百合花粉管中 NAD(P)H 浓度的波动与花粉管生长的高峰一致，NAD(P)H 氧化酶抑制花粉管的生长，同时，线粒体聚集的区域活性氧水平最高(McKenna. et al.，2006)。

同样用 DCFH2-DA 检测了柱头上花粉的 NO 水平，发现花粉的 NO 水平远高于柱头。在已经检测的 10 个单子叶和双子叶植物中所有花粉都有 NO 形成。用 NO 处理柱头，DCFH2-DA 染色大大减少，而花粉在柱头的附着和发育同样减少 DCFH2-DA 染色。花粉释放 NO。这说明花粉中 NO 释放到柱头上引起柱头 ROS 的消失，Hiscock 和 Allen 推测 NO 是相容的花粉释放的解除柱头防御物质 ROS 的方式(Reviewed by Hiscock and Allen.，2008)。在蕨类植物 *Ceratopteris richardii* 单细胞孢子中，NO 和 NO 的清除剂都能使 cGMP

依赖的极性生长丧失，但它们作用方式相反，鸟苷酸环化酶和磷酸二酯酶同样以相拮抗的方式使钙依赖的细胞极性丧失，NO 和 cGMP 都在重力引起的极性生长信号的下游（Salmi. et al.，2007）。百合花粉管的生长方向可被 NO 通过 cGMP 途径改变，NO 在花粉管的过氧化物酶体产生，负调控花粉管生长方向（Prado et al.，2004）。

四、花粉与柱头相互作用基因组水平的研究

对敲除拟南芥柱头突起的柱头（图 5.5）和野生型柱头进行基因差异表达研究，发现柱头特异表达的基因有过氧化物酶、CytP450、伸展蛋白、受体样激酶、Ser 羧肽酶、β1-3 葡聚糖酶、AGP、LTP、Cys 蛋白酶、DnaJ 样蛋白、SLR1 类似蛋白、UDPG 转运蛋白、内膜结合蛋白、Calnexin、抗病等，都与已知功能相符合（Tung et al.，2005）。

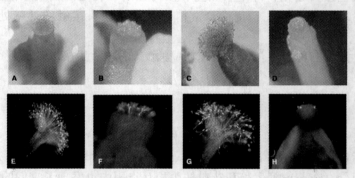

图 5.5 拟南芥雌蕊遗传敲除和细胞类型专一性表达的效果

野生型（A）和敲除（B）花芽发育阶段 13 雌蕊图像。野生型（C）和敲除（D）花芽发育阶段 14 雌蕊图像。阶段 13 授粉的野生型（E）和敲除（F）柱头的荧光显微镜图像。阶段 14 的野生型（G）和敲除（H）。柱头用野生型花粉粒授粉，花粉管过夜生长（Tung et al.，2005，ⒸASPB）

对花粉转录组学的研究分析表明花粉中功能性的基因是信号传导、抗逆、代谢、离子运输、细胞骨架动力学等（Hiscock and Allen，2008）。

第二节 花粉管的结构、生长与细胞骨架

一、花粉管的结构

非生长区花粉管的细胞质有丰富的线粒体、网状高尔基体、内质网和小泡。生长区含有大量小泡，几乎没有其他细胞器（许智宏，刘春明，1998；Mascarenhas，1993）。

细胞质在顶端区域随机分布，在其他区域与花粉管长轴平行。顶端区两类小泡：大的直径 300nm，源于高尔基体，含有细胞壁前体物质，与顶端细胞膜融合，释放内含物，参与细胞壁的生长。小的直径 50nm，来源于内质网。花粉管壁成分有纤维素、果胶质、半纤维素、胼胝质。花粉管顶端不含胼胝质。高尔基小泡可能含有合成多糖的酶。花粉管壁中有蛋白质，胼胝质与蛋白质结合。富含羟脯氨酸蛋白的糖蛋白也在细胞壁（图 5.6，许

智宏，刘春明，1998；Mascarenhas，1993，）。

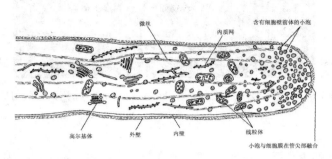

图5.6　花粉管结构（Mascarenhas.，1993，ⓒASPB）

二、花粉管的生长

花粉营养细胞的主要活性是合成和组装花粉管细胞壁，花粉管中动态细胞骨架对花粉管的生长是必需的。肌动蛋白是传递尖部生长需要和延长所需的极性化微纤丝形成的组成成分，是花粉生长有关细胞骨架主要成分。细胞骨架肌动蛋白-肌球蛋白驱动细胞质流，运输花粉管顶端生长需要的小泡（图5.7）。肌动蛋白多聚化本身对花粉管生长起综合作用，抑制肌动蛋白多聚化的试剂抑制花粉管延长。肌动蛋白密集区域说明是细胞器运输活跃的区域。用绿色荧光蛋白GFP标记的talin的瞬时表达显示肌动蛋白在细胞器排出区域呈现出环或领状，而小泡已经运输到位的尖端没有肌动蛋白网络（图5.8）（Kost et al. 1998）。

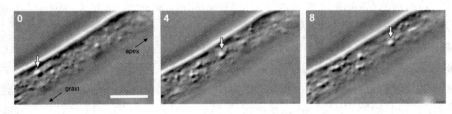

图5.7　烟草生活花粉管录象分析

每四秒取一次图像，显示花粉管中大量的细胞器流动。白色箭头指示一个大的细胞器以2m/sec的平均速度向管尖方向移动。这样的运动推测沿着肌动蛋白线路进行。由于每个相应的图像聚焦于花粉管皮层区域，只有朝尖端的运动被观察到。Bar：10μm.（Cai et al.，2005，reprinrted with permission）

花粉管中肌动蛋白的结构被分为三个区域：纵向成束的干区、亚顶端区和顶端区（图5.6，图5.8）。干区肌动蛋白作为小泡运输到顶端的细胞质流的轨道，亚顶端区分布有短肌动蛋白束，由肌动蛋白纤维（F-actin）组成，是一种动力网络。在烟草花粉管极顶端也出现F-actin。亚顶端肌动蛋白的聚合负责花粉管的延长，最顶端F-actin纤维可能与小泡停泊和融合有关（Fu et al.，2001；Hiscock and Allen，2008）。

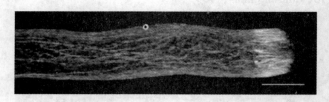

图 5.8 速冻免疫标记的 L. Longiflorum 花粉管一系列共聚焦切片的
叠加图(Wilsen et al., 2006, ⓒASPB, Bar 10μm)

肌动蛋白微丝的聚合受大量肌动蛋白结合蛋白(Actin binding protein, ABPs)的调控，这些蛋白受上升的 pH 和 Ca^{2+} 水平的调控(Hiscock and Allen, 2008)。

小 G 蛋白 ROP1(Rho of plants 1)与和 ROP 作用含 CRIB 序列的蛋白 3 和 4，RIC3、RIC4 结合，定位于花粉管尖，通过与肌动蛋白骨架和管尖浓缩的 Ca^{2+} 浓度梯度的相互作用，是传递含有细胞壁物质小泡到管尖的目标(Hiscock and Allen, 2008)。

肌动蛋白结合蛋白对细胞内外刺激反应，作为信号传导途径和肌动蛋白动态变化的连接环节，决定细胞构型(Staiger and Blanchoin, 2006)。真核生物中已经发现有七十多种肌动蛋白结合蛋白，花粉管中有很多种存在，如肌球蛋白(myosin)、单体聚合蛋白(Profilin)、微丝解聚蛋白(colifin/ADF)、villin、核化蛋白 Arp2/3 复合物、纤维切断蛋白(gelsolin/fragmin)、formin 和 Caldeson，这些蛋白可能是关键信号途径调控管尖生长的目标(Hiscock and Allen, 2008; Hussey et al., 2006; Ren and Xiang, 2007)。除了 ROP、离子信号外，还发现了 cAMP、磷脂酰肌醇(phosphoinositides)、钙调素(calmodulin)、蛋白激酶、伽马氨基丁酸(GABA)和一氧化氮(nitric oxide)等也是与花粉管生长有关的信号分子，推测它们通过管尖浓缩的和细胞骨架的相互作用，调控管尖生长(Hiscock and Allen, 2008)。其他调控花粉管生长的因子还有 Rac 蛋白(Cheung. et al., 2003)、类型 IADP 核糖基化 GTP 酶激活蛋白(ADP ribosylation factor GTPase-activating protein, AGD1)(Yoo et al., 2008)等，都与胞质运输有关。

花粉管生长过程还依赖泛素蛋白酶体系，保持动态的细胞骨架和细胞质流变化，泛素蛋白酶抑制剂抑制花粉管生长(Sheng . et al., 2006)。花粉管中赤霉素 GA 的形成对花粉管的生长也是必需的(Singh et al., 2002)。

第三节 花粉管与花柱的相互作用

一旦花粉水化萌发发生，花粉管在柱头的生长受到指引。引导花粉管生长的物质已经发现的有水、脂、离子、肽、糖基蛋白、IP3、GABA、NO、cAMP 等。

一、花粉管入侵进入柱头

通过花粉外壁后，花粉管需要穿过柱头进入花柱，有些柱头和花柱是一体，有些需要穿过柱头表面的表皮和突起外壁再进入花柱。在花粉粒对柱头附着的干柱头类型，突起决定花粉管进入花柱传输通道的位点。湿柱头中，细胞外基质(ECMs)覆盖在柱头表面，穿透进入花柱前花粉管可在那里生长到一定长度。烟草中，脂溶性的细胞外基质 ECM 提供水的梯度，为花粉管穿透进入柱头提供物理的导向。其他物种中，有化学信号提供花粉管进入花柱细胞外基质 ECM 的导向。

花粉管生长穿过突起细胞壁，花粉分泌的各种酶在侵入柱头表面中起重要作用，已经在花粉内壁和花粉管中鉴定了酸性磷酸酶、核糖核酸酶、酯酶、淀粉酶、蛋白酶的活性。角质酶(几丁质酶，一种酯酶)在降解柱头表面角质中起重要作用。角质酶在一些柱头蛋白样突起中也存在。移区突起也阻止相适配的花粉进入柱头。角质酶抑制剂减少花粉管进入柱头的机会。果胶酶、果胶酸酶和多聚半乳糖醛酸酶都与花粉管进入有关(Edlund et al.，2004)。

酶解进入柱头被精确调控，以防止病原或不适当的进入。这个控制是通过花粉和柱头不断的通讯进行。番茄 LePRK1 和 LePRK2 富含亮氨酸重复序列的受体激酶定位在花粉管中，形成复合物，柱头分泌的细胞壁重修饰蛋白和富含半胱氨酸的蛋白 LAT52(LATE ANTHER TOMATO52)、LeSTIG1 是受体激酶的配体，在体外分别和 LePRK1、LePRK2 相互作用。LeSTIG1 诱导 LAT52-LePRK2 复合物的解离，同时形成 LeSTIG1-LePRK2 复合物，可能是柱头花粉管相互作用过程中花粉管进入柱头内环境的检验点(Edlund et al.，2004；Hiscock and Allen，2008)。它们是花粉水化和萌发必需的，可能在细胞壁外起信号传递作用。

花柱内细胞间空间有一条连续的分泌大量物质的通道，与柱头分泌物连续，称为传输通道(transmitting tract)，花粉管在其中生长。无论是干柱头还是湿柱头，都有大量分泌物帮助花粉管生长。分泌物中有果胶酯酶、多聚半乳糖醛酸酶、葡聚糖酶、延展蛋白，这些酶或蛋白在疏松细胞壁并重新安排细胞壁结构中起重要作用。Tung 等人鉴定了拟南芥花柱传输管道专一表达的基因，主要有细胞壁多糖酶类、CytP450、几丁质酶、脂酶、逆境反应蛋白、根瘤蛋白 MtN21 等，与花粉管生长过程细胞壁物质降解和抗逆有关(Tung et al.，2005)。

烟草中一种柱头大量分泌的脂转移蛋白(lipid transferprotein，LTP)在管尖伸长中起主要作用。在百合花柱中，LTP-SCA 作为化学信号和附着剂起作用。有些非专一的 LTP 起防卫病原菌的作用(Hiscock and Allen，2008)。花粉和花粉管中也表达细胞壁物质降解酶类，如果胶甲脂酶基因 *VGD*1，突变体花粉管不能生长(图 5.9，Jiang et al.，2005)。

二、花柱中花粉管生长的引导

花粉进入柱头后，在花柱中的生长除了传输通道中营养物质的供给外，还受到从花柱到胚珠梯度分布化学信号及其他信号物质的指引。花粉管在花柱中的生长不仅受传输管道环境本身的影响，也受来自于胚珠的信号指引(图 5.10)。这种引导作用有长距离和短距离的指引。

1. 长距离指引

花柱可分为开放、封闭、半封闭三类。在开放花柱中，许多单子叶植物如百合，花粉管沿着传输管道表皮，在充满黏液的管道中生长。多数双子叶植物花柱封闭，花粉管在与

第五章 植物的传粉和受精

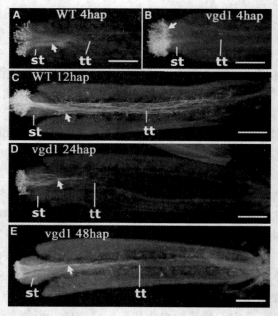

图 5.9 花粉果胶甲脂酶突变对花粉管生长的影响（Jiang et al., 2005, ⓒASPB）

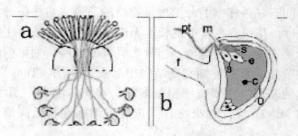

图 5.10 拟南芥胚珠对花粉管吸引的示意图
a. 胚珠指引花粉管生长方向；b. 胚珠内因素吸引沿珠柄生长的花粉管转弯进入珠孔（Palanivelu and Preuss, 2006, ⓒ BMC Plant Biol.）

柱头分泌区连续的传输管道组织（transmitting tissue）中生长。传输管道组织的细胞列由横向壁上胞间连丝相连，纵向壁被细胞间基质（IM）分离。化学分析表明 IM 成分有游离糖类、多糖、游离氨基酸、蛋白、糖蛋白、酚类化合物，它们可能对花粉管的生长起着营养、识别和指导作用。在这种基质中花粉管生长速度很快（图 5.11，Lord，2003）。

花粉管通过花柱中传输组织进入雌蕊并生长延伸。花柱中的传输组织细胞间分泌的有糖类、蛋白类（如羟脯糖蛋白 HRGPs，阿拉伯半乳糖蛋白 AGPs），这些物质作为花粉生长的营养物质和引导花粉生长方向的作用。烟草传输通道专一的（transmitting tissue-specific，TTS）糖蛋白也是一种 AGPs，与细胞间基质紧密结合，从顶部到胚珠糖基化程度增高，酸性增高，在传输通道中建立了化学浓度梯度，花粉管在体外有去糖基化的作用，因此，

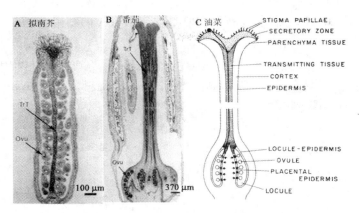

图 5.11 花粉管生长途径（Kandasamy et al., 1990；Gasser and Robinson-Beers, 1993，ⒸASPB）
几种植物雌蕊内部结构，传输组织是花粉管生长途径，为柱头表面萌发的花粉管进入管道定向生长提供必需的机械引导。

AGP 在传输通道中的分布可能为花粉管提供糖分子，对生长的花粉管具有引导作用。富含半乳糖花柱糖蛋白（galactose-rich style glycoprotein，GaRSGP）、120 kU 糖蛋白、雌蕊专一的类伸展蛋白（pistil-specific extensin-like protein，PELP）不具糖基化梯度作用。GaRSGP 位于传输组织细胞壁上。120 kU 糖蛋白位于 IM 然后进入花粉细胞质。PELPⅢ先在 IM 然后到花粉管细胞壁上，最后转移到胼胝质塞上。大分子转运通过花粉细胞壁可能是 S-Rnase 决定自交不亲和的原因之一。已经发现 S-Rnase 与 TTS 和 NaPELPⅢ糖蛋白形成复合物。SCA/果胶组合提供附着基质，在接触或络合刺激中起着引导花粉管的作用（Edlund et al., 2004；Hiscock and Allen, 2008）。

雌蕊专一的类伸展蛋白 PELPⅢ在细胞间基质（IM）积累，转移到花粉管壁上，主要分布在花粉管胼胝质壁上（cw）。这种 PELPⅢ在授粉后的花柱花粉管壁的横向和纵向切片中都存在（Sanchez et al., 2004）。

四碳氨基酸伽马氨基丁酸（γ-amino butyric acid，GABA）在拟南芥从柱头到胚珠浓度分布呈梯度增加，柱头浓度为 20 μmol/L，花柱中为 60 μmol/L，子房壁为 110 μmol/L，子房室的隔膜表面为 160 μmol/L，完整的胚珠和胚柄含 30 μmol/L，然而胚珠内的 GABA 可能集中在内珠被，浓度达 500 μmol/L（Palanivelu et al., 2003）。花粉管中的 GABA 转氨酶可以分解 GABA，对花粉管在花柱中的生长是必需的，说明从柱头到胚珠内的 GABA 浓度梯度对花粉管进入胚珠是一个重要方向因素（Palanivelu et al., 2003）。GABA 对花粉管的指引属于长距离指引。

γ-氨基丁酸 GABA（g-amino butyric acid）在体外促进花粉管生长，过量则抑制花粉管生长。Pollen Pistil 2（POP2）编码γ-氨基丁酸转氨酶。将 GABA 分解为琥珀半醛，然后氧化成为琥珀酸，放出 NADH（图 5.12）。野生型未授粉雌蕊在花柱中积累低水平的 GABA，从柱头经花柱到子房室量浓度梯度增加，为花粉管生长提供 GABA 梯度。同时也为花粉管生长提供能量和营养物质。在 pop2 突变体中，GABA 没有降解，甚至比野生型积累更高水平。野生型花粉管在 pop2 花柱中正常生长,但 pop2 花粉管在突变雌蕊中不能生长 (Palanivelu et al.，2003)。说明花粉管的 POP2 决定 GABA 的利用。

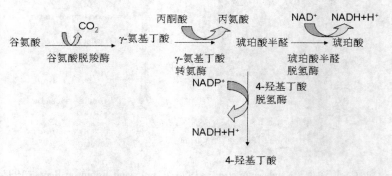

图 5.12　POP2 对 GABA 的分解作用(Palanivelu et al.，2003)

NO 是指导花粉管生长并进入胚珠的另一个信号。体外花粉管内的过氧化物酶体形成 NO,通过花粉管内的 cGMP 途径抑制生长而调节花粉管生长,花粉管释放 NO 处与花柱接触面的活性氧消失(Prado et al.，2004；Hiscock and Allen，2008)。然而 NO 信号传导突变体 Atnos1 花粉可以在野生型雌蕊中正常生长,反之花粉管生长异常。说明花柱中引导花粉生长的 NO 信号是雌蕊产生的,NO 不对称分布在珠孔周围,花粉管从没有 NO 的区域生长进入珠孔。去除 NO 的试剂可以引起花粉管极性改变,D-Ser 可增加 Ca^{2+} 输入花粉管,从而引起花粉管极性变化,用 D-Ser 处理可以恢复 NO 缺乏引起的花粉管极性异常。说明 NO 信号介导 Ca 信号系统控制的花粉管生长,负调控花粉管生长方向(Prado et al.，2004；2008)。

烟草的柱头是湿柱头,实心花柱,花粉管生长穿过分泌区域细胞的细胞间空间,内有分泌细胞的排出物。排出物具有疏松细胞壁活性。排出物中雌蕊花粉过敏样蛋白(PPAL)与 β-expansins 高度相似,可能作为细胞壁疏松活性物质帮助花粉管长入烟草柱头。但 PPAL 在体外膨胀计分析没有细胞壁疏松活性。脂类转移蛋白(LTP),烟草排出物中最丰富的蛋白可在体外结合酰基脂类。脂类可能在花粉管生长导向中起重要作用。LTPs 组成拟南芥涉及脂代谢基因中最大一组,可能有不同的功能。花药贡献的非专一性 LTPs 和分泌的其他蛋白防御病原菌。蛋白酶抑制剂、thaumatin-like proteins 以及其他防御相关蛋白在 Solanaceae 豆科植物的柱头表达和积累,可能防止动物或病原菌(Sanchez et al.，2004)。

LTP(-like)蛋白、SCA 蛋白(stigma/stylar Cys-rich adhesin)分泌到百合水相中,SCA 与其他小柱头蛋白和 chemocyanin 一起对百合花粉诱导向化活性.(Sanchez，et al.，2004)。

2. 短距离指引

在花粉管生长到胚珠附近,即第三和第四阶段时,需要胚珠内的信号指引,这时的指引属于短距离信号指引。第三阶段花粉管沿着隔膜向胚柄生长,第四阶段沿着胚柄向珠孔生长。

在第二阶段以后花粉管在花柱中有与胚珠发育阶段相适应的间歇生长，说明胚珠发出的信号指导花粉管的生长。

已进入胚珠的花粉管的排斥负调控是一种控制花粉管的生长方向的因素（图5.13）。这种方向指引作用在胚珠附近发生，属于短距离作用（Palanivelu and Preuss，2006）。

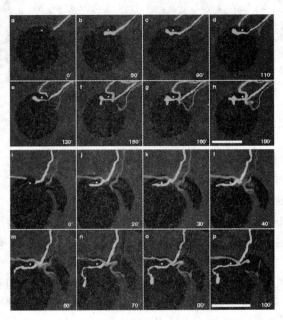

图5.13　花粉管避免标定的胚珠

三个花粉管竞争一个胚珠（a-p）。绿花粉管进入珠孔，粉色和红色迟到的花粉管没有进入。时间进程分钟。标线100μm（Palanivelu and Preuss，2006）

胚珠中心细胞编码N端为锌β带保守区域的核蛋白CCG的表达也决定花粉管生长的方向。突变体花粉管不能进入珠孔。CCG N端保守区域是普通转录因子TFⅡB和TFⅢB家族具有的序列，在基因表达调控中起重要作用。突变体胚囊细胞类型不受影响，在突变体中心细胞特异表达转基因的CCG恢复对花粉管的引导作用（图5.14）（Chen et al.，2007）。

NO信号在花粉管在珠孔附近的转弯过程中发挥重要作用（Prado et al.，2004；2008）。GABA也一直在引导花粉管方向时起作用，包括短距离的信号作用。

MYB98是R2R3MYB基因家族的转录因子，正调控一系列基因在助细胞的特异表达，决定助细胞的分化。myb98突变体花粉管失去进入珠孔的方向指导。助细胞是吸引花粉管生长的一个主要信号来源（Marton et al.，2005），细胞壁加厚有装饰，形成纤维状装置（filliform apparatus，fa），有许多指状突起伸入助细胞胞质内，myb98突变体的助细胞纤维状装置指状突起缺失，它调控一系列位于助细胞纤维状装置指状突起蛋白的表达，说明助细胞纤维状装置指状突起与花粉管的珠孔定向有关（Kasahara et al.，2005；Punwani et al.，2007）。

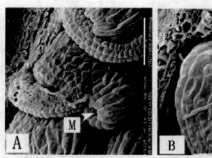
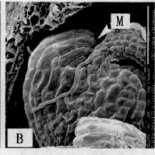

图 5.14 CCG 决定花粉管进入珠孔
A. 野生型花粉管进入珠孔(M)。B. *ccg* 突变体花粉管错过珠孔(Chen et al., 2007，ⓒASPB)

其他来自助细胞的引导信号调控还有 ZmEA1、LURE1、LURE2，感受花粉管的调控有受体样激酶 SRN/FER、ANX1、ANX2、钙泵 ACA9、蛋白 LRE、NTA、SYL、AMC、ZmES4(Kawashima and Berger, 2011)。

MAGATAMA3(*MAA3*)编码 818 个氨基酸的蛋白，含有 DEAD 解旋酶区域，在花、角果、根叶、茎顶端表达水平相似，突变体雌配子体发育延迟，极核核仁很小，花粉管到珠孔的定向缺失。MAA3 与酵母的 *SEN1*(*splicing endonuclease1*)相似，*SEN1* 对各种 RNA 代谢是必需的，突变体中出现小核 RNA(small nuclear RNA，snoRNA)和 rRNA 的处理缺陷。小核仁的 *maa3* 突变体可能有同样的情况。大规模的基因表达缺失影响胚囊内各类细胞信号的形成，从而导致对花粉管方向决定的丧失(Shimizu. et al., 2008)。

3. 花粉管进入胚囊后的变化

助细胞位于珠孔处，面向珠孔的一端有纤维状装置(fa)，向胞质内形成指状突起。助细胞具有吸引花粉管的作用。花粉管进入珠孔后马上进入其中一个助细胞，停止生长，破裂并释放内含物。纤维状装置具有接受花粉管的特殊功能。助细胞内的物质具有促进花粉管破裂、释放精子的作用。对雌配子体发育和助细胞基因组水平的研究揭示了一些决定助细胞分化的重要基因和助细胞特异表达的基因。这些基因有防卫基因、蛋白质、富含半胱氨酸的基因、MYB98 转录因子、外被蛋白、DNA 糖基化酶、半乳糖基转移酶、多聚半乳糖醛酸酶、自交不亲和相关蛋白、碱化蛋白、质体蓝素等。助细胞本身是极化的细胞，细胞核(sn)、细胞质位于珠孔端，富含各种细胞器，大液泡(sv)位于反足细胞端。面向合点端的细胞壁缺失或不连续。这种不连续可能为精子通向卵细胞和中心细胞提供通道(图 5.15)(Kasahara et al., 2005；Punwani and Drews, 2008)。

拟南芥雌蕊传输管道中心特异分布 AGPs，胚珠内大孢子表面也布满大量 AGP，随着胚珠的继续发育，胚囊表面细胞壁有两种 AGP 抗体结合的 AGP 分布，在助细胞和它们的纤维状装置上尤为密集。抗体 JIM8 和 JIM13 标记的 AGP 延伸分布到珠孔处的内珠被，显示对花粉管的吸引。抗体 MAC207 和 LM2 标记的 AGP 在大孢子发生和雌配子体发生的各种细胞类型都有分布，但胚囊中没有，说明吸引花粉管的是 JIM8 和 JIM13 标记的 AGP (Coimbra. et al., 2007)。

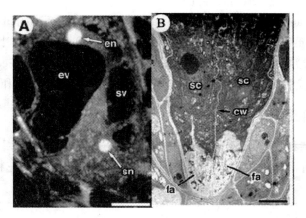

图 5.15 助细胞极性结构(Kasahara et al., 2005, ⓒASPB)
sc-助细胞，sv-助细胞液泡，sn-助细胞核，fa-纤维状装置，en-卵细胞核，ev-卵细胞液泡

有些观察显示花粉管在助细胞间停止生长，释放精子，也许不同的物种或条件不同现象不同，这些需要进一步研究。编码钙泵的花粉 ACA9 基因也在花粉管生长停止和精子释放过程中起重要作用(Punwani and Drews, 2008)。

花粉管进入助细胞后或前，诱导助细胞程序化死亡。不同物种中诱导助细胞程序化死亡的时间不同。FER 基因和 GFA2 基因影响花粉管诱导的助细胞程序化死亡。FER 基因编码一个受体激酶，可能是花粉管助细胞最后作用的信号传导途径。GFA2 基因是线粒体功能必需的 J 区域蛋白，说明程序化死亡需要线粒体的功能(Punwani and Drews, 2008; Rotman et al., 2003; Christensen et al., 2002; Escobar-Restrepo et al., 2007)。

在程序化死亡的助细胞到卵细胞和中心细胞之间有肌动蛋白冠形成并连接，释放后的精子沿着肌动蛋白细胞骨架迁移到目标。精子与目标细胞的融合可能也需要降解的助细胞帮助。助细胞液泡中钙浓度很高，助细胞降解造成配子体中高浓度钙离子，为细胞融合提供有利条件。助细胞降解本身为精子无障碍地自由在配子体中运动提供了便利(Punwani and Drews, 2008)。

阿拉伯半乳糖蛋白(arabinogalactan proteins, AGPs)在受精前后的卵细胞细胞膜、细胞壁、细胞质中存在，两细胞前胚的细胞质和液泡中也存在。受精前卵细胞 AGP 含量很高，受精后 AGP 含量迅速降低，AGP 抑制剂 βGlcY 处理使卵细胞受精停止，但中心细胞受精不受影响，说明 AGP 影响合子形成(Qin and Zhao, 2006)。

第四节 同型花自交不亲和的分子机理

植物自交不亲和(self-incompatibility，SI)可以通过花结构和开花时间控制，即异型花、异时开花。而同型花靠一些生理生化机制制造授粉障碍。同型花的自交不亲和分子机理有配子体(gametophytic SI, GSI)和孢子体(sporophytic SI SSI)基因决定的两类。自交不亲和花粉管停止生长，发生细胞程序化死亡。

茄科（Solanaceae）、蔷薇科（Rosaceae）、玄参科（Scrophulariaceae）、罂粟科（Papaveraceae）、毛茛科（Ranunculaceae）、豆科（Leguminosae）、柳叶菜科（Onagraceae）、禾本科（Poaceae）的植物表现了配子体自交不亲和，芸薹科（Brassicaceae）中的单一多态 S-locus 在所有五个科控制 SI，该位点有两个分离的基因分别控制雌性和雄性的专一性。

一、配子体自交不亲和

配子体自交不亲和中，雄配子本身的基因不能与雌蕊孢子体基因中的任何一个相同，如果相同，则花粉管不能生长。只有与雌蕊孢子体基因都不相同的花粉才能完成受精过程（图 5.16）。

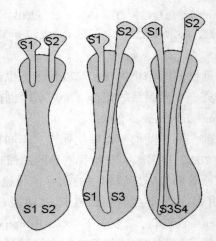

图 5.16　配子体自交不亲和

当花粉落到柱头上时花粉特异表达的受体识别柱头和花柱中 S-RNase，连同传输管道分泌的雌蕊蛋白 HT-B、120K 一起以内吞泡的形式进入花粉管，S-RNase 被屏蔽在膜泡中。120K 是 S-RNase 结合蛋白。在亲和花粉管中 HT-B 很快降解，S-RNase 水平不变，在不亲和的花粉管中 HT-B 降解不多，但膜泡降解，S-Rnase 降解细胞质中的 RNA。花粉管中存在的又一套与自交不亲和有关的基因 SLF（S-Locus F-box），有时又称 SFB，编码含有 F-box 的蛋白，这类蛋白在降解蛋白质中起作用，也在膜泡运输中起作用（reviewed by McClure and Franklin-Tong, 2006）。

花粉管的生长靠从管尖部向后钙离子浓度递降的梯度分布。不亲和花粉管中 Ca^{2+} 浓度瞬间增加，花粉管顶端钙离子浓度梯度消失，伴随着花粉管生长停止。钙信号变化触发了花粉管内一系列生理生化和结构上的变化。花粉管内一个 26 kU 的细胞质无机焦磷酸酶（sPPase）催化焦磷酸水解，促进多聚体生物合成反应的进行。sPPase 被磷酸化抑制，一个钙依赖的蛋白激酶（CDPK）参与 sPPase 的磷酸化。细胞内高钙浓度抑制 sPPase 的活性，从而抑制生物合成活动进行（reviewed by McClure and Franklin-Tong, 2006）。

自交不亲和花粉管中一个 56 kU 的 MAPK 酶活性在花粉管生长停止后增强,可能在随后发生的细胞程序化死亡(programmed cell death,PCD)过程中起作用。

自交不亲和花粉管中纵向长轴 F-actin 纤维束大量消失。自交不亲和迅速诱导大规模肌动蛋白纤维解聚。体外实验证明 Ca^{2+} 浓度增加刺激花粉管肌动蛋白纤维解聚。说明肌动蛋白纤维解聚是钙信号传递的一个靶目标。参与肌动蛋白纤维解聚的还有一些肌动蛋白结合蛋白(actin-binding proteins,ABPs),如纤维切断蛋白(gelsolin)PrABP80、单体聚合蛋白(Profilin),它们共同在依赖钙的肌动蛋白纤维解聚过程中发挥作用(reviewed by McClure and Franklin-Tong,2006)。

自交不亲和花粉管中发生一系列细胞程序化死亡中的典型现象。如核基因组 DNA 成为碎片,细胞色素 C 从线粒体泄漏,引起细胞凋亡的蛋白酶(caspase)活跃。体外实验证明了 Ca^{2+} 浓度增加可以诱导这些反应(reviewed by McClure and Franklin-Tong,2006)。

二、孢子体自交不亲和

孢子体自交不亲和(Sporophytic Self-incompatibility,SSI)中无论形成的雄配子是什么基因型,只要二倍体花药中有一个决定自交不亲和的基因与雌配子孢子体基因相同,花粉管就不能生长,造成自交不亲和(图 5.17)。

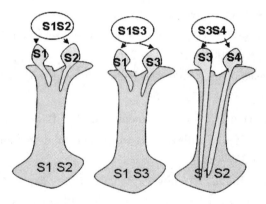

图 5.17　孢子体自交不亲和

油菜 SI 位点序列长 80~100 kb,含有 17 个基因,只有两个与花粉专一的识别紧密连锁。雌配子体表达有两个 S-位点基因,一个编码 S-位点受体激酶(S-locus receptor kinase,SRK),其在柱头突起表皮细胞跨膜分布,受体区域在细胞外深入细胞壁,细胞内区域有 Ser-Thr 激酶活性。SRK 是 SSI 柱头决定蛋白,受体区域与花粉 SSI 决定蛋白结合,启动 SSI。另一个是 S 位点糖蛋白(S-locus glycoprotein,SLG),分泌到柱头突起细胞壁中,增强 SRK 的功能,本身并不是 SSI 必需的。已经知道有三个 S-单体不需要 SLG 发生 SSI(Hiscock and McInnis,2003)。雄性 SSI 决定蛋白是一个 6 kU 的富含半胱氨酸的蛋白,称为 S-位点富含半胱氨酸蛋白(S-locus cysteine-rich protein,SCR),其基因与雌性 S 位点 SSI

决定基因不是同一个位点。SCR 比 SRK 多态性更多样。在孢子体中只在绒毡层专一表达，配子体中在小孢子中表达，分泌到花粉外被。因此 SCR 合成有两条途径，孢子体控制的和配子体控制的途径。SCR 是柱头 SSI 受体 SRK 识别并结合的花粉 SSI 配体。通过与 SCR 结合，SRK 启动自交花粉拒绝活动（Hiscock and McInnis，2003）。

没有花粉时，SRK 与两个硫氧还蛋白 H（Thioredoxin-H-like protein，THL1 和 THL2）结合，呈非活性状态，结合 SCR 后转变为活性状态，在柱头突起细胞内起始一系列信号传导活动。一个含有 Armadillo-repeat motif-containing 序列的蛋白（ARC1）与 SRK 的激酶区域以依赖磷酸化的方式结合。ARC1 是一个 E3 泛素连接酶，可能在不亲和花粉识别后降解支持花粉生长的柱头蛋白（Hiscock and McInnis，2003）。

除了油菜以外，在番薯（*Ipomoea trifida*）、拟南芥（*Arabidopsis lyrata*）中也存在 SRK-SCR 作用模式（Kowyama *et al*.，2000；Bechsgaard *et al*.，2004）。在西番莲中有配子体-孢子控制的自交不亲和机理，介于配子体和孢子体自交不亲和机理之间（Suassuna *et al*.，2003），表现了自交不亲和进化的中间类型。

☞ 参考文献

Bechsgaard J, Bataillon T, Schierup MH. Uneven segregation of sporophytic self-incompatibility alleles in Arabidopsis lyrata. J Evol Biol. 2004，17，554-561.

Bots M., Mariani C. Oleosin-like proteins are not present on the surface of tobacco pollen. Sex. Plant Reprod. 2004，16，223-226.

Cai G, Casino CD, Romagnoli S, Cresti M. Pollen cytoskeleton during germination and tube growth. Curr Sci. 2005，89，1853-1860.

Chen Y, Li H, Shi D, Yuan L, Liu J, Sreenivasan R, Baskar R, Grossniklaus U, Yang W. The central cell plays a critical role in pollen tube guidance in Arabidopsis. Plant Cell. 2007，19，3563-3577.

Cheung AY, Chen CY-h, Tao L, Andreyeva T, Twell D, Wu H. Regulation of pollen tube growth by Rac-like GTPases. J Exp Bot. 2003，Plant Reproductive Biol. Special Issue，54，73-81.

Christensen CA, Gorsich SW, Brown RH, Jones LG, Brown J, Shaw JM, Drews GN. Mitochondrial GFA2 is required for synergid cell death in Arabidopsis. Plant Cell. 2002，14，2215-2232.

Coimbra S, Almeida J, Junqueira V, Costa ML, Pereira LG. . Arabinogalactan proteins as molecular markers in Arabidopsis thaliana sexual reproduction. J Exp Bot 2007，58，4027-4035.

Double Fertilization and Post -Fertilization Events：Measuring. WFP062298 wisconsin fast plants. 1990

Edlund AF, Swanson R, and Preuss D. Pollen and Stigma Structure and Function：The role of diversity in pollination. Plant Cell. 2004, 16, S84-S97.

Escobar-Restrepo JM, Huck N, Kessler S, Gagliardini V, Gheyselinck J, Yang WC, Grossniklaus U. The FERONIA receptorlike kinase mediates male-female interactions during pollen tube reception. Science 2007, 317, 656-660.

Fu Y, Wu G, Yang Z. Rop GFPase-dependent dynamics of tip-localized F-actin controls tip growth in pollen tubes. J Cell Biol. 2001, 152, 1019-1032.

Gasser CS, Robinson-Beers K. Pistil development. Plant Cell. 1993, 5, 1231-1239.

Hiscock SJ, McInnis SM. Pollen recognition and rejection during the sporophytic self-incompatibility response: Brassica and beyond. TRENDS. Plant Sci. 2003, 8, 606-613.

Hiscock SJ, Allen AM. Diverse cell signalling pathways regulate pollen-stigma interactions: the search for consensus. New Phytol. 2008, 179, 286-317.

Huang J, Chen F, Casin CDo, Autino A, Shen M, Yuan S, Peng J, Shi H, Wang C, Cresti M, Li Y. An ankyrin repeat-containing protein, characterized as a ubiquitin ligase, is closely associated with membrane-enclosed organelles and required for pollen germination and pollen tube growth in lily. Plant Physiol. 2006, 140, 1374-1383.

Hülskamp M, Schneitz K, Pruitt RE. Genetic evidence for a long-range activity th. at directs pollen tube guidance in Arabidopsis. Plant Cell. 1995, 7, 57-64.

Hussey PJ, Ketelaar T, Deeks MJ. Control of the actin cytoskeleton in plant cell growth. Ann Rev of Plant Biol. 2006, 57, 109-125.

Iwano M, Shiba H, Miwa T, Che F, Takayama S, Nagai T, Miyawaki A, Isogai A. Ca^{2+} Dynamics in a pollen grain and papilla cell during pollination of Arabidopsis. Plant Physiol. 2004, 136, 3562-3571.

Iwano M, Shiba H, Matoba K, Miwa T, Funato M, Entani T, Nakayama P, Shimosato H, Takaoka A, Isogai A, Takayama S. Actin dynamics in papilla cells of brassica rapa during self-and cross-pollination. Plant Physiol. 2007, 144, 72-81.

Jiang L, Yang S, Xie L, Puah C, Zhang X, Yang W, Sundaresan V, Ye D. VANGUARD1 encodes a pectin methylesterase that enhances pollen tube growth in the arabidopsis style and transmitting tract. Plant Cell, 2005, 17, 584-596.

Kandasamy MK, Dwyer KG., Paolillo DJ, Doney RC, Nasrallah JB, Nasrallah ME. Brassica S-proteins accumulate in the lntercellular matrix along the path of pollen tubes in transgenic tobacco pistils. Plant Cell. 1990, 2, 39-49.

Kasahara RD, Portereiko MF, Sandaklie-Nikolova L, Rabiger DS, and Drew s GN. MYB98 is required for pollen tube guidance and synergid cell differentiation in Arabidopsis. Plant Cell. 2005, 17, 2981-2992.

Kawashima T, Berger F. Green love talks; cell-cell communication during double fertilization in flowering plants. AoB Plants. 2011, plr015.

Kim ST, Zhang K, Dong J, Lord EM. Exogenous free ubiquitin enhances lily pollen tube adhesion to an in vitro stylar matrix and may facilitate endocytosis of SCA. Plant Physiol. 2006, 142, 1397-1411.

Kost B, Spielhofer P, Chua NH. A GFP-mouse talin fusion protein labels plant actin filaments in vivo and visualizes the actin cytoskeleton in growing pollen tubes. Plant J. 1998, 16, 393-401.

Kowyama Y, Tsuchiya T and Kakeda K. Sporophytic self-incompatibility in ipomoea trifida, a close relative of sweet potato. Annals of Botany. 2000, 85(Supplement A), 191-196.

Lord EM. Adhesion and guidance in compatible pollination J Exp Bot. 2003, 54(380), Plant Reproductive Biology Special Issue, 47-54.

LushWM, Grieser F, Wolters-Arts M. Directional guidance of nicotiana alata pollen tubes in vitro and on the stigma. Plant Physiol. 1998, 118, 733-741.

Marton ML, Cordts S, Broadhvest J, Dresselhaus T. Micropylar pollen tube guidance by egg apparatus 1 of maize. Science. 2005, 307, 573-576.

Mascarenhas JP. Molecular Mechanisms of Pollen Tube Growth and Differentiation. Plant Cell. 1993, 5, 1303-1314.

McClure BA, Franklin-Tong V. Gametophytic self-incompatibility: understanding the cellular mechanisms involved in "self" pollen tube inhibition. Planta. 2006, 224, 233-245.

McKenna ST, Kunkel JG, Hepler PK. NAD(P)H oscillates in pollen tubes and is correlated with tip growth. luis ca'rdenas. Plant Physiol. 2006, 142, 1460-1468.

Mori IC, Schroeder JI.. Reactive oxygen species activation of plant ca2 channels a signaling mechanism in polar growth, hormone transduction, stress signaling, and hypothetically mechanotransduction. Plant Physiol. 2004, 135, 702-708.

Palanivelu R, Brass L, Edlund AF, Preuss D. Pollen tube growth and guidance is regulated by pop2, an arabidopsis gene that controls GABA levels. Cell. 2003, 114, 47-59.

Palanivelu R, Preuss D. Distinct short-range ovule signals attract or repel Arabidopsis thaliana pollen tubes in vitro. BMC Plant Biol. 2006, 6, 7.

Prado AM, Porterfiel DM, Feijó JA. Nitric oxide is involved in growth regulation and re-orientation of pollen tubes. Development. 2004, 131, 2707-2714.

Prado AM, Colacxoa R, Morenoa N, Silvaa AC, Feijo JA. Targeting of pollen tubes to ovules is dependent on nitric oxide(NO) signaling. Molecular Plant. 2008, 1, 703-714.

Punwani JA, Rabiger DS, Drews GN. MYB98 positively regulates a battery of synergid-expressed genes encoding filiform apparatus-localized proteins. Plant Cell. 2007, 19, 2557-2568.

Punwani JA, Drews GN. Development and function of the synergid cell. Sex Plant Reprod. 2008, 21, 7-15.

Qin Y, Zhao J. Localization of arabinogalactan proteins in egg cells, zygotes, and two-celled proembryos and effects of b-D-glucosyl Yariv reagent on egg cell fertilization and zygote division in Nicotiana tabacum L. J Exp Bot. 2006, 57, 2061-2074.

Ren H, Xiang Y. The function of actin-binding proteins in pollen tube growth. Protoplasma. 2007, 230, 171-182.

Rotman N, Rozier F, Boavida L, Dumas C, Berger F, Faure JE. Female control of male gamete delivery during fertilization in Arabidopsis thaliana. Curr Biol. 2003, 13, 432-436.

Salmi ML, Morris KE, Roux SJ, and Porterfield DM. Nitric Oxide and cGMP signaling in calcium-dependent development of cell polarity in *Ceratopteris richardii*. Plant Physiol. 2007, 144, 94-104.

Sanchez AM, Bosch M, Bots M, Nieuwland J, Feron R, Mariani C. Pistil factors controlling pollination. Plant Cell. 2004, 16, S98-S106.

Schiøtt M, Romanowsky SM, Bækgaard L, Jakobsen MK, Palmgren MG, Harper JF. A plant plasma membrane Ca^{2+} pump is required for normal pollen tube growth and fertilization. PNAS. 2004, 101, 9502-9507.

Sheng X, Hu Z, Lü H, Wang X, Baluška F, Šamaj J, Lin J. Roles of the ubiquitin/proteasome pathway in pollen tube growth with emphasis on MG132-induced alterations in ultrastructure, cytoskeleton, and cell wall components. Plant Physiol. 2006, 141, 1578-1590.

Shimizu KK, Ito T, Ishiguro S, Okada K. MAA3 (MAGATAMA3) helicase gene is required for female gametophyte development and pollen tube guidance in *Arabidopsis thaliana*. Plant Cell Physiol. 2008, 49, 1478-1483.

Singh DP, Jermakow AM, Swain SM. Gibberellins are required for seed development and pollen tube growth in Arabidopsis. Plant Cell. 2002, 14, 3133-3147.

Sogo A, Tobe H. Intermittent pollen-tube growth in pistils of alders (*Alnus*). PNAS. 2005, 14, 102, 8770-8775.

Staiger CJ, Blanchoin L. Actin dynamics: old friends with new stories. Curr Opin Plant Biol. 2006, 9, 554-556.

Suassuna T. de MF Bruckner CH, Carvalho CR, de Borém A. Self-incompatibility in passionfruit: evidence of gametophytic-sporophytic control. Theor Appl Genet. 2003, 106, 298-302.

Tung C, Dwyer KG, Nasrallah ME, Nasrallah JB. Genome-wide identification of genes expressed in arabidopsis pistils specifically along the path of pollen tube growth. Plant Physiol. 2005, 138, 977-989.

Weteringsa K, Russellb SD. Experimental analysis of the fertilization process. Plant Cell. 2004, 16, S107-S118.

Wilsen KL, Lovy-Wheeler A, Voigt B, Menzel D, Kunkel JG, Hepler PK. Imaging the actin cytoskeleton in growing pollen tubes. Sex Plant Reprod. 2006, 19, 51-62.

Wu J, Lin Y, Zhang X, Pang D, Zhao J. IAA stimulates pollen tube growth and mediates the modification of its wall composition and structure in Torenia fournieri. J Exp Bot. 2008, 59,

2529-2543.

Yoo C, Wen J, Motes CM, Sparks JA, Blancaflor EBA. Class I ADP-ribosylation factor GTPase-activating protein is critical for maintaining directional root hair growth in Arabidopsis. Plant Physiol. 2008, 147, 1659-1674.

Zink GM, Zwiebe BI, Grier DG, Preuss D. Pollen-stigma adhesion in Arabidopsis: a species-specific interaction mediated by lipophilic molecules in the pollen exine. Development. 1999, 126, 5431-5440.

许智宏, 刘春明. 植物发育的分子机制. 北京: 科学出版社, 1998.

第六章　植物胚胎发育和种子形成

种子由来自两个二倍体合子发育形成的胚、三倍体胚乳和母本的种皮组成。胚发育过程中胚乳和种皮对种子的大小有重要作用。从合子开始的胚胎发生过程中，细胞内物质分布和基因表达不对称分布的状态随着不对称分裂造成子细胞不对称和分化状态不同，相应状态随着有丝分裂传递到后续的子代，决定未来细胞的分化结果，这种在分裂后代传递分化决定因素的作用，称为细胞衍生作用。在任何发育时期，植物细胞是位于多种组织中的细胞，细胞相邻环境对其发育状态有重要影响，这种相邻组织之间互相决定其发育方向和状态的作用和效果称为组织位置效应。整个植物的发育中细胞衍生作用和组织位置效应贯穿其中。

高等植物胚发生分为三个相互重叠的阶段：

(1)形态建成，期间形成以茎端和根尖为顶端的极性轴，胚性分生组织的形成，辐射类型的建成及连续组织层的建立。

(2)贮藏物质的合成。

(3)胚的脱水干燥。

阶段一，合子首先以与顶端-基部轴垂直的面为分裂面进行不对称分裂，形成上小下大两个细胞，细胞内含物被不对称地分配到两个细胞中，顶部细胞经历两次纵向分裂，形成四个胚原细胞，再进行一次横向分裂后形成8细胞原胚(embryo proper)(图6.1)。这次分裂的同时形成了细胞壁。八细胞胚的下一次分裂是平周分裂，即平行于胚表面的分裂。这次分裂建立了组织学上可见的表皮原(protoderm)。表皮原细胞进行背斜分裂，接下来内层进行纵向分裂和横向分裂，形成球形胚。下部细胞经过一系列横向分裂形成一长列细胞，最顶端的细胞与上部的球形胚一起形成胚，以后参与形成胚根(West and Harada, 1993)。

球形胚边缘特定区域进行平周分裂，形成子叶的两个突出，原胚由辐射对称转变到两侧对称，同时球形胚发育进入到心形胚阶段。这阶段子叶和胚轴由于细胞分裂而迅速延长，前形成层和基本组织分化形成，胚根顶端形成，在一些植物中，茎顶端形成。不同的物种这个阶段分化的程度不同。接着贮藏物质积累，伴随着胚的发育成熟。最后胚干燥，种子成熟(West and Harada, 1993)。

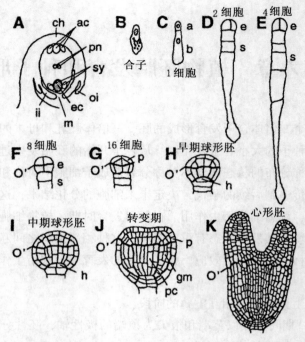

图6.1 拟南芥胚发育阶段（West and Harada，1993，©ASPB）

第一节 胚发生的起始控制

植物的发育是一个连续的过程，两个雄配子和两个雌配子单倍体卵和二倍体中心细胞分别融合，启动了有花植物的种子发育。在受精之前和受精后胚发育早期，受精卵合子是在一个母体的极性的环境中起始发育，母本和父本基因组在重组体胚乳和合子的表达不是同等的。受精是多数植物种子发育启动必需的，在受精前种子发育受到抑制，这种抑制是由母本基因组的特定基因在胚乳中的表达起主要控制作用，影响胚发生的起始（Gehring et al.，2004；Köhler and Makarevich，2006）。被子植物胚乳在胚的成活和发育中起重要作用，一些杂种不亲和胚不能成活的主要原因是由于胚乳功能障碍。这种一方亲本一套特定基因表达而另一方亲本相应基因沉默的现象被称为"印记"（imprinting）。印记有等位基因（Allelic Imprinting）印记和位点印记（Locus Imprinting）两类。印记发生在胚乳，也发生在胚中，发育中的胚中母方和父方印记都是重新表达，在胚发生结束时抹去（Raissig et al.，2013）。

一、等位基因印记

玉米的糊粉层花青素形成的 R 和 r 基因是一对显性和隐性关系的基因，没有数量效应。然而母本 RR、父本 rr 的子代胚乳基因型 RRr 糊粉层总是完全红色，反向杂交子代

rrR 糊粉层总是斑点红色，都与母本基因型相同，不是显性作用。10 kU 的 α-zein 是谷类作物主要贮藏蛋白，只在胚乳表达，胚中不表达，积累的量具有品种遗传特性。决定 α-zein 在胚乳表达的 *dzr1* 基因在 BSSS53 品种中高表达，MO17 品种中低表达。正交和反交的子代胚乳都表现母方的特性。为了排除母方亲本两个基因的剂量效应，通过雄性转位引入两个 MO17*dzr1* 或 BSSS53 的 *dzr1*，结果是一样的。BSSS53 与其他背景品种杂交却显示剂量效应，而 MO17 作为母本杂交一直具有母方印记（Gehring *et al.*，2004），如母本是 4 倍体，父本是二倍体，则种子小，反之种子大（Scott *et al.*，1998），显示母本的抑制生长作用和父本的促进生长作用。负责小 RNA 合成、二倍体孢子母细胞参与基因沉默机制的 *DICER-like1*（*DCL1*）也是一个引起母体效应的基因。这样由亲本的一对等位基因决定性状的现象称为等位基因印记，又称孢子体效应。

二、位点印记和分子机理

位点印记指从 DNA 结构或染色体结构上对基因的控制表现为母方或父本的表型。这些控制通过 DNA 甲基化或染色体结构修饰酶完成。这些修饰酶表现为由母方或父方基因型控制，决定一批子代基因的表达。

拟南芥的 *MEDEA*（*MEA*）、*FERTILIZATION-INDEPENDENT ENDOSPERM*（*FIE*）、*FERTILIZATION-INDEPENDENT SEES2*（*FIS2*）是三个表现出相似母方亲本印记的基因。它们编码的 MEA、FIE、FIS2 与 MSI1（Multicopy suppressor of IRA1）形成复合体（Köhler *et al.*，2003），使组蛋白 H3 Lys27 三甲基化，控制基因表达。这种组蛋白甲基化控制的基因表达类型可以通过有丝分裂传递到子细胞，是发育过程中细胞衍生性的基础。这种复合体与果蝇 Polycomb Group 蛋白复合体 2 相似，是动植物中普遍存在的一种组蛋白修饰控制复合体。拟南芥中有不同的组合类型，在发育的各个阶段和部位发挥作用。拟南芥中与果蝇 SET-域 PcG（Polycomb Group）蛋白 E（z）（Enhancer of Zeste）相似的有三个类似蛋白：MEA、CURLY LEAF（CLF）、SWINGER（SWN）；与果蝇 Su（z）12（Suppersor of zeste12）相似的有三个：FIS2、VERNALIZATION2（VRN2）、EMBRYONIC FLOWER2；5 个 p55 类似物：MSI1-5。*FIE* 编码含 WD 重复蛋白，与果蝇 ESC（Extra sex comb）相似（Makarevich *et al.*，2006）。FIE、MEA、FIS2 组成 PRC2 复合体，抑制未受精胚乳和胚的生长。它们的突变体表型相似，未受精突变体胚乳和果实发育，种子不育；受精突变体种子胚乳过量繁殖，细胞化延迟，胚发育终止，最后种子不育。

MADS 盒基因 *PHERE1*（*PHE1*）和 *FH5*（*Formin homolog*）是 FISPcG 复合物的直接作用目标基因，FIS 复合物专一抑制母本 *PHE1* 在发育中胚和胚乳表达。受精前雌配子体中三-H3 Lys27 甲基化修饰的 *PHE1* 位点大量积累（Köhler and Makarevich，2006；Raissig *et al.*，2011）。FIS 复合物在受精后的早期保持表达，与早期胚发生中的母本印记一致（Köhler and Makarevich，2006）。FIE 和 MEA，FIS2 与 MEA 之间以及与 SWN 分别在体外相互作用（Wang *et al.*，2006）。MEA 的相似蛋白 SWN 和 CLF 在叶和孢子体中起着与 MEA 相似的作用，负责 *PHE1* 位点的三-H3 Lys27 甲基化修饰（Makarevich *et al.*，2006）。

父本的等位 *MEA* 基因位点被 FIS 复合体介导的组蛋白 H3 Lys27me3 甲基化修饰（Gehring *et al.*，2004），同时 MET1 以 *MEA* 基因启动子和 3′下游区域中 CG 为目标甲基化父本等位基因。DNA 糖基化酶（DNA Glycosidase DEMETER，DME）在中心细胞特异表达，从母本 *MEA* 等位基因切除 5-甲基胞嘧啶而使其活化，母本等位基因 *FWA* 和 *FIS2* 在雌配子体中的表达也依赖 DME 的活性，而父本等位基因 *FWA* 和 *FIS2* 的沉默需要 DNA 甲基化（Köhler and Makarevich，2006），从而建立亲本专一的甲基化类型。

拟南芥 12 个已知的亲本印迹基因中，四个是被 H3Lys27 三甲基化修饰，11 个是被 DNA 甲基化修饰（3 个两种修饰），玉米 11 个已知的亲本印迹基因中，三个是被 H3 Lys27 甲基化修饰，8 个是被 DNA 甲基化修饰，三个修饰方式未知（Raissig et al.，2011）。植物胚发生早期的母本显性控制主要是 DNA 甲基化（FitzGerald et al.，2008；Xiao et al.，2006），然而最近发现 PRC2 控制的胚中的 11 个母方和 1 个父方印记不是 DNA 甲基化方式。这些基因不影响胚存活和早期形态建成，但影响后期对环境的适应，在胚发生结束，种子萌发时印记消除（Raissig et al.，2013）。

幼苗中由 PRC2 进行的 H3 Lys27me3 分布与 DNA 甲基化不相重叠。幼苗中密集的 DNA 甲基化防止 PRC2 在该位点进行 H3 Lys27me3 化（Weinhofer et al.，2010）。

母本反义甲基化酶转基因植物 *MET1a/s* 种子增大，父本 *MET1a/s* 种子减小。MET 可以使 *FWA* 基因和 *FIS2* 基因在雄配子体沉默，而 *FWA* 基因和 *FIS2* 基因在雌配子体中心细胞表达，在受精后的胚乳中由母本基因表达，同时父本等位基因沉默，由此决定它们是印记基因（Grimanelli et al.，2005；Luo et al.，2000；Jullien et al.，2006；Kinoshita et al.，2004）。Grimanelli 等人进一步用 *met1-3/+* 做母本与野生型父本杂交，子代所有种子都显示 *met1-3* 的表型，即种子增大，而不是按基因型表现为各一半。反之，野生型母本与 *met1-3/+* 父本杂交，大小种子各占一半，说明雄配子中 MET1 功能的丧失使父本印记的生长抑制基因表达，引起胚乳和种子大小减小。

DNA 甲基化在哺乳动物基因组中发生在 CpG 二脱氧核苷酸上，由 DNA 甲基转移酶 1（DNA methyltransferase1，Dnmt1）催化。植物的 CpG 二脱氧核苷酸上也发生 5-胞嘧啶甲基化，由 Dnmt1 的类似酶甲基转移酶 1（METHYLTRANSFERASE1，MET1）保持，在 CpNpG 和 CpNpN 位点甲基化的保持还需要部分染色质甲基酶 3DNA 甲基转移酶（CHROMOMETHYLASE3（CMT3）DNA methyltransferase，CMS3）的作用。当 MET1 和 CMT3 功能异常时，拟南芥胚发生过程中，细胞分裂面和分裂数发生变化，在胚中特异表达的基因表达错位，生长素分布梯度异常，发育能力下降。说明 DNA 甲基化在胚发生中起着关键作用（Xiao et al.，2006）。

有一种亲本冲突假说解释胚发育早期母本控制现象。双方亲本的基因都倾向维护自身的遗传利益。父本倾向促进自身所在胚的发育，而母本由于多个胚的存在，为了平衡自身营养，倾向于在一定阶段内抑制胚的发生（Köhler and Makarevich，2006）。

在玉米中，母体到合子的转变发生在受精后几天。对受粉后含单性生殖胚珠用基因芯片杂交分析表达概况，受粉后 3 天的胚珠有 129 个基因表达有差异，7 天后有 213 个基因表达有差异。研究发现种子发育早期（受粉后 0 天和 3 天）表达的 16 个基因只有母方遗传的等位基因在胚和胚乳中检测到转录表达。如豆球蛋白（legumin）、β 玉米素（beta-zein）、α 球蛋白（alpha-globulin），都是在受粉后 0 天和 3 天只表达母方的基因型，受粉后 7 天才表达父本基因型。说明发育早期母本的基因在胚发育定时起始中起重要作用（Grimanelli et al., 2005)。

第二节 极性的建立

植物的极性可以从空间三维的三个方向体现：从生长的基部到顶端分为顶端(apical)-基部(basal)极性，以主茎中心为轴分为近轴端(adaxial)和远轴端(abaxial)，两侧对称的器官有背腹之分。拟南芥和多数植物胚发生从合子的不对称分裂开始，形成顶端小细胞和基部大细胞。具有了顶端-基部极性，基部的细胞含液泡，以后发育形成胚柄，顶端细胞细胞质多，发育成胚。胚柄6~9个细胞排成列，最上一个细胞参与胚的发生，作为胚根分生组织的一部分，胚柄为胚发生提供营养的通道。当胚发育到鱼雷期时，胚根进入细胞程序化死亡。

一、合子中的顶端基部极性

顶端基部极性在合子分裂前合子中就已经确立。首先卵细胞处于胚囊的珠孔端，处于极性环境中。一些卵细胞内含物的分布呈现极性(Souter and Lindsey, 2000)。受精、光、重力等因素可以诱导褐藻黑角菜属海藻 Fucus 合子中极性的建立。褐藻黑角菜属海藻 Fucus 合子受精以后4~10小时，1小时左右的光照诱导可以在受精后14~18小时光梯度阴暗面形成根状结构，在根端有电流进入，扁平端有电流输出，同时极性轴的建立需要培养基中的 K^+ 和肌动蛋白纤维(Goodner and Quatran, 1993)。重力也诱导合子极性轴的形成(Sun et al., 2004)。光和重力对黑角菜属海藻 Fucus 极性轴的诱导通过肌动蛋白骨架和生长素运输实现(图6.2)(Sun et al., 2004)。生长素极性运输在烟草合子和胚的发生中也是必需的，与生长素运入载体 ABP1 和质膜质子 ATP 酶相关(Chen et al., 2010)。

褐藻黑角菜属海藻 Fucus 合子中伴随着极性轴的形成，还有质膜及其组分如离子通道、钙离子、mRNA、高尔基体衍生的细胞壁组分的极性分泌(Souter and Lindsey, 2000)。生长素处理可以改变细胞分裂方向，处理后第一次分裂形成多根区的两个细胞(Basu et al., 2002)。

合子是由卵细胞和精子融合而成，二者所携带已存在的各种因子在合子中发挥作用，是合子发育的基础。合子的不对称分裂和未来胚发生都与其相关。烟草不对称分裂合子特异表达的因子中有在花药中高度表达的 SABRE 类蛋白，与小泡运输有关(Hu et al., 2011)。SABRE 在拟南芥具有促进细胞伸展的作用(Aeschbacher et al., 1995)。来自花粉的 pelle 类的激酶受体 *Short Suspensor*(*SSP*) RNA 在合子中翻译成蛋白，在 MAPKK 激酶 YODA 上游以未知方式激活 YDA 途径，促进合子延长和合子第一次分裂后基部细胞发育形成胚外的胚柄(Bayer et al., 2009)。合子第一次分裂前核与大液泡重新极性分布，造成顶部和基部细胞专一的形态因子在合子中不均匀分布，在不对称分裂中，这些因子分别随子细胞形成而特异分布在顶部和基部细胞遗传并促进区域专一基因的转录(Ma et al., 2011; Hu et al., 2010, 2011)。

在卵细胞和合子中干细胞特性基因 *WOX2* 和 *WOX8* 中就已经共同表达，WOX8 与这种极性分布和不对称分裂有关，受 WRKY2 激活而转录。WRKY2 是父母双方配子都含有的

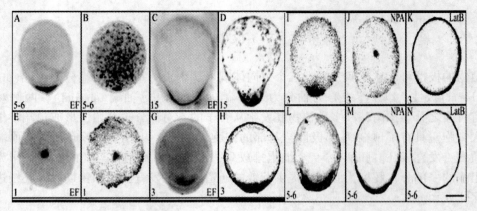

图 6.2　褐藻黑角菜属海藻 Fucus 合子受精以后肌动蛋白
在合子（胚）中的分布（Sun et al., 2004, ⓒASPB）

（A-D）RhPh 染色，（E-N）肌动蛋白抗体标记。显示的肌动蛋白在合子中受精后 5~6 小时和 15 小时后的分布。EP-epifluorescence 荧光显微镜；未注明的是用激光共聚焦显微镜观察。M，N 使用生长素运输抑制剂处理后的肌动蛋白分布，在第一次分裂前减小极性。标准线 25 微米。严海燕反向化处理。

转录因子，可以直接在合子中发挥作用。合子第一次分裂后 WOX2 特异分布在顶部小细胞，WOX8 特异分布在基部大细胞，奠定了胚胎极性发育的基础（Moreno-Risueno et al., 2012）。基部特异表达 G564 和 C541，最终促进胚柄的形成（Weterings et al., 2001）。

控制胚极性和形态发育有生长素途径和转录因子控制两条主要途径。这两条途径是否相关，目前有不同的看法（Moreno-Risueno et al., 2012；Boscá et al., 2011）。

二、生长素的极性分布决定顶端基部极性

生长素运输方向在早期胚发生阶段是从基部向上运输，即从胚柄向原胚方向运输，到 32 细胞球形胚阶段，生长素运输方向开始改变为向基部运输（Jenik and Barton, 2005；Friml et al., 2002；Friml et al., 2003）。

生长素在胚发生过程中运出细胞的载体在拟南芥是 PIN1、PIN3、PIN4 和 PIN7（Friml et al., 2002；Friml et al., 2003）。PIN7 在两细胞阶段基部细胞的顶端膜表达，一直到 32 细胞阶段在胚柄细胞顶端膜表达，这种表达方式说明生长素运输方向是从基部向上运输（Friml et al., 2003）。DR5 报告基因是在 β-葡萄糖苷酸酶（β-glucuronidase，GUS）或绿色荧光蛋白（green fluorescent protein，GFP）前启动子中加上多个重复的生长素反应因子（Auxin Response Factor，ARF）作用的生长素反应元件（auxin response elements，auxREs 或 ARE）TGTCTC，报告基因可以被生长素激活，用来反映生长素的存在和作用。在野生型胚中，DR5 在顶端细胞表达，但应用生长素抑制剂或在 pin7 突变体中 DR5 在基部细胞表达，进一步证明早期胚中生长素从基部向顶部运输（Friml et al., 2003）。

在 32 细胞的球形胚阶段，之前一直无极性分布在原球胚中的 PIN1 开始极性分布在原维管束区，在细胞的基部极性分布，同时 PIN4 蛋白开始积聚在由胚柄最上方细胞形成的

原胚中的垂体区，PIN7 也转而分布到胚柄细胞的基部区域，DR5 报告基因在垂体和胚柄表达。在 PIN1 和 PIN4 的共同作用下，PIN7 改变生长素运输方向，从球形胚中向胚柄运输，在基部积累（Friml et al.，2003；Jenik and Barton，2005）。

在心形胚的各种组织形成后，*PIN3* mRNA 才在胚根极表达，所以对顶部-基部类型的形成没有作用（Friml et al.，2003；Jenik and Barton，2005）。

生长素的运入是通过质子驱动的生长素氨基酸透性酶家族 AUX1 蛋白进行的（Bennet et al.，1996；Swarup et al.，2001），AUX1 运入载体蛋白在一些细胞可能不均匀分布，在顶端基部轴方向存在于与运出载体蛋白相反的表面（Swarup et al.，2001）。在侧向面 AUX1 运入载体蛋白可以和运出载体蛋白在相同的表面（Reinhardt et al.，2003）。由此，通过将侧向运出的生长素重新运入，可以将生长素保持在一列细胞，防止生长素影响邻列细胞（Jenik and Barton，2005）。

除了生长素运输载体造成浓度梯度外，生长素信号传导的途径中各种反应因素分布和反应体系的组成和分布类型也会影响顶端-基部极性的建立（参见第一章）。*MONOPTEROS*（*MP*）基因编码核定位、含有与 ARF1 相似的 DNA 结合区域 AREs 特性的转录因子 ARF5，细胞正确轴向化和维管束排列需要 MP，决定胚轴、根、根分生组织和根冠的形成。*MP* 的表达最初广泛存在于胚中，以后限于原形成层。*MP* 可能通过生长素控制的反应在早期控制轴的形成，晚期和胚后阶段控制维管束的形成（Berleth and Chatfield，2002）。

拟南芥 *BODENLOS*（*BDL*）基因参与生长素介导的顶部-基部类型的分布。*bdl* 突变体在二细胞阶段就发生变化，顶部细胞进行水平分裂，而不是垂直分裂，导致缺乏胚根。*bdl* 突变体对合成生长素 2，4-D 不敏感。*BDL* 基因只影响胚根，不影响侧根的发育（Hamann et al.，2002）。BDL 与 MP 结合，抑制 MP 的功能。

三、转录调控

RNA 聚合酶 II 复合体催化 mRNA 的合成，其核心部分对基因的转录是相同的，转录的专一性在于影响 RNA 聚合酶 II 复合体结合到 DNA 的多种相互作用因子和亚单位的不同。

对一个胚发育停止在 16 细胞阶段的突变体的研究，发现是由于 *GLUTAMINE -RICH PROTEIN23*（*GRP23*）功能的丧失。这个基因编码含亮氨酸拉链、N 端 9 个 5 三肽重复单位（pentatricopeptide repeat，PPR）、C 端具有 Trp-Gln-Gln（WQQ）重复的多肽（Ding et al.，2006）。

GRP23 通过 C 端 WQQ 与 RNA 聚合酶 II 复合体的亚单位 III 作用，在配子体中大量表达，在幼胚胚乳和营养分生组织中少量表达。亮氨酸拉链的作用是通过形成同源或异源二聚体进行蛋白-蛋白之间的作用，同时以基本的方式与 DNA 保守序列结合（Ding et al.，2006）。

PPR 序列也是序列专一性的 RNA 或 DNA 结合保守序列。PPR 蛋白是植物中一个大的蛋白家族，拟南芥中有 400 多个成员。许多 PPR 成员是 RNA 结合蛋白，参与转录后 mRNA 的处理调控，常存在于线粒体和叶绿体。有些与育性的恢复有关。GRP23 的结构和作用不同，可能和吸引 RNA 聚合酶 II 的结合以控制早期胚发生必需的基因的表达有关

（Ding et al.，2006）。

在合子不对称分裂形成的顶部小细胞和基部大细胞中，除了由合子不对称分裂继承的特异转录产物外，也有在特异条件下各自特异表达的新的转录产物，分别控制顶部小细胞的胚发生和基部胚柄和胚根部分结构的发生（Ma et al.，2011；Hu et al.，2010，2011）。

合子分裂后，WOX2 分布在顶部细胞及以后的衍生细胞中，WOX8 分布在基部细胞和以后的衍生细胞中，分别决定胚细胞和胚柄细胞命运。WOX9 开始在合子分裂后的基部细胞表达，以后响应顶部细胞信号逐步移向顶部子细胞。WOX5 在根静止中心的起始中与茎顶端相似（Haecker et al.，2004）。

顶部基部细胞衍生系列和干细胞区域确定后，细胞近轴特性基因 *HDZIPIII* 和 *PLETHORA*（*PLT*）以拮抗的方式分别在茎端和根端决定其特性（Boscá et al.，2011）。

四、表观遗传调控

表观遗传包括了 DNA 的甲基化与染色质修饰。

植物中有三种 DNA 甲基转移酶（DNAmethyltransferase）基因：*MET1*，*Dnmt1* 类似基因编码一个主要 CpG 保持甲基转移酶；*CHROMOMETHYLASE3*（*CMT3*），编码植物专一的主要作用在 CpNpG 和 CpNpN 基团的 DNA 甲基转移酶；DOMAINS REARRANGED1（DRM1）和 DRM2，与 Dnmt3 同源，在植物中进行主要的重新开始的甲基化。甲基化本身使 DNA 沉默，去甲基化引起基因活性下降可能是通过对其抑制因子的甲基化激活该基因（Ecward，2006）。

在哺乳动物配子发生和胚发生过程中，原来的甲基化完全丢失，由重新合成的 Dnmt3a 和 Dnmt3b 对完全无甲基化的 DNA 进行甲基化。DMR1 和 DMR2 与其有同源序列。拟南芥 *MET1* 突变在胚发育早期影响细胞分裂的方式，类似于生长素梯度建立突变体的表型，其顶端-基部极性被破坏。用生长素反应启动子 DR5rev 与绿色荧光蛋白连接，在 *met1* 突变胚中，DR5：GFP 均匀分布。表明 MET1 进行的 DNA 甲基化对发育的胚中生长素梯度的建立和保持是必需的（图 6.3）。PIN1 是生长素流出载体，参与生长素梯度的建立，在 *met1* 突变胚中也均匀分布，说明 DNA 甲基化也影响 *PIN1* 的表达。但并未发现该基因任何部位发生了甲基化，因而推测是间接影响表达（Ecward，2006）。

met1 突变胚中一些与组织分化形态建成的基因也发生变化，*YODA*（*YDA*）表达增加，*WOX2* 和 *WOX8* 表达下降。*YDA* 编码 MARPKKK，参与胚和胚柄专一特性功能（Ecward，2006；Xiao et al.，2006）。

通过影响生长素分布和与组织分化有关基因的表达，基因组 DNA 甲基化控制胚极性的建立。

染色质修饰通过几组复合体进行，Polycomb Group（PcG）和 Trithorax Group（trxG）是两类主要的染色质修饰复合物，胚发生起始和发育过程中以及萌发起始中，染色质修饰都起重要作用。如 SWI2/SNF2 类似的染色质修饰 ATP 酶 SYD/BRM 复合物在 SAM 保持 *WUS* 的表达，而 BARD1 在干细胞外抑制 *WUS* 的表达（Shang et al.，2009）。PcG 中的 PRC2 和 PRC1 在 KNOX 类基因表达调控方面起重要作用，如 PRC2 成员 CLF 对 *STM*、PRC2 成员 FIE、PRC1 成员 TFL2/LHP1 对 *STM*、*KNAT1*、*KNAT2* 的表达都有调控作用（Shang et al.，

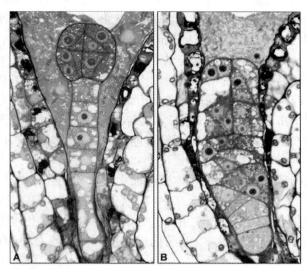

图 6.3 拟南芥胚发生过程中的甲基化
野生型(A)和突变型(B)受粉后 3 天的胚。(Ecward,2006,ⓒASPB)

2009)。极性建立过程中 AS1-AS2 就是通过染色质修饰对 *KNOX* 基因进行表达抑制的(Shang *et al.*,2009)。

五、细胞内物质的极性运输

胚的极性从单细胞合子开始,是合子细胞不对称分裂形成的,合子内细胞质的不对称分布是不对称分裂的基础。以后多细胞胚的极性同样涉及细胞内含物的极性分布,而细胞内含物的极性分布是由细胞内物质的极性运输造成的。细胞内的运输包括膜系统的膜泡运输和分子或集合体的运输。

已经知道动物细胞内膜泡运输有 G 蛋白和其效应因子参与,到达目标膜后有 SNARE 参与融合。植物细胞分裂形成细胞板时,有大量小泡参与新细胞膜和细胞壁的形成,参与植物细胞小泡运输的 G 蛋白 RAB 和其效应因子 ARF GTPases 决定高尔基成熟面运到细胞板的区域。其中膜结合的 ARF 交换因子 GNOM 保守区域参与作用(Nielsen *et al.*,2008;Anders *et al.*,2008;Chow. *et al.*,2008)。拟南芥中参与膜泡融合的 SNARE 通过与细胞分裂专一的并合蛋白(syntaxin)KN 的相互作用参与膜的融合,与细胞分裂有关(Heese *et al.*,2001)

拟南芥 GNOM(GN)蛋白是 Arf GEF 蛋白,一种 G 蛋白的调控蛋白,属于 brefeldin A 敏感的 SEC7 家族,在高尔基小泡运输、蛋白交通中起重要作用,brefeldin A 抑制其功能。brefeldin A 抑制黑角菜属海藻 fucus 细胞壁分泌和极性轴固定,其合子分裂不对称的建立和顶端基部分类也受到抑制(Souter and Lindsey,2000)。酵母 SEC7 也有相似的功能,在细胞壁延长和细胞分裂中起作用,将细胞膜和细胞壁合成中需要的蛋白定向运到指定位点(Nebenfuhr *et al.*,2002)。GN 与 Cyclophilin 5(Cyp5)结合,Cyp5 具有肽链顺式反式折叠和蛋白质折叠活性，对环孢霉素 cyclosporin A 敏感，在胞质和膜中都存在，可能调节 GN 的 ARF-GEF 功能（Grebe. et al., 2000）。GNOM 决定胚和器官发生过程中生长素的极性运输，gnom 突变体中生长素反应基因表达分布失去极性（Geldner et al., 2004）。JIM8 沿着顶端基部轴的不对称分布为不对称运输提供了信息。

细胞内膜泡的运输通过细胞骨架进行。动力蛋白（Dynamin）是 GTP 结合的，参与许多涉及细胞骨架牵引的膜泡运输过程。拟南芥动力蛋白 ADL1Ap 在细胞分裂过程中分布于细胞板，参与细胞分裂中小泡的运输（Kang et al., 2001）。其他与肌动蛋白动力学有关、介导小泡运输和极性分布的基因也被陆续证明影响形态建成（Brembu et al., 2004；Tamura et al., 2007）。

重力和胞间连丝的孔径在细胞之间物质运输中起着作用，用分生组织关键基因 STM 启动子分别控制 1x、2x、3xGFP 和加上 TMV 病毒蛋白 p30，可表达不同分子量的标记。结果显示，重量大的分子倾向于分布在下方，分子量在 50kU 以上的标记蛋白在心形胚以后分布在胚根，而且分子量在 80kU 以上的标记蛋白，被限制在根尖以外（图 6.4 Kim et al., 2005）。

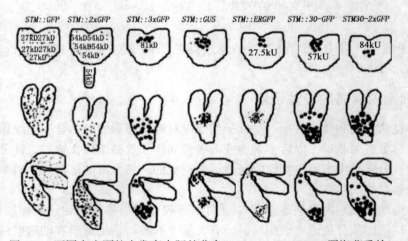

图 6.4　不同大小颗粒在发育中胚的分布（Kim et al., 2005，严海燕重绘）

六、细胞壁上极性分化的信号分子

AGP 具有诱导细胞不等分裂的特性。AGP 被抗体 JIM8 识别。能继续分裂分化形成胚的细胞在细胞壁上有 JIM8 抗原簇，不能继续分裂的细胞没有 JIM8 抗原簇。在培养液中有 JIM8 阳性细胞壁分泌物时，JIM8 阴性细胞能继续分裂形成胚。AGP 可能在胚发生的信号传导中起作用。Yariv 结合 AGP，降低茎和根的生长速率（细胞延长和辐射扩张）（Souter and Lindsey, 2000）。N 乙酰葡萄糖氨和脂寡糖（4，5-b1，4 N 乙酰葡萄糖骨架）等其他分子可以恢复停留在球形胚阶段的内切几丁质酶类似物 ts11 突变，起信号分子作用。对这个信号最快的反应是细胞质膜去极化，细胞内 pH 增高，细胞内钙离子水平的变化（Souter and Lindsey，2000）。

七、其他与极性有关的调控

1. 蛋白质降解途径调控

26S 蛋白酶复合体由蛋白降解核心蛋白酶和调控颗粒（regulatory particle，RP）两部分组成，在发育过程中起着重要作用。拟南芥 RPN1 亚单位有两种异构体 a 和 b，在配子发生和胚发生过程中有同样的功能，但不重复。*rpn1a* 突变体胚发育停止在球形胚阶段，Cyclin B1 蛋白没有降解，表皮层形态异常，说明细胞分裂周期异常。*rpn1b* 突变体对胚发生影响不大，*RPN1b* 基因是在 *RPN1a* 启动子的控制之下表达（Brukhin et al.，2005）。

蛋白质泛素降解复合体首先激活泛素，然后合成多聚泛素，再由泛素蛋白连接酶把多聚泛素连接到要降解的蛋白上。这三步分别由酶 1 泛素激活酶（ubiquitin-activating enzyme，E1）、酶 2 泛素聚合酶（ubiquitin-conjugating enzyme，E2）和酶 3 泛素蛋白连接酶（ubiquitin-protein ligase，E3）催化。连接上泛素的蛋白被送到蛋白质降解复合体降解。拟南芥 *ASK* 基因类似于 E3，*ask1* 突变导致雄性不育。*ask2* 突变体发育正常，但 *ask1ask2* 双突变胚细胞分裂异常，生长迟滞，发育停止在弯曲的子叶阶段（Liu et al.，2004）。

2. 叶绿体形成有关基因

拟南芥 *raspberry* 突变体胚发生停止在球形胚阶段，该基因产物位于叶绿体中，参与叶绿体发育（Apuya et al.，2002）。

参与极性分化的还有转录因子以及其他一些蛋白，在胚发育不同阶段和位置发挥作用。

第三节 组织分化概述

一个成熟的拟南芥胚含有大约 2 万个细胞，可形成根和茎顶端、胚轴、子叶，包被于种皮中。在胚发生过程中细胞类型也进行分化。胚中顶端基部类型的形成不依赖母体外部影响，可以与其分离。决定细胞命运的是细胞的位置，细胞系在发育后期也有一定作用。*Capsella* 胚囊电子显微镜切片显示胚、胚柄和胚乳细胞在细胞质密度和内含物染色不同，反映了细胞的组织特性专一化（Berleth and Chatfield，2002）。

一、种子结构的细胞衍生作用

拟南芥胚发育的繁殖性可以上溯幼苗器官和组织起源的前体细胞。植物的发育是连续的。精子和卵细胞携带的不仅是未表达的单倍体基因组，还有以一些特定基因表达的、处于特定表达状态的产物，随精子和卵细胞的结合进入合子，在那里进一步加工并发挥作用。如影响合子不对称分裂的 *SSP* 基因和 WOX2、WOX8 蛋白（图 6.5）。在合子第一次不对称分裂后，来自精卵细胞以及在合子中合成的特定的一些因子分别专一进入顶端小细胞和基部大细胞，各在其位分别控制顶端胚的发生和基部胚柄的发生。而在各个部位相应基因表达环境和相邻位置的作用下，不断合成表达新的因子，进而使极性扩展加强（图 6.5）。基因在特定部位作用的专一性随着子细胞传递并扩展转化，形成更多样的表达类型和组织形式,这种由特定起始细胞发育到后来的特定器官,具有一定物质的传递和连续,称为细胞的衍生性。

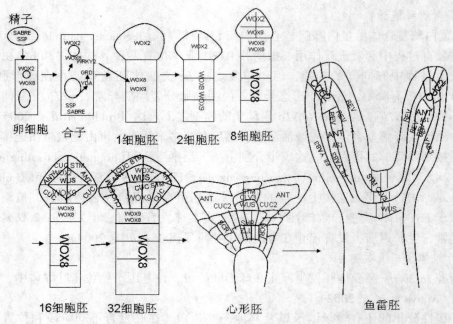

图 6.5 拟南芥顶部-基部胚发育(严海燕绘)

二、组织间的位置效应

植物中,任何细胞或组织所处位置都与其他细胞和组织相邻。植物体内细胞和组织之间通过使用胞间连丝的共质体途径和通过细胞间空隙和跨膜运输进行各种物质交流和信号传递,并对相邻组织细胞的分裂和分化方向产生决定性影响,这种作用称为组织间的位置效应。例如顶端分生组织中干细胞区域的决定由周围区域的 CLV3、CLV1、CLV2 系统决定。皮层特性由相邻的中柱内表达的 SHR 通过胞间连丝运输到内皮层细胞,在那里促进决定皮层特性的 *SCR* 基因表达,从而决定皮层的形成。整个植物体的各个部位都有这种相邻组织和细胞之间的相互作用,决定相邻组织的发育(图 6.5)。

第四节 胚胎区域类型的形成

一、顶端区域类型的形成

1. 顶端分生组织的形成和结构

成熟的茎顶端分生组织包括中心区域(central zone,CZ)和周围区域(peripheral zone,PZ)。中心区的顶部中心是原始的干细胞区(stem cell),从周围分生组织向外分化形成器官原基、RZ(rib zone)、髓起始区、叶以及 L1、L2、L3 细胞层(图6.6)。

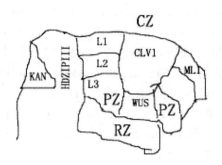

图6.6 茎顶端分生组织分区(严海燕 绘)

2. 顶端分生组织特性决定的分子机制

拟南芥干细胞特性决定基因 *WUSCHEL*(*WUS*)最早在16细胞阶段中内部四个顶端细胞表达,它是早期茎端分生组织的标记。在一系列不对称细胞分裂中表达并决定未来子叶的发育(图6.5,图6.6)。*WUS* 开始在所有顶端的亚表皮层表达,最后限制到茎分生组织更中心和更深的区域(图6.5)。WUS 蛋白在干细胞区域直接结合到一批与分化有关的基因的启动子中,如 *KAN1*、*KAN2*、*AS2*、*YAB3*、*ANAC083*、*DOF2.4*、*SCR*、GRF6、与气孔分化有关的 FAMA 类的 *BHLH093*,以及周围分生组织表达的 *KNAT1*、*BLH5* 基因,抑制分化活性,从而保持细胞的未分化状态(Yadav et al.,2013)。*WUS* 表达的精确调控对顶端类型的形成很关键(Berleth and Chatfield,2002)。

WUS 所在区域是未分化干细胞中心区域内。*CLAVATA* 基因(*CLV1*、*CLV2*、*CLV3*)组成的信号传导系统控制 WUS 的表达范围。CLV3 是干细胞分泌的小分子蛋白,通过在几个细胞直径范围内运动,与异源二聚体受体 CLV1\CLV2 作用,启动抑制 *WUS* 启动子控制的转录,将 *WUS* 表达抑制在小范围内。CLV1/CLV2 受体分布范围决定 CLV3 的作用范围。通过 CLV 途径,维持干细胞在一定大小。CLV3 过量,减小分生组织(Lenhard and Laux,2003)。WUS 促进 CLV3 在分生组织顶端的表达,WUS 可以在同一个细胞内促进 CLV3 表达。同时 CLV3 的表达还依赖 *STM*(*shoot meristermless*)的表达,但 *STM* 过量表达不能诱导在非分生组织合成 CLV3,而 WUS 和 STM 在叶中共表达可以形成 CLV3。说明 CLV 系统与 STM、WUS 在决定分生组织中共同作用,控制分生组织的分布和范围(Brand et al.,2002)。两个编码蛋白质磷酸化酶的基因 *POLTERGEIST*(*POL*)和 *PLL1* 是 CLV 途径的中间物,对干细胞的特性是必需的(Song et al.,2006)。

具有 DNA 修复功能的 *BARD1*(*BRCA1-associated RING domain 1*)基因产物通过 C 端序列结合于 *WUS* 基因启动子,抑制 *WUS* 基因在茎顶端分生组织中心以外的区域表达,将 *WUS* 基因活性限定在茎顶端分生组织中心(Han et al.,2008)。*WUS* 基因启动子中一段 57bp 的片段(-586/-529)是决定茎顶端与花分生组织在特定时空分离的序列(Bäurle and Laux.,2005)。SNF2-类 ATPase SPLAYED(SYD)是染色质修饰酶,SYD 在 *WUS* 启动子区域聚集,参与干细胞特性的保持(Kwon et al., 2005)。

STM 在胚发生的后球形阶段胚顶端的中心区域独立于 WUS 表达,是含有三氨基酸延伸区域同源盒[three amino acid loop extension,(TALE) homeodomain(HD)]区域和 MEINOX 区域的 HD-KNOX(Knotted-related homeobox)蛋白,作用目标是核内的 DNA。STM 活性被限制在胚顶端一套特定细胞内决定其分生组织器官专一性(Souter and Lindsey,2000)。STM 与另一个同源盒蛋白 BEL1-like homeodomain(BLH)形成异源二聚体,共同运入细胞核。BLH 在从分生组织中心到周围区域范围表达(Cole et al., 2006)。STM 诱导与细胞分裂有关的 KNAT 基因和 CycB1;1 表达,但不诱导干细胞特性形成,WUS 诱导干细胞特性形成,但不诱导 KNAT 基因和 CycB1;1 表达,它们功能独立,共同表达决定和增强分生组织特性(Lenhard et al., 2002)。

二、顶端中心-周围区域的形成

早期顶端中心区域的组织分化由决定分生组织中心的基因 STM、WUS 和侧生相关基因在特定区域和特定时间的限制表达决定。STM 始终在顶端分生组织表达,在促进早期子叶的分离中起重要作用。ANT(Aintegumenta)编码 APETALA2 基因家族的转录因子,与乙烯反应元件结合,结合序列为 5′-gCAC(A/G) N(A/T)TcCC(a/g) ANG(c/t)-3′,两个 YABBY 基因 YAB3(YABBY)和 FIL(FILAMENTOUS FLOWER)的启动子区域有 10 个 ANT 结合的序列,在体外与 ANT 结合。在 ant 突变体中 YAB3 和 FIL 基因表达正常,但它们与 ant 的双突变体植物叶极性异常。说明 ANT 与 YABBY 在茎端两侧的两组细胞表达,共同决定侧生器官的起始和形成(Nole-Wilson and Krizek., 2006; Laux et al., 2004; Jürgens, 2001)。AS1/2 复合物在近轴特性决定和侧生原基的起始中起重要作用(Xu et al., 2003)。

决定子叶分离的 CUP SHAPED COTYLEDON 1(CUC1)、CUC2、CUC3 基因的表达需要 MP 和 PIN1 的活性,后两者都与生长素运输有关,进一步证明生长素在顶端分区中的作用。CUC 具有激活 STM 在中心区域条表达的功能,STM 也与 PIN1 一起促进 CUC1 的活性,同时对 CUC2 正确的空间分布是必需的(图 6.7)(Laux et al., 2004)。CUC3 决定顶端分生组织与侧芽的边界,三个 CUC 蛋白具有重叠作用,但有不同的特性。CUC1、CUC2 在花序和枝条中决定侧芽、叶柄芽等的分界(Hibara et al., 2006)。

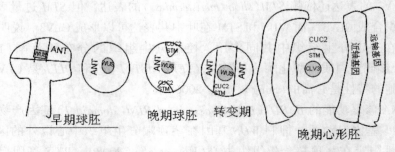

图 6.7 胚发生过程中 CUC 和 STM 的表达定位(严海燕绘)

PRS/WOX3 和 *WOX1* 基因在侧生原基表达,标志着侧生原基的形成(Haecker *et al.*,2004)。

乙酰辅酶 A 羧化酶(Acetyl-CoA carboxylase,ACCase;EC 6.5.1.2)突变使胚顶端缺陷,两侧不对称,ACCase 催化合成产物丙二酰辅酶 A 是脂肪酸合成前体,对角质、腊质、鞘磷脂、三酰甘油的合成都有影响。*acc* 突变体表型与 *gurke* 和 *pasticcino3* 突变体相似,基因分析证明三者突变体 *acc* 基因是等位基因(Baud *et al.*,2004)。说明乙酰辅酶 A 羧化酶在两侧极性形成过程中起重要作用。

三、表皮的分化

分子水平表皮的特化在胚发生的两细胞阶段表现出来,*homeodomain* 蛋白 ATMLl (*Arabidopsis thaliana* meristem -LI layer)在合子第一次不对称分裂后的顶端细胞特异表达,然后持续均匀在原胚表达直到 16 细胞原胚。16 细胞原胚中 ATML1 特异在原表皮层表达。在鱼雷胚阶段,ATML1 表达沉默,到成熟胚期才在茎顶端分生组织的 L1 层表达(Lu *et al.*,1996)。

在心形胚阶段,与 *ATMLl* 同源的 *homeodomain* 蛋白基因 *GLABRA2*(*GL2*)开始在原表皮层表达,在鱼雷胚到成熟胚阶段限制在未来非根毛表皮细胞中表达。心形胚阶段中 *GL2* 的表达需要 WEREWOLF(WER)的功能。当 *GL2* 的表达在表皮层建立的同时,*WER* 和 *CAPRICE*(*CPC*)在鱼雷胚的整个根表皮层表达。成熟胚中,*WER* 正调控 *CPC* 的转录,*GL2* 负调控 *WER* 的转录。*GL2* 在鱼雷胚对未来非根毛表皮细胞特性的决定与 WER 和 CPC 的活性相关,WER 控制 *GL2* 的表达,*CPC* 可能也在胚轴中调节 *GL2* 的表达(Costa and Dolan,2003)。在形态上,WER 和 GL2 是非根毛细胞特性和细胞延长发育的正调控因子,CPC 是根中根毛细胞发育的正调控因子。

对拟南芥表皮系统的研究初步揭示,两种 MYB 类型的转录因子 R2R3MYB 和 R3MYB、basic-helix-loop-helix(bHLH)蛋白和含 WD 重复序列的蛋白形成复合物,在不同器官的表皮形成中起着重要作用,在不同的器官表皮由同源的不同的转录因子参加作用。在以后的器官发生中,我们将进一步详细介绍。

四、胚中心区域类型的形成

在顶部分生组织以下,*ZLL*(*ZWILLE*)基因从早期到叶原基形成在位于顶端分生组织下的原微管组织表达,通过影响胚发生晚期 *STM* 的表达保持顶部中心分生组织特性,*zll* 突变体中心顶端细胞的命运不受 *clv* 突变体的影响(Moussian *et al.*,1998)。HDZIPⅢ分布范围与 ZLL 相似,抑制 *HDZIPIII* 的 MiR165/166 在远轴区和顶端分生组织区域表达(Boscá *et al.*,2011)。

细胞分裂素对韧皮部的形成是必需的。*WOODEN LEG*(*WOL*)基因编码细胞分裂素受体基因,被细胞外细胞分裂素激活,感受细胞表面的细胞分裂素信号,调控微管束原基中与细胞分裂有关的基因表达。*wol* 突变体根和胚轴维管束没有韧皮部形成,中柱细胞层减少(Laux. *et al.*,2004)。WOX9 在中部区域形成中起重要作用。

甾醇类物质影响胚的分化,编码甾醇还原酶类家族的 *FACKEL* 基因的突变使胚生长迟滞，形状停止在心形胚状态，与油菜甾醇突变体表型相似（Jang et al., 2000）。

中部区域在辐射方向分化，从中心的中柱向外形成皮层和表皮。SHR 在胚中维管柱表达，SHR 蛋白分泌到维管柱周围的细胞中，在那里它诱导内皮层专一的基因 SCR 的表达（图6.8）。SCR 在 SHR 下游作用，启动平周分裂，形成两层基本周围组织，可能在内层保持内皮层的特性（Berleth and Chatfield, 2002）。

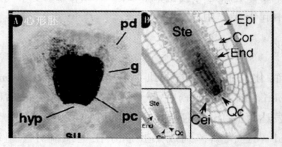

图6.8　SHR 在心型胚和根中的表达分布

g, ground tissue; hyp, hypophysis; pc, procambium; pd, protoderm; su, suspensor. Cei, cortex/endodermis initial. Cor, cortex. End, endodermis. Epi, epidermis. Ste, stele. Qc, quiescent center. (Berleth and Chatfield, 2002, ⓒASPB)（严海燕修饰）

在 SHR 启动子控制下的绿色荧光蛋白报告基因仅在三角形阶段胚的中心原形成层表达（图6.8A）。在发育过程中表达保持在维管组织。SHR∷GFP 翻译融合蛋白存在于中柱，但选择性地在内皮层细胞核中积累（图6.8 B）（Berleth and Chatfield, 2002）。

五、基部区域的形成

根部形成胚的大部分轴性。除了顶端-基部极性外，还存在辐射对称性，它决定胚轴和胚根的类型，辐射对称性也是在胚发生阶段确定的。除了 WOX8 和 WOX9 以外，PLT1/2 在胚根的特性形成上也起重要作用（Boscá et al., 2011）。

生长素在胚根的形态建成过程中起着重要作用。MP 基因编码生长素反应因子 ARF5，与生长素调控蛋白的启动子结合。BDL（BODENLOS）与 MP 结合，抑制 MP 的功能。mp 和 bdl 的突变使 WOX9 在 8 细胞胚中不能响应上部信号，从根区移向中部区域，说明 WOX9 是 BDL/MP 信号途径的目标（Laux et al., 2004；Hamann et al., 2002；Haecker et al., 2004）。AXR6（auxin resistant6）编码泛素蛋白连接酶（SKP1/CULLIN/F-BOX PROTEIN），可能介导生长素引起的蛋白质降解，突变造成胚和胚根细胞分裂类型异常。AXR6 和 BDL1 作用的相似性说明它们可能有相同的作用途径（Souter and Lindsey, 2000）。

HOBBT（HBT）突变体的异常在四细胞以后的阶段表现出来，成熟胚缺乏静止中心和根冠，胚根分生组织不仅在胚中缺乏，幼苗中也缺乏，不形成次生根。它的作用机理和以上两个基因可能不同（Souter and Lindsey, 2000）。

在胚根的辐射对称方面，同胚中部区域类似，SHR、SCR 也在根部决定中柱皮层的分化。fass（fs）突变具有多个子叶和顶端分生组织的发育，同时生长素表达是野生型的2.5

倍，当将胚根从完整植物移去，胚根延长 2.5 倍，*hydra* 在胚轴处有多条维管束穿过，胚根缩短，短胚根现象可用乙烯抑制因子银离子恢复（Topping *et al.*，1997；Souter and Lindsey，2000）。这些现象可能由生长素异常运输或异常作用引起，过高的生长素引起乙烯的合成。来自上部的信号抑制根的生长。辐射膨胀的顶部或中心区域的生长切断到根部的生长素运输或生长素梯度分布（Souter and Lindsey，2000）。*fs* 突变体可以弥补 *wol*、*scr* 突变表型，说明 SCR、WOL 都不是细胞命运决定必需的（Laux *et al.*，2004）。

综合决定胚发育的各种因素，有以下几方面的作用方式：①分化的决定因素通过细胞分裂遗传到子细胞，如合子的不等分裂。②细胞-细胞之间信号传导，包括激素和蛋白质等信号传导。③细胞命运的稳定分化（分离）。

胚发育的细胞分化过程中，涉及复杂的网络调控过程，上面描述了已经发现的一些结果，只显示出调控网络的某些点和节，需要更广泛深入的研究去充实和细化发育过程的分子机理。

第五节　胚乳和胚柄的形成和作用

胚乳是胚囊中心的极核与一个精子受精形成的中心细胞后发育形成的组织，作用是为胚发育或胚萌发形成幼苗提供营养。多数开花植物中胚乳是两个极核与一个精子形成的三倍体，然而在不同的家族中也有不同类型。禾本科淀粉类粮食作物中，胚乳是种子中主要的贮藏器官，决定粮食的产量和品质。双子叶植物中，胚乳在成熟种子中常常退化，子叶是主要的贮藏器官。

一、胚乳的起源

开花植物中，胚囊的种类有四孢子起源、二孢子起源、单孢子起源，即使是单孢子起源，核在胚囊内迁移的数目和位置决定了中心细胞的核数目，从而决定受精后胚乳的倍性。因此，胚囊的结构提供了双受精的基础。图 6.9 介绍了不同进化水平的植物胚囊结构、中心细胞核数目和双受精后胚乳的倍性（Baroux *et al.*，2002）。

多数开花植物通过典型的双受精过程形成三倍体胚囊。胚囊的发育在单子叶和双子叶植物不同。下面以双子叶植物拟南芥和单子叶植物玉米为代表介绍胚乳的形成过程和机理。

图 6.10 描述了玉米和拟南芥胚囊的发育和结构。大孢子减数分裂后形成的四个单倍体大孢子中三个退化，留下的一个核分裂三次，形成 8 核雌配子体胚囊，各有四个核在两极，一极是合点端（chalazal，cz），另一极是珠孔端（micropylar，mp）。然后两极中各有一个核迁移到中间成为极核（polar nuclei；pn）。合点端三个核细胞化后成为反足细胞（ap），珠孔端中间的细胞发育成为卵细胞（e），两侧细胞发育成为助细胞（synergid，sy）。玉米的单倍体极核保持分离直到受精。拟南芥中心细胞的两个极核在受精前融合。反足细胞经细胞程序化死亡消除。受精时一个来自花粉管（pt）的单倍体雄核（m）进入中心细胞，三个核融合形成三倍体原胚乳核（Olsen，2004）。

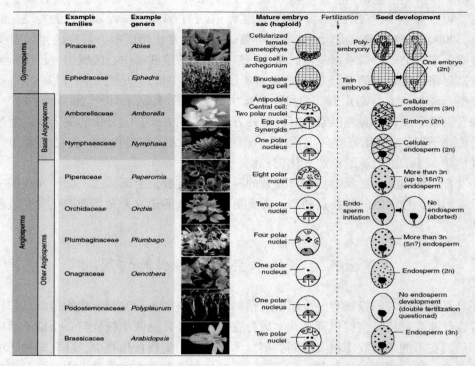

图 6.9 开花植物胚乳进化类型（Baroux et al., 2002, Genome Biol）

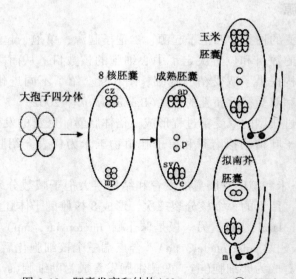

图 6.10 胚囊发育和结构（Olsen, 2004, ⓒASPB）

二、胚乳的发育过程

禾本科植物和拟南芥胚乳发育经过两个主要阶段：多核体胚乳阶段和胚乳细胞化阶段。

多核体胚乳阶段中三倍体胚乳核经过多次分裂，核之间不形成成膜体，游离的核先在中心细胞珠孔端均匀分布，然后在中心液泡外层细胞质中均匀分布，直到整个细胞质中平均分布，成为完全的胚乳多核体。

图6.11是禾本科植物和拟南芥的多核体胚乳（endosperm coenocyte）发育过程。（A）到（D）是禾本科植物。（E）到（H）是拟南芥胚乳发育过程。

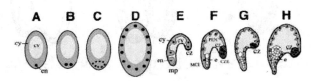

图6.11　禾本科植物和拟南芥的多核体胚乳发育（Olsen O., 2004, ⓒASPB）

（A）三倍体胚乳核（en）位于中心细胞的细胞质基部。一个大的中心液泡（cv）占据了大部细胞体积，周围是一薄层细胞质层（cy）。（B）中心细胞核分裂不经功能性区间成膜体（interzonal phragmoplast）的形成，姐妹核间不形成细胞壁。（C）三轮核分裂后，8个胚乳核位于基部胚乳多核体的一个平面上。（D）完全的胚乳多核体含有在整个周围细胞质平均分布的核。（E）拟南芥多核体胚乳的核从珠孔区域（mp）迁移到合点区（cz），均匀覆盖整个多核体周围。（F）和（G）作为发育过程，胚乳多核体形成三个独特区域：围绕胚的区域（MCE）、周围胚乳或中心（the central or peripheral endosperm，PEN）、含有合点细胞质（chalazal cyst，cz）的合点端胚乳（the chalazal endosperm，CZE）。（H）球形胚阶段末期，胚被细胞质完全围绕（Olsen，2004）。

胚乳细胞化的起始阶段是在多核体中围绕每个核形成径向辐射状微管系统RMS（Radial microtubule system），之后形成核膜。接着细胞化和细胞多次分裂的过程。

禾本科植物中首先多核体中围绕每个核形成径向辐射状微管系统RMS，RMS组织形成核膜，接着垂周细胞壁（anticlinal cell walls，ACW）把每个核分开，与中心液泡（central vacuole，CV）之间成小泡或管状（alveoli，ALV）。小泡核分裂后进行平周细胞分裂，形成平周壁（periclinal cell wall，PCW）。内层小泡层继续重复平周分裂，直到胚乳完全细胞化（图6.12）。球形胚期间拟南芥胚乳多核体分布有不同的区域性。胚乳细胞化具有梯度阶段性。围绕胚区域（cellular MCE）首先细胞化，随着胚的发育，接着是胚乳节（nodules，NO）、合点区（chalazal cyst，CZ），早鱼雷期完成胚乳细胞化（CE）。在种子成熟过程中胚乳被消耗掉，成熟胚（mature embryo，ME）时周围留下糊粉层细胞（aleurone-like cell，ALC）（图6.12）（Olseno，2004）。

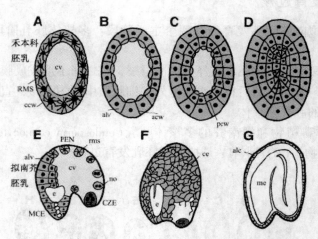

图 6.12　胚乳发育过程(Olsen O.，2004，©ASPB)

三、胚乳的结构和功能

以胚乳为主要贮藏组织的种子，胚乳细胞根据其位置和功能有不同结构。以玉米为例，玉米胚乳细胞分为淀粉样胚乳(se)、糊粉层(al)、转运细胞(tc)、围绕胚的细胞(Embryo-Surrounding Region，ESR)几部分。

1. 围绕胚的细胞 ESR

功能：胚的营养；种子发育中胚和胚乳的物理屏障；为胚和胚乳之间通讯提供通道。

玉米 *ESR1*、*ESR2*、*ESR3*、*ZmAE1*(*Zea mays androgenic embryo1*)、*ZmAE3* 在授粉后 5~20 天在 ESR 区特异表达。ESR 蛋白定位于 ESR 细胞壁。ESR3 与 CLV3 的一个保守区域相同，是小的亲水蛋白。CLV3 与受体类激酶 CLV1 和 CLV2 相互作用，调控分生组织大小，其功能区域与一类带有信号肽的小的亲水蛋白族 CLE 相似。无胚胚乳中缺乏 *Esr* 的表达，说明它的表达需要来自胚的信号(Olseno.，2004)。

2. 淀粉样胚乳

胚乳的主要功能是为胚提供营养，淀粉胚乳细胞贮藏淀粉和蛋白质，淀粉胚乳细胞有两类不同的来源，一是细胞化后胚乳中心的细胞分裂而来，开始是平周分裂，以后分裂的方向随机。第二个来源是糊粉层下的细胞平周分裂形成。用化学突变研究决定淀粉层分化的基因，在玉米中找到了 *dsc1*(*discolored1*)，*emp2*(*empty pericarp2*)突变，但其功能尚不清楚(Olseno.，2004)。

3. 糊粉层(aleurone layer)

胚乳外层是糊粉层细胞，糊粉层的功能是接收胚中的信号后，通过合成水解酶、葡聚糖酶、蛋白酶将贮藏的淀粉和蛋白降解运出。玉米和小麦有一层糊粉层细胞，水稻有几层，大麦有三层，大麦糊粉层细胞高度多倍体化。玉米糊粉层细胞经过 17 次垂周分裂形成约 25 万个细胞。糊粉层的标记基因在大麦是 *LTP2*，*B22E*、*PZE40*、*OLE-1*、*OLE-2*、

PER-1、*CHI33*，玉米是 *C1*、*XCL1*（*EXTRA CELL LAYER1*）、*DAL1*、*DAL2*（*DISORGANIZED ALEURONE LAYER1*，*2*），表明糊粉层细胞分裂的方向受遗传因素控制。拟南芥影响糊粉层形成的三个基因 *CR4*（*CRINKLY4*）、*DEK1*（*DEFECTIVE KERNEL 1*）、*SAL1*（*SUPERNUMERARY ALEURONE LAYER1*）编码类似细胞-细胞间信号传递蛋白。*CR4* 编码类似肿瘤坏死因子的受体激酶类分子，其相似区域在细胞外富含 Cys 区域，该区域是配体结合位点。*DEK1* 编码一个 2159 个氨基酸的蛋白，该蛋白有一个 N 端膜定位信号，接着是一段跨膜区域，跨膜区域中间被细胞外环中断；细胞内的 C 端编码 calpain 样 Cys 蛋白酶区域。结构上与动物 calpain 相似，体外有 Cys 蛋白酶活性，在玉米中普遍表达。*SAL1* 编码 204 氨基酸蛋白，类似于人类 Charged vesicular body protein1/Chromatin modulating protein1，是保守的 E 类液泡蛋白分类和小泡膜交通相关的蛋白，在玉米中普遍表达（Olseno.，2004）。

体外玉米胚乳器官培养研究表明，胚乳细胞的与母体相邻的表面位置是决定糊粉层分化的充分因素。培养的胚乳组织外层糊粉层细胞分裂后形成的内层子细胞逐渐失去传递细胞特性，*dek1* 和 *sal1* 突变体胚乳组织在体外培养同样表现出没有糊粉层和多层糊粉层的表型。DEK1 和 CR4 在拟南芥其他器官表皮中也起着决定表皮特性的作用，说明表面位置是决定糊粉层形成的重要因素（Gruis *et al.*，2006）。

DEK1 和 CR4 共同定位于糊粉层质膜和内体，SAL1 也与 DEK1 和 CR4 共同定位于内体（细胞内膜泡）。糊粉层幼小细胞之间胞间连丝丰富，CR4 偏向分布在胞间连丝部位，DEK1 的膜内和膜上部位片段都不能独立恢复 *dek1* 的野生型表型，Tian 等人根据这些结果提出了决定糊粉层特性的模式：DEK1 感受或传递位置信号，CR4 促进信号分子在糊粉层细胞之间的运动，SAL1 通过内体的运动和降解维持 DEK1 和 CR4 在质膜上保持一定浓度（Tian *et al.*，2007）。

4. 转运细胞（Transfer Cells）

转运细胞又称传递细胞，在母体组织上方胚乳基部发育。功能是运输蔗糖、氨基酸、单糖。玉米（*miniature1*）种子小粒，细胞壁转化酶 2 活性低，表明转化酶通过将蔗糖水解成葡萄糖和果糖在母体共质体和胚乳外质体之间建立蔗糖梯度。玉米胚乳由外向内有两到三层传递细胞，其细胞壁内叠程度相应地从外向内也形成递减梯度（Olseno.，2004）。

一些基因在胚乳基部未来传递细胞形成的部位特异表达，可能与传递细胞专一性形成有关。已经鉴定的决定传递细胞特性的基因有大麦 *ENDOSPERM*1（*END1*）、玉米 MYB-相关蛋白-1（*ZmMRP-1*）。大麦 *END1* 在胚乳多核细胞期基部未来传递细胞形成处特异表达（Olseno.，2004）。*ZmMRP-1* 只有一个基因拷贝，定位于第 8 条染色体，受精后在多核体胚乳的细胞基部核质区积累表达，决定未来细胞化后形成传递细胞。*ZmMRP-1* 在细胞发育过程中一直表达，成熟后不再表达。ZmMRP-1 反式作用在 *BETL-1* 和 *BETL-2* 启动子，激活这两个基因的表达（Gómez *et al.*，2002）。ZmMRP-1 还反式作用在 *maternally expressed gene1*（*MEG1*）启动子上，激活其表达。BETL1（*basal endosperm transfer cell layer1*）在胚乳基部细胞表达，与细胞壁紧密结合。MEG1 是富含半胱氨酸的糖蛋白，胚乳发生早期在传递细胞中只有母方基因表达，父方基因被甲基化失活，晚期父母双方的基因都表达，说明母方印迹在早期的作用（Gutiérrez-Marcos *et al.*，2004）。BAP2 在胚乳基部细胞之间表达，主要积累在花梗厚壁的细胞间。此外，相关区域表达的蛋白还有玉米 BETL2、BETL3、BETL4、BAP1（BASAL LAYER-TYPE ANTIFUNGAL PROTEIN1）、BAP3。许多蛋白与抗微生物蛋白相似，说明具有防御功能（Olseno.，2004）。

传递细胞的形成还受其他因素影响。莴苣中木质部传递细胞由高浓度 CO_2 刺激诱导，Vicia faba（蚕豆）传递细胞由葡萄糖和果糖诱导，蔗糖没有效果。多细胞核胚乳基部衍生的两三层传递细胞与其他部位单层糊粉层不同，决定两类细胞命运的机理可能不同。缺乏糊粉层的 defective kernel1（dek1）突变体传递细胞正常，传递细胞可能受到细胞系遗传的影响（Olseno.，2004）。

5. 周围组织

在胚和胚乳发育过程中，胚珠中珠被发育形成种皮，其他一些无关的珠心细胞经过细胞程序化死亡被消除。蓖麻种子发育过程中围绕胚乳和胚的外围珠心细胞和内珠被，含有很多蓖麻蛋白消化酶小体，其中的蓖麻蛋白消化酶在珠心细胞程序化死亡中起重要作用。授粉后 20 天，内珠被消失。具有内叠的细胞壁的传递细胞是供给营养的细胞特征，在胚和胚乳发育早期，胚乳最外层细胞具有传递细胞特征，营养供给由围绕整个胚乳的正在降解的外围组织提供，外围珠心细胞和内珠被消失后脉管系统仍然活跃，为胚乳、胚重量和体积的增大提供代谢物（Greenwood et al.，2005）。

在胚乳发育过程中还有许多与细胞分裂生长代谢有关的基本的基因表达和代谢活动，同时有活跃的胚珠内转运细胞-淀粉样组织-糊粉层-胚-母体组织各部分之间的相互联系，各部分之间共同作用，协调促进种子的发育和成熟。

第六节　种子大小的决定

种子由胚、胚乳和种皮组成。其中，胚是由二倍体合子发育形成的。多数被子植物胚乳由来自母本的两套基因组和来自父本的一套基因组的三倍体中心细胞发育形成。种皮由母本 2n 孢子体胚珠外被发育形成。种子的大小与整个胚珠的发育和受精后父母双方基因的作用有关，也与植物类型有关。

胚珠中单倍体大孢子经过三次有丝分裂形成 8 核雌配子体，然后 8 核进行极性分布形成极性的雌配子体胚囊，珠孔端是以卵细胞为中心、助细胞在两侧的卵装置，两个位于中央的极核组成中心细胞，合点端为三个反足细胞。受精后拟南芥胚发生分为细胞繁殖和胚乳生长两个阶段，胚发生主要在第二阶段利用胚乳的营养进行。在配子体发生以及受精作用后的过程中，二倍体母体的珠被、单倍体胚囊、三倍体胚乳以及胚之间在发育过程中发生相互作用，共同决定种子的大小。

一、母体珠被影响胚乳的发育和种子大小

拟南芥珠被细胞繁殖的起始、最终细胞数目与细胞延长平衡，不由种子大小决定。珠被细胞延长在胚乳大小与珠被之间的协同中起关键作用，这种协同影响以后的胚乳细胞化和胚细胞繁殖，最后决定种子大小（Garcia et al.，2005）。

TRANSPARENT TESTA GLABRA2（TTG2）编码 WRKY 家族的转录因子，在种皮中高表

达，胚乳中低表达。突变体花青素原合成缺乏，隐性纯合体种子长度减小15%，球形胚期种子大小开始减小，相应的胚乳大小也减小，同时种皮细胞延长减少。胚乳细胞化时间提早到早胚乳时期，野生型胚乳细胞化时间在阶段九。*ttg2/ttg2* 纯合体与野生型花粉杂交，子代种子大小比野生型小，反之野生型胚珠与 *ttg* 花粉杂交，种子是野生型大小。*ttg2/+* 杂合体形成一半的雌配子野生型，一半突变型，用野生型和突变型花粉授粉都是正常大小的种子，说明种皮表达的基因影响种子生长（Garcia et al.，2005）。

编码含亮氨酸重复序列激酶的 *iku2*（*kaihu2*）突变也造成胚乳减小，从而引起种子从球形胚出现减小，同样胚乳细胞化提前一个阶段到阶段八，*ttg2 iku2* 双突变胚乳细胞化提前两个阶段到阶段七，具有叠加效应。在 *iku2* 纯合背景下 *ttg2* 同样表现出母本决定的种子减小症状（Garcia et al.，2005）。

内珠被特异表达的细胞色素p450蛋白KLU（cytochrome P450 KLUH）促进种子生长，是调控种子大小的必要因素（Adamski et al.，2009）。

1. 胚珠珠被细胞数目对种子大小影响有限

采用G2到M期转变的关键周期蛋白B（*CYCB*）基因启动子控制GUS标志分裂相细胞，观察到转基因拟南芥成熟胚珠珠被受精前有细胞繁殖，受精后有丝分裂增加，但授粉四天后急剧下降，接着完全不分裂。同时胚乳生长起始。用35S启动子控制 *KIP RELATED PROTEIN2*（*KRP2*）基因在营养器官过量表达，珠被细胞数目减少。减少细胞数目的珠被围绕的胚乳无论是野生型还是 *P35S：KRP2/+*，其种子大小都与野生型相似，说明珠被细胞数目对种子大小的影响有限（Garcia et al.，2005）。

2. 珠被细胞延长是珠被限制种子大小的关键因素

iku 突变限制胚乳生长，间接减少珠被细胞延长。对 *iku1/+*；*P35SKRP2/+* 植物用 *iku/iku* 花粉授粉，半数种子胚乳被 *KRP2* 作用造成的细胞数目减少的珠被围绕，珠被细胞数目减少33%，但细胞延长了31%，种子大小与 *iku/iku* 相似。这说明珠被通过细胞延长调整适应胚乳通过 IKU 途径决定的种子大小（Garcia et al.，2005）。

二、雌配子体和胚乳控制种皮的细胞繁殖和分化

珠被是种皮的前身，珠被的生长包括了细胞分裂和细胞延长。珠被在未受精和受精后都进行生长，但调控机理不同。

受精前珠被在胚珠成熟时起始有丝分裂，授粉两天后有丝分裂活性急剧下降。这种繁殖的停止与种皮在授粉后4天的细胞延长相对应。然而受精后的种皮比未受精种皮的细胞繁殖活性强得多，说明受精、胚乳或胚提供了种皮生长的信号（Ingouff et al.，2006）。

未受精胚乳自发发育突变体 *msi1* 和 *rbr1* 未受精雌配子中有自发细胞分裂现象，种子与野生型相似。但 *rbr1* 种皮没有生长发育。*msi1* 未受精雌配子中胚乳发育。*rbr1* 未受精雌配子中中心细胞繁殖发育，具有异常配子体特性（Ingouff et al.，2006）。

用于标记有丝分裂的周期蛋白B（*CYCB*）启动子控制的GUS转化未受精胚乳自发发育突变体 *msi1* 和 *rbr1*，观察未受精珠被的细胞繁殖速率。*msi1* 珠被细胞分裂活性增强，种皮细胞繁殖周期延长，胚乳在授粉后1.5天也开始繁殖。而合子的第一次有丝分裂在授粉后四天，说明 *msi1* 的种皮和胚乳繁殖信号来自雌配子体。*rbr1* 突变胚珠中，授粉后三天

以前有丝分裂正常，受精后才触发有丝分裂活性，说明 rbr1 与受精诱导的珠被细胞持续分裂有关（Ingouff et al.，2006）。

胚乳标记基因 KS117 在野生型雌配子体中无表达，受精后在 16 核阶段胚乳中表达，在 msi1 突变体的未受精发育中种子中表达，而在未受精 rbr1 6 核雌配子体中无表达。说明 msi1 未受精种子中胚乳发育，而 rbr1 未受精种子中繁殖的是雌配子特性的细胞，不是种子发育的胚乳。野生型雌配子体中，标志雌配子体成熟的基因 MYB98 在除了反足细胞以外的雌配子体表达，成熟雌配子体中只在两个助细胞中大量表达，在中心细胞微量表达，受精后继续在助细胞中表达，并在胚乳中表达。rbr1 未受精雌配子体中，助细胞中 MYB98 表达量非常高，在合点端过量繁殖的组织中也存在，说明 rbr1 突变体雌配子体合点端过量繁殖的组织主要来源于中心细胞，卵细胞装置没有明显分裂，说明 rbr1 突变不引起种子的自动发育。

msi1 未受精种子胚乳的发育促进了种皮细胞繁殖、延长和分化，另外只有卵受精的种子的种皮和去掉胚乳的种皮都没有明显的生长，说明胚乳促进种皮的细胞繁殖、延长和分化。而去雄的 rbr1 突变体雌配子体没有完全成熟，种皮也没有发育。RBR1 在珠被中表达，在雌配子体的三个有丝分裂过程的所有核中一直有表达，FG5 阶段表达减少，极核融合后主要在雌配子体的中心细胞表达。因此野生型这个时期细胞周期的停止直接依赖 RBR1。

三、决定种子大小的调控因子

细胞分裂和分化是种子大小决定的必要因素，影响细胞分裂与分化的因素都会影响种子大小。生长素信号传导中的 ARF2、细胞分裂素受体 AHK2、AHK3、AHK4 都影响种子大小（Schruff et al.，2005；Riefler et al.，2006）。

影响胚乳细胞化的三个基因 MINISEED3（MINI3）、IKU2、IKU1 在同一个调控途径中决定拟南芥种子的大小。SHB1 作用在 MINI3、IKU2 的启动子中，促进其表达（Fatihi et al.，2013）。MINI3 是一个 WRKY 家族的转录因子，在花粉和授粉后 12 小时两核期的发育中胚乳表达，IKU2 是富含亮氨酸的激酶，它们在调控途径中的作用顺序可能是 IKU1、MINI3、IKU2，其中 MINI3 自身有负反馈调节作用。这三个基因的突变使胚乳细胞化提早进行，造成小种子现象（Luo et al.，2005）。

与胚乳中染色质修饰相关的复合体蛋白 FIS、MEA、FIS2、FIE、MSI1 受精前防止胚乳发育，也影响种子的大小（Luo et al.，2005）。

四、胚乳发育中转录的基因种类

对发育中拟南芥胚乳的转录组学研究揭示了细胞分裂、细胞分裂素信号传导、基因表达调控等生物学活性在胚乳发育中起着作用。偏向在胚乳中表达的与细胞周期有关的基因有 CYCB 类和 A 类蛋白、周期蛋白依赖的激酶、E2F 类转录因子。在胚乳表达的、具有 M 期激活序列的启动子的基因有 161 个。胚乳中植物激素乙烯、脱落酸、油菜类甾醇、细胞分裂素、生长素、甲基茉莉酸中只有与细胞分裂素反应有关的基因表达大大提高（Day et al.，2008）。

943个差异表达的转录因子中，有187个倾向在胚乳中表达，71个倾向在早期胚乳表达。有12个MADS盒基因倾向在胚乳中表达，另外还有七个授粉后四天在胚乳中专一表达。球形胚阶段驱动倾向在合点端胚乳表达的启动子的基因有 *AGL38*、*ARR19*，球形胚早期在合点端强表达，以后扩散到胚乳其他部位的启动子有 *DOF4.5*，以及其他合点端和周围胚乳表达的启动子 *HSF14*（Day et al.，2008）。然而这些基因的功能未知，有待进一步研究。

第七节　无融合生殖

有性生殖的关键在于两点，一是亲本孢母细胞要经过减数分裂，将孢子体基因组进行组合分离，二是来自雌雄亲本的单倍体基因组相融合，增加了基因组的多样性。

植物有时不经过精卵细胞的融合产生有胚的种子，这种现象称为孤性生殖或无融合生殖（Apomixis），存在于40科以上的400多种植物中（Bicknell and Koltunow，2004）。

一、无融合生殖的种类

无融合生殖现象中，母本种子的形成，没有父本基因组的参与，由仅含母本基因组的细胞发育形成。根据形成胚的细胞是否经过减数分裂，可分为孢子体无融合生殖和配子体无融合生殖。在孢子体无融合生殖中，大孢子母细胞（MMC）直接进行有丝分裂形成胚囊，胚囊中的卵细胞发育形成2倍体胚，胚乳或受精或不受精。这样由孢子发育形成胚的生殖方式称为二倍体孢子无融合生殖（diplospory），此外孢子退化，由珠心细胞发育形成的胚的方式称为无孢子生殖（apospory），由胚珠珠被和其他孢子体细胞发育形成的也是完整的母本孢子体2n基因组，称为不定胚生殖（advantive embryony）（Bicknell and Koltunow，2004）。

配子体无融合生殖中，孢子母细胞经过减数分裂，其中一个孢子进行有丝分裂形成胚囊。配子体无融合生殖的种子几乎都是多倍体，也有二倍体的报道。配子体无融合生殖多倍体较多的原因之一，可能是由于无性生殖本来就很少，多倍体在许多系统增强无融合生殖的表达（Bicknell and Koltunow，2004）。

二、无融合生殖相关基因的研究

无融合生殖的根本是未受精细胞发育形成胚，一些与胚发育有关的基因的突变造成未受精状态下胚的发育。

1. 信号传导相关基因

野生型胚的发育是在受精后接收信号传导然后启动胚发生，感受受精信号的受体发生突变会造成无信号下胚的发生。胡萝卜、拟南芥、玉米、苜蓿、向日葵、草地早熟禾、水稻等植物中存在一种体细胞胚发生相关类受体激酶（somatic embryogenesis receptor-like kinase，SERK），其基因具有相似的内含子/外显子结构，有一个信号肽序列（signal peptide，SP）、1个ZIP、5个LRR和一个富含脯氨酸序列（prolin rich region），多数N端有一段疏水信号肽。SERK是小基因家族成员，数目不多，但不是唯一，在胚性细胞中表达。不同类型的SERK基因在功能上可能有不同。拟南芥SERK1参与胚胎发育过程的信号传导，SERK2、SERK3参与油菜素内酯的沉积和信号传导。水稻SERK1被病菌、ABA、水杨酸等逆境信号诱导和激活，过量表达可提高对稻瘟病的抗性。SERK的失活导致种子不能形成，可能与胚的诱导发育有关（胡龙兴、王兆龙，2008）。

2. 胚专一表达的转录因子

一些转录因子在发育中的胚和胚乳中专一表达，决定胚和胚乳的特性，如 LEC（Leafy cotyledon）、BBM（Baby boom）、PGA6/WUS（Plant growth activator 6/）基因。LEC1基因可以诱导胚特异性基因的表达和胚结构的起始，也是种子成熟的重要调控因子。LEC2对胚发生的诱导与生长素的诱导无关（胡龙兴、王兆龙，2008）。

BBM诱导体细胞胚和子叶结构的形成，组织依赖性地激活细胞分裂增殖途径，可以诱导外植体形成胚性愈伤组织。WUS决定干细胞特性，可以在无生长素存在的体外培养条件下诱导体细胞胚的形成。（胡龙兴、王兆龙，2008）。

3. 与减数分裂相关基因

影响减数分裂的基因能影响单倍体大孢子的形成，如 SWI1、SPL/NZZ 基因。减数分裂基因突变影响孢子囊和孢子的形成，但无融合生殖的无孢子生殖和不定胚发生不经过大孢子母细胞和减数分裂，形成体细胞基因型的胚和胚乳。

无融合生殖的机理很复杂，有很多问题需要阐明。无融合生殖的研究能为农业生产提供品种保存、基因选择等提供有利的技术和方法。

☞ 参考文献

Adamski NM, Anastasiou E, Eriksson S, O'Neill CM, Lenhard M. Local maternal control of seed size by KLUH/CYP78A5-dependent growth signaling. PNAS. 2009, 106, 47, 20115-20120.

Aeschbacher RA, Hauser M.-T, Feldmann KA, Benfey PN. The SABRE gene is required for normal cell expansion in *Arabidopsis*. Genes Dev. 1995, 9, 330-340.

Apuya NR, Yadegari R, Fischer RL, Harada JJ, and Goldberg RB. RASPBERRY3 gene encodes a novel protein important for embryo development. Plant Physiol. 2002, 129, 691-705.

Anders N, Nielsen M, Keicher J, Stierhof Y-D, Furutani M, Tasaka M, Skriver K, and Jurgens G. Membrane association of the Arabidopsis ARF exchange factor GNOM involves interaction of conserved domains. Plant Cell. 2008, 20, 142-151.

Basu S, Sun H, Brian L, Quatrano R L, and Muday GK. Early Embryo development in fucus distichus is auxin sensitive. Plant Physiol. 2002, 130, 292-302.

Baud S, Bellec Y, Miquel M, Bellini C, Caboche M, Lepiniec L, Faure J and Rochat C. Gurke and pasticcino3 mutants affected in embryo development are impaired in acetyl-CoA carboxylase. EMBO reports, 2004, 5, 515-520.

Baroux C, Spillane C and Grossniklaus U. Evolutionary origins of the endosperm in flowering plants. Genome Biol. 2002, 3, reviews 1026.1-1026.5.

Bayer M, Nawy T, Giglione C, Galli M, Meinnel T, Lukowitz W. Paternal control of embryonic patterning in *Arabidopsis thaliana*. Science. 2009, 323, 1485-1488.

Bäurle I and Laux T. Regulation of WUSCHEL transcription in the stem cell niche of the arabidopsis shoot meristem. Plant Cell, 2005, 17, 2271-2280.

Berleth T and Chatfield S. Embryogenesis: pattern formation from a single cell. The Arabidopsis Book, 2002.

Bennet, M J, Marchant, A, Green, H G, May, S T, Ward, S P, Millner, P A, Walker, A R, Schultz, B and Feldmann, K A. Arabidopsis AUX1 gene: A permease-like regulator of root gravitropism. Science. 1996, 273, 948-950.

Bicknell RA and Koltunow AM. Understanding apomixis: recent advances and remaining conundrums. Plant Cell. 2004, 16, 228-245.

Boscá S, Knauer S, Laux T. Embryonic development in *Arabidopsis Thaliana*: From the zygote division to the shoot meristem. Front Plant Sci. 2011, 2, 93.

Brand U, Grünewald M, Hobe M, and Simon R. Regulation of CLV3 Expression by Two Homeobox Genes in Arabidopsis. Plant Physiol. 2002, 129, 565-575.

Brembu T, Winge P, Seem M, and Bones AM. NAPP and PIRP encode subunits of a putative wave regulatory protein complex involved in plant cell morphogenesis. Plant Cell. 2004, 16, 2335-2349.

Brukhin V, Gheyselinck J, Gagliardini V, Genschik P, and Grossniklaus U, The RPN1 subunit of the 26S proteasome in arabidopsis is essential for embryogenesis. Plant Cell, 2005, 17, 2723-2737.

Nielsen E, Cheung AY and Ueda T. The regulatory RAB and ARF GTPases for vesicular trafficking. Plant Physiol. 2008, 147, 1516-1526.

Chen D, Ren Y, Deng Y, Zhao J. Auxin polar transport is essential for the development of zygote and embryo in Nicotiana tabacum L. and correlated with ABP1 and PM H+-ATPase activities. J Exp Bot. 2010, 61(6): 1853-1867.

Chow C-M, Neto H, Foucart C, and Moore IRab-A2 and Rab-A3 GTPases define a trans-golgi endosomal membrane domain in arabidopsis that contributes substantially to the cell plate. Plant Cell. 2008, 20, 101-123.

Cole M, Nolte C and Werr W. Nuclear import of the transcription factor SHOOT MERISTEMLESS depends on heterodimerization with BLH proteins expressed in discrete sub-domains of the shoot apical meristem of *Arabidopsis thaliana*. Nucleic Acids Res. 2006, 34, 1281-1292.

Costa S, Dolan L. Epidermal patterning genes are active during embryogenesis in Arabidopsis. Development 2003, 130, 2893-2901.

Day RC, Herridge RP, Ambrose BA, Macknight RC. Transcriptome analysis of proliferating arabidopsis endosperm reveals biological implications for the control of syncytial division, cytokinin signaling, and gene expression regulation. Plant Physiol. 2008, 148, 1964-1984.

Ding Y, Liu N, Tang Z, Liu J, Yang W. Arabidopsis GLUTAMINE-RICH PROTEIN23 is essential for early embryogenesis and encodes a novel nuclear PPR motif protein that interacts with RNA Polymerase II subunit III. Plant Cell. 2006, 18, 815-830.

Ecward NA. Genetic and epigenetic regulation of embryogenesis. Plant Cell. 2006, 18, 781-784.

Fatihi A, Zbierzak AM, Dörmann P. Alterations in seed development gene expression affect size and oil content of *Arabidopsis* seeds. Plant Physiol. 2013, 163(2), 973-985.

FitzGerald J, Luo M, Chaudhury A, Berger F. DNA methylation causes predominant maternal controls of plant embryo growth. PLoS ONE. 2008; 3, 2298-2305.

Friml J, Benkova E, Blilou I, Wisniewska J, Hamann, T, Ljung K, Woody S, Sandberg G, Scheres B, Jürgens G., Palme K. AtPIN4 mediates sink-driven auxin gradients and root patterning in Arabidopsis. Cell. 2002, 108, 661-673.

Friml J, Vieten A, Weijers D, Schwarz H, Hamann T, Offringa R, Jurgens G. Efflux-dependent auxin gradients establish the apical-basal axis of Arabidopsis. Nature. 2003, 426, 147-153.

Garcia D, Gerald JNF, Berger F. Maternal control of integument cell elongation and zygotic control of endosperm growth are coordinated to determine seed size in Arabidopsis. Plant Cell. 2005, 17, 52-60.

Gehring M, Choi Y, Fischer RL. Imprinting and seed development. Plant Cell. 2004, 16, 203-213(Suppl).

Geldner N, Richter S, Vieten A, Marquardt S, Torres-Ruiz RA, Mayer U, Jurgens G. Partial loss-of-function alleles reveal a role for GNOM in auxin transport-related, post-embryonic development of Arabidopsis. Development. 2004, 131, 389-400.

Goodner B, Quatrano RS. Fucus embryogenesis a model to study the establishment of polarity. Plant Cell. 1993, 5, 1471-1481.

Gómez E, Royo J, Guo Y, Thompson R, Hueros G.. Establishment of cereal endosperm expression domains: identification and properties of a maize transfer cell-specific transcription factor, ZmMRP-1. Plant Cell. 2002, 14, 599-610.

Grebe M, Gadea J, Steinmann T, Kientz M, Rahfeld J-U, Salchert K, Koncz C, Jürgens GA. conserved domain of the Arabidopsis GNOM protein mediates subunit interaction and cyclophilin 5 binding. Plant Cell. 2000, 12, 343-356.

Greenwood JS, Helm M, Gietl C. Ricinosomes and endosperm transfer cell structure in programmed cell death of the nucellus during Ricinus seed development. PNAS. 2005, 102, 2238-2243.

Grimanelli D, Perotti E, Ramirez J, Leblanc O. Timing of the maternal-to-zygotic transition during early seed development in maize. Plant Cell. 2005, 17, 1061-1072.

Gruis D, Guo H, Selinger D, Tian Q, Olsen O. Surface position, not signaling from surrounding maternal tissues, specifies aleurone epidermal cell fate in maize. Plant Physiol. 2006, 141, 898-909.

Gutiérrez-Marcos JF, Costa LM, Biderre-Petit C, Khbaya B O'Sullivan D M, Wormald M, Perez P, Dickinson HG. Maternally expressed genel is a novel maize endosperm transfer cell-specific gene with a maternal parent-of-origin pattern of expression. Plant Cell. 2004, 16, 1288-1301.

Haecker A, Groβ-Hardt R, Geige Bs, Sarkar A, Breuninger H, Herrmann M, Laux T. Expression dynamics of WOX genes mark cell fate decisions during early embryonic patterning in *Arabidopsis thaliana*. Development. 2004, 131, 657-668.

Hamann T, Benkova E, Bäurle I, Kientz M, Jürgens G. The Arabidopsis BODENLOS gene encodes an auxin response protein inhibiting MONOPTEROS-mediated embryo patterning. GENE DEV. 2002, 16, 1610-1615.

Han P, Li Q, Zhu Y. Mutation of Arabidopsis BARD1 causes meristem defects by failing to confine WUSCHEL expression to the organizing center. Plant Cell. 2008, 20, 1482-1493.

Heese M, Gansel X, Sticher L, Wick P, Grebe M, Granier F, Jurgens G.. Functional characterization of the KNOLLE-interacting t-SNARE AtSNAP33 and its role in plant cytokinesis. J Cell Biol. 2001, 155, 239-250.

Hibara K, Karim MR, Takada S, Taoka K, Furutani M, Aida M, Tasaka M. Arabidopsis CUP-SHAPED COTYLEDON3 Regulates Postembryonic Shoot Meristem and Organ Boundary Formation. Plant Cell. 2006, 18(11), 2946-2957.

Hu TX, Yu M, Zhao J. Comparative transcriptional profiling analysis of the two daughter cells from tobacco zygote reveals the transcriptome differences in the apical and basal cells. BMC Plant Biol. 2010, 10, 167.

Hu TX, Yu M, Zhao J. Comparative transcriptional analysis reveals differential gene expression between asymmetric and symmetric zygotic divisions in tobacco. PLoS One. 2011, 6(11), e27120.

Ingouff M, Jullien PE, Berger F. The female gametophyte and the endosperm control cell proliferation and differentiation of the seed coat in Arabidopsis. Plant Cell. 2006, 18, 3491-3501.

Jang J, Fujioka S, Tasaka M, Seto H, Takatsuto S, Ishii A, Aida M, Yoshida S, Sheen J. A critical role of sterols in embryonic patterning and meristem programming revealed by the fackel mutants of *Arabidopsis thaliana*. GENE DEV. 2000, 14, 1485-1497.

Jenik PD and Barton MK. Surge and destroy: the role of auxin in plant embryogenesis. Development. 2005, 132, 3577-3585.

Jullien PE, Kinoshita T, Ohad N, Berger F. Maintenance of DNA methylation during the arabidopsis life cycle is essential for parental imprinting. Plant Cell, 2006, 18, 1360-1372.

Jürgens G.. Apical-basal pattern formation in Arabidopsis embryogenesis. EMBO J. 2001, 20, 3609-3616.

Kang BH, Busse JS, Dickey, C Rancour DM, Bednarek SY. The Arabidopsis cell plateassociated dynamin-like protein, ADL1Ap, is required for multiple stages of plant growth and development. Plant Physiol. 2001, 126, 47-68.

Kim I, Kobayashi K, Cho E, Zambryski PC. Subdomains for transport via plasmodesmata corresponding to the apical-basal axis are established during Arabidopsis embryogenesis. Proc Natl Acad Sci U S A. 2005, 102(33), 11945-11950.

Kinoshita T, Miura A, Choi Y, Kinoshita Y, Cao X, Jacobsen SE, Fischer RL, Kakutani T. One-way control of FWA imprinting in Arabidopsis endosperm by DNA methylation. Science. 2004, 303, 521-523.

Köhler C, Makarevich G.. Epigenetic mechanisms governing seed development in plants. EMBO Rep. 2006, 7, 1223-1227.

Köhler C, Hennig L, Bouveret R, Gheyselinck J, Grossniklaus U, Gruissem W. Arabidopsis MSI1 is a component of the MEA/FIE Polycomb group complex and required for seed development. EMBO J. 2003, 22, 4804-4814.

Kwon C, Chen C, Wagner D. WUSCHEL is a primary target for transcriptional regulation by SPLAYED in dynamic control of stem cell fate in Arabidopsis. GENES & DEVELOPMENT. 2005, 19, 992-1003.

Laux T, Wu rschum T, Breuninger H. Genetic Regulation of embryonic pattern formation. Plant Cell. 2004, 16, 190-202(Suppl).

Lenhard M, Laux T. Stem cell homeostasis in the Arabidopsis shoot meristem is regulated by intercellular movement of CLAVATA3 and its sequestration by CLAVATA1. Development. 2003, 130, 3163-3173.

Lenhard M, Jürgens G, Laux T. The WUSCHEL and SHOOTMERISTEMLESS genes fulfil complementary roles in Arabidopsis shoot meristem regulation. Development. 2002, 129, 3195-3206.

Liu F, Ni, W Griffith ME, Huang Z, Chang C, Peng W, Ma H, Xie D. The ASK1 and ASK2 genes are essential for arabidopsis early development. Plant Cell. 2004, 16, 5-20.

Lu P, Porat R, Nadeau JA, O'Neill SD. ldentification of a meristem L1 layer-specific gene in arabidopsis that is expressed during embryonic pattern formation and defines a new class of homeobox genes. Plant Cell. 1996, 8, 2155-2168.

Luo M, Dennis ES, Berger F, Peacock WJ, Chaudhury A. MINISEED3(MINI3), a WRKY family gene, and HAIKU2(IKU2), a leucine-rich repeat(LRR) KINASE gene, are regulators of seed size in Arabidopsis. PNAS. 2005, 102, 17531-17536.

Ma L, Xin H, Qu L, Zhao J, Yang L, Zhao P, Sun M. Transcription profile analysis reveals that zygotic division results in uneven distribution of specific transcripts in apical/basal cells of Tobacco. PLoS ONE. 2011, 6(1), e15971.

Makarevich G, Leroy O, Akinci U, Schubert D, Clarenz O, Goodrich J, Grossniklaus U, Kohler C. Different Polycomb group complexes regulate common target genes in Arabidopsis. EMBO reports. 2006, 7, 947-952.

Moreno-Risueno MA, Van Norman JM, Benfey PN. Transcriptional switches direct plant organ formation and patterning. Curr Top Dev Biol. 2012, 98, 10.1016/B978-0-12-386499-4.00009-4.

Moussian B, Schoof H, Haecker A, Jürgens G, Laux T. Role of the ZWILLE gene in the regulation of central shoot meristem cell fate during Arabidopsis embryogenesis. EMBO J. 1998, 17, 1799-1809.

Nebenfuhr A, Ritzenthaler C, Robinson DG.. Brefeldin A: Deciphering an enigmatic inhibitor of secretion. Plant Physiol. 2002, 130, 1102-1108.

Nole-Wilson S, Krizek BA. AINTEGUMENTA contributes to organ polarity and regulates growth of lateral organs in combination with YABBY genes. Plant Physiol. 2006, 141, 977-987.

Olsen O. Nuclear endosperm development in cereals and *Arabidopsis thaliana*. Plant Cell. 2004, 16, S214-S227.

Raissig MT, Baroux C, Grossniklaus U. Regulation and flexibility of genomic imprinting during seed development. Plant Cell. 2011, 23(1): 16-26.

Raissig MT, Bemer M, Baroux C, Grossniklaus U. Genomic imprinting in the *Arabidopsis* embryo is partly regulated by PRC2. PLoS Genet. 2013, 9(12): e1003862.

Riefler M, Novak O, Strnad M, Schmü lling T. Arabidopsis cytokinin receptor mutants reveal functions in shoot growth, leaf senescence, seed size, germination, root development, and cytokinin metabolism. Plant Cell, 2006, 18, 40-54.

Sachs, T. Cell polarity and tissue patterning in plants. Development. 1991, 1, 83 -93.

Scott RJ, Spielman M, Bailey J, Dickinson HG. Parent-of-origin effects on seed development in Arabidopsis thaliana. Development. 1998, 125, 3329-3341.

Schruff MC, Spielman M, TiwariS, Adams S, Fenby N, Scott RJ. The AUXIN RESPONSE FACTOR 2 gene of Arabidopsis links auxin signalling, cell division, and the size of seeds and other organs. Development, 2006, 133, 251-261.

Skinner DJ, Hill TA, Gasser CS. Regulation of ovule development. Plant Cell. 2004, 16, (Suppl)32-45.

Sevilem I, Miyashima S, Helariutta Y. Cell-to-cell communication via plasmodesmata in vascular plants. Cell Adh Migr. 2013, 7(1), 27-32.

Shang Y, Wu M, Wagner D. The stem cell-chromatin connection. Semin Cell Dev Biol. 2009, 20(9), 1143-1148.

Song S, Lee M, Clark S. EPOL and PLL1 phosphatases are CLAVATA1 signaling intermediates required for Arabidopsis shoot and floral stem cells. Development. 2006, 133, 4691-4698.

Souter M, Lindsey K. Polarity and signalling in plant embryogenesis. J Exp Bot. 2000, 51, 971-983.

Sun H, Basu S, Brady SR, Luciano RL, Muday GK. Interactions between auxin transport and the actin cytoskeleton in developmental polarity of fucus distichus embryos in response to light and gravity. Plant Physiol. 2004, 135, 266-278.

Swarup R, Friml J, Marchant A, Ljung K, Sandberg G, Palme K, Bennett M. Localization of the auxin permease AUX1 suggests two functionally distinct pathways operate in the Arabidopsis root apex. Genes Dev 2001, 15, 2648-2653.

Tamura K, Takahashi H, Kunieda T, Fuji K, Shimada T, Hara-Nishimura I. Arabidopsis KAM2/GRV2 is required for proper endosome formation and functions in vacuolar sorting and determination of the embryo growth axis. Plant Cell. 2007, 19, 320-332.

Tian Q, Olsen L, Sun B, Lid SE, Brown RC, Lemmon BE, Fosnes K, Gruis D, Opsahl-Sorteberg H, Otegui MS, Olsen O. Subcellular localization and functional domain studies of DEFECTIVE KERNEL1 in maize and arabidopsis suggest a model for aleurone cell fate specification involving CRINKLY4 and SUPERNUMERARY ALEURONE LAYER1. Plant Cell. 2007, 19, 3127-3145.

Topping JF, May VJ, Muskett PR, Lindsey K. Mutations in the HYDRA1 gene of Arabidopsis perturb cell shape and disrupt embryonic and seedling morphogenesis. Development. 1997, 124, 4415-4424.

Wang D, Tyson MD, Jackson SS, Yadegari R. Partially redundant functions of two SET-domain polycomb-group proteins in controlling initiation of seed development in Arabidopsis. PNAS. 2006, 103, 13244-13249.

Weinhofer I, Hehenberger E, Roszak P, Hennig L, Köhler C. H3K27me3 profiling of the endosperm implies exclusion of polycomb group protein targeting by DNA methylation. PLoS Genet. 2010, 6(10), e1001152.

West MAL, Hadara JJ. Embryogenesis in Higher Plants: An Overview. Plant Cell, 1993, 5, 1361-1369.

Weterings K, Apuya NR, Bi Y, Fischer RL, Harada JJ, Goldberg RB. Regional localization of suspensor mRNAs during early embryo development. Plant Cell. 2001, 13, 2409-2426.

Xiao W, Custard KD, Brown RC, Lemmon BE, Harada JJ, Goldberg RB, and Fischer RL. DNA methylation is critical for arabidopsis embryogenesis and seed viability. Plant Cell. 2006, 18, 805-814.

Xu L, Xu Y, Dong A, Sun Y, Pi L, Xu Y, Huang H. Novel *as1* and *as2* defects in leaf adaxial-abaxial polarity reveal the requirement for *ASYMMETRIC LEAVES*1 and 2 and *ERECTA* functions in specifying leaf adaxial identity. Development. 2003, 130, 4097-4107.

Yadav RK, Perales M, Gruel J, Ohno C, Heisler M, Girke TJ, nsson H, Reddy GV. Plant stem cell maintenance involves direct transcriptional repression of differentiation program. Mol Syst Biol. 2013, 9, 654.

Yadegari R, Paiva G, Laux T, Koltunow AM, Apuya N, Zimmerman JL, Fischer RL, Harada JJ, Goldberg RB. Cell differentiation and morphogenesis are uncoupled in arabidopsis raspberry embryos. Plant Cell. 1994, 6, 1713-1729.

胡龙兴, 王兆龙. 植物无融合生殖相关基因研究进展. 遗传. 2008, 30, 155-163.

第七章 果实发育

植物的果实是植物子代的载体，基本的定义是成熟的子房，即含有胚珠的子房发育形成果实，这样的果实称为真果。有一些果实由花的花被或花托与子房一起发育形成，这样的果实称为假果，如梨、苹果、石榴等。另外根据参与形成果实的花的数目和雌蕊数目分为单果、聚合果、复果。单果是由一朵花中的一个雌蕊发育形成，聚合果是一朵花中聚生在一个花托上的多个雌蕊发育形成的多个小果聚生形成，如莲、草莓、玉兰等果实。复果是由一个花序发育形成，如桑、凤梨、无花果。桑的果实是许多小浆果包在肥厚多汁可食的花萼中，凤梨花不育，花轴肉质可食，无花果花轴内陷肉质化，小坚果包在花轴内部。根据果实是否肉质化，又分为肉果和干果。不同类型的果实结构不同，发育过程和机制也不同。本章以拟南芥果实为主，介绍果实发育过程中的分子决定机制。

第一节 果实的结构和发育过程

不同类型的果实结构不同，但都由外果皮（exocarp）、中果皮（mesocarp）、内果皮（endocarp）和种子组成。不同的是果皮的结构、色泽、各层发育的程度。

一、肉果及类型

果皮肉质化的果实是肉果。根据肉质化的部位又分为浆果（berry）、核果（drupe）、梨果（pome）。

浆果除了外面几层细胞外的其余部分都肉质化。种子包被其中。有些浆果的胎座也很发达，如番茄、茄和西瓜。葫芦科植物的浆果是由子房和花托一起发育形成的假果，瓠果（pepo）、南瓜和冬瓜的果皮是主要食用部分。柑果是多心皮具中轴胎座的子房发育形成，外果皮是橙色革质，有油囊，中果皮是白色疏松的橘络，内果皮缝合成瓣，向囊内生出肉质多浆的腺毛，是主要食用部分。

核果内果皮由坚硬的石细胞组成，包在种子外，种皮多大而薄。中果皮由薄壁细胞组成，是食用部分。外果皮由表皮和下面几层细胞组成。这类果实有桃、梅、李、杏。

梨果由子房和花托融合一起发育形成，可食用的是花托部分，中间是由子房发育形成。内果皮由木质化的厚壁细胞组成（高信增，1979）。如苹果、梨。

不同类型肉果的发育特点不同。苹果果实的发育最初阶段先进行细胞分裂，接着细胞伸展，同时积累淀粉，然后继续进行细胞的伸展，淀粉降解，果实成熟（Janssen. et al., 2008）。番茄果实发育同样在早期是细胞分裂，然后细胞伸展，细胞呼吸、乙烯合成和反应，接着胡萝卜素积累、软化、成熟（Giovannoni，2004）。

二、干果及类型

干果成熟时果皮干燥，裂开或不裂开，裂开的果实称为裂果(dehiscent fruit)，不裂开的果实称为闭果。

裂果中根据果皮裂开的方式和心皮组成的不同分为蓇葖果(follicle)、荚果(Legume)、蒴果(capsule)和长、短角果(silique)。蓇葖果由一个心皮或离生心皮发育形成，成熟时沿腹缝线或背腹线开裂，八角茴香、牡丹的果实就是蓇葖果。荚果由一个心皮发育形成，成熟时开裂线在腹缝线或背腹线上，果皮裂成两片，如豆科植物的果实。花生果实在地下结实，不裂开。蒴果由两个或两个以上心皮发育形成，子房是雌蕊合生形成的。成熟时，不同物种裂开的方式有多种，如沿长轴方向的纵裂，环状裂开的盖裂，在每一心皮顶部裂开的孔裂等。长、短角果由两心皮形成的一室子房发育形成，发育过程中心皮边缘融合初向内形成隔膜，称为假隔膜，将子房分为两室。果实成熟后，两心皮脱落，只留假隔膜。

闭果成熟后果实不开裂，根据种子数目、果皮与种皮的愈合性、果皮形状、硬度等分为瘦果、颖果、翅果、坚果、双悬果。

干果与肉果不同的是干果种子重量和体积在果实中占较大比重。

三、果实发育的形态学变化过程

1. 拟南芥长角果结构

拟南芥的果实是长角果，由雌蕊的四个部分起源而成：柱头、花柱、子房、雌蕊柄。雌蕊由两个心皮组成，以后发育成果夹，两个心皮融合，由一个原基发生。

成熟的拟南芥果实结构从外观看由顶部、中部种夹、底部组成，顶部由柱头(stigma)和花柱(style)形成，中部由子房(ovary)形成，包括种夹壁、胎座框(replum)，胎座框是在开裂后连在植物上的中心脊片。瓣边缘(valve margin)与胎座框连接。底部是雌蕊柄(gynophore)，在蜜腺(nectary)和花器官脱落层(abscission zone)上方与子房基部的小节之间(图7.1)。

拟南芥果实在立体结构上有三个方向的对称轴，决定了三个方向的极性：沿果实长轴方向的顶部基部极性，在横切面上与中脊(胎座框或隔膜)垂直的侧生轴和与隔膜平行的中轴，以横切面中心为轴，内侧是近轴端(adaxial)，外侧是远轴端(abaxial)。

拟南芥果实种夹壁成熟时通常含有6层细胞。外层称为外果皮(exocarp, ex)，下面三层是中果皮(mesocarp, me)。内部两层形成内果皮(endocarp)，一层是含有木质化的 en b 层，另一层靠内的 en a 是薄壁大细胞。种夹壁连接处融合向内形成中脊。融合处的结构与果皮连续，并分化为与 en b 层连续的木质化层和与 en a 层连续的薄壁细胞分离层，中间是木质化的胎座框(图7.2)。

2. 拟南芥长角果的发育过程

从花发育到拟南芥果实成熟分为20个阶段。各发育阶段的形态特征如下：阶段1可见花原基分化形成。阶段2花原基增大，与花序分生组织分离。阶段3花萼原基形成。阶段4花萼原基部分覆盖花分生组织。可以看到花的离轴(abaxial, ab)和近轴(adaxial, ad)面的分化。阶段5花瓣和雄蕊原基起始。花具有中轴(m)和侧轴(l)的分化(图7.3-5)，

第一节　果实的结构和发育过程

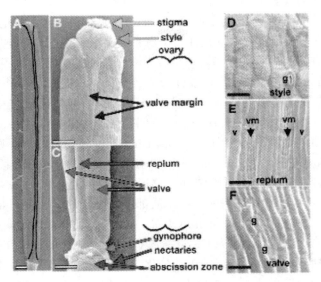

图 7.1　野生型果实的结构（Roeder and Yanofskya，2006，ⒸASPB）

（A）阶段 17 *Landsberg erecta*（Ler）果实扫描电镜图片。（B）阶段 17 早期 Ler 果实顶部 SEM 近观。(C)阶段 17 早期 Ler 果实底部 SEM 近观。箭头指示果实的不同部分。(D) SEM 显示阶段 17 具有表皮脊和分散气孔的花柱表皮细胞形态(g)。(E) SEM 显示表皮(v)，瓣边缘(vm)，和果实中部胎座框。所有细胞高度延长，但瓣边缘细胞非常狭窄，胎座框细胞宽度中等。(F) SEM 显示阶段 17 表皮瓣细胞。瓣细胞高度延长。与保卫细胞相间(g)。A 中 bar 代表 500 μm，B 和 Cbars 代表 200 μm，D-F 中 bars 代表 20 μm。

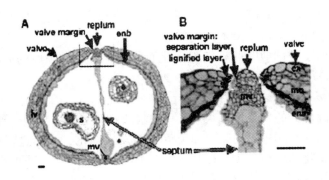

图 7.2　野生果实的横切片（Roeder and Yanofskya，2006，ⒸASPB）

（A）阶段 17 野生型果实(Ler)子房切片。隔膜(淡橘色)把果实分成两个室。瓣包括木质化的 enb layer(深色)，胎座框内侧的维管束(mv)和瓣侧面的维管束(lv)也显示 如发育中种子(s)。(B) 瓣横切面和瓣边缘的近观。瓣边缘包括一木质化层(深色)和一分离层(浅色)。A 和 B 图中横杠代表 50 μm。

花分生组织雌蕊将要形成相应部位呈平卵圆形(图 7.3-5)。B 中 m 为中间雄蕊，箭头指向花瓣原基。阶段 6 花以脊围绕一个中心沟的形式开始形成雌蕊(I，m)，花萼包被花芽(图

7.3-6）。阶段 7 中间的雄蕊基部形成茎，雌蕊形成中空管状（图 7.3-7）。阶段 8 雌蕊发育的更高更宽，花药形成小室。晚期胎座（placentas，o）在中间脊（medial ridges，mr）两边形成（图 7.3-8）。阶段 9 雌蕊可辨别花柱与子房，柱头上有些圆形细胞在雌蕊顶部形成突起；雌蕊内部中脊在中央融合成隔膜（s）（图 7.3-9）。阶段 10 雌蕊封闭，顶部有更多柱头突起，转移通道（Transmitting tract，tt）前体形成，指状突起胚珠原基形成（图 7.3-10）。阶段 11 雌蕊柱头被许多突起覆盖，中部隔膜中小而暗的细胞将形成转移通道（transmitting tract），隔膜边缘大量空气充填在只有几个疏松间隔细胞形成的袋中，en b 层细胞开始背斜向分裂形成长而窄的细胞，胚珠内珠被（inner integument，i）和外珠被（outer integument，箭头）在珠心 nucellus（n）和珠柄 funiculus（f）之间起始（图 7.3-11）。阶段 12 雌蕊花柱表皮细胞明显不同于雌蕊其他部分，隔膜中部转移通道染为暗色，胚珠珠被生长开始覆盖珠心，整个阶段 12 中木质部加厚在果实基部木质部中间带（medial xylem strands，mxs）开始，逐渐向顶进行。然后在花柱木质部（stylar xylem，stx）开始加厚，逐渐向中间维管束的基部进行。阶段 12 晚期，侧向木质部带（lateral xylem strands，lxs）的加厚在基部开始，向顶部发展。此外，在胚柄（funiculus，fxs）中单独分化一条木质部带（图 7.3-12）。（I）暗视野显微镜下整个雌蕊显示加厚的木质部细胞壁。阶段进展从右上角开始向左连续，弯向第二排，从左到右（Roeder and Yanofskya，2006）。阶段 13 和 14，次级（2°）维管束组织在瓣中从侧生维管束形成分支，朝雌蕊基部分化（图 7.3I）。

阶段 13 柱头（stigma，stg）受粉。花柱、果夹瓣（va）、胎座框（rep）和雌蕊柄（gynophore，gyn）都已明显可见。具有成熟雌蕊的所有部分，胚珠完成了发育，准备受精（图 7.4-13）。阶段 14 雄蕊延伸到雌蕊顶部，花粉管通过柱头和转移通道进入胚珠授粉路径（图 7.4-14）。阶段 15，雌蕊延长超过雄蕊顶部（图 7.4-15）。阶段 16 花器官萎蔫（图 7.4-16）。中期阶段 17 en a 层已经碎裂（图 7.4-17）。阶段 18 果实分离层细胞（箭头）已经分离碎解。阶段 19 果实左边瓣已经同胎座框的瓣边缘分离。阶段 20 种子和瓣都脱落（图 7.4-20）（Roeder and Yanofskya，2006）。

果实成熟时，由于外部薄壁的瓣细胞干化而收缩，造成逆刚性的 en b 和木质化瓣边缘层的张力（图 7.5）（Roeder and Yanofskya，2006）。

3. 肉果果实的发育

肉果果实中果肉部分的生长比重很大。一般经历细胞分化、分裂、伸展、成熟几个阶段，在外观形态、结构、颜色、气味、味道等方面发生变化，成熟过程中在生理、生化、器官结构等方面的变化体现在：①通过叶绿素、类胡萝卜素、类黄酮的积累。②改变细胞膨胀压、细胞壁结构或代谢。③影响营养质量的糖、酸、味道、气味、芳香物改变。④病原性易感性增加（Giovannon，2004）。

肉果成熟过程有明显呼吸峰和没有呼吸峰两类。番茄、苹果和多数核果属于有呼吸峰类，草莓、葡萄属于无呼吸峰类。而一些瓜类属于两者都有的类型。人们对番茄果实的成熟过程进行了大量研究。

肉果成熟过程中肉果中对番茄、苹果果实发育研究得比较透彻。番茄果实发育从开花开始计算，开花后 0～14 天是细胞分裂高峰期，果实外观表现为有一定生长，开花后 7～35 天是细胞伸展阶段，果实大小变化较大，开花后 35～42 天果实到达成熟阶段大小。种

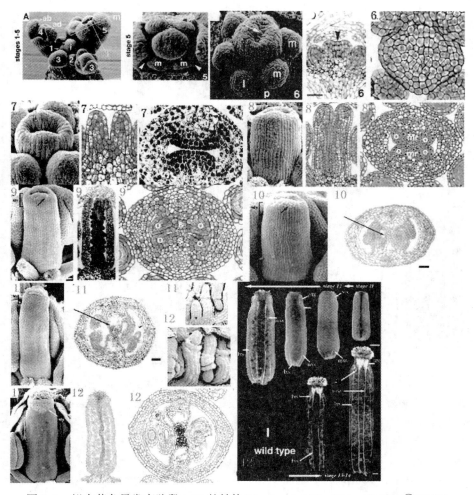

图 7.3 拟南芥角果发育阶段 1-12 的结构（Roeder and Yanofskya，2006，ⓒASPB）

子成熟，但颜色是绿色，结构较硬（图 7.6，图 7.7）。开花后 42~56 天以后进入成熟阶段，开始出现可见的类胡萝卜素，并开始软化，乙烯峰值出现在这个阶段。开花后 56 天到 63 天收获，果实继续变红变软，乙烯峰值持续较高状态。主要碳代谢流在发育的三个点出现高峰：开花后 21 天、35 天、49 天，其中蔗糖合成是主要反应，糖酵解代谢、淀粉、细胞壁、蛋白质合成速率相对较低。有机酸和氨基酸水平在开花后 49 天出现高峰，蛋白质含量在这个时期出现高峰。淀粉和细胞壁合成、二氧化碳释放在发育过程中一直下降。葡萄糖、果糖在发育过程中以线性形式逐渐积累，开花后 56 天是成熟的关键点，此刻以后叶绿素含量急剧降低，类胡萝卜素和 lecopene 含量急剧上升，三羧酸循环中间磷酸产物含量在此处有第二个高峰，与相应酶活性变化一致，体现了叶绿体到有色体转变的变化。发育晚期一些次生产物含量增高，如咖啡因、抗坏血酸、半乳糖醛酸、半乳糖醛酸 1，4 内酯。细胞壁单糖成分在发育晚期随着果实的软化而减少（Carrari et al.，2006；Alba

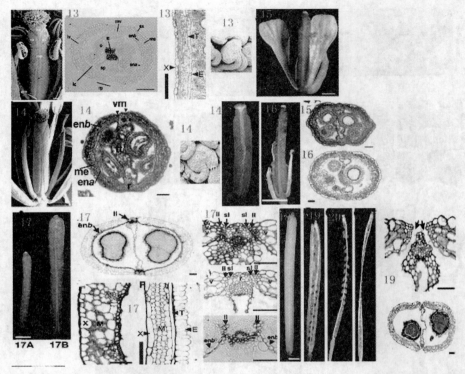

图7.4 拟南芥角果从受粉到裂果的发育过程(Roeder and Yanofskya, 2006, ⓒASPB)

内果皮 enb 层和瓣边缘(lignified layer, ll)被木质化。(E) 中期阶段 17 果实瓣壁横切片显示外果皮(exocarp, X), 中果皮(mesocarp M)和内果皮 b (en b,)细胞层。en a 层已经碎裂。瓣细胞(the valve cells, v), 瓣边缘木质化层(ll), 瓣边缘分离层 (separation layer, sl), 胎座框细胞(replum, r)。

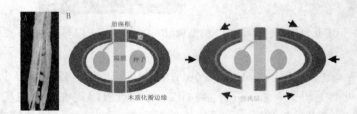

图7.5 果实成熟开裂机理(Roeder and Yanofskya, 2006, ⓒASPB)

et al., 2005)。

苹果果实发育阶段从开花后 0~35 天是细胞分裂阶段，开花后 25~146 天的完全成熟期间一直在进行细胞伸展生长。其中细胞伸展速率在开花后 35 天到约 65 天达到高峰。淀粉合成与积累在开花后 35 天到 90 天之间进行，此后是淀粉降解阶段（图 7.8）(Jassen et al., 2008)。

第一节 果实的结构和发育过程

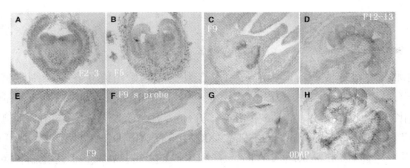

图7.6 受粉前番茄果实的发育（Vrebalov et al., 2009，ⒸASPB）

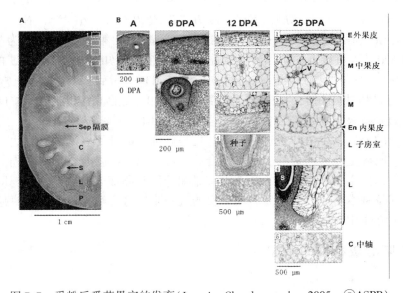

图7.7 受粉后番茄果实的发育（Lemaire-Chamley et al., 2005，ⒸASPB）

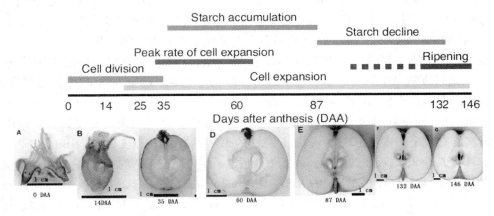

图7.8 苹果受粉后果实的发育过程（Jassen et al., 2008，Ⓒ BMC Plant Biol）

215

第二节 拟南芥果实发育和成熟的分子调控

果实由雌蕊发育形成。雌蕊由心皮组成。果实的起始由终止花的干细胞特性开始。干细胞的终止有 AG 直接结合到 *WUS* 位点，通过集合 Polycomb Group 蛋白，在该位点进行 H3K273me 化，抑制 *WUS* 表达(Liu et al., 2011)，有 AG 通过激活 KNU 抑制干细胞特性决定基因 *WUS* 的表达途径(Ming and Ma, 2009)，有 ARGONAUTE10 (AGO10)、AGO1 抑制 *WUS* 基因表达途径(Ji et al., 2011)，有 SUP 通过抑制 AP3、PI 途径解除对 *AG* 抑制的途径(Prunet et al., 2009)。在花发育阶段 3WUS 和 LFY 激活 AG，决定雌蕊的位置和发生，AG 激活一批与雌蕊发育有关的基因。AG 直接结合在启动子上激活的有 *SPL*、*DAD1*、*GIANT KILLER* (*GIK*)、*KNUCKLES* (*KNU*)、*SHATTERPROOF2* (*SHP2*) 等(Ng et al., 2009)。AG 对 SPL 的激活在表达的第一天，而对 KNU 的激活在第二天，是因为早期 *KNU* 被 H3K273me 抑制，不可接近。阶段 6 AG 通过 KNU 经过未知方式抑制 *WUS* 的转录(Ming and Ma, 2009)。从阶段 3 到阶段 6 的间隔，保持 WUS 的活性对果实的正常发育是必需的，WUS 表达范围决定相关区域新器官的数目。YAB1 类的 FIL 和 YAB3 在顶端分生组织侧生原基处的分布决定顶端新器官的分布类型(Goldshmidt et al., 2008)。拟南芥两片心皮是组成雌蕊的外皮，是由叶子进化而来，也是修饰后的叶子。两片心皮边缘融合，融合处细胞增生，向内生长，两边的生长点汇合后，进行第二次融合，形成横隔。边缘融合处两侧形成胎座，着生胚珠，成熟的胚珠内有雌配子体和卵细胞。成熟的雌蕊即是果实的原型，各组织部位基本形成。受精后启动果实的进一步发育。受精前的发育对果实的形态结构建成具有关键作用。

一、影响心皮特性的调控

1. 心皮特性和数目的决定

心皮构成雌蕊，其特征是胚珠、柱头组织、花柱组织、瓣细胞、隔膜原基。心皮特性和数目是在花分生组织阶段开始确定。心皮的分化由以 *AGAMOUS* 为主的 C 类基因与其他基因的相互作用控制形成。但是心皮在特定条件下也可以不依赖 AG 发育，发育成不完全心皮，*YABBY* 类 *CRABSCLAW* (*CRC*) 基因在心皮特性上也起着一定作用。

心皮相当于侧生器官，其数目由 AG 和 WUS 的分布范围决定，决定干细胞分化的 WUS 可以通过促进 AG 的表达影响心皮数目，在花分生组织过量表达 *WUS* 与过量表达 *AG* 时都表现出多心皮现象(Ikeda et al., 2009)。

影响 WUS 分布范围的 CLVATA 信号途径的组成成分也同样决定心皮数目。拟南芥野生型果实具有 2 个心皮(图 7.9A)，*clv1* 突变的果实具有 4 个心皮(图 7.9B)，*clv2-3* 突变的果实具有 5 个心皮(图 7.9C)，雌蕊柄延长。*clv3-2* 突变平均每朵花有 6.7 个心皮。CLV1 类受体激酶(*BARELY ANY MERISTEM*) *bam1*、*bam2* 与 *clv3-2* 的三突变心皮数减少为 4.3，*clv2-1 bam1-1 bam2-1* 三突变心皮数为 3.8，*bam1-1 bam2-1* 与 *clv1-4*、*clv1-7*、*clv1-11* 三突变的心皮数分别为 8.97、7.44、8.65(DeYoung and Clark, 2008)。

SHOOT MERISTEMLESS (*STM*) 编码建立分生组织需要的同源蛋白。*stm* 杂合体植物可

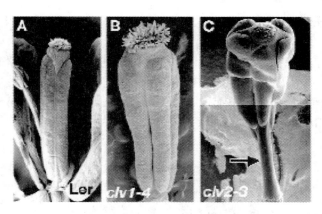

图7.9 CLAVATA基因控制心皮数目(Roeder and Yanofskya，2006，ⒸASPB)

以部分抑制 clv3 增加的心皮数目，它们通过细胞分裂和扩张作用协同进行器官起始。POLTERGEIST(POL)也可抑制 clv 表型，使分生组织大小恢复正常，减少额外心皮数目。心皮数目也可以被 superman(sup)突变体分配到心皮发育的不同改变花分生组织的比例而改变。Superman 突变体中，雄蕊数目的增加以心皮的减少为代价(Roeder and Yanofskya，2006)。

ap2-2 ag-1 双突变体第一轮心皮仍保持多心皮专一组织。spt-2 ap2-2 pi-1 ag-1 四突变体外轮心皮的心皮边缘有属于心皮结构的胚珠突起，但完全缺乏柱头和花柱细胞。crc-1 spt-2 ap2-2 pi-1 ag-1 突变体花中 CRC 的移去消去了外轮器官多数其余心皮特性。

STM/WUS/CLV 在心皮数目的决定中所起的作用进一步说明三者的协调作用在分生组织的分布和特性决定中起重要作用，也体现了在植物形态建成中的一般性规律。

2. *ERECTA*(*ER*)控制果实的形状

ERECTA(*ER*)编码富含亮氨酸重复序列受体蛋白激酶。内质网蛋白和两个疏水区域形成信号肽和一个跨膜区域。C 末端细胞内区域编码假定的丝氨酸/苏氨酸激酶催化区域。细胞外区域含有 20 个富含亮氨酸重复序列(LRRs)。MAPK 激酶系列磷酸化途径在 ER 下游起信号传导作用，其中包括 MEKK1-MKK2-MPK4 和 MKK1-MPK4。几个 WRKY 家族的转录因子是 MAPK 作用的目标(Terpstra et al.，2010)。两个 ER 类似基因 *ERECTA-LIKE*(*ERL*)基因 ERL1、ERL2 与 ER 具有相似的结构和重叠的功能，它们共同作用，在植物形态上起重要作用。整个 ER 家族基因的突变导致严重矮化、心皮延长受到抑制(Shpak et al.，2004)。ER 在细胞分裂素对顶端分生组织的调控中起着缓冲作用，整个 ER 家族基因突变的幼苗茎顶端形态和 CLV3 对细胞分裂素的处理反应剧烈(Uchida et al.，2013)。突变体在干细胞数目增多的同时，伴随着叶数目的减少，而 clv3 突变体干细胞数目增多的同时，叶数目并不减少，说明 ER 在茎顶端分生组织细胞到侧生原基形成的分配中起作用(Uchida et al.，2012)。而 ER 家族的突变体中，PIN1、生长素反应部位、ARF5、IAA1、IAA19 在茎顶端分生组织的分布都发生改变，且 ER 对 PIN1 在茎顶端分生组织中未来叶原基主脉部位分布和未来叶维管束的形成都是必需的(Chen et al.，2013)。ER 还参与

AS1 AS2 复合体对叶近轴特性的作用(Xu et al., 2003)。

ER 在茎顶端分生组织强表达,在花发育的 1~3 阶段在整个花分生组织表达。在阶段 4~6,表达限制在雄蕊和雌蕊。阶段 6 ER 在整个雌蕊表达(图 7.10 D)。到阶段 8,表达在整个花中减少。很可能 ER 作为细胞外信号受体促进细胞分裂和扩张,因此控制果实形状。野生型 Columbia(Col)果实没有 er 突变。果实长而狭窄,Landsberg erecta(Ler) 果实带有 er 突变,果实短而宽。(图 7.10A)。Col 果实顶端瓣收缩(图 7.10B),Ler 果实顶端瓣变钝(图 7.10 C)(Roeder and Yanofskya, 2006)。

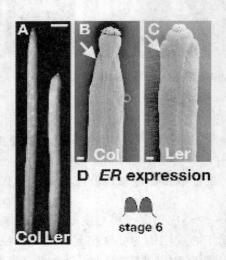

图 7.10　ERECTA 控制心皮的形状(Roeder and Yanofskya, 2006, ⒸASPB)

3. 决定种子散发的瓣边缘特性基因

SHATTERPROOF(SHP) 决定瓣边缘促进特性,SHP1 和 SHP2 基因对瓣边缘的木质化层和分离层的分化具有重叠的决定作用。shp1 shp2 双突变体不能开裂。原因是瓣边缘没有木质化层,所以不能开裂(图 7.11F)(Roeder and Yanofskya, 2006)。

SHATTERPROOF 基因编码两个关系很近的 MADS 家族转录因子,87% 相同的 SHP 蛋白功能性重叠,没有一个单突变有异常表型。SHP 基因有几乎相同的表达类型。SHP 在胚珠发育过程中与 SEEDSTICK(STK) MADS-box 基因的作用相重叠。AG 可以在体外结合到 SHP2 启动子一个位点,表明 AG 心皮特性的决定是通过促进 SHP 基因表达(Roeder and Yanofskya, 2006)。

在发育过程中,SHP 表达分布发生变化。发育早期,SHP 基因广泛表达在雌蕊中。阶段 10,SHP 的表达延伸到瓣边缘、胎座框、隔膜和发育中胚珠,弱表达也延伸到瓣边缘(图 7.12A)。阶段 12,SHP 表达专一地限制在瓣边缘(图 7.12B),也在发育中胚珠继续表达。阶段 17 SHP 继续在瓣边缘表达,但不在胚珠表达(图 7.12C)(Roeder. and Yanofskya, 2006)。

番茄中 SHP 的类似基因是 Tomato AGAMOUS-LIKE1(TAGL1),其分子生物学功能与拟

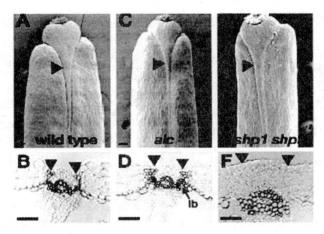

图 7.11　*SHP* 决定瓣边缘木质化层的形成(Roeder and Yanofskya, 2006, ⓒASPB)

(A)阶段 17 野生型果实顶端 SEM,箭头为瓣边缘。(B)用木质素专一的间苯三酚(phloroglucinol)染色的胎座框区域的横切片。箭头示瓣边缘的木质化层。(E) *shp1 shp2* 果实顶端瓣边缘仍很明显,而基部瓣边缘不明显。(F)在 *shp1 shp2* 果实基部瓣边缘木质化层不能分化。在果实顶部附近有木质化层细胞。

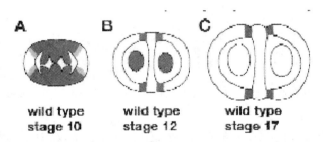

图 7.12　*SHP* 在发育过程中表达模式的变化(Roeder and Yanofskya, 2006, ⓒASPB)

南芥的 *SHP* 不同,转入拟南芥后不能弥补 *SHP* 功能的缺失。但 TAGL1 在番茄中同样决定果实的扩张和成熟,这种特性是与促进果实的发育和种子繁殖的最终目标是一致的,说明在进化中 *SHP* 类基因的功能与种子散发是一致的,随着物种进化其功能也发生变化(Vrebalov et al., 2009)。

ALCATRAZ(*ALC*)基因编码 basic helix loop helix(bHLH)转录因子,决定瓣边缘分离层细胞的特性,防止分离层细胞的木质化(图 7.13)。*alc* 突变体木质化桥(lb)将胎座框的维管系统和木质化层连接起来,分离层的发育受到影响,en b 层阻止果实的开裂(图 7.11D)。*alc* 突变体不开裂表型比 *shp1 shp2* 程度轻些(Roeder and Yanofskya, 2006)。

ALC 在野生型果实中表达也随发育时期变化,阶段 14,*ALC* 在瓣和瓣边缘表达(图 7.13A)。阶段 16,*ALC* 专一地限制在瓣边缘表达(图 6.13B)。阶段 17,*ALC* 在胎座框的

外围细胞中也在瓣边缘表达(图 7.13 C)。阶段 18，ALC 在分离层的几层内层细胞表达(图 7.13 D)(Roeder and Yanofskya, 2006)。

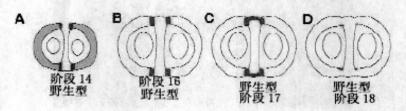

图 7.13　ALC 在野生型果实中的表达类型(Roeder and Yanofskya, 2006, ⓒASPB)

INDEHISCENT(*IND*)编码一个 bHLH 转录因子。多数 bHLH 蛋白碱性区域含有一个关键的谷氨酰胺，与 DNA 结合位点 CA 碱基接触，但在野生型 IND 蛋白中这个谷氨酰胺被丙氨酸替代。酵母中 IND 可以与 ALC 作用，这两个蛋白可能通过异质二聚体化特化分离层。IND 在瓣边缘专一化中决定木质化层的形成。野生型果实中 *IND* 在阶段 12 到阶段 17 在瓣边缘区域表达，与同一时期 *SHP* 在瓣边缘区域表达分布一致(图 7.14)(Roeder and Yanofskya, 2006)。

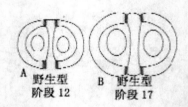

图 7.14　IND 在发育中果实中的表达分布(Roeder and Yanofskya, 2006, ⓒASPB)

ind 突变整个果实木质化层不能分化(图 7.15)。*ind alc* 双突变果实一样缺乏木质化层。在 *ind* 单突变果实中瓣边缘在顶端和基部不明显。*ind shp1 shp2* 三突变果实瓣边缘轮廓进一步减少，瓣边缘木质化层缺乏，且离胎座框后退几个细胞，说明 *SHP1* 和 *SHP2* 在瓣边缘发育中也起作用。在 *ind alc shp1 shp2* 四突变体中瓣边缘发育进一步减少，en b 层后退几个细胞到瓣，说明 *ALC* 在瓣边缘发育中的一些作用独立于 *IND* 和 *SHP*(Roeder and Yanofskya, 2006)。

不开裂 Canola 植物 *canola*(*Brassica napus* and *Brassica rapa*)有两个 *IND* 类似物，*BIND1* 和 *BIND2*，导致 *canola* 的不开裂。说明瓣边缘特性的决定机制在植物中具有相似性(Roeder and Yanofskya, 2006)。

除了上述决定瓣边缘木质化层的 *IND* 和决定分离层的 *ALC* 以及与两者都有关的 *SHP* 之外，决定瓣壁特性的 *FRUITFUL*(*FUL*)和决定脊特性的 *REPLUMLESS*(*RPL*)基因分别在瓣壁和脊侧限制瓣边缘特性的形成，确定瓣边缘特性的边界(Roeder and Yanofskya, 2006)。*FUL* 基因与 *AP1* 基因同属 *AP1* 或 *SQUA* 家族，AP1 与花瓣形成有关，花瓣和心皮

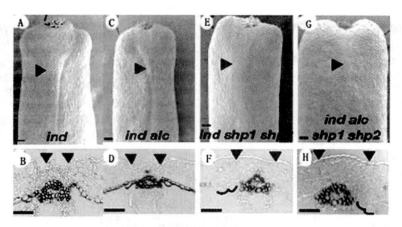

图 7.15 *ind alc shp1 shp2* 对瓣边缘特性的作用(Roeder and Yanofskya，2006，ⒸASPB)

都是由叶进化而来，具有结构和功能的相关性(图 7.16～图 7.18)(Litt and Irish，2003)。

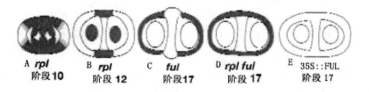

图 7.16 *RPL*、*FUL SHP* 对 *ALC* 基因表达的调控(Roeder and Yanofskya，2006，ⒸASPB)

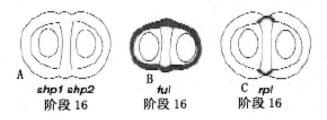

图 7.17 *RPL*、*FUL* 对 *SHP* 基因表达的调控(Roeder and Yanofskya，2006，ⒸASPB)

Roeder 和 Yanofskya 提出了转录因子网络调控专一化瓣边缘特性的作用机制解释模型(图 7.19)。*SHP*、*IND* 和 *ALC* 共同形成一个非线形网络，特化瓣边缘形成。*SHP* 正调控 *IND* 和 *ALC*。IND 和 ALC 可能通过形成异质二聚体决定分离层特性，而 IND 决定木质化层特性。瓣中 *SHP*、*IND*、*ALC* 都被 *FUL* 负调控，不能表达，从而把瓣边缘形成活性限制在瓣的边缘，同样，*RPL* 在胎座框负调控 *SHP*、*IND* 和 *ALC*，把瓣边缘形成活性限制在胎座框边缘。*ind alc shp1shp2 ful* 四突变体中，在缺乏 FUL 活性时瓣发育多数方面都能进行，FUL 不直接影响瓣发育多数方面。同此相似，*shp1 shp2 rpl* 三突变体中胎座框发育不受 *RPL* 的直接影响。*RPL* 和 *FUL* 主要功能是将瓣边缘的分化精确定位在瓣和胎座框之间的

图7.18 RPL、FUL SHP 对 IND 基因表达的调控(Roeder and Yanofskya, 2006, ⓒASPB)

一条带,保证果实的适当打开(Roeder and Yanofskya, 2006)。

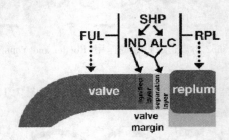

图7.19 转录因子网络调控特化瓣边缘特性模型(Roeder and Yanofskya, 2006, ⓒASPB)

4. 决定瓣发育的基因

果实的瓣在种子发育时包被和保护种子。瓣由子房壁衍生,当果实延长时必须大幅度扩展,允许种子生长。当果实成熟时,瓣在瓣边缘分离,落离果实,释放种子。除了 AG 是决定瓣形成的一个基因外,FUL 也是与瓣形成密切相关的基因。FUL 是 MADS box 家族延伸成员,与 APETALA1 和 CAULIFLOWER 花分生组织特性基因密切相关,ap1calful 三突变表现无花表型,具有重叠功能。FUL 对瓣边缘特性基因 SHP、ALC、IND 进行负调控,ful 突变体果实不能正确扩展和分化,很小,有的瓣裂开,有的花柱的异常延长,胎座框增大扭曲,瓣细胞小而圆,瓣中没有保卫细胞分化。ful 突变体中 SHP、ALC、IND 三个基因受到的抑制被消除,可以在整个果实表达,导致木质化异常和细胞生长的异常,从而使果实的生长受到抑制(图7.20)。当逐个消除 ful 突变体中 SHP、ALC、IND 的作用时,它们单个基因在瓣中的作用被消除,果实生长被逐步恢复,进一步说明 FUL 在瓣中的主要作用是抑制 SHP、ALC、IND 的表达(图7.20)。在五基因突变体中,果荚特性得到了90%的恢复。这时的果荚表层突起,内表皮细胞没有充分增大,表明除了 FUL 将边缘特性基因限制在边缘表达外,果荚的分化对 FUL 还有需要或还有其他因子的作用(图7.20)。35S::FUL 果实由于阻碍瓣边缘木质化层形成。胎座框区域外层细胞分化成瓣细胞。而包括维管束在内的胎座框内层细胞仍存在,整个果实周围被瓣细胞覆盖。果荚不开裂(Roeder and Yanofskya, 2006)。

表皮是决定果实形态的重要因素,阶段17野生型(Ler)瓣表皮细胞细胞延长,间隔分布有保卫细胞(箭头)(图7.21 A)。ful 突变体瓣细胞延长受到抑制,瓣细胞小而圆,细胞

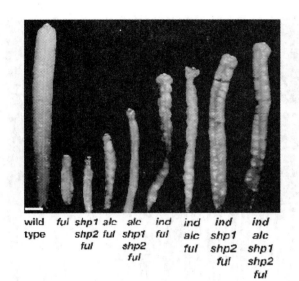

图 7.20 *SHP*、*ALC*、*IND*、*FUL* 基因对果实发育的作用(Roeder and Yanofskya, 2006, ⓒASPB)

分裂活性增加，瓣中没有保卫细胞分化，保卫细胞复合体缺乏，内部中果皮木质化异常高(图 7.21B)。消除 *SHP* 功能使表皮瓣细胞出现几个保卫细胞(图 7.21C)。消除 *ALC* 功能部分恢复瓣细胞的延长，但不形成保卫细胞(图 7.21D)。细胞壁木质化后，限制细胞延长，从而限制果实伸长。因此异常部位的木质化，限制果实的生长。

SHP 和 *ALC* 功能都消除使瓣细胞延长恢复更多一些(图 7.21E)。移去 *IND* 作用可以在很大程度上恢复 *ful* 果实中瓣细胞的延长和保卫细胞的形成(图 7.21F)。*IND ALC* 两个基因都失活与 *ind* 单基因突变相似(图 7.21 FG)，进一步证明 *IND* 与 *ALC* 在调控上的线性关系。如 *SHP*、*ALC*、*IND* 作用全部去除，表皮瓣细胞与野生型瓣细胞相似(图 7.21 I)。瓣细胞分化在 *ful* 突变体中通过移去瓣边缘特性恢复。可见在果实表皮形态建成上 *FUL*、*SHP*、*ALC*、*IND* 基因的相互作用(Roeder and Yanofskya, 2006)。

果皮内木质化层的正确分布是果实正常发育和开裂的另一个重要因素。*FUL*、*SHP*、*ALC*、*IND* 基因的相互作用在其中起着重要作用。

内果皮 en b 是果荚内第二内层细胞，在阶段 17 中间木质化而具有刚性。En b 是参与开裂的三层细胞之一，与果荚边缘的分离层和木质化层一起进行开裂活动。如果实成熟，外果皮干化收缩，刚性的 *En b* 张开，使心皮脱落(Roeder. and. Yanofskya, 2006)。

野生型果实瓣边缘(lm)木质化层和内果皮 en b(lv)层木质化，但中果皮细胞(m)没有木质化(图 7.22A)。决定瓣边缘木质化的基因 *SHP*、*ALC*、*IND* 的消除使 en b 层木质化从胎座框缩回几个细胞(图 7.22B)。*FUL*、*SHP*、*ALC*、*IND* 功能全部消除，*en b* 层不能木质化(图 7.22C)。消除 *FUL*，失去对决定木质化基因 *SHP*、*ALC*、*IND* 的抑制，中果皮异常木质化(图 7.22D)。过量表达促进木质化的基因 *SHP*，果实中果皮也异常木质化(图 7.22E)。*IND* 活性从 *ful* 突变体瓣的移去恢复木质化类型，只有 en b 层木质化，中果皮没

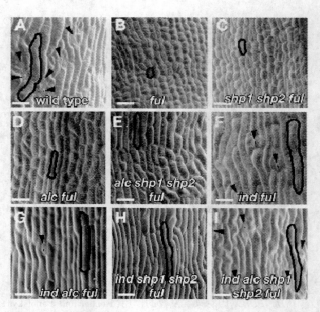

图7.21 *SHP*、*ALC*、*IND*、*FUL* 基因对果实表皮发育的作用(Roeder and Yanofskya,2006,ⓒASPB)

有木质化(图7.22F)。FUL 在果皮中除了胎座框以外的地方控制基因表达(图7.22G),如消除了 *SHP*、*ALC*、*IND* 的作用,FUL 在瓣的表达区域从胎座框缩回几个细胞(图7.22H),*FUL* 表达区域的收缩与图7.22B 中 en b 细胞层木质化的收缩相关,这种收缩可能是有脊因子迫使 FUL 活性区域收缩,说明 *FUL*、*IND*、*ALC*、*SHP* 都对 en b 层木质化有贡献(Roeder and Yanofskya,2006)。

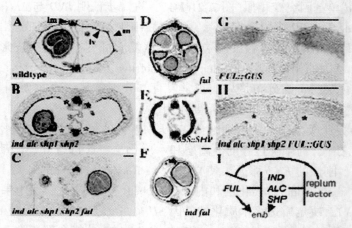

图7.22 *FUL*、*IND*、*ALC* 和 *SHP* 对果皮木质化的作用(Roeder and Yanofskya,2006,ⓒASPB)
用木质素专一的间苯三酚(phloroglucinol)染色,横线 100 μm

Roeder 和 Yanofskya 提出了 en b 层木质化的模型（图 7.22 I）。IND、ALC、SHP 负调控假设的胎座框因子，它反过来负调控 *FUL*。*FUL*、*IND*、*ALC*、*SHP* 都促进 en b 层木质化特性。

其他基因如 *AG* 参与了 en b 层的特化，*ag ap2* 双突变体没有 en b 层的分化。

5. 决定果脊发育的基因

果脊是开裂后雌蕊同果实保持连接的部位，位于雌蕊中部，每个果脊包含一层外层细胞和中心的维管束结构，果脊同隔膜（septum）连接，将果荚隔为两室。一些基因直接控制果脊的发育。

REPLUMLESS（*RPL*）编码 BELL1 家族的同源盒蛋白，与 KNOX 家族的基因在同源盒区域相似，但没有 KNOX 家族上游的 MEINOX、ELK、GSE 区域。特定 BELL 家族蛋白能与特定 KNOX 家族蛋白结合，起功能调控作用。因为在节间的延长功能和分生组织中的功能，又有 PENNYWISE（PNY）、BELLRINGER（BLR）和 VAAMANA（VAN）的名称。其也在胚珠、茎、叶、根、茎端分生组织中表达。RPL 位于核中，和 KNOX 家族的基因 STM、KNAT1、KNAT2 和 KNAT6 相互作用，限制 *KNAT2* 和 *KNAT6* 的表达，*knat6* 的突变使 *rpl* 果脊的表型恢复正常。但与 KNAT3、KNAT4、KNAT5 无作用。RPL 也结合到 *AG* 的调控元件，负调控 *AG* 的表达。*RPL* 基因将瓣边缘的发育限制在脊的边缘。*rpl* 突变体果脊外层细胞失去果脊特性，具有果荚边缘细胞木质化的特性。其他部位不变（图 7.23）（Roeder and Yanofskya，2006；Ragni *et al.*，2008；Byrne et al.，2003）。

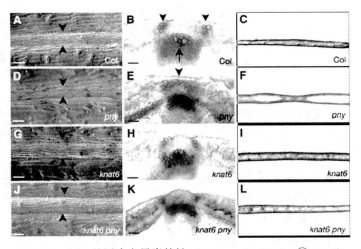

图 7.23 *RPL* 基因决定果脊特性（Ragni *et al.*，2008，ⓒASPB）
B、E、H、K 中深色为木质化细胞（严海燕修饰）

RPL：：*RPL-GUS* 在阶段 12（BC）和阶段 16（A）雌蕊的胎座框强表达（图 7.24）。移去 *SHP* 的功能使果脊部位恢复正常，进一步说明 *RPL* 的功能不是必需，而是抑制其他基因的表达（图 7.25）。

RPL 在果脊中的功能与 FUL 在果荚中的功能平行，*SHP* 基因决定果荚边缘的特性，

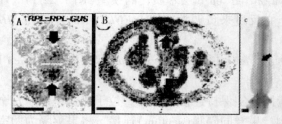

图 7.24 *RPL* 基因的表达分布（Roeder and Yanofskya, 2006, ©ASPB）

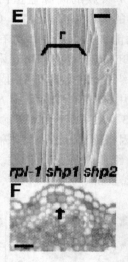

图 7.25 *RPL* 基因对果脊形成的作用不是必需的（Roeder and Yanofskya, 2006, ©ASPB）

开始广泛表达，以后逐渐限于由 *RPL* 和 *FUL* 控制的果脊和果荚之间的狭窄的带中，保证了边缘带的分化，使果荚开裂能够进行。果荚和果脊中 *rpl* 和 *ful* 突变能够恢复相应组织的特性，说明这两个基因并不直接决定相应组织的特性，不是相应组织形成的必需基因，而是通过对决定这两个组织边缘带分化特性的 *SHP* 基因的负调控，决定边缘带的位置，其上游基因包括了 *AG* 和 *WUS*（Roeder and Yanofskya, 2006）。

6. 果脊的分生组织功能

果脊是由心皮边缘融合而成，是花粉管进入子房生长的基质和通道，是未来胚胎和种子发育的基础，承载着繁殖发育的功能。胎座框和隔膜是果脊发育形成的重要组织。果脊组织胚胎发育的基础胎座以及后来胚胎发育的关键结构胚珠特定组织区域一直具有分生组织特性，包括干细胞和其周围分生区域。在珠心区域表达分布的 WUS 影响决定珠被发生的基因 *ANT* 的空间分布，其信号传导体系控制胚珠发育（Groβ-Hardt et al., 2002）。

CUP-SHAPED COTYLEDONS（*CUC*）在胎座框和隔膜的形成中起着将器官与相邻器官和分生组织分离的作用。*cuc1 cuc2* 双突变体子叶融合在一起，茎分生组织不形成；隔膜不能融合，上半部外果脊组织缺乏。雌蕊发育早期，中部脊组织存在，但后期不能扩张，

隔膜不能融合。50%的 cuc-1/+ cuc2/cuc2 隔膜融合不完全。所以 CUC1 和 CUC2 的作用是重叠的。CUC1 和 CUC2 编码两个相关的植物专一性的 NAC domain 家族的转录因子，在器官之间的边界表达。在隔膜原基生长过程中，在内脊和隔膜中部表达，直到阶段 11，12，在果脊中不表达(Roeder and Yanofskya.，2006)。

7. 对果实整体构型的基因网络调控

在器官极性建成的建立过程中，决定侧生器官极性的 Filamentous Flower(FIL)和 YABBY3(YAB3)，以及促进侧生器官生长的 JAGGED(JAG)通过促进 FUL 和 SHP 的表达影响瓣和瓣边缘特性，RPL 除了抑制瓣边缘基因 SHP、IND、ALC 在胎座框(脊)的表达外，也抑制 FIL、YAB3、JAG 在胎座框(脊)的表达，从而将瓣和瓣边缘特性限制在胎座框以外(Dinneny et al.，2005)。FIL 和 YAB3 单突变不影响开裂表型，双突变果实不开裂，顶部瓣边缘区域缺乏木质化细胞，基部瓣边缘区域过度木质化，同时瓣区域 enb 失去木质化特性(Dinneny et al.，2005)。在果实发育中，四种 YAB 家族蛋白 CRC、INO、FIL、YAB3 既有不同的作用，也具有共同的作用(Meister et al.，2005)。

8. 柱头、花柱、隔膜和转移通道的融合和形成

拟南芥有两次融合事件，一是发生在中间组织的心皮融合，包括果脊和隔膜原基。第二次融合是两个中脊融合形成隔膜，及花柱形成实体圆柱。融合后花柱中心和隔膜中间分化出运输管道，LEUNIG(LUG)、TOUSLED(TSL)、STYLISH、SPATULA、CRABS CLAW、AINTEGUMENTA(ANT)参与了柱头、花柱、隔膜、运输管道的形成和雌蕊的融合，其中有基因的相互作用(Roeder and Yanofskya，2006)。

lug 突变在天生的心皮尖部融合和后生的隔膜融合中都是缺陷的。LUG 编码一个转录共抑制因子，类似于酵母的 TUP1 和果蝇的 Groucho，带有两个富含谷氨酰胺的区域和 7 个 WD 重复，不含 DNA 结合区域，但位于细胞核，与果蝇和小鼠中 LIM 结合 1/CHIP 类似蛋白 SRUSS(SEU)共同作用，可能通过组蛋白去乙酰基酶 HDA19、介导组分 MED14(SWP)、CDK8(HEN3)，抑制 RNA 聚合酶 II 的功能，而负调节 AG 的表达(Sridhar et al.，2004；Gonzalez et al.，2007)。LUG 在心皮果荚中表达很弱，但在维管组织、发育中胎座和胚珠中表达。在花的前两轮，lug 突变体顶端有四个未融合的突出。两个是中间的花柱和位于顶部柱头上的突起，另两个突起是果荚的两个突起，顶端缺陷在早期(时期 7)探测到。lug 的隔膜向外生长但不融合(图 7.26)(Roeder and Yanofskya，2006)。

AINTEGUMENTA(ANT)促进新形成的器官原基的细胞繁殖。ant 突变类似于弱的 lug 突变。lug ant 双突变完全不融合，缺乏中间组织，有两个羊角状的果荚，胚珠、胎座、隔膜、果脊完全缺乏，包括侧生维管组织和果荚表皮组织。果荚不受影响，发育正常(图 7.26)。说明 lug ant 共同影响中间组织的形成。由于 lug 对其他花器官的同源影响，内侧第一轮花萼也被转变成角形未融合心皮(Roeder and Yanofskya，2006；Liu et al.，2000)。

TOUSLED(TSL)基因编码核丝氨酸苏氨酸蛋白激酶，影响雌蕊顶端组织发育。TSL 基因在果实发育阶段 11 仅在花柱和瓣的上半部表达，到阶段 13，表达仅限于花柱(Roe et al.，1997；Roede and Yanofskya，2006)(图 7.27H、I)。tsl 突变顶端组织减少，不能融合。tsl 顶端分生组织分化减少，花柱和隔膜不能融合，柱头突起减小成为心皮边缘多变的碎片，柱头突起和花柱内细胞数目都减少，心皮数目一到四个，只有花柱碎片和柱头分

图 7.26 *LEUNIG* 参与心皮的融合

(A) *lug* 果实示柱头(s)上瓣的角样突起(h)。(B)未融合的 *lug* 雌蕊顶端近观。有两个内侧柱头表面(s)和两个稍后从瓣突出的角型结构(h)。(C) *lug ant* 双突变示两个完全未融合的第四轮角型心皮(Roeder and Yanofskya., 2006, ⓒASPB)

化(Roe et al., 1997; Roede and Yanofskya, 2006)(图 7.27)。TSL 激酶活性在 G2/M 相和 G1 相升高，*tsl* 突变引起细胞周期中 TSL 激酶活性类型异常，有丝分裂周期蛋白 CYCB1;1 表达水平升高，表明 TSL 抑制 CYCB1;1 的表达。TSL 还参与核小体组装蛋白 ASF1、组蛋白 H3、SANT/MYB 蛋白 TKI1 磷酸化过程，揭示 TSL 在染色质代谢过程中的作用，可能通过染色质修饰调控基因表达(Ehsan et al., 2004)。

tousled leunig 双突变顶部组织减少。*tsl* 和 *lug* 在雌蕊数目和减少和融合性降低方面的一致性说明它们可能在同一途径中作用。双突变表型加重，表明它们的作用可能重叠(Roede and Yanofskya, 2006)(图 7.28)。

PERIANTHIA(*PAN*)基因编码一个 bZIP 转录因子，在野生型拟南芥的顶端分生组织、花分生组织、每一轮花器官原基、胚珠原基表达(Chuang. et al., 1999)。*perianthia* 突变花器官数目和花型都改变，雌蕊顶部融合延迟(Running and Meyerowitz, 1996)。*pan* 突变对雌蕊发育影响较小。*tousled perianthia* 双突变形成未融合的雌蕊(Roede and Yanofskya, 2006)。

STY1 和 *STY2* 在发育雌蕊顶端表达，在那里形成花柱和柱头，决定柱头和花柱的发育。*STY1* 和 *STY2* 编码 C3HC3H 锌指蛋白，与 *RING* 指相似，参与蛋白和蛋白之间的作用，也具有核定位信号和 IGGH 区域，属于拟南芥一个 10 基因家族，包括 *SHORT INTERNODES*(*SHI*)、*LATERAL ROOT PRIMORDIUM1*(*LPR1*)。*sty1* 单突变影响较小，*sty2* 单突变对雌蕊没有影响。双突变中花柱突起朝周围边缘生长，柱头突起朝向各种方向；雌蕊中隔膜顶端减小或不存在，花柱中木质部减少。*STY1* 或 *STY2* 的过量表达引起果荚花柱细胞的异常分化。STY1 过量表达，雌蕊形成异常表皮脊，在其附近形成维管组织木质部扇。异常花柱阻止果荚开裂，果实打开(图 7.29)(Roeder and Yanofskya, 2006)。最近研究表明，STY1 作为转录因子调控生长素合成途径中关键基因 *YUC4* 的转录表达，从而影响生长素水平和组织的生长(Eklund et al., 2010)。

SPATULA(*SPT*)编码一个碱性 bHLH(helix-loop-helix)转录因子，其表达与发育时期和作用部位相一致，从阶段 6 到阶段 11 传输管道发育的阶段在相应区域表达(图 7.30)，是传输管道发育必需的基因。阶段 6 雌蕊原基呈球形细胞团。阶段 8 内部中间区域中脊生长形成隔膜。雌蕊顶部柱头和花柱发育。阶段 11 形成隔膜，包括发育中传输管道、胚珠

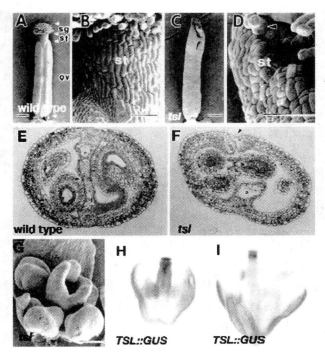

图 7.27　*TOUSLED* 基因的作用(Roeder and Yanofskya, 2006, ⓒASPB)。

(A)阶段 13 野生型雌蕊。柱头区域(sg), 花柱(st), 子房(ov)。(B) 阶段 13 野生型柱头(st)近观。(C) 阶段13tsl-1 雌蕊顶端未融合, 柱头突起数目减少。(D) 阶段13tsl-1 雌蕊顶部近观。远轴花柱细胞在顶端存在, 也在雌蕊内部边缘存在。(E) 野生型雌蕊横切面示隔膜融合。(F) tsl-1 雌蕊横切面示隔膜不能融合。(G) 阶段 9 tsl-1 雌蕊顶端已经不平。(H) 阶段 11 *TSL*∷*GUS* 报告基因在花柱和上部瓣表达。(I) 阶段 13 *TSL*∷*GUS* 基因表达限于花柱。

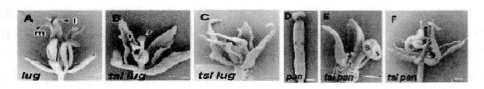

图 7.28　*tsl* 与 *lug* 及 *pan* 的相互作用(Roede and Yanofskya, 2006, ⓒASPB)。

(A) 未融合的具有四个突起的 lug 雌蕊顶端。两个中间(m), 两个侧面(l)。(B) *tsl lug* 双突变只有一个心皮。有两个突起, 一个侧面和一个中间。(C) *tsl lug* 双突变有两个心皮, 在雌蕊基部融合, 但未融合的角顶部没有柱头组织。(D) 阶段 13 双心皮的 *pan* 雌蕊。(E)阶段 10 *tsl pan* 双突变显示具有胚珠原基的未融合的心皮(箭头)。(F) 成熟 *tsl pan* 花有两个未融合的心皮(c)

原基。阶段 13 *SPT* 在除了外果皮细胞以外瓣和阶段 17 的瓣边界表达。*spt* 突变体中没有传输导管, 中间组织异常, 隔膜顶部形成传输导管的细胞缺乏。因此花粉管生长受阻, 少于 1/4 的胚珠受精。花柱、柱头、隔膜生长减少, 心皮顶端不融合。开花期 *spt* 花柱狭窄,

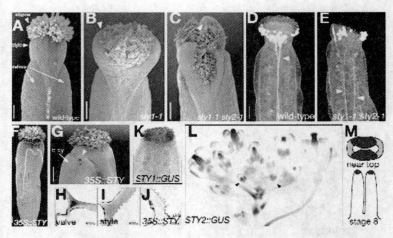

图7.29 STY决定花柱发育(Roeder and Yanofskya, 2006, ⓒASPB)

柱头顶端突起少。果实生长时由于侧生扩展果实更平坦，成为压舌板状(Roeder and Yanofskya, 2006)。SPT的表达受生长素反应因子ETTIN的负调控，不受CRC和AG的调控(Alvarez and Smyth, 1999; Heisler et al., 2001)。

图7.30 SPT决定传输管道发育(Roede and Yanofskya, 2006, ⓒASPB)

SPT也在spt突变体的花瓣、雄蕊、胚珠、种子附着位点、幼叶、托叶、茎成熟髓、侧生根冠表达，但未见异常。这表明可能有未知因子与SPT有重叠功能，或bHLH常形成异聚体，可能共同作用(Roeder and Yanofskya, 2006)。

CRC编码具有一个锌指和一个helix-loop-helix的YABBY家族的转录因子。在雌蕊侧面表达，发育阶段7、8时在表皮和内部表达明显，阶段10时在脊部表达减少。在阶段12时在外表皮的表达已经检测不到(图7.31)。CRC(35S∷CRC)的恒定表达形成实心雌蕊，在萼片边缘形成心皮样结构，表明CRC是心皮特化途径的控制因子。CRC基因突变阻止花柱和胚珠上部融合，简化的花柱每边向内弯曲，形成螃蟹爪样结构，蜜腺缺乏，果实更短更宽。胚珠偶尔从脊向外伸出，表明突变体缺乏离轴-近轴极性(Alvarez and Smyth, 1999; Bowman and Smyth, 1999; Roeder and Yanofskya, 2006)。CRC的转录表达受BC类花决定基因以及SEP的共同控制，在蜜腺和心皮处表达。在A类突变背景下SHP1/2基因可促进CRC的表达(Lee et al., 2005a)。在被子植物中CRC类似基因的功能较为保守(Lee et al., 2005b; Fourquin et al., 2007)。

图 7.31　CRC 决定果实形状（Roeder and Yanofskya，2006，ⓒASPB）。雌蕊心皮侧面切片

　　spt crc 双突变雌蕊几乎完全不融合，只有基部融合。边缘组织包括柱头突起、花柱、胚珠、隔膜减小，只有果荚正常。*SPT* 的表达不受 *crc* 突变影响，而 *spt* 突变增加 *CRC* 的表达（Roeder and Yanofskya，2006）。

二、果实中极性轴的决定

　　果实中有三个轴的极性：中间-侧面、顶部-基部、近轴-远轴。所有侧生器官都具有近轴远轴的分化，如叶的上表皮与下表皮、雌蕊的外部细胞层和内部细胞层。

　　1. 近轴-远轴极性的决定

　　一些基因与果实的近轴远轴极性有关。*GYMNOS*（*GYM*）也称为 *PICKLE*（*PKL*），编码一个依赖 CHD3/4 DNA 的 ATP 酶，是 SWI2/SNF2 基因家族染色质重修饰酶，GYM 蛋白结构中有一个 PHD 指和一个 MYB DNA 结合区域。*GYM* 同果蝇 *Mi-2* 相关，该基因产物与组蛋白去乙酰基酶结合，抑制目标基因的表达，是染色质修饰蛋白。PKL 抑制胚发育激活因子 LEC1 的表达，在拟南芥萌发和整个植株中抑制胚特性（Ogas et al.，1999；Rider et al.，2003；Henderson et al.，2004）。GYM 在未分化的组织中表达，包括胚、分生组织、器官原基。在雌蕊发育 5~7 时期的雌蕊各处表达，但在时期 8 限于中间的脊和胚珠原基中，最后只在胚珠中表达（Roeder and Yanofskya，2006）。

　　gym 单突变近轴-远轴特性未变，*crc* 和 *gym* 单突变中都没有异常胚珠在雌蕊外部发育。*crc gym* 双突变造成了雌蕊外部胚珠原基的形成，即近轴-远轴极性的改变。在 *crc gym* 中异常胚珠沿着隔膜发育（Roeder and Yanofskya，2006）。

　　Eshed 等人假设 *CRC* 除了建立心皮特性、促进花柱形成外，决定雌蕊的离轴细胞特性。*GYM* 促进未分化特性基因的抑制。*gym* 突变延长了未分化特性基因表达的时间。*crc gym* 突变轴向反化被限制在中间区域。果荚中其他基因可能影响 *crc gym* 的性状，与 *CRC* 的功能重叠，如 *FIL*、*YAB2*、*YAB3* 表达在离轴区但不在中间区。内部外翻 *kanadi*（*kan*）*gynoecia* 突变基因 *KAN1* 和 *KAN2* 的突变几乎使整个植物的近轴远轴极性丧失，*kan1kan2* 双突变的雌蕊外部布满了胚珠，代替了所有离轴组织。其也缺乏中间侧面极性，果脊向外长出组织（图 7.32）（Roeder and Yanofskya，2006）。

　　kan1 加强 *crc* 近轴远轴极性丧失，脊部向外生长，在外部形成包括传输管道的隔膜和两排胚珠。心皮在基部形成。*KANADI* 基因编码 GARP 家族的转录因子，GARP 家族有五十多个基因，*KAN1* 促进远轴特性的形成，在幼叶远轴端和开花器官表达，雌蕊中表达在远轴端（Roeder and Yanofskya，2006）。*KANADI* 控制生长素反应因子基因 *ARF3* 和 *ARF4* 的

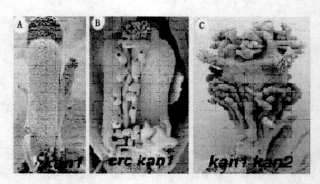

图7.32　KAN CRC 决定近轴远轴极性(Roede and Yanofskya, 2006, ⓒASPB)

转录表达(Pekker et al., 2005),也通过影响生长素运出载体 PIN1 的分布影响生长素流动(Izhaki and Bowman, 2007),还可直接抑制非对称基因 *ASYMMETRIC LEAVES2*(*AS2*)的转录控制近轴远轴极性(Wu et al., 2008)。

同源盒亮氨酸锌指拉链(HD-ZIP)家族类型Ⅲ的三个成员 *PHABULOSA*(*PHB*)、*PHAVOLUTA*(*PHV*)和 *REVOLUTA*(*REV*)促进近轴命运。PHB、PHV、REV 都是与蛋白作用的蛋白,在胚发生中与 AP2 类转录因子 DORNRÖSCHEN(DRN,又名 ENHANCER OF SHOOT REGENERATION1; ESR1)和 DRN-LIKE(DRNL;又名 ESR2)形成异源聚合体,影响生长素运输和反应(Chandler et al., 2007)。PHB、PHV、REV 封闭一个 microRNA-结合位点,干扰转录产物积累的中间环节,*PHB* 过量表达使整个发育中叶子表达产物,野生型只限于近轴表达。PHB、PHV、REV 也可能接受分生组织近轴位置信号受到表达调节(Roeder and Yanofskya, 2006)。

2. 果实顶端基部轴的形成

在雌蕊顶部基部轴向形成中生长素作为形态建成素起重要作用。生长素在幼嫩顶部合成,通过植物体运输到基部。*PIN-FORMED*(*PIN*)是生长素运出的载体,极性动态分布在植物的一侧细胞,控制生长素梯度的建立。生长素极性运输对植物的发育很关键。生长素运输抑制剂可用来干扰浓度梯度,研究生长素对发育的作用。N-1-naphthylphthalamic acid (NPA)是一种生长素运输抑制剂(Roeder and Yanofskya, 2006)。

PIN1 编码一个跨膜蛋白,有8~12个跨膜区域,围绕一个被假定为跨膜载体的亲水核。*PIN1* 在子叶、成簇的叶、幼苗、花序、角果中表达,组织学研究表明在木质部薄壁细胞和形成层表达。*PIN1* 定位于细胞的一侧,与P糖蛋白(P-glycoprotein, PGP)相互作用,调控生长素极性运出(Blakeslee et al., 2007)。*PIN1* 在茎中细胞基部膜侧的分布,与生长素的向基性运输一致。*pin1* 突变干扰生长素极性运输和雌蕊的顶端基部形成,导致生长素极性运输降到15%。突变体起始时只有光秃的雌蕊柄,后来花成簇形成。花萼和花瓣的数目倾向于增加,花瓣在基部融合,雄蕊数目减少。花器官心皮化。花序顶部倾向形成多雌蕊,其表型范围较广。雄蕊不形成花粉,雌蕊中胚珠不发育,*pin* 突变体不育(Roeder and. Yanofskya., 2006)。

第二节 拟南芥果实发育和成熟的分子调控

PINOID(PID)编码一个丝氨酸苏氨酸蛋白激酶,在体外自动磷酸化,在维管组织瞬时表达。PID启动子含有一个AuxRE,受生长素诱导表达。PID控制PIN在细胞中的极性分布,调节生长素的极性运输。pid突变体同样形成光秃的针样柄,中心子房缺乏雌蕊群,在形成的少量的花中,雌蕊被花柱和柱头覆盖,其表型与pin相似,与ett相似但与ett不同的是其近轴远轴极性不受影响(Roeder and Yanofskya,2006)。35S::PID过量表达PID,使PIN位于顶部,低水平表达PID,使PIN位于基部(Roeder and Yanofskya,2006)。

SPT可能是介导生长素极性运输的因子,施加NPA后spt突变造成的雌蕊顶端裂缝复原。由于NPA抑制生长素运输,生长素积累在顶端,促进顶端生长,使spt突变造成的生长减少得以修复(Roeder and Yanofskya,2006)。

ETTIN编码生长素反应因子(ARF3),含有一个与生长素反应因子相似的DNA结合区域。ARFs结合到生长素调节基因的生长素反应元件AuxREs上,控制它们的表达。ETT有一个核定位序列和2个富含丝氨酸的区域。在雌蕊中起着介导生长素反应的作用。ETT表达在野生型雌蕊早期中的果皮内侧(Roeder and Yanofskya,2006)(图7.33)。ETT负调控SPT表达,形成瓣,清除雌蕊过度生长和外翻的传输通道。SPT含有几个类似AuxRE元件,ETT有可能通过直接结合SPT的启动子发生作用。ETT同时与TOUSLED相互作用。ett tsl双突变体的雌蕊茎上只有胎座和胚珠,缺乏果荚、柱头组织、花柱。TSL表达范围在ett突变体中延伸到花柱的中间组织和果荚。野生型则只在顶端表达。所以ETT将TSL的表达限制在雌蕊的顶端区域,建立顶端极性(Nemhauser et al.,2000;Roeder. and. Yanofskya,2006)。

图7.33　ETT表达类型(Roeder and Yanofskya,2006,ⒸASPB)

ETT沿着顶端基部轴向建立界限。ett突变体中间的子房缩短,雌蕊柄、花柱和柱头延长,胎座和隔膜也减小;雌蕊传输导管组织外翻,柱头和花柱分裂,维管组织受到影响(Nemhauser et al.,2000;Roeder and Yanofskya,2006)(图7.34)。

界限假说解释了生长素和ETT的作用:子房顶部和基部各有一个界限。生长素运输抑制剂处理加大生长素梯度,使下部界限上提。ett突变使顶端界限下拉,底部界限上提,中间区域缩小,造成雌蕊柄和花柱、柱头延长,子房缩短的现象。不同的等位基因程度不同(图7.35)。生长素运输抑制剂与生长素反应基因ett突变体表型的一致性进一步说明了生长素在顶端基部轴极性分化过程中的作用(Roeder and Yanofskya,2006)。严海燕认为,适当浓度的生长素促进细胞分裂和延伸,ett突变体和生长素运输抑制剂使生长素由顶端向下的运输受到阻碍,顶部有足够浓度的生长素促进生长,而中部不足,造成三种部位生长速度的不均衡。

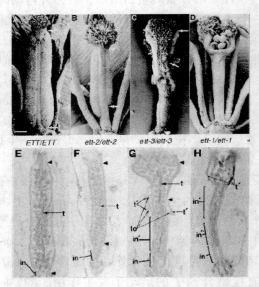

图 7.34　ETT 突变体顶端基部极性的变化（Roeder and Yanofskya，2006，ⓒASPB）

三、果实发育中的受精与激素的作用

受精启动果实的发育。拟南芥的花如果没有传粉，雌蕊发育停止，整个花老化，脱落，或花各部位器官脱落留下未成熟的雌蕊。未受精的花不成熟，也不开裂，雌蕊由于外果皮、内果皮和中果肉细胞少量伸长有少量增长，但比正常雌蕊短得多，果实生长受到限制(Vivian-Smith et al.，2001)。授粉以后，果实的发育也与种子发育密切相关。fwf 突变体在未授粉下也形成无子果实，但比正常果实短 40%。中果皮细胞分裂减少，细胞宽度增加。移去未授粉 fwf 突变体的其他花器官，果实的生长增大，FWF 可能作为生长的抑制因子起作用（图 7.36）（Vivian-Smith et al.，2001；Roeder and Yanofskya，2006）。

生长素、赤霉素、细胞分裂素诱导未受精雌蕊生长而造成单性结实（parthenocarpy）。赤霉素的作用较大，生长素的作用主要在使细胞宽度的增大（Roeder. and. Yanofskya，2006）（图 7.37，图 7.38）。番茄果实中生长素反应调控因子 IAA9 的表达受到抑制导致单性结实（Wang et al.，2005）。豌豆授粉和受精引起赤霉素合成酶 PsGA3ox1 活性的增加和赤霉素降解酶 PsGA2ox1 活性的下降（Ozga et al.，2009）。番茄单性结实突变体 pat3/pat4 中，赤霉素含量很高，乙烯模仿授粉信号诱导子房中生长素合成，从而促进果实发育（Pascual et al.，2009）。外源施加油菜类甾醇(24-epibrassinolide，EBR)引起黄瓜的单性结实，而油菜类甾醇生物合成抑制剂 brassinazole（Brz）抑制黄瓜的坐果和果实发育（Fu et al.，2008）。在李子发育过程中，生长素在果实生长中起重要作用，而乙烯在果实成熟的起始和速度方面起重要作用（El-Sharkawy et al.，2009）。

赤霉素 Gibberellin 在受精后角果的发育过程中促进角果的延长，缺乏赤霉素时抑制生长。GAI 编码转录调控辅助因子，17 个氨基酸的去除造成对赤霉素不敏感的突变 gai。GA

第二节 拟南芥果实发育和成熟的分子调控

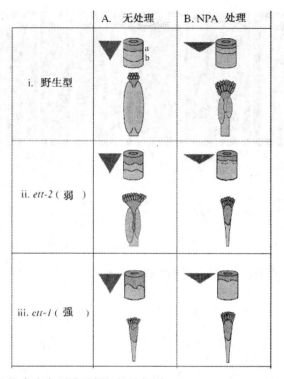

图 7.35　ETT 与生长素决定顶端基部极性的假说（Roeder and Yanofskya，2006，ⓒASPB）

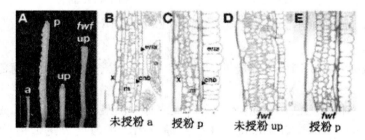

图 7.36　授粉对果实发育的影响（Roeder and Yanofskya，2006，ⓒASPB）

水平在 *gai* 中上升，但植物表现出赤霉素缺陷。*gai* 果荚同 GA 缺陷突变表型相同。*ga1-3* 突变不形成角果。*ga5-1* 突变果荚形态变化，果荚细胞分裂减少，细胞扩张方向由纵向变为横向。*ga1-5gai* 突变的表型与未授粉但用生长素处理的表型相同，说明 GA 缺乏时，生长素的作用占主导地位。*ga4-1* 突变对果实表型没有影响，它阻止活性 GA1 和 GA4 合成的最后一步。其表型不变说明赤霉素合成途径的多样化（Roeder and Yanofskya，2006）。

四、其他因素引起的未受精的果实发育

在受精受阻的特殊情况下，部分胚珠或雌蕊发育形成果实。单性结实的研究，为受精

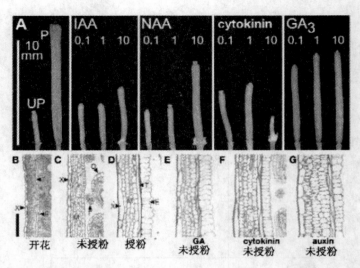

图7.37 激素对果实生长的影响(Roeder and Yanofskya, 2006, ⓒASPB)

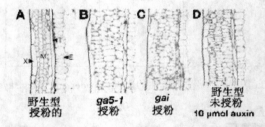

图7.38 赤霉素和生长素对果实生长的影响(Roeder and Yanofskya, 2006, ⓒASPB)

诱导果实的形成途径和机制的研究提供了材料和方法。无子西瓜、无子葡萄都是商业上畅销的商品。

CYP78A9,一种细胞色素P450蛋白,合成或降解油菜甾醇(brassinosteroids)、黄酮类化合物(flavonoids)、木质素(lignin),在激活标记品系的过度表达促进单性结实。内源CYP78A9在胚珠阶段14的花柄处表达,可能参与受精后激活果实发育的信号的产生。CYP78A9的过量表达使未受精雌蕊发育成果实,并比野生果实大(Ito and Meyerowitz, 2000)。

KNUCKLES 编码一个C2H2锌指蛋白,具有EAR-样活性的抑制区域,抑制 WUS 的表达。KNU 最早在心皮原基表达,在胚珠发育的6~9阶段,在雌蕊基部以大的碎片形式表达,也存在于发育中的花粉中。knu 影响基部器官形态,雌蕊柄延长,其指节突变体形成不确定的单性心皮果实节,呈关节状突出。关节状结构也由基部胎座形成,在果实基部胎座重复地形成心皮,表现出多心皮结构。雄蕊也由果实基部胎座形成。一半突变体形成关节状突起,只有关节状突起的雌蕊能单性结实。发育是温度敏感型,突变体25°C雄性不育,但仍形成果实,16°C可形成同源合子种子。推测在早期 KNU 抑制非胚珠花器官的繁殖(Payne et al. 2004；Roeder and Yanofskya, 2006)。番茄 TM29 也发现类似现象。

AGAMOUS-like 15(*AGL15*)基因影响果实的成熟，过量恒定表达 *AGL15* 延长果实发育的时间，脱落延迟。茎上果实的数目也增加，花序分生组织繁殖休止延迟(Roeder and Yanofskya, 2006)。*AGL15* 编码 MADS 类的转录调控因子，在拟南芥和大豆中都促进胚性组织的发生(Perry et al., 1999；Thakare et al., 2008)。用基因芯片研究 AGL15 结合的 DNA 有 2028 个位点，其中包括胚发育调控因子 *LEC2*、*FUS3*、*ABI3*，赤霉素代谢或信号感知系统的 *GIBBERELLIN 2-OXIDASE2*、*GIBBERELLIC ACID INSENSITIVE*，以及生长素反应蛋白 *INDOLEACETIC ACID-INDUCED PROTEIN30*(*IAA30*)(Zheng et al., 2009)。这与该基因促进果实发育是一致的。

果实发育是植株整体繁殖停止必需的，移去授粉后果实的植株不发生整体繁殖停止。果实内发育中种子的数目可能是决定整体发育停止的信号。停止信号从发育中种子通过果实传到整个植物指导分生组织生长停止。因此发育中果实对整个植物的发育有直接的影响(Roeder and Yanofskya, 2006)。

☞ 参考文献

Alba R., Payton P, Fei Z., McQuinn R., Debbie P, Martin G. B, Tanksley SD, Giovannonia JJ. Transcriptome and selected metabolite analyses reveal multiple points of ethylene control during tomato fruit development. Plant Cell, 2005, 17, 2954-2965.

Alvarez J, Smyth DR. CRABS CLAW and SPATULA, two Arabidopsis genes that control carpel development in parallel with AGAMOUS. Development. 1999, 126, 2377-2386.

Blakeslee JJ, Bandyopadhyay A, Lee OR, Mravec J, Titapiwatanakun B, Sauer M, Makam SN, Cheng Y, Bouchard R, Adamec J, Geisler M, Nagashima A, Sakai T, Martinoia E, Friml J, Peer WA, Murphy AS. Interactions among PIN-FORMED and P-Glycoprotein auxin transporters in Arabidopsis. Plant Cell. 2007, 19, 131-147.

Bowman JL, Smyth DR. CRABS CLAW, a gene that regulates carpel and nectary development in Arabidopsis, encodes a novel protein with zinc finger and helix-loop-helix domains. Development. 1999, 126, 2387-2396.

Byrne ME, Groover AT, Fontana JR, Martienssen RA. Phyllotactic pattern and stem cell fate are determined by the Arabidopsis homeobox gene BELLRINGER. Development. 2003, 130, 3941-3950.

Carrari F, Baxter C, Usadel B, Urbanczyk-Wochniak E, Zanor M, Nunes-Nesi A, Nikiforova V, Centero D, Ratzka A, Pauly M, Sweetlove LJ, and Fernie A R. Integrated analysis of metabolite and transcript levels reveals the metabolic shifts that underlie tomato fruit development and highlight regulatory aspects of metabolic network behavior. Plant Physiology, 2006, 142, 1380-1396.

Chandler JW, Cole M, Flier A, Grewe B, Werr W. The AP2 transcription factors DORNRÖSCHEN and DORNRÖSCHEN-LIKE redundantly control Arabidopsis embryo patterning via interaction with PHAVOLUTA. Development. 2007, 134, 1653-1662.

Chen M, Wilson RL, Palme K, Ditengou FA, Shpak ED. ERECTA family genes regulate auxin transport in the shoot apical meristem and forming leaf primordia. Plant Physiol. 2013, 162, 1978-1991.

Chuang C, Running MP, Williams RW, Meyerowitz EM. The PERIANTHIA gene encodes a bZIP protein involved in the determination of floral organ number in Arabidopsis thaliana. Genes & Development. 1999, 13, 334-344.

DeYoung BJ, Clark SE. BAM receptors regulate stem cell specification and organ development through complex interactions with CLAVATA signaling. genetics. 2008, 180, 895-904.

Dinneny JR, Weigel D, Yanofsky MF. A genetic framework for fruit patterning in *Arabidopsis thaliana*. Development. 2005, 132, 4687-4696.

Ehsan H, Reichheld J, Durfee T, Roe JL. TOUSLED kinase activity oscillates during the cell cycle and interacts with chromatin regulators. Plant Physiol. 2004, 134, 1488-1499.

El-Sharkawy I, Sherif S, Mila I, Bouzayen M, Jayasankar S. Molecular characterization of seven genes encoding ethylene-responsive transcriptional factors during plum fruit development and ripening. J. of Exp. Bot. 2009, 60(3), 907-922.

Eklund DM, Ståldal V, Valsecchi I, Cierlik I, Eriksson C, Hiratsu K, Ohme-Takagi M, Sundström JF, Thelander M, Ezcurra I, SundbergE. The *Arabidopsis thaliana* STYLISH1 protein acts as a transcriptional activator regulating auxin biosynthesis. Plant Cell. 2010, 22, 349-363.

Fourquin C, Vinauger-Douard M, Chambrier P, Berne-Dedieu A, Scutt CP. Functional Conservation between CRABS CLAW Orthologues from Widely Diverged Angiosperms. Annals of Botany. 2007, 100, 651-657.

Fu FQ, Mao WH, Shi K, Zhou YH, Asami T, Yu JQ. A role of brassinosteroids in early fruit development in cucumber. J. of Exp. Bot. 2008, 59(9), 2299-2308.

Giovannoni JJ. Genetic regulation of fruit development and ripening. Plant Cell, 2004, 16, S170-S180.

Goldshmidt A, Alvarez JP, Bowman JL, Eshed Y. Signals derived from *YABBY* gene activities in organ primordia regulate growth and partitioning of *Arabidopsis* shoot apical meristems. Plant Cell, 2008, 20, 1217-1230.

Gonzalez D, Bowen AJ, Carroll TS, Conlan RS. The Transcription corepressor LEUNIG interacts with the histone deacetylase hda19 and mediator components MED14 (SWP) and CDK8 (HEN3) to repress transcription. MOLECULAR AND CELLULAR BIOL. 2007, 27(15), 5306-5315.

Groβ-Hardt R, Lenhard M, Laux T. WUSCHEL signaling functions in interregional communication during Arabidopsis ovule development. GENE DEV. 2002, 16, 1129-1138.

Heisler MGB, Atkinson A, Bylstra YH, Walsh R, Smyth DR. SPATULA, a gene that controls development of carpel margin tissues in Arabidopsis, encodes a bHLH protein.

Development. 2001, 128, 1089-1098.

Henderson JT, Li H, Rider SD, Mordhorst AP, Romero-Severson J, Cheng J, Robey J, Sung ZR, de Vries SC, Ogas J. PICKLE acts throughout the plant to repress expression of embryonic traits and may play a role in gibberellin-dependent responses. Plant Physiol. 2004, 134, 995-1005.

Ikeda M, Mitsuda N, Ohme-Takagi M. Arabidopsis WUSCHEL is a bifunctional transcription factor that acts as a repressor in stem cell regulation and as an activator in floral patterning. Plant Cell. 2009, 21, 3493-3505.

Ito T, Meyerowitz EM. Overexpression of a gene encoding a cytochrome P450, CYP78A9, induces large and seedless fruit in arabidopsis. Plant Cell. 2000, 12, 1541-1550.

Izhakia A, Bowman JL. KANADI and Class III HD-Zip gene families regulate embryo patterning and modulate auxin flow during embryogenesis in Arabidopsis. Plant Cell. 2007, 19, 495-508.

Jassen BJ, Thodey K, Schaffer RJ, Alba R, Balakrishnan L, Bishop R, Bowen JH, Crowhurst RN, Gleave AP, Ledger S, McArtney S, Pichler FB, Snowden KC, Ward S. Global gene expression analysis of apple fruit development from the floral bud to ripe fruit. BMC Plant Biol. 2008, 8, 16.

Ji L, Liu X, Yan J, Wang W, Yumul RE, et al. *ARGONAUTE*10 and *ARGONAUTE*1 regulate the termination of floral stem cells through two MicroRNAs in *Arabidopsis*. PLoS Genet, 2011, 7(3): e1001358.

Lee J, Baum SF, Alvarez J, Patel A, Chitwood DH, L BowmanJ. Activation of CRABS CLAW in the nectaries and carpels of Arabidopsis. Plant Cell. 2005 a, 17, 25-36.

Lee J, Baum SF, Oh, S Jiang C, Chen J, Bowman JL. Recruitment of CRABS CLAW to promote nectary development within the eudicot clade. Development. 2005b, 132, 5021-5032.

Lemaire-Chamley M, Petit J, GarciaV, Just D, Baldet P, Germain V, Fagard M, Mouassite M, Cheniclet C, Rothan C. Changes in transcriptional profiles are associated with early fruit tissue specialization in tomato. Plant Physiol. 2005, 139(2), 750-C769.

Litt A, Irish VF. Duplication and diversification in the APETALA1/FRUITFULL floral homeotic gene lineage: implications for the evolution of floral development. Genetics. 2003, 165, 821-833.

Liu Z, Franks RG, Klink VP. Regulation of Gynoecium marginal tissue formation by LEUNIG and AINTEGUMENTA. Plant Cell. 2000, 12, 1879-1891.

Liu X, Kim YJ, Müller R, Yumul RE, Liu C, Pan Y, Cao X, Goodrich J, Chen X*AGAMOUS* terminates floral stem cell maintenance in *Arabidopsis* by directly repressing *WUSCHEL* through recruitment of polycomb group proteins. Plant Cell. 2011, 23(10), 3654-3670.

Meister RJ, Oldenhof H, Bowman JL, Gasser CS. Multiple Protein Regions Contribute to

Differential Activities of YABBY Proteins in Reproductive Development. Plant Physiology, 2005, 137, 651-662.

Ming F, Ma H A terminator of floral stem cells. Genes Dev. 2009, 23(15), 1705-1708.

Nemhauser JL, Feldman LJ, Zambryski PC. Auxin and ETTIN in Arabidopsis gynoecium morphogenesis. Development. 2000, 127, 3877-3888.

Ng KH, Yu H, Ito T. AGAMOUS Controls *GIANT KILLER*, a multifunctional chromatin modifier in reproductive organ patterning and differentiation. PLoS Biol. 2009, 7(11): e1000251.

Ogas J, Kaufmann S, Henderson J, Somerville C. PICKLE is a CHD3 chromatin-remodeling factor that regulates the transition from embryonic to vegetative development in Arabidopsis. PNAS. 1999, 96(24), 13839-13844.

Ozga JA, Reinecke DM, Ayele BT, Ngo P. Developmental and hormonal regulation of gibberellin biosynthesis and catabolism in pea fruit. Plant Physiol. 2009, 150, 448-462.

Pascual L, Blanca JM, Cañizares J, Nuez F. Transcriptomic analysis of tomato carpel development reveals alterations in ethylene and gibberellin synthesis during *pat3/pat4* parthenocarpic fruit set. BMC Plant Biol. 2009, 9, 67-84.

Payne T, Johnson SD, Koltunow AM. KNUCKLES(KNU) encodes a C2H2 zinc-finger protein that regulates development of basal pattern elements of the Arabidopsis gynoecium. Development. 2004, 131, 3737-3749.

Pekker I, Alvarez JP, Eshed Y. Auxin response factors mediate Arabidopsis organ asymmetry via modulation of KANADI activity. Plant Cell. 2005, 17, 2899-2910.

Perry SE, Lehti MD, Fernandez DE. The MADS-domain protein AGAMOUS-Like 15 accumulates in embryonic tissues with diverse origins. Plant Physiol. 1999, 120, 121-129.

Prunet N, Morel P, Negrutiu I, Trehin C. Time to stop: flower meristem termination. Plant Physiol. 2009, 150, 1764-1772.

Ragni L, Belles-Boix E, Günl M, Pautot V. Interaction of KNAT6 and KNAT2 with BREVIPEDICELLUS and PENNYWISE in Arabidopsis Inflorescences. Plant Cell. 2008, 20, 888-900.

Rider Jr. SD, Henderson JT, Jerome RE, Edenberg HJ, Romero-Severson J, Ogas J. Coordinate repression of regulators of embryonic identity by PICKLE during germination in Arabidopsis. Plant J. 2003, 35(1), 33-43.

Roe JL, Nemhauser JL, Zambrysk PC. TOUSLED participates in apical tissue formation during gynoecium development in Arabidopsis. Plant Cell. 1997, 9, 335-353.

Roeder AHK, Yanofskya MF. Fruit Development in Arabidopsis. The Arabidopsis Book. 2006. American Society of Plant Biologists.

Running MP, Meyerowitz EM. Mutations in the PERIANTHI A gene of Arabidopsis specifically alter floral organ number and initiation pattern. Development. 1996, 122, 1261-1269.

Shpak ED, Berthiaume CT, Hill EJ, Torii KU. Synergistic interaction of three ERECTA-family receptor-like kinases controls Arabidopsis organ growth and flower development by promoting cell proliferation. Development. 2004, 131, 1491-1501.

Sridhar VV, Surendrarao A, Gonzalez D, Conlan RS, Liu Z. Transcriptional repression of target genes by LEUNIG and SEUSS, two interacting regulatory proteins for Arabidopsis flower development. PNAS. 2004. 101(31), 11494-11499.

Terpstra IR, SnoekLB, Keurentjes JJB, Peeters AJM, Van den Ackerveken G. Regulatory network identification by genetical genomics: signaling downstream of the Arabidopsis receptor-like kinase ERECTA. Plant Physiol. 2010, 154, 1067-1078.

Thakare D, Tang W, Hill K, Perry SE. The MADS-domain transcriptional regulator AGAMOUS-LIKE15 promotes somatic embryo development in Arabidopsis and Soybean. Plant Physiol. 2008, 146, 1663-1672.

Uchida N, Shimada M, Tasaka M. ERECTA-family receptor kinases regulate stem cell homeostasis via buffering its cytokinin responsiveness in the shoot apical meristem. Plant Cell Physiol. 2013, 54(3), 343-351.

Uchida N, Shimada M, Tasaka M. Modulation of the balance between stem cell proliferation and consumption by ERECTA-family genes. Plant Signaling & Behavior. 2012, 7(11), 1506-1508.

Vivian-Smith A, Luo M, Chaudhury A, Koltunow A. Fruit development is actively restricted in the absence of fertilization in Arabidopsis. Development. 2001, 128, 2321-2331.

Vrebalov J, Pan IL, Arroyo AJM, McQuinn R, Chung MY, Poole M, Rose J, Seymour G, Grandillo S, Giovannoni J, Irish VF. Fleshy fruit expansion and ripening are regulated by the tomato SHATTERPROOF gene TAGL1. Plant Cell. 2009, 21(10), 3041-3062.

Wang H, Jones B, Li Z, Frasse P, Delalande C, Regad F, Chaabouni S, Latché A, Pech J, Bouzayen M. The Tomato Aux/IAA transcription factor IAA9 is involved in fruit development and leaf morphogenesis. Plant Cell. 2005, 17, 2676-2692.

Wu G, Lin W, Huang T, Poethig RS, Springer PS, Kerstetter RA. KANADI1 regulates adaxial-abaxial polarity in Arabidopsis by directly repressing the transcription of ASYMMETRIC LEAVES2. PNAS. 2008, 105(42), 16392-16397.

Xu L, Xu Y, Dong A, Sun Y, Pi L, Xu Y, Huang H. Novel *as*1 and *as*2 defects in leaf adaxial-abaxial polarity reveal the requirement for *ASYMMETRIC LEAVES*1 and 2 and *ERECTA* functions in specifying leaf adaxial identity. Development. 2003, 130, 4097-4107.

Zheng Y, Ren N, Wang H, Stromberg AJ, Perry SE. Global identification of targets of the Arabidopsis MADS domain protein AGAMOUS-Like15. Plant Cell. 2009, 21, 2563-2577.

高信增, 植物学. 北京: 人民教育出版社, 1979, 164-169.

第八章 植物根的发育

植物根系分布于土壤中,具有支撑植物体、吸收土壤中的营养和水分的作用。其结构适应生长环境和营养供给,发生各种适应性的生长和变化。本章将介绍根发育过程的分子机制。

第一节 主根的结构和发育机制

一、根的发育过程和结构

在胚发生阶段,根的原分生组织已经形成一定结构,萌发时分生组织开始分裂,胚根沿轴向伸展,分生组织的细胞数目增加、繁殖速度增加。克隆定向分析表明,分生组织细胞可形成根中所有类型的细胞。

克隆分析法是用遗传标记的方法研究多细胞生物中细胞的命运。白化突变(*albino mutant chlorophyll deficiency*)可用来做茎端遗传标记,葡糖苷酸酶 *uid A* 基因(glucuronidase gene)可标记基因的性状并在所有后代细胞中遗传,显示器官的细胞起源,所以称为克隆分析。一个表达葡糖醛酸糖苷酶的单个细胞可以繁殖成一个大的细胞群,扩展到下胚轴中心,由此看到如何由一个细胞克隆扩展形成根的胚性区域(Scheres et al.,2002)。

拟南芥根的辐射对称在心形胚期已经建立,此阶段的起始细胞围绕着静止中心。到成熟根阶段,这部分组织发育成原分生组织。这些原分生细胞的衍生细胞发育形成中心区细胞和轴柱根冠细胞。成熟胚中根组织有侧根根冠,轴柱根冠和静止中心。心形胚晚期,基部多数表皮细胞发育形成侧生根冠,被根冠围绕的分生组织在休眠后萌发并分裂形成围绕根分生组织侧根根冠层时激活,进行有丝分裂,以形成根分生组织细胞和根冠(Scheres et al.,2002)。

植物的根系结构在不同的发育阶段和环境中形态结构不同。一般由主根、侧根或不定根形成,根上成熟区还分布有单个细胞形成的根毛。根的纵向组织结构上分为分生区、延长区和分化区(图 8.1,Scheres et al.,1994)。分生区由根冠、静止中心和分生组织形成,位于根顶端。根冠包被在根顶端外侧,对内部的静止中心和分生组织具有保护作用,同时指导根生长的方向(图 8.2,Scheres et al.,2002)。根冠由位于根顶端两侧的侧生根冠(lateral root cap,lrc)和中部顶端的中心根冠细胞柱(columella)组成。静止中心(Quiescent center,QC)由少数具有分裂能力、但分裂并不活跃的原始细胞组成,与动物中的干细胞相似。由它们分裂形成四种组织的起始分生组织(initial meristem),分布在其周围,由这些分生组织分裂形成周围的组织,包括根冠和上面的延长区(图8.2,Scheres et al., 2002)。

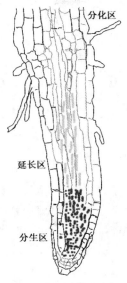

图 8.1 根的结构图(Scheres et al., 1994,严海燕绘)

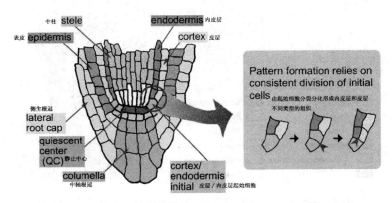

图 8.2 根分生组织的结构(Scheres et al., 2002, ©ASPB)

延长区细胞一方面继续保持分裂活性,一方面延长分化形成各类功能性组织。从横切面看,根延长部逐渐形成原生维管束的各部分,到离静止中心69微米处形成韧皮部原筛管,此时初生和次生木质部形成,再向上次生韧皮部也形成(图8.3,Mähönen et al.,2000)。从外向内分别是外表皮(Epidermis)、皮层(Cortex)、内皮层(Endodermis),中心是维管柱(Vascular)或中柱。维管束又由中柱鞘、木质部、形成层和韧皮部组成,不同的植物在不同的发育阶段和环境中其根中各种组织的分布和结构有不同。成熟区各种组织分化完成,形成表皮、根毛(图8.4),并按一定间距从主根形成侧根。侧根的结构与主根相对应(Parizot et al., 2008)。

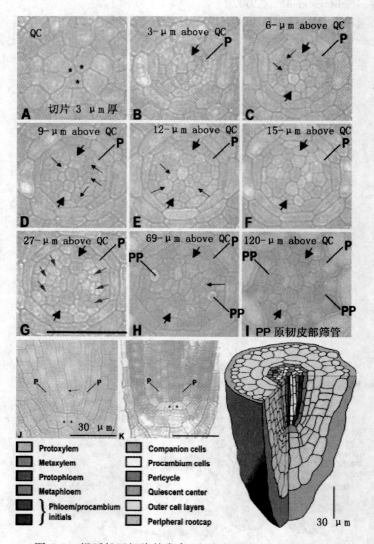

图 8.3　根延长区细胞的发育（左）（Mähönen et al., 2004）

根中的细胞分裂由分生组织进行，静止中心的细胞进行不频繁的分裂。随着根龄和生长条件的变化，细胞分裂速率提高，在一定时期和条件下达到最高值。用核苷酸类似物 BrdU 标记 DNA 进行复制定位，有 84% 的 BrdU 整合到距静止中心细胞两层细胞远的细胞层中，24 小时内有 7% 的前体进入中心细胞，证明了静止中心细胞的低分裂频率，细胞分裂高活性在较远的区域（Scheres et al., 2002）。

不同类型的细胞在根中不同区域扩张。早期细胞扩张慢、非极性，它们的大小相对恒定。分生组织区域细胞普遍等径、连续分裂。如分生区细胞代替细胞列中上部的细胞，这时发生非等径扩张。细胞分裂伴随形成横径大于纵径的细胞。这个阶段建立了根的半径。第二个转变期是在横向延长区域发生高度极化的纵向扩张，细胞分裂几乎停止，辐射扩张

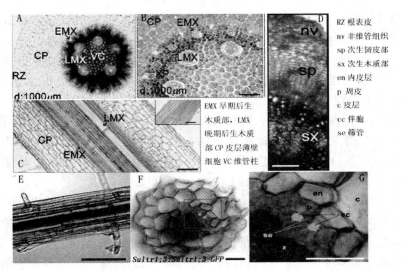

图 8.4　根的组织分化（右）（ABC-Tisi et al.，2011；D-EFG-Yoshimoto et al.，2003；Zhao et al.，2005，ⓒ ASPB）

结束，在纵向轴方向迅速的扩张。植物细胞壁调节细胞扩张的程度和方向。*CORE* (*Conditional Root Expansion*)类突变细胞的扩张在降低生长速率的条件下依赖细胞生长速率，低蔗糖和温度下表型类似于野生型（Scheres et al.，2002）。*COBRA*(*COB*)基因编码一个通过 C 端与葡萄糖基磷酸肌醇（glycosylphatidylinositol，GPI）连接到质膜细胞外空间的蛋白，偏向在迅速延伸的根细胞纵向轴侧表达，在迅速延伸区的起始区表达急剧上调（Schindelman et al.，2001）。*Cobra* 突变体纤维素的分析表明 COB 调节细胞扩张方向与纤维素的细胞壁沉积有关（Schindelman et al.，2001）。玉米中 *COBRA* 类似基因 *ROOTHAIRLESS*3(*RTH*3)在根毛和侧根原基表达，专一地影响根毛的延长，*rth*3 突变显著降低籽粒产量（Hochholdinger et al.，2008）。*lion's tail* 基因突变扩张减少，辐射扩张增加，细胞小于野生型。*QUILL*、*CUDGEL*、*POM-POM1*、*POMPOM2* 都是 *CORE* 基因，*PROCUSTE/QUILL* 编码一类纤维素复合物合成酶；*KORRIGAN* 是 *LION'S TAIL* 的等位基因。*KORRIGAN* 编码内切 1，4 葡萄糖苷酶（endo-1，4-b-D-glucanase，EGase）。该酶是膜内在蛋白，催化位点在膜外（Scheres et al.，2002）。这些基因可能通过细胞壁物质的合成影响细胞扩张。

二、根发育控制的综合因素

1. 位置信息在幼苗高度结构化的细胞类型形成中是决定因素

位置信息决定细胞类型在表皮细胞的表现在于生毛细胞和其他细胞的分裂和分化。这些细胞位于皮层外，根据它们的位置，与两个皮层细胞接触、位于生根毛部位的细胞形成生毛细胞，与一个皮层细胞接触、位于非生根毛部位的细胞形成其他细胞。此外，皮层和内皮层细胞的分化、侧根的形成，也都具有位置效应。侧根起源于离初生根有一定距离的中柱鞘细胞。起始细胞分裂类型不同于初生根(Scheres et al., 2002)。

中柱内合成的转录因子 SHR 移动到内皮层，在那里促进 SCR 表达，SCR 促进内皮层细胞的平周分裂，形成皮层细胞。SHR 和 SCR 在皮层促进小分子 RNA165、166 的表达，而 MiR165、166 移动到中柱内，抑制 HDZIPⅢ的表达，高水平 HDZIPⅢ促进次生木质部形成，低水平 HDZIPⅢ促进初生木质部形成，完全抑制 HDZIPⅢ促进韧皮部发育(Petricka, et al., 2012)。

静止中心(QC)特性由 SHR、SCR 和 PLT(PLETHORA)两条平行途径决定，WOX5 在静止中心表达，作用在 SHR、SCR 途径下游，防止干细胞分化。JACKDAW(JKD)保证 SCR 在静止中心表达。CLE40 通过其受体 ACR4(ARABIDOPSIS CRINKLY4)阻止 WOX5 在 QC 外区域分布，限制在 QC 内部(Petricka, et al., 2012)。

2. 生长素在根的分布对于根各部位的细胞分化起决定作用

生长素在根的分布与位置效应有密切关系(图 8.5，Petersson et al., 2009)。生长素合成在静止中心下面区域，侧根形成部位有密集分布，此外在延伸过程中有点状分布(图 8.6，Ljung et al., 2005)。生长素的极性分布决定根的结构建成，所有分生组织在根尖远端细胞区域起始，形成不同类型的原分生(干)细胞。单个静止细胞的切除导致相邻起始细胞不能分化成干细胞，使细胞分裂停止，根冠壳层淀粉粒积累。只有与静止中心接触的起始细胞受到影响，表明从静止中心短距离发射信号保持周围起始细胞的干细胞活性。通过短范围信号抑制细胞分化程序保持围绕着静止中心的干细胞模型(Scheres et al., 2002)。生长素极性运输抑制剂(naphtylphtalamic acid, NPA)处理使合成生长素反应元件控制的 *DR5*：*GUS* 在根尖的远端标记分布的位置改变，使静止中心、壳轴和侧生根冠层在整个分生组织中分布。NPA 处理也改变根冠区域轴柱的大小和形状(Scheres et al., 2002)。

生长素通过控制影响胚根发育的一系列关键基因起作用。生长素受体 Transport Inhibitor Resistant1(TIR1)(Pan et al., 2009)和它的调控蛋白 Auxin Resistant1(AXR1)(Schwechheimer et al., 2002)、生长素反应因子 ARF5(Auxin Response Factor5)/MONOPTEROS(MP)(Berleth and Jürgens, 1993; Hardtke et al., 2004)、BODENLOS(BDL)/IAA12(Hamann et al., 1999, 2002)在根中介导对生长素反应的转录，BDL/IAA12 与 ARF5/MP 相互作用(Hardtke et al., 2004)。*HOBBIT*(*HBT*)/*CELL DIVISION CYCLE27 HOMOLOG B*(*CDC27B*)基因影响根分生组织细胞分裂，是其形成所必需的，突变体早期胚根原静止细胞和轴柱原始细胞分裂面紊乱，发生的部位比 *mp*、*bdl*、*axr6* 更有限，时期更晚。突变体胚形成后根分生组织无活性、远端细胞类型不分化(静止中心、轴柱、侧生根冠)(Willemsen et al., 1998; Scheres et al., 2002)。突变体对生长素反应，但生长素反应元件 DR5 只在高浓度下反应，表明反应强度降低。*HBT* 在酵母中编码分裂后期促进复合物(anaphase promoting complex)的一个亚单位，可能在根初始阶段决定生长素依赖的根发育和后期生长素依赖的远端细胞分化(Scheres et al., 2002)。

与生长素运输有关的载体和蛋白对根的发育有影响。如 *pin* 突变体的生长素在根尖最大量的分布发生变化，胚根原细胞分裂异常；编码 ARF-GEF、与颗粒运输有关的 *GNOM* 基因的突变，干扰流出载体 PIN1 的定位分布(Steinmann et al., 1999)。信号传导蛋白

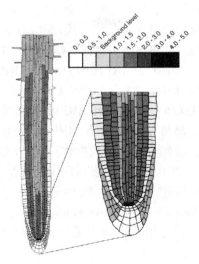

图 8.5　生长素在根中的分布（Petersson et al., 2009）

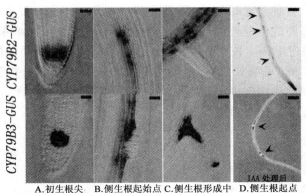

A.初生根尖　B.侧生根起始点　C.侧生根形成中　D.侧生根起点

图 8.6　拟南芥初生根中生长素合成位点分布（Ljung et al., 2005. ©ASPB）

tornado（trn1 和 trn2）突变体发生表皮/侧生根冠起始的突变，侧生根冠细胞位于最外层，正常的一层表皮细胞缺失，表明 TRN1 和 TRN2 在最外层抑制根冠细胞现象的表达（Cnops et al., 2000, 2006）。

PLT1、PLT 2 浓度与生长素水平密切相关。高浓度 PLT1/PLT2 决定分生组织特性，中等浓度促进干细胞子细胞细胞分裂活性，低浓度 PLT1、PLT2 的细胞能够进行分化（Overvoorde et al., 2010）。

生长素在侧根和根毛的形成方面也起重要作用（图 8.6）。外源生长素和 superroot 突变都有额外的侧根形成，生长素抗性突变侧根数量减少。生长素诱导的转录因子 NAC1 决定侧根的数目，在生长素受体 TIR1 下游作用，但在异常的侧根形成（aberrant lateral root formation4，alf4）突变体中，侧根形成不受生长素影响，说明该基因在生长素诱导的起始活动下游作用。*SOLITARY ROOT*(*SLR*1)编码一个 AUX-IAA 成员 IAA14，在细胞周期中行使调控功能，突变体完全没有侧根，周皮细胞分裂周期正常的突变体也不能形成侧根，表明生长素在侧根形成中细胞分裂后重新分化中起决定作用(Vanneste et al.，2005)。此外，IAA1/AXR5、IAA3/SHY2、IAA12/BDL、IAA18/CRANE、IAA19/MSG2、IAA28 都影响侧根的形成(Overvoorde et al.，2010)。ARF7(NPH4)和 ARF19 与 IAA14 在侧根发生中在同一信号链中作用，*LBD*(*LATERAL ORGAN BOUNDARY DOMAIN*)*16/ASL*(*ASSYMETRIC LEAVES LIKE*)*18* 和 *LBD 29/ASL16* 是 ARF7 和 ARF19 的直接作用目标(Overvoorde et al.，2010)。ARF1、ARF7、IAA19 都与 MYB77 相互作用，很可能以较大的复合物共同发挥作用(Overvoorde et al.，2010)。在侧根原基建成中作用的 *PUCHI* 基因启动子中同样有生长素调控原件(Overvoorde et al.，2010)。过量表达作用于 *ARF10*、*ARF16*、*ARF17* 的小分子 RNA160 也会导致侧生根数目增多，初生根生长减少。小分子 RNA390 参与形成 TAS3tasiRNA，后者作用于 *ARF3* 和 *ARF4*(Overvoorde et al.，2010)。根毛形成中，生长素运入载体 AUX1 特异分布在非根毛细胞，为根毛的发生提供充足的生长素来源(Jones et al.，2009)。

3. 其他激素在根形成中的作用

细胞分裂素、乙烯、赤霉素、油菜类甾体类化合物(Brassinosteroids，BRs)在根的发育过程中都起作用。各种激素间形成了复杂的调控网络。细胞分裂素可以通过调节生长素的流动影响根的形态建成，也可以通过对细胞分裂的直接作用影响根的形态(Pernisová et al.，2009)。乙烯通过上调生长素合成和影响生长素运输调节根的生长，在不同的发育时期和环境下作用有不同(见第二章)。油菜类甾体类化合物也可调控生长素在植物中的分布，从而与生长素共同作用促进根和侧根的生长，并影响根的向性(Li et al.，2005；Bao et al.，2004；Müssig et al.，2003)。

第二节 根辐射对称组织的发育机制

根的横切面结构反映了辐射对称组织的排列。从外向内有表皮、外皮层、皮层、内皮层、维管束。根的辐射对称结构是从根尖分生组织静止中心(quiescent center，QC)开始，在一些调控因子和激素作用下，静止中心干细胞分裂形成各类分生起始细胞，分生起始细胞再分裂形成一个分生起始细胞和一个相应组织的子细胞，再由该子细胞不对称分裂分化形成特定组织。在表皮层，细胞分化为生毛细胞和非生毛细胞。基本组织分化出皮层和内皮层，中柱维管束内分化成各种组织。这些分化过程都是有序复杂的网络调控过程。

一、表皮细胞的分化机制

根表皮细胞有两类：生毛细胞(Trichoblasts)和非生毛细胞。生毛细胞发育成根毛，位于下面皮层细胞的裂缝间；而非生毛细胞形成无根毛的表皮细胞，位于皮层细胞外面(图 8.7，Grierson and Schiefelbein，2002；Bernhardt et al.，2003；Hung et al.，1998；Kang et al.，2009;)。激光切除和克隆研究表明位置因子决定细胞特性，这种位置因子存在于细胞壁中(Berger et al., 1998; Grierson and Schiefelbein, 2002)。

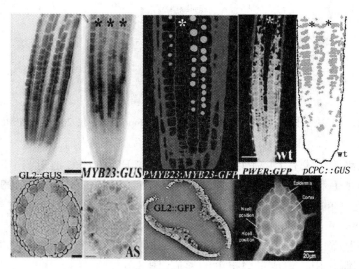

图 8.7　几种关键基因在根中的表达分布(Grierson and Schiefelbein, 2002; Hung et al., 1998; Kang et al., 2009ⓒASPB　*-H 细胞)

表皮细胞随着根的发育进行水平方向的分裂和纵向垂直方向分裂。纵向分裂主要发生在根毛细胞发生的位置，由表皮中控制细胞专一性的基因控制。ttg 突变体在每一个表皮细胞都形成根毛，同时在根毛和非根毛部位都进行纵向分裂，表明 TTG 抑制非根毛部位的纵向分裂和根毛形成。

根表皮的细胞类型分化在形态变化之前就出现，GL2 是决定非根毛类型细胞的基因，它在鱼雷胚时期的胚轴和胚根(除了根冠区外)的表皮表达，在根中的分生组织和延长区表达。一些决定根表皮细胞类型关键基因的表达分布见图 8.6(Bernhardt et al., 2003; Hung et al., 1998; Kang et al., 2009;)，从纵切面看，这些基因都在分生组织和延长区表达，且具有细胞列的位置特异性。

决定表皮细胞特性的核心因子有(图 8.8)：bHLH 转录因子 GLABRA3(GL3)、ENHANCER OF GLABRA3(EGL3)、WD40 类蛋白 TRANSPARENT TESTA GLABRA(TTG1)(Bernhardt et al., 2003, 2005; Walker et al., 1999)，它们之间形成复合物，分别与 MYB 类转录因子 WEREWOLF(WER)和 MYB 蛋白 CAPRICE(CPC)结合(Tominaga et al., 2007)，决定表皮细胞的分化。WER 和 CPC 与 GL3/EGL3-TTG1 复合物的结合是竞争性关系(Tominaga et al., 2007)。

GLABRA2 是一个同源盒转录因子，其表达位置由 WER、CPC、MYB23 决定(Hung et al., 1998; Tominaga et al., 2007; Kang et al., 2009)，倾向在非根毛细胞表达，抑制向根毛方向分化(Masucci et al., 1996)。glabra2(gl2) 突变体中每一个表皮细胞形成根毛，但在非根毛细胞处不进行纵向分裂，说明纵向分裂和根毛形成可以不连锁。WER 和 MYB23 是 GL2 转录的正调控因子，CPC 是 GL2、MYB23 转录的负调控因子。GL2 积累的

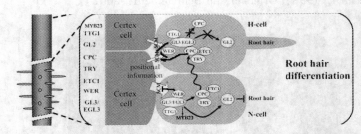

图 8.8　决定根表皮细胞分化的网络调控（Montiel et al., 2004, ⓒASPB）

细胞形成非根毛细胞，没有 GL2 的细胞形成根毛。WER 和 CPC 通过与 GL3/EGL3 形成的复合体分别在非生毛和生毛细胞调控细胞的分化方向（Tominaga et al., 2007; Kang et al., 2009）。在细胞壁上的受体样激酶 SCRAMBLED（SCM）介导皮层细胞信号，抑制 WER 的转录（Kwak and Schiefelbein, 2006），同时 SCM 也受到 WER 的负反馈调控和 CPC 的正反馈调控，在生毛细胞壁上形成较多（Kwak and Schiefelbein, 2008），从而使生毛细胞中 GL2 只受到 CPC 的抑制作用，造成最终根毛的形成（图 8.8）。

在非生毛细胞 N 中，GL2 抑制细胞向生毛细胞方向分化。WER、TTG1、GL3/EGL3 形成复合体，通过 WER 作用在 CPC 启动子上，激活 CPC 的转录表达（Ryu et al., 2005）。由于 WER 在 N 细胞专一表达，由其控制的一些基因也是 N 细胞专一表达的。CPC 的转录表达专一在非生毛细胞（N），而其蛋白却分布在生毛细胞核中（H）（Kurata et al., 2005），在分别表达缺失 N 端序列、MYB 序列的 CPC-GFP 融合蛋白的拟南芥中，生毛细胞核中没有荧光现象，说明 N 端序列和 MYB 对 CPC 从非生毛细胞运输到生毛细胞核中是必需的（Kurata et al., 2005）。转录翻译后的 CPC 运输到生毛细胞 H 细胞，在 H 细胞抑制 MYB23 和 GL2 的转录表达（Kang et al., 2009; Tominaga et al., 2007）。MYB23 在 N 细胞正调控 GL2、CPC、MYB23 的表达，可以取代 WER 的调控作用（Kang et al., 2009）。GL3/EGL3 在 H 细胞转录，蛋白运输到 N 细胞，它们的功能依赖 WER（Bernhardt et al., 2003），也许是因为它们与 WER 形成复合体，起着增强通过 WER 与启动子的结合控制基因表达的作用（Bernhardt et al., 2003）。WER 还正调控 *MYB23*、*GL2* 的表达。*TRIPTYCHON*（*TRY*）是 CPC 的同源基因。CPC、TRY、ENHANCER OF TRY AND CPC（ETC1）与 CPC 共同作用进行侧向抑制，不过可能以不同的方式作用（Schellmann et al., 2002; Montiel et al., 2004）。

两类 MYB 类的调控因子比例 WER/CPC 决定细胞命运：非生毛细胞中高 WER/CPC 比例，生毛细胞中低 WER/CPC 比例。一旦根毛细胞被特化，根毛就从靠近分生组织方向开始生长。根毛细胞的极性定位依赖于乙烯和生长素的途径以及与根毛尖中高钙离子浓度梯度的建立。其他根毛形成相关的基因有：根毛起始需要的核蛋白 ROOT HAIRLESS1（Schneider et al., 1998）、控制尖部生长方向的小 G 蛋白 ROOT HAIR DEFECTIVE3（Yuen et al., 2005）、细胞壁多糖合成需要的 KOJAK/AtCSLD3（Favery et al., 2001; Wang et al., 2001）、保持细胞形状需要的细胞表面蛋白 LEUCINE RICH EXPANSIN1（LRX1）（Baumberger et al., 2001）、UDP-L-Rhamnose synthase（RHM1）（Diet et al., 2006）、起始需要的钾离子载体 TINY ROOT HAIR3(Rigas et al.,2001)。

表皮细胞分裂由控制表皮特性的基因控制生毛细胞比非生毛细胞短,这种差别在原分生组织就已经可见,一直持续到延长和分化阶段。但它们的分裂同步,在发育过程中两种细胞的大小受到持续的调节。多数情况下,细胞进行横向分裂,少数情况下进行纵向分裂。纵向分裂形成的两列细胞在几次分裂后根毛细胞位置的细胞变短,细胞分裂频率比其他部位更快,通过改变位置,细胞分裂参数改变,使细胞达到适当大小。表明细胞大小和细胞分裂频率受到严格调控(Grierson and Schiefelbein,2002;Iyer-Pascuzzi and Benfey,2009)。DNA 复制起始蛋白 CDT1 在根表皮分生组织中增加纵向细胞的垂周分裂频率,可以激活 GL2 的表达(Castellano et al.,2004),GL2 expression modulator(GEM)通过与 TTG1 的作用结合到 GL2 和 CPC 启动子上,抑制 GL2 和 CPC 的表达(Caro et al.,2007)。CDT1 和 GEM 竞争性地与 TTG1 结合,都通过与 TTG1 的结合实现对 GL2 的作用(Caro et al.,2007a,b)。GL2 在两列刚分裂的纵向细胞中其中一列的特异表达体现了这些作用(图 8.9,Grierson and Schiefelbein,2002)。

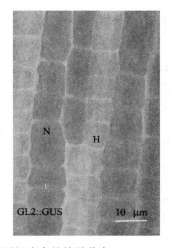

图 8.9　GL2 在刚纵向分裂的两列细胞中的特异分布(Grierson and Schiefelbein,2002,ⒸASPB)

二、皮层/内皮层组织的分化

在根的表皮内是根的基本组织,包括外皮层、皮层、内皮层,再向内是维管束。在根的原分生组织,细胞保持一定的分裂能力,向地端(远端)分裂产物保持干细胞状态,上部细胞发生变化,根据其所在位置,形成相应组织的原分生组织。*SHORTROOT*(*SHR*)和 *SCARECROW*(*SCR*)编码 GRAS 家族转录因子,是决定皮层/内皮层分化的关键因子。

SHR 转录只在中柱中进行,翻译后的蛋白运输到内皮层、静止中心和皮层/内皮层起始细胞(reviewed by Iyer-Pascuzzi and Benfey,2009)。其保守的 GRAS 和核定位区域是 SHR 进行细胞间移动必需的(Gallagher and Benfey,2009)。基因组转录水平的研究发现了 8 个

可能由 SHR 直接调控的基因，其中四个基因有直接控制转录的阳性结果。它们是两个 GRAS 类的基因：*SCR*、*SCARECROW-LIKE 3*（*SCL3*），两个 C2H2 锌指转录因子：*MAGPIE*（*MGP*）、*NUTCRACKER*（*NUC*）。还有四个基因，两个是属于 LRR Ⅲ 亚家族受体类基因 RLK。一个编码代谢酶 TROPINONE REDUCTASE（TRI），调控 tropane 生物碱合成。另一个编码细胞色素 p450 类的基因 *BE6OX2/Cyp85A2*，参与油菜类甾醇类激素的合成（Levesque *et al.*，2006）。SHR 对这八个基因的表达都是正调控，发生在 SHR 分布的区域内。在静止中心和内皮层细胞，主要正调控 SCR 和 SCL3 表达，在皮层/内皮层起始细胞和中柱起始细胞，主要正调控 MGP 和 NUC 表达（Levesque *et al.*，2006）。SCL3 是赤霉素在内皮层反应的正调控因子，在 DELLA 蛋白 RGA 下游作用（Miyashima and Nakajima，2011）。MGP 和另外一个 C2H2 锌指蛋白 JKD 与 SHR 和 SCR 相互作用，抑制 SHR 和 SCR 向其他部位的扩散，使各类组织边界保持区别（图 8.10，Iyer-Pascuzzi and Benfey，2009；Welch *et al.*，2007）。*JKD* 的转录不依赖 SHR 的作用，但是依赖 SCR，同时 JKD 对 *SCR* 在静止中心的表达也是必需的（Petricka，*et al.*，2012）。MGP 抑制 JKD 的作用（Welch *et al.*，2007）。在皮层、内皮层起始细胞的子细胞中，SHR 和 SCR 激活平周分裂需要的细胞周期调控蛋白 Cyclin D 6；1，*shr* 和 *scr* 突变体不能形成两层基本组织（Miyashima and Nakajima，2011）。

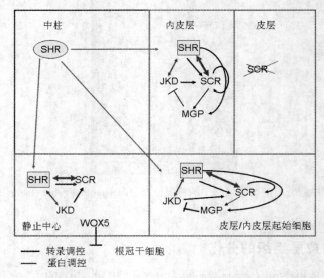

图 8.10　皮层与内皮层分化的分子机理（modified from Iyer-Pascuzzi and Benfey，2009，Biochim Biophys Acta，bbagr）

SCR 在胚发生开始时在静止中心前体表达，随后在胚根的基本组织起始细胞表达，再后在皮层和内皮层表达，并一直维持这种表达类型（Di Laurenzio *et al.* 1996；Wysocka-Diller *et al.*，2000）。皮层和内皮层的形成依赖于起始细胞的非对称分裂，*scr* 突变体没有这样的非对称分裂（Di Laurenzio *et al.* 1996），静止中心的细胞形状异常，根最终停止生长

(Scheres et al. 1995；Di Laurenzio et al. 1996)。SCR 决定干细胞分裂后衍生细胞分化和保持周围组织的起始细胞能力，如 scr 突变体中静止中心细胞位置异常，三排根冠起始细胞缺失(Sabatini et al., 2003)。SCR 对皮层/内皮层起始细胞进行的第一次不对称纵向平周细胞分裂是必需的，但抑制第二次不对称纵向平周分裂。通常在萌发后两周内拟南芥根部皮层/内皮层起始细胞只进行一次不对称纵向平周细胞分裂。第二次不对称纵向平周细胞分裂发生在发育较后的时期，形成的皮层称为中皮层。SCR 在中皮层细胞下调表达(图 8.11，Paquette and Benfey，2005)，异染色质蛋白 1(LIKE HETEROCHROMATIN PROTEIN 1，LHP1)与 SCR 相互作用，lhp1 突变导致基本组织中第二次不对称纵向平周分裂发生，造成中皮层过早形成。赤霉素能抑制这种早熟现象，赤霉素信号传导突变体同样造成中皮层早熟。与组蛋白去乙酰酶有关的蛋白 SPINDLY(SPY)的突变以及组蛋白去乙酰活性的抑制也都引起中皮层早熟现象(Cui and Benfey，2009；Paquette and Benfey，2005)，说明染色质修饰在中皮层形成时间的控制上起作用。SHR 在中皮层细胞分裂中是必需的，赤霉素可能通过 SHR 发挥作用(Paquette and Benfey，2005)。

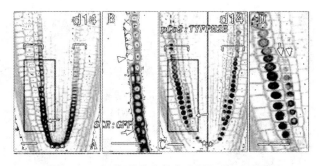

图 8.11 新分裂形成的中皮层细胞不再需要
(SCR Paquette and Benfey，2005，ⓒASPB)(严海燕修改)

内皮层中凯氏带的形成由 *CASP1-5* 基因决定。CASP 是质膜蛋白，指导凯氏带的定位和形成(Petricka, et al., 2012)。

三、根中维管束的分化

无论在哪种组织，维管束分化机理都有相似性。在维管束分化过程中，生长素、油菜类甾醇、细胞分裂素起着关键作用。影响这些激素合成和运输的因子都影响维管束的分化(见第二章)。

在拟南芥的胚、茎顶端和根顶端分生组织细胞类型分化中，一个 *NO VEIN*(*NOV*)基因的突变使植物各部分的多方面发育受到影响。*NOV* 基因编码植物专一的核定位因子，影响叶维管束分化、子叶长出和分离、茎和根顶端分生组织干细胞的保持和类型形成。*NOV* 影响一系列生长素运出载体的表达，如原生维管束中 PIN1 的表达、叶原基专一分布的 PIN7、根中细胞类型专一分布的 PIN3、PIN4、PIN7 和根皮层中极性分布的 PIN2 的表达，都受到 *NOV* 的调控(Tsugeki et al., 2009)。

第三类同源盒锌指类调控因子(homeobox leucine-zipper protein,HD-Zip Ⅲ)在维管束分化和极性类型的形成过程中起重要作用。这类转录因子有 PHABULOSA(PHB)、PHAVOLUTA(PHV)、REVOLUTA(REV)、CORONA(CNA)。它们在胚发生过程中就已经表达,在两侧对称和中心-周围轴的建立中起决定作用(Izhaki and Bowman, 2007; Ohashi-Ito and Fukuda, 2003; Green et al., 2005)。GRAP 转录因子家族的 KANADI(KAN1~KAN4)的表达类型与 HD-Zip Ⅲ类基因互补(图 8.12)(Hawker and Bowman, 2004),它们也是通过影响 PIN1 的极性分布影响维管束分化(Izhaki and Bowman, 2007)。最近发现一组类似的小分子拉链蛋白与 HD-Zip Ⅲ蛋白结构相似,与之形成异源二聚体,负调控 HD-Zip Ⅲ的转录因子作用, HD-Zip Ⅲ正调控这类基因的表达,它们之间形成一个负反馈调控循环(Wenke et al., 2007)。皮层表达的小分子 RNA165、RNA166 移动到维管束中,抑制 HD-Zip Ⅲ的表达,促进维管束的分化。VASCULAR RELATED NAC-DOMAIN PROTEIN6(VND6)和 VND7 分别影响次生木质部和初生木质部分化(Petricka, et al., 2012)。

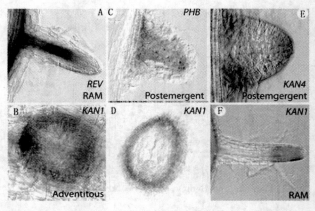

图 8.12 *KAN* 类基因和 *HD-ZIPIII* 类基因在根中的表达分布(Hawker and Bowman, 2004, ⓒASPB)

wooden leg(*wol*)突变体中,原生木质部是维管柱中的唯一组织。正常韧皮部和原形成层通过起始细胞不等分裂形成,这些分裂需要 *WOODEN LEG*(*WOL*)/*AHK4*、*AHK2*、*AHK3* 基因。*WOL* 基因编码一个双组分组氨酸激酶基因,是细胞分裂素受体,在胚发生早期在维管组织中表达(图 8.13)(Mähönen et al., 2000; Iyer-Pascuzzi and Benfey, 2009)。细胞分裂素信号转导中间体 AHP6 对韧皮部和次生木质部发育都是必需的(Petricka, et al., 2012)。

一个韧皮部分化必需的基因 *Altered Phleom Development*(*APL*)编码线圈 MYB 类型的转录因子,通过在早期抑制木质部的分化促进韧皮部形成(Bonke et al., 2003)。多细胞生物中普遍表达的转录因子 BREVIS RADIX(BRX)在根尖生长区域中调控细胞繁殖和延长,定量影响根的长度(Mouchel et al., 2004)。

LONESOME HIGHWAY(LHW)是 basic helix-loop helix(bHLH)转录因子,在根分生组织细胞核中分布,控制维管束中各类细胞的数目,从而控制维管束的数目和极性。*Lhw* 突

第二节 根辐射对称组织的发育机制

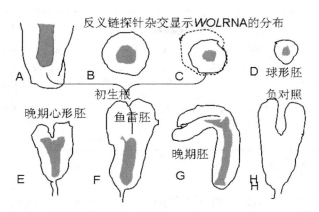

图 8.1 3 *WOL* 基因在根中的表达分布（Mähönen *et al*., 2000）（严海燕绘）

变体维管束由野生型的两束变为一束，失去双向对称性（Ohashi-Ito and Bergmann，2007）。对根-下胚轴次生微管组织的转录组研究揭示了一批与木质部和韧皮部分化相关的基因（Zhao *et al*., 2005）。表 8.1 是维管组织中六类部位基因表达类型分布情况。

表 8.1 拟南芥根-下胚轴次生维管束基因表达类型分布（%（基因个数））
（Adapted from Zhao *et al*., 2005, ⓒASPB）

功能分类	Xylem	Phloem-Cambium	Nonvascular	Xylem/Phloem-Cambium	Xylem/Nonvascular	Phloem-Cambium/Nonvascular
细胞壁合成	**11(35)**	9(18)	10(16)	0	5(2)	**12(28)**
防御、凋亡	7(24)	**13(28)**	17(26)	14(4)	**24(9)**	8(20)
细胞通讯	**11(34)**	**14(30)**	3(4)	**35(10)**	3(1)	11(26)
细胞骨架	<1(1)	0	0	0	0	0
DNA/RNA 结合	0	0	3(4)	0	0	<1(1)
能量	2(5)	2(4)	1(2)	0	0	1(3)
木质素合成	6(21)	1(2)	6(10)	0	5(2)	2(5)
代谢	9(28)	10(21)	**20(31)**	10(3)	11(4)	**19(46)**
蛋白质定位	0	0	0	0	0	0
蛋白降解	6(18)	5(11)	1(2)	3(1)	11(4)	6(15)
次生代谢	4(12)	5(11)	5(8)	0	8(3)	3(8)
转录	10(33)	9(18)	8(12)	7(2)	5(2)	10(24)

续表

功能分类	Xylem	Phloem-Cambium	Nonvascular	Xylem/Phloem-Cambium	Xylem/Nonvascular	Phloem-Cambium/Nonvascular
运输	**11(34)**	7(15)	11(17)	17(5)	3(1)	10(25)
未分类	23(74)	25(53)	14(22)	14(4)	24(9)	17(40)
总计	(319)	(211)	(154)	(29)	(37)	(241)

黑体表示表达量最高的类别。

可以看出，木质部表达量最高的基因类别是细胞壁合成、细胞通讯和运输类的基因，韧皮部和形成层表达量最高的基因类别是防御凋亡和细胞通讯。一些基因特异表达在木质部和韧皮部，可以分别作为木质部和韧皮部的标志基因(Zhao et al., 2005)。

木质部标记基因与管状分子次生壁的合成有关，如木质部纤维素合成酶基因(*Xylem cellulose synthase*, *CesA*)：*IRX1*(*CesA8*, *At4g18780*)、*IRX3*(*CesA7*, *At5g17420*)和*IRX5*(*CesA4*, *At5g44030*)在木质部导管中共表达(Gardiner et al., 2003)。XCP1 和 XCP2 是两种拟南芥半胱氨酸-丝氨酸蛋白酶，同百日草属植物鱼尾菊 Zinnia 螺纹导管(TE)蛋白酶p4817(Ye and Varner, 1996；Beers et al., 2004)相似度最高，XCP1 已经被定位于拟南芥螺纹导管中(Funk et al., 2002)。

韧皮部标记的可靠基因有：韧皮部伴胞可靠标记基因是蔗糖质子同向转运(Symporter) *SUC2*(*At1g22710*；Stadler and Sauer, 1996)、质膜质子泵(H^+-ATPase)、*AHA3*(*At5g57350*；DeWitt and Sussman, 1995)。韧皮部筛管标记基因是拟南芥限制烟草 etch 病毒长距离移动的蛋白 *RTM1*(*At1g05760*)(Chisholm et al., 2001)，和韧皮部 G2 类转录因子，SE 分化所需的 *APL*(*At1g79430*)(Bonke et al., 2003)。

非维管组织标记的基因有：*NRT1.1/CHL1* 和 *NRT2.1*(*At1g08090*)是硝酸盐转运蛋白(nitrate transporters)。*NRT1.1* 表达在成熟叶片保卫细胞和胚轴中，*NRT2.1* 启动子葡糖醛酸糖苷酶(β-glucuronidase)(GUS)在中柱外所有细胞表达(Zhao et al., 2005)。

转录组学分析在木质部特异上调表达的转录因子有五个 HD ZIP 类基因 *ATHB8*、*ATHB9/PHV*、*ATHB14/PHB*、*ATHB15*、*REV/IFL1*，六个含 NAC 区域的基因 *ANAC005*、*ANAC012*、*ANAC043*、*ANAC073*、*ANAC104/XND1*，六个 R2R3 MYB 类基因 *MYB103*、*MYB69*、*MYB52*、*MYB48*、*MYB46*、*MYB20*(Zhao et al., 2005)。在韧皮部上调表达有三个 G2 类转录调控因子 *APL*、*At3g12730*、*MYR1*，一个 AP2 类的基因 *ANT*，三个 DOF 转录因子 *At2g28810*、*At5g62940*、*At1g07640/OBP2*，CLV 信号分子 *CLE6/CLV3*、*CLE26/CLV3* 和受体 *CLV1*、*CLV1* 类受体 *At4g20270*(Zhao et al., 2005)。两种 KANADI 转录因子 KAN2、KAN3 在韧皮部和非维管组织中都表达，一种脂转移蛋白 XYP1 表达类型与 KAN2 类似(Zhao et al., 2005)。而与激素信号传导有关的几个基因在维管束中各部位特异性不强，与维管束类型建立有关，这些基因是细胞分裂素受体 AHK4/WOL/CRE1、与甾醇有关的 CVP1(S-Adenosyl-Met-sterol-C-methyltransferase)、FK(C-14 sterol reductase)，与生长素分

布和反应有关的 GNOM/EMB30、MP/IAA24、PIN1（Zhao et al.，2005）。其中几个基因的表达和分布见图 8.14（Zhao et al.，2005）。

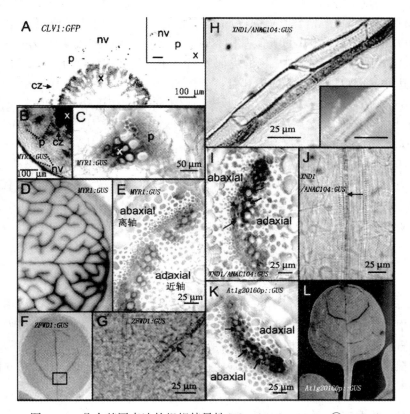

图 8.14　几个基因表达的组织特异性（Zhao et al.，2005，ⓒASPB。）

A，由 CLV1 启动子 GFP 表达位于形成层和次生韧皮部。A，小框内，野生型次生韧皮部对照没有绿色荧光。G2 类转录因子 MYR1 驱动 GUS 活性在根的次生韧皮部表达，B 花序茎，C，D 和 E，MYR1 启动子驱动的 GUS 活性也在叶的维管组织中探测到（D）。通过中脉横切片（E），主要在维管束韧皮部面的远轴（abaxial）端分布。F，木质部偏好基因 ZFWD1 启动子驱动的 GUS 活性被限制在维管束组织。G，F 小框内高放大倍数的区域，箭头显示 ZFWD1p::GUS 表达与木质部细胞相关。H，XND1/ANAC104 启动子驱动 GUS 活性在 8 周大植物根表皮下可见，小框内可见该基因在次生木质部中两个相邻导管的表达分离（成熟导管 GUS-不显色，未成熟 GUS 显色）。I，XND1p::GUS 在枝中的表达限制在老化的叶子，围绕成熟木质部细胞和中脉未成熟导管的表达很明显（箭头）。J，XND1p::GUS 表达在幼苗根初生组织被限制在相邻于成熟初生木质部的螺纹导管。K，枯草杆菌蛋白酶类丝氨酸蛋白酶 At1g20160 主要定位于围绕成熟导管（箭头）的木质部细胞和近轴中脉。L，At1g20160::GFP 在叶中的表达。

维管组织中存在细胞分裂、分化、延长的活动，与顶端分生组织单纯的分裂不同，有特化的次生代谢活动。因此在此表达的基因类型反映了它们的相应功能。CLV1 在茎和花顶端限制未分化组织的大小，在根-胚轴中是韧皮部表达较多的基因。在顶端分生组织 CLV1 与其类似蛋白 CLV2（At1g65380；Jeong et al.，1999）结合，形成异源二聚体，共同与小分子信号配体CLV3（At2g27250）结合。在根-胚轴中CLV2低表达，却有CLV1类似基因At4g20270的表达。CLV3没有表达，却有两个CLV3类似的CLE26（At1g69970）、CLE6（At2g31085）在韧皮部偏好表达（Zhao et al.，2005）。形成层是维管组织中的分生组织，分生组织活性正调控基因ANT也是韧皮部表达较多的基因，白杨形成层表达的极性基因PttANT和PttCLV1中在拟南芥的类似基因是ANT（At4g37750）和CLV1（At1g75820）。因此推测拟南芥ANT和CLV1基因同白杨的类似基因一样，类似在顶端分生组织的表现，一些组织间高表达的基因可能对相邻组织起着负调控的作用。

白杨aspen的α-expansin PttEXP1是形成层（Cambium）和迅速生长的木质部的标记基因，拟南芥中根-胚轴形成层特异表达类似α-expansins基因，EXPA9（At5g02260）和EXPA10（At1g26770）（Zhao et al.，2005）。

生长素和细胞分裂素都是木质部分化的调节因素。细胞分裂素合酶基因（cytokinin synthases）At3g63110和At5g19040在韧皮部/木质部形成层表达。CYP79B3（At2g22330）和CYP79B2（At4g39950）催化从色氨酸到吲哚3-乙醛肟（indole-3-acetaldoxime）步骤，是吲哚3-乙酸（IAA）合成途径中关键分支点。也在韧皮部/木质部形成层表达（Zhao et al.，2005）。

第三节 根毛细胞分化过程和形成影响因子

根毛是根表皮上形成的突出，是植物在土壤中适应环境、增加表面积、吸收水分和矿质营养的器官。根毛的形成在根成熟区域，与多种植物激素、内外营养条件和环境因子有关。在植物根的分生区域，在表皮已经确定根毛的起始细胞，在多种激素的共同作用和内外条件下，根毛形成。

一、激素对根毛细胞特化的影响

激素对根毛的形成作用是在根毛特性决定以后发生的，TTG/GL2途径不受乙烯/生长素途径调控（Masucci and Schiefelbein，1996）。然而乙烯和生长素促进根毛分化。Dwarf（dwf；auxin-resistant）、auxin resistant2（axr2；auxin，ethylene，和abscisic acid resistant）突变体没有根毛，表明生长素在根毛形成中的作用。rhd6的无根毛表型可被添加乙烯合成前体1-amino-cyclopropane-1-carboxylic acid（ACC）或生长素indole-3-acetic acid抑制。乙烯生物合成抑制剂（aminoethoxyvinylglycine，AVG）、乙烯感受抑制剂Ag^+都阻止根毛形成。编码Raf-类蛋白激酶的CONSTITUTIVE TRIPLE RESPONSE1（CTR1）位点负调控乙烯信号的诱导，该酶突变引起正常无毛部位形成根毛。H部位对乙烯的诱导比N部位更敏感。axr2和rhd6突变减少细胞类型的分化表明乙烯/生长素途径帮助表皮的细胞类型分化的建立（Reviewed by Grierson and Schiefelbein，2002）。

二、根毛的发生过程

根毛的发生分为起始和生长两个主要时期。

起始时期开始于分生组织形成后，特化成根毛的表皮细胞变宽、变长、变深，在向外的直径 22 μm 的圆盘区域定位扩张，成为根毛起始处。ROP 蛋白定位于起始位点，并在根毛生长过程中一直位于生长顶端，直到生长停止。ROP 定位后几分钟细胞壁就开始突出，同时细胞壁 pH 值下降，这种 pH 值变化导致伸展蛋白催化细胞壁疏松（图 8.15，Jones et al.，2002）。ROP 蛋白的过量和恒定表达改变肌动蛋白纤维和维管纤维的结构，控制维管结构的驱动蛋白（kinesin）MRH2 很可能参与根毛极性生长中 ROP2GTP 酶介导的肌动蛋白纤维和维管纤维之间的协调关系（Yang et al.，2007）。根毛起始位点细胞壁 pH 值降到 4~5，激活伸展素蛋白，疏松细胞壁，形成膨胀和突出生长，根毛其余区域有目标的分泌生长。

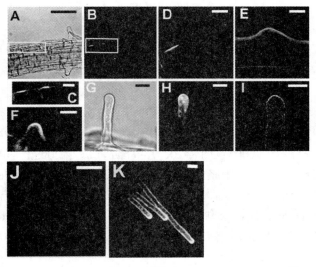

图 8.15　根毛生长过程中 ROP 的分布（Jones et al.，2002，ⒸASPB）

在根毛生长阶段，钙离子从根毛顶端到近轴端递减分布的浓度梯度以 2~4/min 的频率发生周期性震荡，这种周期性变化与根毛延伸生长的周期性一致，钙频率比生长频率迟滞 5.3 ± 0.3 s（Monshausen et al.，2008）。同时，根毛顶端区域也存在细胞内外 pH 值从高到低时的变化，这种变化也是周期性的，与延伸生长频率相对应，pH 值变化周期比生长频率延迟 7.0 ± 0.3 s（Monshausen et al.，2007），同样，内源 ROS 也发生相似的周期性变化，内源 ROS 周期比生长频率延迟 8.0 ± 1.4 s（图 8.16，Monshausen et al.，2007）。NADPH Oxidase 催化产生 ROS，在保持细胞壁完整性中起重要作用。这种周期性的变化可能与生长中结构物质的周期性提供有关。如人工提高顶端钙离子浓度，细胞壁加厚，钙促进的小泡融合增加，细胞外分泌增加，因此高钙浓度很可能增加顶端细胞外分泌（Monshausen et al.，2008）。

如突出增大，其中的内质网密度增加，维管重组和定位分布（图 8.17，Van Bruaene et al.，2004）、肌动蛋白积累（Ringli et al.，2002）。最适情况下，根毛在细胞表面从膨胀到形成需要 30 分钟。根毛生长速度每分钟一微米，内含物随细胞质流迅速移动（图 8.18，Peremyslov et al.，2008），连接细胞内各组分的维管系统和肌动蛋白纤维处于动态变化之

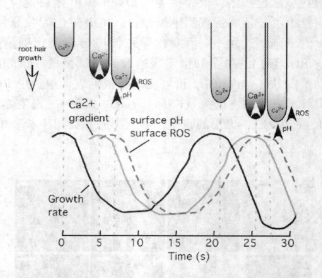

图 8.16　根毛生长周期与根毛顶端 Ca^{2+}、pH、ROS 梯度周期的关系（Monshausen et al.，2008，ⓒASPB）

中（图 8.19，Sieberer et al.，2002；图 8.20，Ketelaar et al.，2003）。可以看出，维管系统和内质网系统主要分布在根毛细胞膜内外层，肌动纤维系统主要分布在细胞中间区域，呈现相对互补的区域性分布（图 8.19，图 8.20）。由肌动蛋白和维管系统构成的细胞骨架共同参与根毛细胞内各种细胞器和细胞质在生长过程中的移动（Ketelaar et al.，2002；Peremyslov et al.，2008；Zheng et al.，2009；Van Bruaene et al.，2004；Sieberer et al.，2002）。

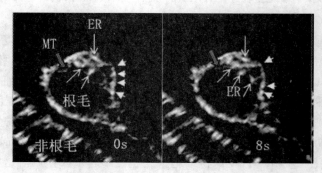

图 8.17　根毛起始处内质网和维管的聚集（Van Bruaene et al.，2004，ⓒASPB）

根毛的生长方向由 ROP 蛋白的分布、微管的生长点数目和位置决定。结合 GTP 的 ROP 是活性形式，GDP 结合态是非活性形式。永久性 GTP 结合态的 ROP 突变造成根毛的气球形态。微管正常情况下只有一个生长点，当用细胞骨架解聚抑制剂 oryzalin 和 taxol 处理时，根毛成波浪或分支成两个或更多的生长点。微管解聚或稳定处钙的浓度更高，表明微管限制在生长的尖端部位（Reviewed by Grierson and Schiefelbein，2002）。

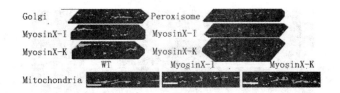

图 8.18　根毛中细胞器的分布（Peremyslov et al., 2008, ⓒASPB）

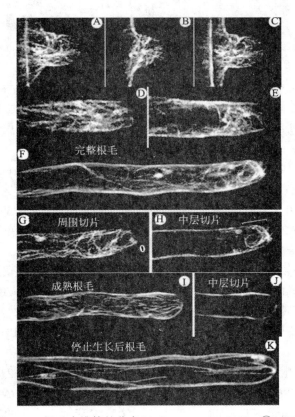

图 8.19　根毛中维管的分布（Sieberer et al., 2002, ⓒASPB）

根毛生长的维持需要保持一定的内在压力或膨胀压，细胞内渗透压需要通过离子浓度调节。钙离子浓度梯度、pH 值、ROS 在根毛的周期性变化可能反映了这种调控作用。

当根毛生长到一定程度时，尖端细胞质分散、圆顶液泡增大、ROP 蛋白、钙离子梯度、钙通道活性都消失（Reviewed by Grierson and Schiefelbein, 2002）。

三、根毛形成的其他影响因子

影响每个细胞膨胀数目的基因有 *ROOT HAIR DEFECTIVE 6*（*RHD6*）和 *TINY ROOT HAIR1*（*TRH1*）。RHD6 决定形成一个根毛，突变体无根毛。*TINY ROOT HAIR1*（*TRH1*）编码

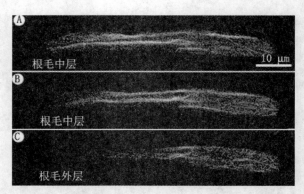

图 8.20　根毛中肌动纤维的分布(Ketelaar et al., 2003, ⓒASPB)

钾离子转运蛋白，突变体形成多个突起(Reviewed by Grierson and Schiefelbein, 2002)。

RHD6 也是影响突起在细胞上位置的基因。*rhd6* 突变体在细胞基部突起。

影响膨胀大小的基因有 *TIP1* 和 *ROOT HAIR DEFECTIVE1*(*RHD1*)，突变体比野生型的膨胀更大(Schiefelbein and Somerville, 1990; Parker et al., 2000)。

建立尖端生长的基因有 *ROOTHAIRDEFECTIVE2*(*RHD2*)、*SHAVEN1*(*SHV1*)、*SHV2*、*SHV3*、*TRH1*、*KOJAK*(*KJK*)、*CENTIPEDE1*(*CEN1*)、*CEN2*、*CEN3*、*SCN1*、*BRISTLED1*(*BST1*)、*TIP1*。防止分支的基因有 *SUPERCENTIPEDE1*(*SCN1*)、*CANOFWORMS1*(*COW1*)、*TIP1*、*CEN2*、*CEN1*、*CEN3*、*BST1*、*RHD3*、*RHD4*。突变体比野生型有更多的根毛分支(Reviewed by Grierson and Schiefelbein, 2002)。

支持和指导尖端生长的基因有 *LRX1*、*KEULE*。*LRX1* 编码富含亮氨酸重复的类似伸展蛋白，定位于伸展尖端的细胞壁，突变体有短的多个分支根毛。Sec1 蛋白 KEULE 控制囊泡定位和融合，突变体根毛短和辐射膨胀。RHD2、SHV1、SHV2、SHV3、KJK、BST1、CEN1、CEN2、CEN3、COW1、RHD3、SCN1、TIP1、RHD4 以及 PHYA 和 PHYB 都会影响根毛的形成(Reviewed by Grierson and Schiefelbein, 2002)。

影响根毛生长的生长素和乙烯信号基因：*AUXIN RESISTANT 2*(*AXR2*)、*ETHYLENE RESPONSE1*(*ETR1*)和*ETHYLENE OVERPRODUCER1*(*ETO1*)、*AUXIN RESISTANT1*(*AXR1*)(Reviewed by Grierson and Schiefelbein, 2002)。影响尖端生长停止的基因有生长素抗性抑制子(*suppressor of auxin resistance 1 sar1*)(Reviewed by Grierson and Schiefelbein, 2002)。

根毛对营养的获得有重要作用，根毛增大吸收面积，更长的根毛在低浓度溶质的吸收中有优势。如铁螯合物还原酶(Ferric chelate reductase, FCR)活性在野生型中比无根毛的根中活性高两倍(Reviewed by Grierson and Schiefelbein, 2002)。根毛对钾离子的吸收降低导致整个植物体生物量降低(Ahn et al., 2004)。营养对根毛发育也有很大影响，根毛的发育受营养的调节，营养稀少，根毛的密度和长度都增加。如低磷($1mmol/m^3$)下根毛的密度比高磷($1000mmol/m^3$)下高五倍，长度长三倍(Ma et al., 2001)，低铁下根毛的密度同样增加(图 8.21, Müller and Schmidt, 2004)。Mn 缺乏的植物同样根毛密度和数量增加(Yang et al., 2008)。环境中一氧化氮促进根毛数目和密度的增加(Lombardo et al., 2006)。

图 8.21　营养对根毛形成的影响 Müller and Schmidt，2004，ⒸASPB

第四节　侧根和不定根的形成与分化

植物通过根系固定在土壤中，因此除了主根外，许多植物从主根上生长出侧根，用以支持植物的固定，同时扩展与土壤的接触范围和面积，从而获得充分的营养。侧根形成的起始受生长素、机械刺激等因素的影响。侧根的生长和分化过程与主根相似，生长过程与多种因素有关。

一、侧根起始的机制和影响生长的因素

侧根从主根中柱的中柱鞘起始，生长素在中柱鞘的特定区域积累，诱导相关区域的细胞分裂，形成侧根起始细胞（图 8.22，Dubrovsky et al.，2008）。凡是影响生长素运输和分布的因素都影响侧根的形成。细胞分裂素在侧根起始细胞中的存在抑制侧根的形成，与生长素作用相拮抗（Laplaze et al.，2007）。重力弯曲或手动弯曲引起主根中原生木质部中生

长素运出载体 PIN1 的分布变化，导致生长素在新生长原基处积累，从而诱发侧根形成（Ditengou et al., 2008）。另一个研究证明了仅仅是机械弯曲，不依赖重力和生长素就能造成侧根形成的起始。机械弯曲 20 秒引起中柱鞘中钙离子浓度的变化，在弯曲的突起面诱发侧根起始（图 8.23，Richter et al., 2009）。

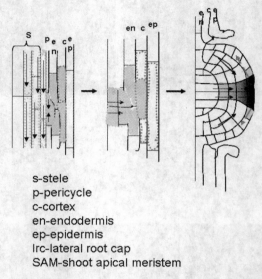

图 8.22　生长素对侧根起始的作用（Dubrovsky et al., 2008）（严海燕重绘）

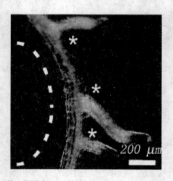

图 8.23　机械弯曲诱导侧根起始（Richter et al., 2009，ⒸASPB）

其他一些因素，如乙烯、油菜类甾醇、茉莉酮酸酯、磷酸可用性通过影响生长素合成、运输和感受、信号传导来影响侧根的形成（Bao et al., 2004；Negi et al., 2008；Pérez-Torres et al., 2008；Sun et al., 2009）。

土壤中的腐殖酸可以促进侧根生长（Canellas et al., 2002）。一氧化碳 CO 可以提高生长素含量，促进侧根形成（Guo et al., 2008）。饱和湿度在水稻中通过增加偏向韧皮部的生长素运输促进侧根形成（Chhun et al., 2007）。赤霉素在侧根形成中也具有一定作用（Zimmermann et al., 2010）。高亲和性的硝酸盐运输载体 NRT2.1 抑制侧根形成，这种作用与硝酸盐吸收无关,野生型拟南芥在增加硝酸盐的条件下侧根形成受到促进(Little et al.,2005)。

二、不定根形成和生长的机制

在植物叶、茎、老根或胚轴上生出的根叫不定根(adventitious root)。生长素、乙烯、淹没在水中、土壤中、遮光、机械伤害等都能引起不定根的形成。在用 2178 个来自 *Pinus taeda* 的 cDNA 组成的基因芯片对该植物不定根发育中表达的基因进行分析中,发现 220 个基因的表达有显著变化。不定根起始过程中,与细胞分裂、细胞壁削弱有关的基因和 *PINHEAD/ZWILLE-like* 上调表达,光合作用、生长素运输、细胞壁合成基因下调表达。在不定根分生组织形成阶段,生长素运输、反应、细胞壁合成有关基因和一个 B-盒锌指基因上调表达,削弱细胞壁合成的基因下调表达。在分生组织形成和不定根形成阶段,与水逆境有关基因的大量转录,表现出对水运输功能的适应。在不定根延长阶段,编码细胞分裂和逆境有关的基因下调表达(Brinker et al.,2004)。乙烯在不定根生长锥突出前诱导相应部位表皮细胞死亡,防止不定根生长锥受到机械损伤(Mergemann and Sauter,2000)。

生长素和光对不定根形成的调控中,需要 ARGONAUTE1(AGO1)蛋白的介导,该基因的突变使不定根不能形成(Sorin et al.,2005)。在 *ago1* 突变体胚轴中,*GH3* 基因下调表达,*Auxin Response Factor17*(*ARF17*)上调表达,*ARF17* 与不定根的负相关性更明显,推测 *ARF17* 以依赖光的方式负调控不定根的形成,是不定根形成的主要调控因子(Sorin et al.,2005)。

在生长素诱导的不定根形成过程中,一氧化氮、cGMP、phospholipase D(PLD)、MAPK 系列磷酸化组成了生长素信号诱导信号传递的途径(Pagnussat et al.,2003,2004;Lanteri et al.,2008)。

在 *Populus* 中,细胞分裂素反应调控因子 PtRR13 是不定根形成的负调控因子,在细胞分裂素信号下游作用,抑制不定根的形成。茎端切除削弱了细胞分裂素的信号,与相应产生的乙烯、生长素信号以及来自维管束的信号协同作用,促进不定根的形成(Ramírez-Carvajal et al.,2009)。

第五节 根边缘细胞的形成、分离与功能

植物根释放大量细胞到根际,这对植物的发育和健康十分重要。这些细胞是从植物根冠区域释放的,受植物激素、环境和遗传的调节控制,需要植物降解酶类的活性。从根冠分离的细胞被定义为边界细胞(border cell,BC)(图 8.24,Vicré et al.,2005),它们是在根尖放入溶液中几秒后被释放到溶液中的细胞。BC 不是死细胞,细胞内含有大量高尔基体、分泌小泡、线粒体(Vicré et al.,2005)。在植物根际环境中对抵抗生物和非生物的胁迫十分重要。由根冠形成的边界细胞是程序确定的,在植物与环境交界面起着物理、化学和生物学作用(Driouich et al.,2006)。

根冠由中柱和外围细胞组成,分别由相应的起始细胞形成。NAC 转录因子 FEZ 在根冠起始细胞表达,促进细胞分裂,并在子细胞中促进 *SOMBRERO*(*SMB*)表达,它们对中

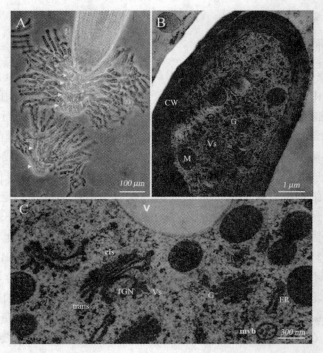

图8.24 拟南芥边缘样细胞(border-like cells，BLC)和超微结构 (Vicré et al., 2005, ⓒASPB)

轴根冠和表皮、侧生根冠起始细胞的平周分裂是必需的(Petricka, et al., 2012)。

中柱参与了重力感知作用，周围根冠参与了分泌含有多糖黏液保护物质的过程。根冠分化的最后一步包括最外层细胞从根冠分离。由于被黏液包围，边界细胞其余部分与根尖紧密连接。通过与土壤中水分接触，黏液膨胀，变得疏松，边界细胞被释放到环境中(Driouich et al., 2006)。豌豆根尖和边界细胞排出物中含有一百多种蛋白。这些蛋白有植物细胞间存在的防卫性蛋白、信号传导蛋白，还有核糖体蛋白、14-3-3 蛋白，具有防御微生物感染的功能(Wen et al., 2007)。最近发现，根尖细胞外 DNA 也是正常分泌物，缺乏细胞外 DNA 导致真菌的感染(Wen et al., 2009)。

边界细胞受到内外因素的影响，根冠边界细胞分离的类型、方式和数目依植物种的不同变化，但在科的水平稳定。根冠边界细胞分离的方式依赖根尖分生组织的类型。双子叶植物根顶端分生组织(Root Apical Meristem, RAM)有三类：开放、中等开放、封闭。具有封闭结构的 RAM 有独特的微管中柱起始、皮层起始和根冠起始。当至少两类组织有共同的起始时，RAM 是开放类型。开放类型根冠比封闭类型根冠释放更多边界细胞。开放类型的豌豆 Pisum sativum(Fabaceae)，每天释放 4500 个边界细胞，具有半开放类型的棉花 Gossypium hirsutum(Malvaceae)每天释放 10000 个边界细胞。封闭类型的烟草 Nicotiana tabacum(Solanaceae)每天释放约 100 个边界细胞(Driouich et al., 2006; Hamamoto et al., 2006)。

拟南芥、油菜类根部释放有组织的边界样细胞(图 8.24)。有组织的边界细胞结构能够抵抗细胞壁降解酶类的作用，可能具有特殊结构，同时也说明是程序化的产物。在拟南芥边界细胞层的分化中伴随着大量同源半乳糖醛酸和阿拉伯半乳糖蛋白（AGP）沉淀到细胞壁（Driouich et al.，2006）。同源半乳糖醛酸是影响边界细胞释放类型的主要物质，*QUA1*、*QUA2*（*QUASIMODO*）基因影响这些物质的形成，从而影响边缘细胞的分离类型（Durand et al.，2009）。有两类细胞表面分子介导附着（Vicré et al.，2005）。

在边界细胞从根冠脱落的过程中，单个周围根冠细胞从根组织以及其他根冠细胞中分离出来，是具有细胞壁的单个活细胞。分离过程受发育的调节，独立于根的生长。豌豆的边界细胞只在种子长于5mm、短于25mm的根尖部释放，期间随着长度增加，释放的细胞数目增加。拟南芥少于5天的根没有BLC释放，5~7天，BLC只含有2~3层几个细胞，两三周有多达八层的细胞（reviewed by Driouich et al.，2006）。

边界细胞从根冠脱离与果胶的降解有关，边界细胞脱离前几小时根冠中可检测到多聚半乳糖醛酸酶（polygalacturonase）活性。果胶脱甲酯化酶（pectin methylesterase，PME）也对边界细胞脱落有贡献（Driouich et al.，2006）。豌豆分离过程的PME活性比分离结束的PME活性高6倍。在根冠释放过程中可溶性脱酯果胶大量增加。同样的现象在苜蓿、向日葵、玉米根中也可见到。而在拟南芥没见到高活性PME。在表达反义*PME*的转基因豌豆，边界细胞不分离，因此PME和多聚半乳糖醛酸酶在边界细胞分离过程中起重要作用（reviewed by Driouich et al.，2006）。

植物激素影响边界细胞的释放。在生长素和生长素运输抑制剂1-N-naphthylphthalamic acid的处理下边界细胞脱落增加；乙烯前体1-aminocyclopropane-1-carboxylic acid或乙烯合成抑制剂aminovinylglycine的作用下，边界细胞脱落减少（reviewed by Driouich et al.，2006）。生长素反应调控因子*ARF10*和*ARF16*是生长素促进根冠形成的必经途径，*miRNA160*通过抑制生长素反应调控因子*ARF10*和*ARF16*控制根冠发育，从而影响边界细胞的形成（Wang et al.，2005）。

☞ 参考文献

Ahn SJ, Shin R, Schachtman DP. Expression of KT/KUP genes in Arabidopsis and the role of root hairs in K$^+$ uptake. Plant Physiol. 2004, 134, 1135-1145.

Bao F, Shen J, Brady SR, Muday GK, Asami T, Yang Z. Brassinosteroids interact with auxin to promote lateral root development in Arabidopsis. Plant Physiol. 2004, 134, 1624-1631.

Baumberger N, Ringli C, Keller B. The chimeric leucine-rich repeat/extensin cell wall protein LRX1 is required for root hair morphogenesis in Arabidopsis thaliana. GENE DEV. 2001, 15, 1128-1139.

Beers EP, JonesAM, DickermanAW. The S8 serine, C1A cysteine and A1 aspartic protease families in Arabidopsis. Phytochemistry. 2004, 65, 43-58.

Berger F, Haseloff J, Schiefelbein J, Dolan L. Positional information in root epidermis is defined during embryogenesis and acts in domains with strict boundaries. Curr. Biol. 1998, 8, 421-430.

Berleth T, Jürgens G. The role of the monopteros gene in organising the basal body region of the Arabidopsis embryo. Development. 1993, 118, 575-587.

Bernhardt C, Lee MM, Gonzalez A, Zhang F, Lloyd A, Schiefelbein J. The bHLH genes GLABRA3(GL3) and ENHANCER OF GLABRA3(EGL3) specify epidermal cell fate in the Arabidopsis root. Development. 2003, 130, 6431-6439.

Bernhardt C, Zhao M, Gonzalez A, Lloyd A, Schiefelbein J. The bHLH genes GL3 and EGL3 participate in an intercellular regulatory circuit that controls cell patterning in the Arabidopsis root epidermis. Development. 2005, 132, 291-298.

Bonke M, Thitamadee S, Mahonen AP, Hauser MT, Herarlutta Y. APL regulates vascular tissue identity in Arabidopsis. Nature. 2003, 426, 181-186.

Brigham LA, Woo H, Nicoll SM, Hawe MC s. Differential expression of proteins and mRNAs from border cells and root tips of pea. Plant Physiol. 1995, 109, 457-463.

Brinker M, van Zyl L, Liu W, Craig D, Sederoff RR, Clapham DH, von Arnold S. Microarray analyses of gene expression during adventitious root development in Pinus contorta. Plant Physiol. 2004, 135, 1526-1539.

Canellas LP, Olivares FL, Okorokova-Façanha AL, Façanha AR. Humic acids isolated from earthworm compost enhance root elongation, lateral root emergence, and plasma membrane H+-ATPase activity in maize roots. Plant Physiol. 2002, 130, 1951-1957.

Caro E, Castellano MM, Gutierrez C. A chromatin link that couples cell division to root epidermis patterning in Arabidopsis. Nature 2007a, 447: 2137.

Caro E, Castellano MM, Gutierrez C. GEM, a novel factor in the coordination of cell division to cell fate decisions in the Arabidopsis epidermis. Plant Signal Behav. 2007b, 2(6), 494-495.

Castellano MM, Boniotti MB, Caro E, Schnittger A, Gutierrez C. DNA replication licensing affects cell proliferation or endoreplication in a cell typespecific manner. Plant Cell. 2004, 16, 2380-2393.

ChhunT, Uno Y, Taketa S, Azuma T, Ichii M, Okamoto T, Tsurumi S. Saturated humidity accelerates lateral root development in rice(Oryza sativa L.) seedlings by increasing phloem-based auxin transport. J Exp Bot. 2007, 58, 1695-1704.

Chisholm ST, Parra MA, Anderberg RJ, Carrington JC. Arabidopsis RTM1 and RTM2 genes function in phloem to restrict long-distance movement of tobacco etch virus. Plant Physiol. 2001, 127, 1667-1675.

Cnops G, Neyt P, Raes J, Petrarulo M, Nelissen H, Malenic N, Luschnig C, Tietz O, Ditengou F, Palme K, Azmi A, Prinsen E, Van Lijsebettens M. The TORNADO1 and TORNADO2 genes function in several patterning processes during early leaf development in Arabidopsis thaliana. Plant Cell. 2006, 18, 852-866.

Cnops G, Wang X, Linstead P, Van Montagu M, Van Lijsebettens M, Dolan L. TORNADO1 and TORNADO2 are required for the specification of radial and circumferential pattern in the Arabidopsis root. Development. 2000, 127, 3385-3394.

Cui H, Benfey PN. Interplay between SCARECROW, GA and LIKE HETEROCHROMATIN PROTEIN 1 in ground tissue patterning in the Arabidopsis root. Plant J. 2009, 58(6), 1016-1027.

DeWitt ND, Sussman MR. Immunocytological localization of an epitope-tagged plasma membrane proton pump(H^+-ATPase) in phloem companion cells. Plant Cell. 1995, 7, 2053-2067.

Di Laurenzio L, Wysockadiller J, Malamy JE, Pysh L, Helariutta Y, Freshour G, Hahn MG, Feldmann KA, Benfey PN. The SCARECROW gene regulates an asymmetric cell division that is essential for generating the radial organization of the Arabidopsis root. Cell. 1996, 86, 423-433.

Diet A, Link B, Seifert GJ, Schellenberg B, Wagner U, Pauly M, Reiter W, Ringli C. The Arabidopsis root hair cell wall formation mutant lrx1 is suppressed by mutations in the*rhm*1 gene encoding a UDP-L-Rhamnose synthase. Plant Cell. 2006, 18, 1630-1641.

Ditengou FA, Teale WD, Kochersperger P, Flittner KA, Kneuper I, van der Graaff E, Nziengui H, Pinosa F, Li X, Nitschke R, Laux T, Palme K. Mechanical induction of lateral root initiation in Arabidopsis thaliana. PNAS. 2008, 105, 18818-18823.

Driouich A, Durand C, Vicre' -Gibouin M. Formation and separation of root border cells. TRENDS in Plant Science. 2006, 12, 1360-1385.

Dubrovsky JG, Sauer M, Napsucialy-Mendivil S, Ivanchenko MG, Friml J, Shishkova S, Celenza J, Benková E. Auxin acts as a local morphogenetic trigger to specify lateral root founder cells. PNAS. 2008, 105, 8790-8794.

Durand C, Vicré-Gibouin M, Follet-Gueye ML, Duponchel L, Moreau M, Lerouge P, Driouich A. The organization pattern of root border-like cells of Arabidopsis is dependent on cell wall homogalacturonan. Plant Physiol. 2009, 150, 1411-1421.

Favery B, Ryan E, Foreman J, Linstead P, Boudonck K, Steer M, Shaw P, Dolan L. KOJAK encodes a cellulose synthase-like protein required for root hair cell morphogenesis in Arabidopsis. Genes Dev. 2001, 15, 79-89.

Funk V, Kositsup B, Zhao C, Beers EP. The Arabidopsis xylem peptidase XCP1 is a tracheary element vacuolar protein that may be a papain ortholog. Plant Physiol. 2002, 128, 84-94.

Gallagher KL, Benfey PN. Both the conserved GRAS domain and nuclear localization are required for SHORT-ROOT movement. Plant J. 2009, 57(5), 785-797.

Gardiner JC, Taylor NG, Turner SR. Control of cellulose synthase complex localization in developing xylem. Plant Cell. 2003, 15, 1740-1748.

Green KA, Prigge MJ, Katzman RB, Clark SE. CORONA, a member of the class III homeodomain leucine zipper gene family in arabidopsis, regulates stem cell specification and organogenesis. Plant Cell. 2005, 17, 691-704.

Grierson C, Schiefelbein J. Root Hairs. The Arabidopsis Book 2002 American Society of Plant Biologists.

Guo K, Xia, Yang Z. Regulation of tomato lateral root development by carbon monoxide and involvement in auxin and nitric oxide. J Exp Bot. 2008, 59, 3443-3452.

Hamamoto L, Hawes MC, Rost TL. The production and release of living root cap border cells is a function of root apical meristem type in dicotyledonous angiosperm plants. Ann Bot. 2006, 97, 917-923.

Hamann T, Benkova E, Bäurle I, Kientz M, Jürgens G. The Arabidopsis BODENLOS gene encodes an auxin response protein inhibiting MONOPTEROS-mediated embryo patterning. Genes Dev. 2002, 16, 1610-1615.

Hamann T, Mayer U, Jürgens G. The auxin-insensitive bodenlos mutation affects primary root formation and apical-basal patterning in the Arabidopsis embryo. Development. 1999, 126, 1387-1395.

Hardtke CS, Ckurshumova W, Vidaurre DP, Singh SA, Stamatiou G, Tiwari SB, Hagen G, Guilfoyle TJ, Berleth T. Overlapping and non-redundant functions of the Arabidopsis auxin response factors MONOPTEROS and NONPHOTOTROPIC HYPOCOTYL 4. Development. 2004, 131, 1089-1100.

Hawker NP, Bowman JL. Roles for Class III HD-Zip and KANADI genes in arabidopsis root development. Plant Physiol. 2004, 135, 2261-2270.

Hochholdinger F, Wen T, Zimmermann R, Chimot-Marolle P, da Costa e Silva O, Bruce W, Lamkey KR, Wienand U, Schnable PS. The maize (Zea mays L.) roothairless3 gene encodes a putative GPI-anchored, monocot-specific, COBRA-like protein that significantly affects grain yield. Plant J. 2008, 54, 888-898.

Hung C, Lin Y, Zhang M, Pollock S, Marks MD, Schiefelbein J. A common position-dependent mechanism controls cell-type patterning and GLABRA2 regulation in the root and hypocotyl epidermis of Arabidopsis. Plant Physiol. 1998, 117, 73-84.

Iyer-Pascuzzi AS, Benfey PN. Transcriptional networks in root cell fate specification. Biochim Biophys Acta. 2009, 1789(4), 315-325.

Izhaki A, Bowman JL. KANADI and Class III HD-Zip gene families regulate embryo patterning and modulate auxin flow during embryogenesis in Arabidopsis. Plant Cell. 2007, 19, 495-508.

Jeong S, Trotochaud AE, Clark SE The Arabidopsis CLAVATA2 gene encodes a receptor-like protein required for the stability of the CLAVATA1 receptor-like kinase. Plant Cell. 1999, 11, 1925-1933.

Jones MA, Shen J, Fu Y, Li H, Yang Z, Grierson CS. The Arabidopsis Rop2 GTPase Is a positive regulator of both root hair initiation and tip Growth. Plant Cell. 2002, 14, 763-776.

Jones AR, Kramer EM, Knox K, Swarup R, Bennett MJ, Lazarus CM, Leyser HMO,

Grierson CS. Auxin transport through non-hair cells sustains root-hair development. Nat Cell Biol. 2009, 11(1), 78-84.

Kang YH, Kirik V, Hulskamp M, Nam KH, Hagely K, Lee MM, Schiefelbeind J. The MYB23 gene provides a positive feedback loop for cell fate specification in the Arabidopsis root epidermis. Plant Cell. 2009, 21, 1080-1094.

Ketelaar T, de Ruijter NCA, Emons AMC. Unstable F-Actin specifies the area and microtubule direction of cell expansion in Arabidopsis root hairs. Plant Cell. 2003, 15, 285-292.

Ketelaar T, Faivre-Moskalenko C, Esseling JJ, de Ruijter NCA, Grierson CS, Dogterom M, Emons AMC. Positioning of nuclei in Arabidopsis root hairs: An actin-regulated process of tip growth. Plant Cell. 2002, 14, 2941-2955.

Kurata T, Ishida T, Kawabata-Awai C, Noguchi M, Hattori S, Sano R, Nagasaka R, Tominaga R, Koshino-Kimura Y, Kato T, Sato S, Tabata S, Okada K, Wada T. Cell-to-cell movement of the CAPRICE protein in Arabidopsis root epidermal cell differentiation. Development. 2005, 132, 5387-5398.

Kwak S, Schiefelbein J. The role of the SCRAMBLED receptor-like kinase in patterning the Arabidopsis root epidermis. Dev Biol. 2006, 302, 118-131.

Kwak S, Schiefelbein J. A feedback mechanism controlling SCRAMBLED receptor accumulation and cell-type pattern in Arabidopsis. Current Biol. 2008, 18, 1949-1954.

Kwak S, Shen R, Schiefelbein J. Positional signaling mediated by a receptor-like kinase in Arabidopsis. Science. 2005, 307, 1111-1113.

Lanteri ML, Laxalt AM, Lamattina L. Nitric oxide triggers phosphatidic acid accumulation via phospholipase D during auxin-induced adventitious root formation in cucumber. Plant Physiol. 2008, 147, 188-198.

Laplaze L, Benkova E, Casimiro I, Maes L, Vanneste S, Swarup R, Weijers D, Calvo V, Parizot B, Herrera-Rodriguez MB, Offringa R, Graham N, Doumas P, Friml J, Bogusz D, Beeckman T, Bennett M. Cytokinins act directly on lateral root founder cells to inhibit root initiation. Plant Cell. 2007, 19, 3889-3900.

Levesque MP, Vernoux T, Busch W, Cui H, Wang JY, Blilou I, Hassan H, Nakajima K, Matsumoto N, Lohmann JU, Scheres B, Benfey PN. Whole-genome analysis of the SHORT-ROOT developmental pathway in Arabidopsis. PLoS Biol. 2006, 4(5), e143 (0739-0752).

Lee MM, Schiefelbein J. Cell Pattern in the arabidopsis root epidermis determined by lateral inhibition with feedback. Plant Cell. 2002, 14, 611-618.

Li L, Xu J, Xu Z, Xue H. Brassinosteroids stimulate plant tropisms through modulation of polar auxin transport in brassica and Arabidopsis. Plant Cell. 2005, 17, 2738-2753.

Little DY, Rao H, Oliva S, Daniel-Vedele F, KrappA, Malamy JE. The putative high-affinity nitrate transporter NRT2.1 represses lateral root initiation in response to nutritional cues. PNAS. 2005, 102, 13693-13698.

Ljung K, Hull AK, Celenza J, Yamada M, Estelle M, Normanly J, Sandberg G. Sites and regulation of auxin biosynthesis in Arabidopsis roots. Plant Cell. 2005, 17, 1090-1104.

Lombardo MC, Graziano M, Polacco JC, Lamattina L. Nitric Oxide Functions as a Positive Regulator of Root Hair Development. Plant Signaling & Behavior. 2006, 1, 28-33.

Ma Z, Bielenberg DG, Brown KM, Lynch JP. Regulation of root hair density by phosphorus availability in Arabidopsis thaliana. Plant Cell Environ. 2001, 24, 459-467.

Mähönen AP, Bonke M, Kauppinen L, Riikonen M, Benfey PN, Helariutta Y. A novel two-component hybrid molecule regulates vascular morphogenesis of the Arabidopsis root. Gene Dev. 2000, 14, 2938-2943.

Masucci JD, Rerie WG, Foreman DR, Zhang M, Galway ME, Marks MD, Schiefelbein JW. The homeobox gene GLABRA 2 is required for position-dependent cell differentiation in the root epidermis of *Arabidopsis thaliana*. Development. 1996, 122, 1253-1260.

Masucci JD, Schiefelbein JW. Hormones act downstream of TTG and GL2 to pmmote root hair outgmwth during epidermis development in the Arabidopsis root. Plant Cell. 1996, 8, 1505-1517.

Mergemann H, Sauter M. Ethylene induces epidermal cell death at the site of adventitious root emergence in rice. Plant Physiol, 2000, 124, 609-614.

Meyer CJ, Seago Jr JL, Peterson CA. Environmental effects on the maturation of the endodermis and multiseriate exodermis of Iris germanica roots. Ann Bot. 2009, 103, 687-702.

Miyashima S, Nikajima K. The root endodermis A hub of developmental signals and nutrient flow. Plant Signaling & Behavior. 2011, 6(12), 1954-1958.

Monshausen GB, Bibikova TN, Messerli MA, Shi C, Gilroy S. Oscillations in extracellular pH and reactive oxygen species modulate tip growth of Arabidopsis root hairs. PNAS. 2007, 104, 20996-21001.

Monshausen GB, Messerli MA, Gilroy S. Imaging of the Yellow Cameleon 3.6 indicator reveals that elevations in cytosolic Ca^{2+} follow oscillating increases in growth in root hairs of Arabidopsis. Plant Physiol. 2008, 147, 1690-1698.

Montiel G, Gantet P, Jay-Allemand C, Breton C. Transcription factor networks. pathways to the knowledge of root development. Plant Physiol. 2004, 136(3), 3478-3485.

Mouchel CF, Briggs GC, Hardtke CS. Natural genetic variation in Arabidopsis identifies BREVIS RADIX, a novel regulator of cell proliferation and elongation in the root. Gene Dev. 2004, 18, 700-714.

Müller M, Schmidt W. Environmentally induced plasticity of root hair development in Arabidopsis. Plant Physiol. 2004, 134, 409-419.

Müssig C, Shin G, Altmann T. Brassinosteroids promote root growth in Arabidopsis. Plant Physiol. 2003, 133, 1261-1271.

Negi S, Ivanchenko MG, Muday GK. Ethylene regulates lateral root formation and auxin transport in Arabidopsis thaliana. Plant J. 2008, 55, 175-187.

Ohashi-Ito K, Bergmann DC. Regulation of the Arabidopsis root vascular initial population by LONESOME HIGHWAY. Development. 2007, 134, 2959-2968.

Ohashi-Ito K, Fukuda H. HD-Zip III homeobox genes that include a novel member, ZeHB-13 (Zinnia)/ ATHB-15 (Arabidopsis), are involved in procambium and xylem cell differentiation. Plant Cell Physiol. 2003, 44(12), 1350-1358.

Overvoorde P, Fukaki H, Beeckman T. Auxin control of root development. Cold Spring Harb Perspect Biol. 2010, 2(6), a001537.

Pagnussat GC, Lanteri ML, Lamattina L. Nitric oxide and cyclic GMP are messengers in the indole acetic acid-induced adventitious rooting process. Plant Physiol. 2003, 132, 1241-1248.

Pagnussat GC, Lanteri ML, Lombardo MC, Lamattina L. Nitric oxide mediates the indole acetic acid induction activation of a mitogen-activated protein kinase cascade involved in adventitious root development. Plant Physiol. 2004, 135, 279-286.

Pan J, Fujioka S, Peng J, Chen J, Li G, Chen R. The E3 Ubiquitin Ligase SCFTIR1/AFB and membrane sterols play key roles in auxin regulation of endocytosis, recycling, and plasma membrane accumulation of the auxin efflux transporter PIN2 in Arabidopsis thaliana. Plant Cell. 2009, 21, 568-580.

Paquette AJ, Benfey PN. Maturation of the ground tissue of the root is regulated by gibberellin and SCARECROW and requires SHORT-ROOT1. Plant Physiol. 2005, 138, 636-640.

Parizot B, Laplaze L, Ricaud L, Boucheron-Dubuisson E, Bayle V, Bonke M, De Smet I, Poethig SR, Helariutta Y, Haseloff J, Chriqui D, Beeckman T, Nussaume L. Diarch symmetry of the vascular bundle in Arabidopsis root encompasses the pericycle and is reflected in distich lateral root initiation. Plant Physiol. 2008, 146, 140-148.

Parker JS, Cavell AC, Dolan L, Roberts K, Grierson CS. Genetic interactions during root hair morphogenesis in Arabidopsis. Plant Cell. 2000, 12, 1961-1974.

Peremyslov VV, Prokhnevsky AI, Avisar D, Dolja VV. Two class xi myosins function in organelle trafficking and root hair development in Arabidopsis. Plant Physiol. 2008, 146, 1109-1116.

Pérez-Torres C, López-Bucio J, Cruz-Ramírez A, Ibarra-Laclette E, Dharmasiri S, Estelle M, Herrera-Estrella L. Phosphate availability alters lateral root development in arabidopsis by modulating auxin sensitivity via a mechanism involving the TIR1 auxin receptor. Plant Cell. 2008, 20, 3258-3272.

Pernisová M, Klíma P, Horák J, Válková M, Malbeck J, Souček P, Reichman P, Hoyerová K, Dubová J, Friml J, Zažímalová E, Hejátko J. Cytokinins modulate auxin-induced organogenesis in plants via regulation of the auxin efflux. PNAS. 2009, 106(9), 3609-

3614.

Petersson SV, Johansson AI, Kowalczyk M, Makoveychuk A, Wang JY, Moritz T, Grebe M, Benfey PN, Sandberg G, and Ljung K. An auxin gradient and maximum in the arabidopsis root apex shown by high-resolution cell-specific analysis of IAA distribution and synthesis. Plant Cell. 2009, 21, 1659-1668.

Petricka JJ, Winter CM, Benfey PN. Control of *Arabidopsis* root development. Annu Rev Plant Biol. 2012, 2, 63, 563-590.

Ramírez-Carvajal GA, Morse AM, Dervinis C, Davis JM. The cytokinin type-B response regulator PtRR13 is a negative regulator of adventitious root development in Populus. Plant Physiol. 2009, 150, 759-771.

Richter GL, Monshausen GB, Krol A, Gilroy S. Mechanical stimuli modulate lateral root organogenesis. Plant Physiol. 2009, 151, 1855-1866.

Rigas S, Debrosses G, Haralampidis K, Vicente-Agullo F, Feldmann KA, Grabov A, Dolan L, Hatzopoulos P. TRH1 encodes a potassium transporter required for tip growth in arabidopsis root hairs. Plant Cell. 13, 2001, 139-151.

Ringli C, Baumberger N, Diet A, Frey B, Keller B. ACTIN2 is essential for bulge site selection and tip growth during root hair development of Arabidopsis. Plant Physiol. 2002, 129, 1464-1472.

Ryu KH, Kang YH, Park Y, Hwang I, Schiefelbein J, Lee MM. The WEREWOLF MYB protein directly regulates CAPRICE transcription during cell fate specification in the Arabidopsis root epidermis. Development. 2005, 132, 4765-4775.

Sabatini S, Heidstra R, Wildwater M, Scheres B. SCARECROW is involved in positioning the stem cell niche in the Arabidopsis root meristem. Gene Dev. 2003, 17, 354-358.

Savage NS, Walker T, Wieckowski Y, Schiefelbein J, Dolan L, Monk NAM. A mutual support mechanism through intercellular movement of CAPRICE and GLABRA3 can pattern the Arabidopsis root Epidermis. PLoS Bio. 2008, 6(9), 1899-1909. | www.plosbiology.org 1899 e235.

Schellmann S, Schnittger A, Kirik V, WadaT, Okada K, Beermann A, Thumfahrt J, Juèrgens G, lskamp MH. TRIPTYCHON and CAPRICE mediate lateral inhibition during trichome and root hair patterning in Arabidopsis. EMBO J. 2002, 21(19), 5036-5046.

Scheres B, Benfey P, Dolan L. Root Development. The Arabidopsis Book. 2002 American Society of Plant Biologists.

Scheres B, Wolkenfelt H, Willemsen V, Terlouw M, Lawson E, Dean C, Weisbeek P. Embryonic origin of the Arabidopsis primary root and root meristem initials. Development. 1994, 120, 2475-2487.

Scheres B, Di Laurenzio L, Willemsen V, Hauser MT, Janmaat K, Weisbeek P, Benfey PN. Mutation affecting the radial organization of the Arabidopsis root display specific defects throughout the embryonic axis. Development. 1995, 121, 53-62.

Schiefelbein JW, Somerville C. Genetic control of root hair development in Arabidopsis thaliana. Plant Cell. 1990, 2, 235-243.

Schindelman G, Morikami A, Jung J, Baskin TI, Carpita NC, Derbyshire P, McCann MC, Benfey PN. COBRA encodes a putative GPI-anchored protein, which is polarly localized and necessary for oriented cell expansion in Arabidopsis. Genes Dev. 2001, 15, 1115-1127.

Schneider K, Mathur J, Boudonck K, Wells B, Dolan L, Roberts K. The ROOT HAIRLESS 1 gene encodes a nuclear protein required for root hair initiation in Arabidopsis. Genes Dev. 1998, 12, 2013-2021.

Schwechheimer C, Serino G, Deng X. Multiple ubiquitin ligase-mediated processes require COP9 signalosome and AXR1 function. Plant Cell. 2002, 14, 2553-2563.

Sieberer BJ, Timmers ACJ, Lhuissier FGP, Emons AMC. Endoplasmic microtubules configure the subapical cytoplasm and are required for fast growth of Medicago truncatula root hairs. Plant Physiol. 2002, 130, 977-988.

Sorin C, Bussell JD, Camus I, Ljung K, Kowalczyk M, Geiss G, McKhann H, Garcion C, Vaucheret H, Sandberg G, Bellinia C. Auxin and light control of adventitious rooting in arabidopsis require*ARGONAUTE*. Plant Cell. 2005, 17, 1343-1359.

Stadler R, Sauer N. The Arabidopsis thaliana AtSUC2 gene is specifically expressed in companion cells. Bot Acta. 1996, 109, 299-306.

Steinmann T, Geldner N, Grebe M, Mangold S, Jackson CL, Paris S, Gälweiler L, Palme K, Jürgens G. Coordinated polar localization of auxin efβux carrier PIN1 by GNOM ARF GEF. SCIENCE. 1999, 286, 316-318.

Sun J, Xu Y, Ye S, Jiang H, Chen Q, Liu F, Zhou W, Chen R, Li X, Tietz O, Wu X, Cohen JD, Palme K, Li C. Arabidopsis ASA1 is important for jasmonate-mediated regulation of auxin biosynthesis and transport during lateral root formation. Plant Cell. 2009, 21, 1495-1511.

Suzaki T, Yoshida A, Hirano HY. Functional diversification of CLAVATA3-related CLE proteins in meristem maintenance in rice. Plant Cell. 2008, 20, 2049-2058.

Tisi A, Federico R, Moreno S, Lucretti S, Moschou PN, Roubelakis-Angelakis KA, Angelini R, Cona. A Perturbation of polyamine catabolism can strongly affect root development and xylem differentiation. Plant Physiol. 2011, 157, 200-215.

Tominaga R, Iwata M, Okada K, Wada T. Functional analysis of the epidermal-specific MYB genes CAPRICE and WEREWOLF in Arabidopsis. Plant Cell. 2007, 19, 2264-2277.

Tsugeki R, Ditengou FA, Sumi Y, Teale W, Palme K, Okadae K. NO VEIN mediates auxin-dependent specification and patterning in the arabidopsis embryo, shoot, and root. Plant Cell. 2009, 21, 3133-3151.

Van Bruaene N, Joss G, Van Oostveldt P. Reorganization and in vivo dynamics of microtubules during arabidopsis root hair development. Plant Physiol. 2004, 136, 3905-3919.

Vanneste S, De Rybel B, Beemster GTS, Ljung K, De Smet I, Isterdael GV, Naudts M, Iida R, Gruissem W, Tasaka M, Inzé D, Fukaki H, Beeckman T. Cell cycle progression in the pericycle is not sufficient for SOLITARY ROOT/IAA14-mediated lateral root initiation in *Arabidopsis thaliana*. Plant Cell. 2005, 17(11), 3035-3050.

Vicré M, Santaella C, Blanchet S, Gateau Al, Driouich A. Root border-like cells of Arabidopsis. microscopical characterization and role in the interaction with rhizobacteria. Plant Physiol. 2005, 138, 998-1008.

Walker AR, Davison PA, Bolognesi-Winfield AC, James CM, Srinivasan N, Blundell TL, Esch JJ, Marks MD, Gray JC. The TRANSPARENT TESTA GLABRA1 locus, which regulates trichome differentiation and anthocyanin biosynthesis in Arabidopsis, Encodes a WD40 repeat protein. Plant Cell. 11, 1999, 1337-1349.

Wang J, Wang L, Mao Y, Cai W, Xue H, Chen X. Control of root cap formation by microRNA-targeted auxin response factors in arabidopsis. Plant Cell. 2005, 17, 2204-2216.

Wang X, Cnops G, Vanderhaeghen R, De Block S, Van Montagu M, Van Lijsebettens M. AtCSLD3, a cellulose synthase-like gene important for root hair growth in Arabidopsis. Plant Physiol. 2001, 126, 575-586.

Welch D, Hassan H, Blilou I, ImminkR, Heidstra R, Scheres B. Arabidopsis JACKDAW and MAGPIE zinc finger proteins delimit asymmetric cell division and stabilize tissue boundaries by restricting SHORT-ROOT action. Genes Dev. 2007, 21(17), 2196-2204.

Wen F, Van Etten HD, Tsaprailis G, Hawes MC. Extracellular proteins in pea root tip and border cell exudates. Plant Physiol. 2007, 143, 773-783.

Wen F, White GJ, VanEtten HD, Xiong Z, Hawes MC. Extracellular DNA is required for root tip resistance to fungal infection. Plant Physiol. 2009, 151, 820-829.

Wenke S, Emery J, Hou B, Evans MMS, Barton MK. A feedback regulatory module formed by LITTLE ZIPPER and HD-ZIP III Genes. Plant Cell. 2007, 19, 3379-3390.

Willemsen V, Wolkenfelt H, de Vrieze G, Weisbeek P, Scheres B. The HOBBIT gene is required for formation of the root meristem in the Arabidopsis embryo. Development. 1998, 125, 521-531.

Wysocka-Diller JW, Helariutta Y, Fukaki H, Malamy JE, Benfey P N. Molecular analysis of SCARECROW function reveals a radial patterning mechanism common to root and shoot. Development. 2000, 127, 595-603.

Xing C, Zhu M, Cai M, Liu P, Xu G, Wu S. Developmental characteristics and response to iron toxicity of root border cells in rice seedlings. J Zhejiang Univ Sci B. 2008, 9(3), 261-264.

Xu C, Liu C, Wang Y, Li L, Chen W, Xu Z, Bai S. Histone acetylation affects expression of cellular patterning genes in the Arabidopsis root epidermis. PNAS. 2005, 102, 14469-

14474.

Yang G, Gao P, Zhang H, Huang S, Zheng Z-L A mutation in MRH2 kinesin enhances the root hair tip growth defect caused by constitutively activated ROP2 small GTPase in Arabidopsis. PLoS ONE. 2007, 2(10), e1074.

Yang T, Perry PJ, Ciani S, Pandian S, Schmidt W. Manganese deficiency alters the patterning and development of root hairs in Arabidopsis. J Exp Bot. 2008, 59, 12, 3453-3464.

Ye ZH, Varner JE Induction of cysteine and serine proteases during xylogenesis in Zinnia elegans. Plant Mol Biol. 1996, 30, 1233-1246.

Yoshimoto N, Inoue E, Saito K, Yamaya T, Takahashi H. Phloem-Localizing Sulfate Transporter, Sultr1;3, mediates re-distribution of sulfur from source to sink organs in Arabidopsis. Plant Physiol. 2003, 131, 1511-1517.

Yuen CYL, Sedbrook JC, Perrin RM, Carroll KL, Masson PH. Loss-of-function mutations of ROOT HAIR DEFECTIVE3 suppress root waving, skewing, and epidermal cell file rotation in Arabidopsis. Plant Physiol. 2005, 138, 701-714.

Zhao C, Craig JC, Petzold HE, Dickerman AW, Beers EP. The xylem and phloem transcriptomes from secondary tissues of the Arabidopsis root-hypocotyl. Plant Physiol. 2005, 138, 803-818.

Zheng M, Beck M, Müller J, Chen T, Wang X, et al. Actin turnover is required for myosin-dependent mitochondrial movements in arabidopsis root hairs. PLoS ONE. 2009, 4(6), e5961.

Zimmermann R, Sakai H, Hochholdinger F. The gibberellic acid stimulated-like gene family in maize and its role in lateral root development. Plant Physiol. 2010, 152, 356-365.

第九章 植物茎顶端和叶的发育

叶是植物地上部分的主要器官,行使光合作用、蒸腾作用、气体交换等功能。自然界植物叶片形态多种多样,适应其所生长的气候环境。植物叶片在植株上的分布也是具有环境的适应性和物种的保守性。叶的起始与其他侧生器官的起始相似,都是由茎顶端分生组织分化形成。实际上植物所有地上部分的器官发育都来自于茎顶端分生组织中有序地受到严格调控的细胞分裂和细胞分化得以实现。光照、激素等内外因素对茎端的发育起着重要作用。本章详细介绍植物侧生原基的发生、叶子的发育、叶型、叶序构成的分子机理。

第一节 侧生原基的定位和起始

对于很多植物茎尖分生组织的切片观察和细胞谱系的研究表明,茎顶端分生组织(shoot apical meristem,SAM)可分为 L1、L2、L3 三层。按照功能分组,又可以分为三个区域,即中央区(central zone,CZ,未分化的干细胞状态区域)、周缘分生组织(peripheral zone,PZ)、肋状分生组织(rib meristem,RM)(图 9.1)(Grandjean et al.,2004;Reddy et al.,2004)。L1 是一层很薄的细胞层,细胞分裂一般为垂周分裂,产生的细胞层分化形成表皮,对所有的组织具有保护作用。L2 和 L3 经过细胞分裂产生基本的分生组织。中心区域(CZ)是干细胞/原分生细胞区域,具有一定分裂活性,但不如其周围的分生组织细胞分裂活性高,干细胞分裂后外侧的子细胞衍生形成周围区域(PZ)和中肋区域(RM)。周缘分生组织在局部区域强烈的分裂活动,从周围区域形成侧生器官原基,包括花原基和叶原基或者腋芽原基。肋状分生组织有规律的横分裂衍生出纵向排列的细胞,在中肋区域分化形成中柱系统。

茎尖分生组织的干细胞状态和数目的维持依赖于严格的基因表达调控。在 SAM 的最中心位置的干细胞的细胞分裂不仅发生频率低,而且其分裂后产生的基础细胞向外向下的移动和分化最终到周围区域并参与最终的器官建成。虽然植物地上部分所有器官历经巨大的形态变化,然而茎尖分生组织中央区的干细胞大小和细胞数目在这个过程中始终维持相对恒定。

植物整个分生组织的分裂分化过程是有序的整体网络调控的过程。光和植物激素以及其他因素在整个过程起着交互的网络调控作用。茎顶端分生组织各区域之间基因的表达具有特异性和相互作用,表现出细胞分裂和组织分化的位置决定性。茎顶端分生组织分化过程中形成不同区域之间的互相作用,通过对细胞分裂、分化、扩张的时空和频率上的精细调控,不断形成新的侧生原基,已有的原基则继续生长分化形成器官。

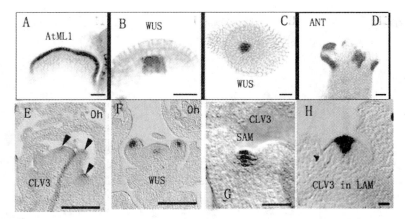

图 9.1 茎顶端分生组织结构(Grandjean et al., 2004; Brand et al., 2002, Müller et al., 2006, ⓒASPB)(严海燕修饰)

一、光和激素对茎顶端分生组织的作用

种子萌发后出土前，黑暗中茎顶端分生组织的生长被抑制，光下迅速恢复生长。光照通过促进细胞分裂素信号、影响生长素运出载体 PIN1 的分布而控制茎顶端分生组织中侧生原基的起始。番茄无光条件下停止形成叶原基，新原基的形成需要额外的细胞分裂素的作用(Yoshida et al., 2011)。

光照的最初 6 小时是一批反应发生的关键时期(López-Juez et al., 2008)。在最初 6 小时，生长素、乙烯、脱落酸控制上调表达的基因被光照下调表达，反之，三种激素控制下调表达的基因被光照控制上调表达，生长素、乙烯与光的关联性比脱落酸强。细胞分裂素调控的基因与光调控的基因表现一致，即光照上调细胞分裂素控制上调表达的基因，在光照 6 小时时达到最高峰，如 *ARR5*、*ARR6*、*ARR7*、*ARR16*，与细胞分裂周期相关基因的表达一致。赤霉素合成有关的基因 *GA3ox* 和 *GA20ox*，以及失活有关基因 *GA2ox* 的表达在光控制下变化趋势如图 9.2 所示(López-Juez et al., 2008)。其中使赤霉素失活的 *GA2ox2* 在光照后 1 小时达到高峰，与光照早期赤霉素作用高峰后的迅速下降现象一致。此外两个赤霉素合成基因和一个失活基因在光照两小时后达到高峰，表现了赤霉素水平在茎顶端的动态调控过程(López-Juez et al., 2008)。

在顶端分生组织，光照同样下调甾类激素下调表达的基因以及与甾类激素合成有关的基因表达。例如在光照条件下，两个负调控甾醇类激素水平的基因 *phyB Activation-tagged Suppressor1*、*Brassinosteroid-Insenstive2* 表达量明显下降，而介导甾醇信号传导的两个基因 *BRI1-EMS Suppressor1* 和 *Brassinazole-Resistant1* 在叶原基中表达升高。

一些顶端分生组织分化中的关键基因在顶端分生组织发育过程中表达趋势描述如图 9.3 所示(López-Juez et al., 2008)。光照初期 0~1 小时内，生长素、赤霉素活性急剧降低，光信号传导活性升高，到 1 小时时达到高峰。分生组织专一的 *KNAT1* 基因、细胞分

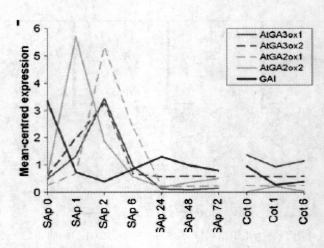

图9.2 赤霉素合成与分解基因在茎顶端分生组织中受光后表达趋势(López-Juez et al., 2008, ⓒASPB)

裂素信号、核糖体、与细胞周期 G2/M 转变有关的蛋白 cyclinB1 以及子叶类囊体蛋白在光照 1 小时都有一个小峰，与赤霉素抑制酶 GA2ox2 高峰一致。光照两小时，光信号传导蛋白 tranducin 继续在峰值，查尔酮合酶表达达到高峰。光照六小时，核糖体、细胞分裂相关的周期蛋白 cyclinB 和 cyclinD、代表 DNA 合成的组蛋白 H2A、类囊体蛋白基因表达达到高峰，这些基因同时在子叶中也达到高表达。这些数据显示细胞分裂在光照六小时后达到高峰(López-Juez et al., 2008)。细胞分裂高峰与生长素水平下降和细胞分裂素上升有关。

生长素在植物发育的各方面起决定作用，而光影响生长素的合成、运输和反应。生长素的分布和运输对茎顶端分生组织的形成和侧生器官的起始、分布类型都起着关键作用。一些影响生长素分布的关键基因如 MP 等对茎顶端分生组织的结构和侧生器官的起始和形成起着关键作用。茎顶端分生组织的区域内界定的分子机理也逐渐得到阐明。茎顶端分生组织各区域之间基因的表达具有特异性和相互作用，表现出细胞分裂和组织分化的位置决定性。

在茎顶端分生组织发育中，生长素、细胞分裂素在特定的时间和部位发挥作用，同时生长素和细胞分裂素之间有复杂的相互作用。生长素在胚轴诱导内源细胞分裂素合成和细胞分裂素的信号传导，诱导除了 ARR3 以外其他 ARR 的表达(Pernisová et al., 2009)，生长素还诱导降解细胞分裂素的细胞分裂素氧化酶的表达迅速降低细胞分裂素的水平(Nordström et al., 2004)，这两类相反的作用可能在特定的区域分别发生。而细胞分裂素通过影响生长素运出载体 PIN 的分布改变生长素反应的区域，细胞分裂素氧化酶 2 和 3 的过量表达下调 PIN2、PIN3、PIN4、PIN7 的表达(Pernisová et al., 2009)，说明细胞分裂素上调这些载体的表达。玉米中细胞分裂素 A 类反应因子 ABPH1 上调 PIN1 的表达，细胞分裂素负调控茎顶端分生组织大小，生长素则正调控 PIN1 的表达。细胞分裂素在生长素诱导浓度低于临界浓度时单独作用不能诱导器官发生，说明生长素在器官发生中的主导作

第一节 侧生原基的定位和起始

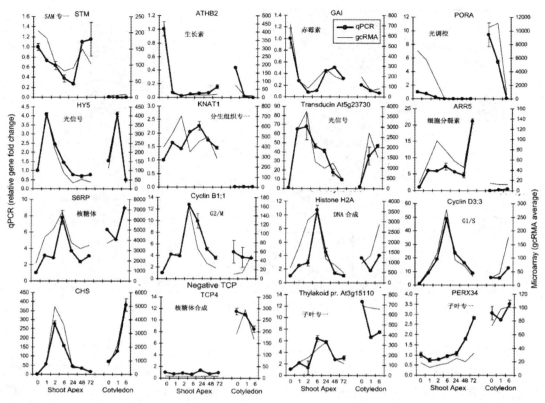

图 9.3 一些重要功能基因在茎顶端分生组织中受光后表达趋势（López-Juez et al., 2008, ©ASPB）

用（Pernisová et al., 2009；Lee et al., 2009），然而细胞分裂素在胚后茎顶端分生组织分生组织的发育是必不可少的，35S∷AtCKX1 和 35S∷AtCKX3 的过量表达引起叶簇的延迟形成，35S∷AtCKX2 和 35S∷AtCKX4 的过量表达则不影响（Werner et al., 2003）。

生长素和细胞分裂素在茎顶端分生组织的分布受到各种因素的精细调控，从而造成特定区域的细胞分裂和分化的精细调控。茎顶端分生组织中生长素反应限制在 L1 层发生（图 9.4，Chen et al., 2013；Bainbridge et al., 2008；Smith et al., 2006），生长素在分生组织中合成，上调 PIN1 的表达。生长素在细胞分裂和细胞延展过程中都起着重要作用（参见第二章）。

侧生原基的发生依赖生长素的动态运输，拟南芥中生长素的运入载体（influx carrier）主要有 AUX1，LAX1 和 LAX2，运出载体（efflux carrier）主要是 PIN1（Wang et al., 2014）。生长素由原基向周围区域输入（Smith et al., 2006）。在生长素运出载体 PIN 和运入载体 AUX1、LAX1、LAX2、LAX3 的共同作用下，生长素反应集中在茎顶端分生组织周围区域侧生原基起始的部位，在其他部位也有相应分布（图 9.4A）。生长素运入载体的三突变改变生长素反应的分布，影响侧生原基的起始（图 9.5C~H、K~N，Bainbridge et al., 2008；）。生长素运输抑制剂 NPA 处理以后，生长素反应标记 DRF5∷GFP 和 PIN1 在茎顶

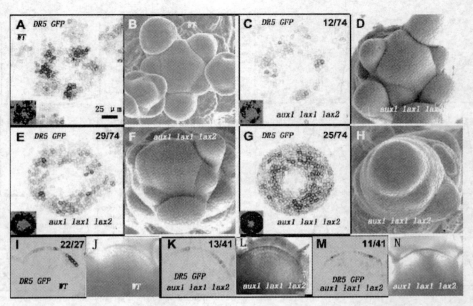

图9.4 茎顶端分生组织生长素反应的分布与生长素载体的关系(Bainbridge et al., 2008)(严海燕修饰)

端分生组织呈环状分布(图9.5G、C, Schuetz et al., 2008)。

MONOPTEROS 是一种生长素反应蛋白转录因子(ARF5), 受到生长素的翻译后调控, 与其他生长素反应蛋白一起调控生长素运出载体(PIN-FORMED1, PIN)的表达(图9.5B, Schuetz et al., 2008)。MP 和 PIN1 的双突变引起叶子完全不能形成。细胞学观察可见 mp 突变体引起 PIN1 的分布异常, 呈更扩散的分布。在原基起始处 PIN1 的表达减少(图9.5B, Schuetz et al., 2008)。NPA 生长素运输抑制剂使 PIN1 在分生组织周围一圈普遍表达, 而中心区域不表达。NPA 和 mp 的双重作用使整个顶端分生组织中 PIN1 的表达没有极性, 均匀表达(图9.5D, Schuetz et al., 2008), 生长素反应基因没有表达(图9.5H, Schuetz et al., 2008), 侧生组织标记基因 ANT 在中间也有表达(图9.5L), AS1 表达范围扩大(图9.5P, Schuetz et al., 2008)。生长素反应蛋白 IAA2(BDL)与 MP 结合, 抑制 ARF5(MP)的生长素反应活性(Hamann et al., 2002)。

Fang 等(2014)在水稻中分离到 mini1 突变体, 具有植株矮小和 SAM 提早停止分化的表型。mini1 突变体为蛋白质氨基酸错义突变, 通过基因定位和互补实验证实 MINI1 基因编码一个 ACE(adhesion of calyx edges)蛋白, 与拟南芥中的 HTH(HOTHEAD)基因为同源基因, 具有 FAD-氧化还原酶结构域, 可能与长链脂肪酸合成有关。转录组分析表明 mini1 突变体中生长素合成及信号途径相关基因的表达相对野生型发生下调, 水稻 KNOX 基因 OSH1 和 OSH3 的表达则发生上调。OSH1 可直接结合到 CYP734A2、CYP734A4、CYP734A6 等与 BR 信号途径相关基因的启动子上游(Tsuda et al., 2014), 通过对这些基因的表达调控影响 SAM 的发育和侧生原基的起始。

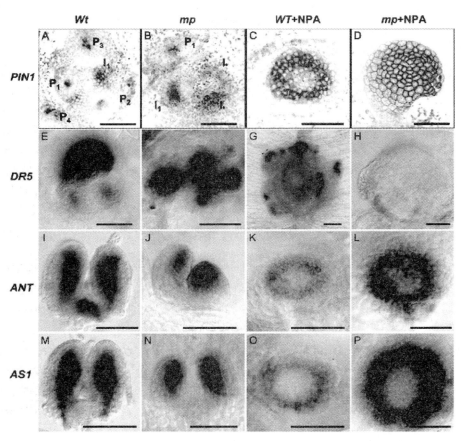

图 9.5 生长素反应转录因子 ARF5 和运出载体及生长素反应分布的关系
(Schuetz et al., 2008, ⓒASPB)(严海燕修饰)

二、茎顶端分生组织发育的分子机制

茎顶端分生组织几个区域的特性分别由几个关键基因决定，光、生长素和细胞分裂素等激素通过多种途径调控这些关键基因，细胞内各种表观遗传调控以及各种表达水平的调控协同作用，共同修饰调节顶端生长。

茎顶端分生组织中心区域未分化细胞的标志基因 WUSCHEL(WUS)基因(图 9.1)能抑制干细胞的分化，从而保持分生细胞在一定的数量水平。拟南芥 wus 突变体丧失维持茎尖分生组织细胞数量的功能，形成一个形态异常、功能缺失的茎尖分生组织。茎尖分生组织分化少许的几片叶子以后，因为分生细胞耗尽而停止了生长(Laux，1996)。WUS 在胚发育早期在生长素分布的浓度较低区域表达。在早期到晚期球形胚和心形胚以及愈伤组织诱导的前胚上，生长素运出载体 PIN1 与 WUS 共表达。当子叶分开，茎顶端分生组织形成时，只有 WUS 分布在表皮下分生组织中心区域。生长素与 WUS 的共表达说明生长素可能对 WUS 的表达起诱导作用。

WUS 的分布范围通过 CLV3 和 CLV3 类似的 CLE 信号肽与识别它们的几个不同的细胞膜上的受体激酶复合体 CLV1/CLV1 复合体、CLV2/CRN 复合体以及 BAM 等的协同调控，对 *WUS* 的表达范围进行抑制或促进，使 WUS 限制在中心区域，保持一定的干细胞数目。WUS 与 CLV 系统的反馈调控环是控制茎尖分生组织正常功能的重要调控手段。

茎顶端分生组织中生长素水平见光后急剧下降，细胞分裂素活性上升（López-Juez et al., 2008）。细胞分裂素受体 AHK2 和 AHK4 在茎和花顶端分生组织介导细胞分裂素作用，AHK2 介导不依赖 CLV 的途径诱导 *WUS* 的表达，而 AHK4 介导依赖 CLV 的途径诱导 *WUS* 的表达。细胞分裂素诱导 A 类和 B 类 *ARR* 的表达，A 类 ARR5 被 AHK 在 ASP 区域磷酸化，可能通过这种磷酸化作用负调控细胞分裂素的信号传导，ARR5 也抑制 *WUS* 的表达。WUS 反过来抑制 ARR5 的活性，激活 *CLV3* 的表达，高水平细胞分裂素抑制 *CLV1* 的表达，而 CLV3 和 CLV1 形成复合体抑制 *WUS* 的表达。细胞分裂素通过 AHK4 抑制 *CLV1* 的表达降低 CLV1/CLV3 复合体对 *WUS* 的抑制，促进 *WUS* 的表达（Gordon et al., 2009）。

WUS 与 CLV3 的转录水平也受到表观遗传修饰的调控。Yue 等（2013）发现拟南芥 *skb1* 突变体通过 H4R3me2-组蛋白 H4 上第 3 位精氨酸双甲基化修饰，调控可以与 CLV1 形成异源复合体的 CRN 蛋白的表达，*skb1* 中 *WUS* 和 *CLV3* 的表达也同时降低，造成 SAM 宽度降低的表型。

Schuster 等（2014）从拟南芥中分离到 bHLH 类转录因子 *HEC* 基因家族，包括 *HEC1*、*HEC2*、*HEC3* 三个基因。*HEC1* 处于 WUS-CLV3 反馈环上游，以背景特异方式抑制 *WUS* 和 *CLV3* 的表达，三突变体的 SAM 显著变小，*HEC* 基因与 SPT（bHLH 类转录因子）存在体内互作，转录组分析表明 *HEC* 基因还调控与细胞分裂素反馈调控相关的 *ARR7*、*ARR15* 等基因的表达。

microRNA 通过对 *WUS* 和 *CLV3* 等基因的转录和翻译抑制影响 SAM 的发育，例如由 AGO1 复合体和 *miR165/166* 通过负调控 HD-ZIPⅢ，影响 WUS-CLV3 信号途径和 SAM 干细胞的维持（Tucker et al., 2013）。ZLL/AGO10 与 AGO1 具有相拮抗的关系。*SQN*（*SQUINT*）基因编码拟南芥 Cyclophilin-40 类似蛋白，修饰 ZLL/AGO10，属于 *FLETSCHE*（*FHE*）1~5 五个位点中的 *FHE2*，它们的序列和表达在拟南芥不同的生态型种中发生变异，最终影响 WUS-CLV3（Tucker et al., 2013）。

Knauer 等人（2013）在拟南芥中通过正向遗传学分离到 *enh146* 突变体，鉴定为 *miR394* 的错义突变。*enh146 ago10* 双突变体造成 98% 的植株缺失 SAM，由于错义突变，*miR394* 不能负调控靶基因 *LCR*（*leaf curling responsiveness*）。LCR 为 F box 蛋白，与 26S 蛋白酶体介导的蛋白质降解有密切关系，抑制 WUS-CLV3 信号途径。*miR394* 通过 RNAi 方式下调 SAM 远端细胞层中 LCR 蛋白的表达水平，从而影响 SAM 中细胞信号途径和分化的发生。

茎顶端分生组织的另一个必需基因是 *Shoot meristemless*（*STM*）。*STM* 编码含有 MEINOX 三个氨基酸环的 HD 转录因子，其 MEINOX 区域与 BLH（Bell-like homeodomain）类型的转录因子中的 BELL 区域结合，形成异源聚合体，这种结合对于它们进入细胞核是必需的。*STM* 属于 *KNOX* 基因家族中的类型 I 基因，*KNOX I* 类基因具有促进细胞分裂和延长的特性(Lenhard et al., 2002; Douglas et al., 2002)。不同的 KNOX 基因在不同的部位与不同的因子相互作用，被限制在特定区域表达，促进相应部位的细胞分裂和器官发育。拟南芥 KNAT1 (又称 BP, BREVIPEDICELLUS)、2、6、STM (Shoot meristemless) 是 KNOX I 类基因，在茎顶端分生组织表达。玉米的(KNOTTED1) KN1 与拟南芥 KNAT1 和 STM 最相似，与 KNAT1 在结构上相似，在功能上与 STM 相似。玉米的 KN1 基因是第一个克隆出来的同源盒基因，以后类似 KNOTTED 的基因(KNOTTED1-like homeobox)称为 KNOX 基因。拟南芥 KNAT3、KNAT4、KNAT5、KNAT7 是 II 类 KNOX 基因。

STM 在茎顶端分生组织中心区域和周围区域表达，不同部位表达量受到相应区域各种不同因子的控制。STM 诱导催化细胞分裂素 CK 合成有关酶的基因 IPT7 (isopentyltransferase)、细胞分裂周期蛋白 CYCB1；1、CYCD3、边界基因 CUC1、CUC2、CUC3、降解 CUC 的 miR164a、降解赤霉素的 $GA2_{ox1}$ 等基因的表达，降低合成赤霉素的 $GA20_{ox1}$ 的表达，提供一个高细胞分裂、低细胞分化的环境(Spinelli et al., 2011)。STM 还诱导 KNAT1 和 KNAT2 的表达，抑制侧生器官发育促进因子 AS1 (ASYMMETRIC LEAVES1) 的表达(Lenhard et al., 2002)。细胞周期调控蛋白 CYCD3 激活周期蛋白依赖的激酶 cyclin-dependent kinases(CDKs)，通过 RETINOBLASTOMA RELATED(RBR) 蛋白的磷酸化直接进入 S 期，促进细胞的有丝分裂，同时抑制细胞内复制和分化。CYCB1；1 促进细胞由 G2 进入 M 期，从而促进细胞分裂。CK 也促进 CYCD3、KNOX 等基因的表达(图 9.6)。同属于 KNOX 家族蛋白的 KNAT1/BP，KNAT2 在抑制细胞分化和维持干细胞数量上与 STM 有类似的功能，但是对于 CK 的需求有所不同(Scofield et al., 2013)。相比之下，WUS 虽然诱导干细胞特性，但不诱导 KNAT1、KNAT2 的表达和细胞分裂。STM 和 KNAT1/BP 具有不依赖高水平 CK、CYCD3、WUS 活性，直接诱导 SAM 的从头形成，KNAT2 无此作用。STM 和 WUS 共同维持干细胞分生区的特性(Lenhard et al., 2002)。

KNAT6 在茎顶端分生组织的周围区域表达，在胚发育中表达时期晚于 STM，与 STM 作用重叠，共同保持分生组织特性。KNAT2 不具有这个作用(Belles-Boix et al., 2006)。KNAT1 和 PNY(PENNYWISE，KNOX 类基因)在花序顶端分生组织限制 KNAT6 和 KNAT2 的表达，保证花序形态的正常(Ragni et al., 2008)。茎顶端分生组织中 KNAT1 可能具有相似的作用。STM 和 KNAT1 的作用部分重叠(Souček et al., 2007)。BELL 转录因子 BHL3 和 BHL9 在 SAM 特定位点表达并可与 STM 结合，因此赋予 STM 不同的功能(Aida et al., 1999; Cole et al., 2006)

SEU 和 SLK 处于包括 STM、BP/KNAT1、KNAT2 等 KNOX I 基因的上游，通过对这些基因的调控影响生长素在 SAM 的分布和形态建成。seu slk2 双突变体缺失 SAM，子叶既小且窄，STM、BP、KNAT2、KNAT6 等 KNOX I 基因表达均比野生型有显著下降(图 9.6)(Lee et al., 2014)。

拟南芥 KNAT1、KNAT2 在茎顶端分生组织普遍表达，生长素类对 KNAT1 在茎顶端分生组织的表达没有明显影响，细胞分裂素和光扩大 KNAT1 在茎顶端分生组织的表达范围(Souček et al., 2007)。KNAT 基因的表达也受到其他上游基因的调控，并且影响赤霉素在顶端分生组织的分布。玉米半显性突变 extra cell layers1 (xcl1) 导致茎顶端分生组织多层表皮细胞形成，更多细胞加入叶原基的形成，茎顶端分生组织区域减小，KN1 活性受到

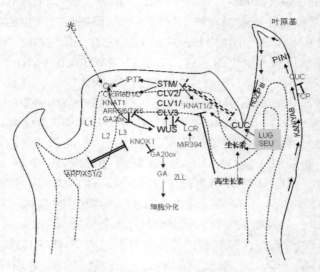

图9.6 茎顶端分生组织基因调控网络示意图（严海燕绘）

部分抑制，参与赤霉素降解的 GA2ox 表达提高，而参与赤霉素合成的 GA20ox 没有明显变化（Kessler et al.，2006）。烟草中 KNOX 基因 Nicotiana tabacum homeobox 15（NTH15）在 SAM 顶端分生组织的原生分生区域抑制赤霉素合成酶基因 GA20ox 的表达，保持原分生组织的未分化状态（Sakamoto et al.，2001）。

L1 层的细胞分裂类型影响茎顶端分生组织的保持。玉米野生型 KN1 在茎的皮层表达并运输到表皮，在 SCR 启动子控制下分布在 L1、L2、L3 层（Kim JY. et al.，2002），拟南芥 KNAT1、KNAT2、STM 蛋白也可以从茎顶端分生组织内部向 L1 进行单向细胞间移动（Kim JY. et al.，2003）。KNOX 同源盒区域的功能足以完成 KNOX 蛋白质和 mRNA 的细胞间移动功能（Kim JY. et al.，2005）。

在茎顶端分生组织的周围区域，拟南芥 YABBY 类蛋白 FILAMENTOUS FLOWER（FIL）和 YAB3 决定侧生器官远轴特性，这两个蛋白的突变引起侧生器官中 KNOX 类基因 STM、KNAT1、KNAT2 的去抑制，同时部分恢复 stm 突变体的表型（Kumaran et al.，2002）。ANT（AINTEGUMENTA）与 FIL 和 YAB3 启动子结合，三突变或双突变叶和花极性异常，叶和植株个体减小（Nole-Wilson and Krizek，2006）。FIL 和 YAB3 与 LEU（LEUNIG）、LUH（LEUNIG-HOMOLOG）、SEUSS 和 SEUSS 相关蛋白形成复合体，对胚性茎顶端分生组织的起始、胚后茎顶端分生组织的保持、叶子的近轴和远轴特性都起着重要作用（Stahle et al.，2009）。转录因子 KANADI 和 YABBY 共同控制叶片远轴特性。KANADI 类的 KAN1、KAN2、KAN3 在器官发生中具有重叠作用，共同决定远轴特性，抑制 HD ZIP Ⅲ 类的 PHABULOSA（PHB）、PHAVOLUTA（PHV）、REVOLUTA（REV）的近轴功能（Eshed et al.，2004）。HD ZIP Ⅲ 类基因 PHB、PHV、REV、CORONA（CNA）和远轴转录因子 KAN 在发育的胚中都通过影响 PIN1 的分布，影响生长素反应。kan1、kan2、kan3 突变体 PIN1 在侧向有额外分布，导致侧生原基形成（图9.7），植株形态异常（Izhaki and Bowman，2007）。一类小 ZIP 蛋白 ZPR3\ZPR4 与 PHB 等 HD ZIP Ⅲ类蛋白在 ZIP 区域结合，形成异源聚合体，负调控 HD ZIP Ⅲ类的活性，zpr3-2 zpr4-2 双突变体分生组织活性改变，干细胞保持异常。PHB 正调控 ZPR3 的表达（Kim Y. et al., 2008）。

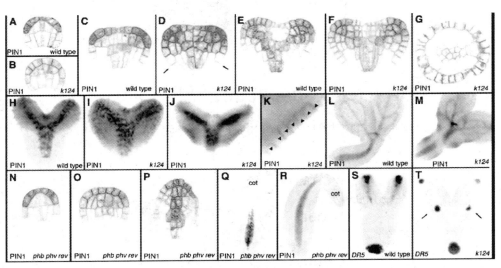

图 9.7 近轴和远轴类基因对 PIN1 表达分布的影响（Izhaki and Bowman, 2007, ⓒASPB）（严海燕修饰）

一批边界基因在茎顶端分生组织与子叶或侧生原基的分离中与 STM 等基因一起发挥重要作用。CUP-SHAPED COTYLEDON（CUC）三个同源类似基因具有重叠作用，在茎顶端分生组织与子叶和侧生原基的边界分离中，共同保持分生组织的结构和子叶的分离（Aida et al., 1999; Vroemen et al., 2003; Belles-Boix et al., 2006）。cuc1 和 cuc2 的双突变子叶完全融合，呈杯状（图 9.8）。PIN1 和 MP 表达影响 CUC1 和 CUC2 的表达分布，pin1mp 双突变体 CUC1 表达范围扩大，CUC2 表达范围缩小，表明 PIN1 和 MP 在外侧抑制 CUC1 的表达，在内侧促进 CUC2 的表达（Aida et al., 2002）。在胚发生早期的球形胚和心形胚阶段，CUC2 的表达区域与 STM 的表达区域在 L1 层下的区域重叠（图 9.9, Aida et al., 1999），CUC1 和 CUC2 的表达对 STM 的表达是必需的，双突变体胚中 STM 不表达。STM 表达后抑制 CUC2 的表达。当有活性的 STM 发挥功能时，CUC2 在 STM 活跃区域下调表达，只剩在 STM 不表达的周围区域表达，这时进入鱼雷期，子叶分开，与顶端分生组织形成边界，CUC 在此区域表达（图 9.9, Aida et al., 1999; Vroemen et al., 2003）。TCP 类基因在 SAM 和叶边缘限制 CUC 的分布范围（参见第一章）。

三、侧生原基的定位起始

Reddy 等人采用即将进入细胞周期 M 的标记基因 cyclinB1；1::GFP 显示茎顶端分生组织和花芽顶端分生组织中原基最初起始细胞的位置（图 9.10），发现起始细胞的发生和分布在 L1 层和 L2 层是单独进行的。Grandjean 等人（2004）对拟南芥茎顶端分生组织的细胞分裂、生长和分化进行了活体观察和分析。他们用生长素抑制剂 NPA 抑制侧生器官的

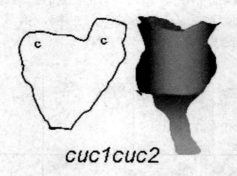

图9.8 CUC 对子叶形成的作用(Aida *et al.*, 1999)(严海燕绘)

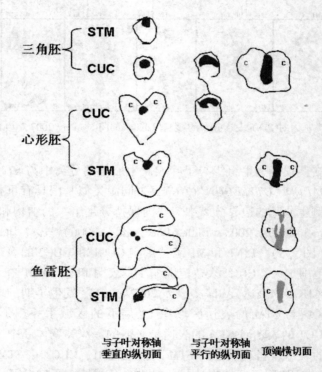

图9.9 CUC2 与 STM 在 SAM 表达的相对位置关系(Aida *et al.*, 1999)(严海燕绘)

发育,获得了未分化的生长顶端。

拟南芥茎顶端分生组织侧生原基的形成速度大约每 24 小时形成一到两个侧生原基(图 9.11A～D,Grandjean et al., 2004)。侧生原基的形成和增大通过从分生组织聚集新的细胞和侧生原基中已有细胞的有丝分裂两个阶段进行,每个周期小于 24 小时(图 9.12A～D,Grandjean et al., 2004)。新的侧生原基细胞的聚集表现在 ANT 在新的细胞的表达(图 9.11E～F)。各侧生原基平均分裂指数相当。但原基从 P2-P3 的转变期细胞

第一节 侧生原基的定位和起始

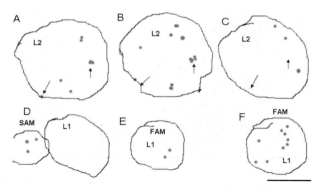

图9.10 茎顶端分生组织中原基起始细胞的分布(Reddy et al., 2004)(严海燕绘)

指数急剧上升,24小时可达193%。L1、L2和中间区域的变化相似(Reddy et al. 2004)。

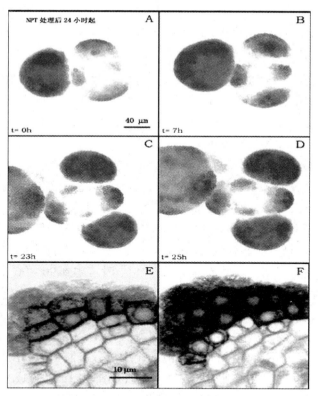

图9.11 叶序形成和细胞分化
(Grandjean et al., 2004, ⒸASPB 原基用 ANT∷GFP 标记)(严海燕修饰)

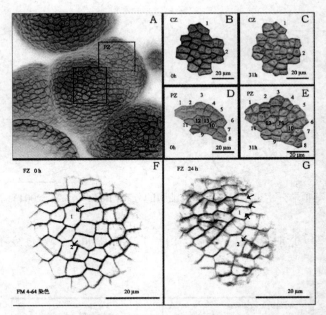

图 9.12　SAM 分裂频率的不均性（Grandjean et al., 2004, ⓒASPB）

茎顶端细胞分裂的方向与原基形成的突起方向一致，分裂轴向与近-远轴向垂直的较多，初次分裂多是这个方向（图 9.13，Reddy et al., 2004）。细胞分裂频率在茎顶端分生组织中心区域（CZ）远低于周围区域（PZ），每个区域内单个细胞之间分裂频率也不同（图 9.12，Grandjean et al., 2004；Reddy et al., 2004）。中心区域每 24 小时平均细胞增加率为 39.8%，周围区域每 24 小时细胞增加率为 81.1%。相邻细胞间的分裂周期率不同。24 小时内一个细胞不分裂，另外一个细胞分裂几次（图 9.12）。细胞分裂快慢以细胞周期或者细胞分裂指数衡量，各侧生原基的平均分裂指数在初期相当，但从 P2-P3 的转变中发生变化。P2 细胞周期长度在 24~36 小时，在向 P3 转变中急剧降低到 12~18 小时。这种变化在 L1、L2 和中间区域具有相似性（Reddy et al., 2004）。细胞周期长度的分布范围与细胞分裂指数一致。细胞周期长度的范围从 12~18 小时跨越到 90~96 小时，多数细胞分裂时间为 12~36 小时（Reddy et al., 2004）。

从细胞周期看，侧生原基内细胞周期长度变化的范围在 36~72 小时。光照后 72 小时内的基因表达趋势中，与细胞分裂有关的周期蛋白 cyclin B1；1 和 cyclin D3；3 在 6 小时处表达量达到高峰，1 小时处 cyclinB1；1 有一个小峰，可能与 CZ 中原基的起始分裂有关（López-Juez et al., 2008）。用细胞质分裂抑制剂（不抑制 DNA 合成）Oryzalin、DNA 合成抑制剂 Aphidicolin 和 Hydroxyurea 处理未形成侧生原基和刚形成侧生原基的生长顶端，分别在不同时段观察原基中细胞分裂、扩张和分化的情况。Oryzalin 处理的细胞不分裂，但 DNA 仍然合成，细胞扩张。Hydroxyurea（H）处理的细胞分裂和 DNA 合成都被抑制，细胞大小不变，不再扩张，但仍然合成 RNA 和蛋白质，可以进行细胞分化（Grandjean et al.,

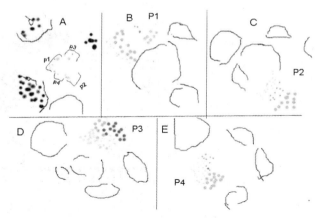

图9.13 侧生原基形成过程中细胞衍生途径（Reddy et al., 2004）
（严海燕绘。图中每一类小点标志着来自同一个细胞）

2004）。观察显示，细胞分裂的停止不影响细胞分化，没有细胞分裂的早期仍有CZ区衍生的细胞表达ANT，转变进入侧生原基（Grandjean et al., 2004）。

细胞分裂有一系列标记基因，例如 *CYCD3*、*CYCB2*、*CYCA2.1* 和 *CYCA2.2* 等可以用于表征细胞分裂调控状态。Yang等（2013）在水稻中发现一个 ge（*giant embryo*）突变体，*GE* 基因编码内质网定位的 CYP78A 家族的 P450 单氧裂解酶。突变体具有超大种子，胚和胚乳发育平衡调控异常，SAM 显著变小。胚胎发育过程切片显示由于 ge 突变体中 *OSH1*（KNOX-I 基因）和组蛋白 H4 的表达变化，SAM 中干细胞不能维持未分化活性。*GE* 的超量表达造成水稻种子变大和叶片变长，说明 *GE* 基因具有促细胞生长的作用。基因表达分析表明 *CYCD3* 等细胞周期调控基因表达比野生型均提高，说明突变体 SAM 的缺失可能是由于细胞周期调控异常所致。

侧生原基的突起是由于细胞的不等分裂和细胞定向扩张造成的。在原基内、原基边缘和原基之间细胞分裂的频率和周期长度不同（表9.1，Reddy et al., 2004）。P2 到 P3 的转变期侧生原基与中心区域之间细胞分裂缓慢（图9.14A，C），细胞不等向扩张，侧生原基明显与顶端分生组织分离（图9.14D~G），形成独立的侧生原基，标志着侧生器官发生的起始（Reddy et al., 2004）。

表9.1 茎顶端分生组织各侧生原基转化过程中细胞分裂情况（Reddy et al., 2004）

原基区间	P1-P0	P2-P1	P1-P2	P0-P1	P2-P3
分裂细胞数	20	21	19	26	29
细胞总数	30	29	28	38	15
细胞分裂率（%）	67	72	67	68	193

第九章 植物茎顶端和叶的发育

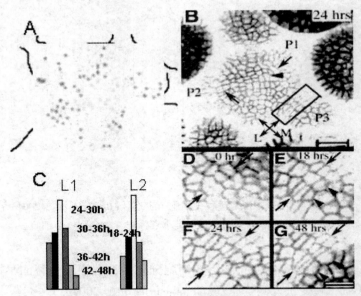

图 9.14 茎顶端分生组织细胞周期类型分布和侧生原基与中心区之间
细胞的定向扩张（Reddy et al., 2004）（严海燕修饰、绘）

拟南芥 Kip-related proteins（KRP）对细胞周期调控关键基因 *CDK* 有负调控作用（Jun et al., 2013）。KRP3 的超量表达植株不仅具有裂叶，各个器官变小和结实率降低等性状，而且 SAM 显著变小并且具有不同的细胞类型分布。统计数据显示 KRP3 超表达植株 SAM 中细胞变大，数目变少，平均细胞染色体倍性增高，显示了细胞分裂和细胞周期调控异常。

生长素的不均一分布对于 SAM 的维持和叶原基或花原基的发育都很重要，生长素转运蛋白 PIN1 的表达是影响生长素分布的关键因子。在以短柄草为代表的草本植物中发现 *sister of PIN*（*SoPIN1*），它与 PIN1，PIN2 等在 SAM 中的定位不同，在生长素的运输中参与不同部位的运输功能（O'Connor et al., 2014）。这种进化中发生的基因家族进化和功能上的分化保证了植物体内生长素分布的精细调节（图 9.15）。Wang 等（2014）在拟南芥和番茄中分离到 *pid-9* 突变体，PID9 为 AGC Ⅲ kinase，参与调控 PIN1 的分布和生长素的侧向运输。*pid-9* 突变体 PIN1 蛋白在 SAM 中分布异常，影响了侧生原基的发育，造成与 *aux lax1 lax2* 三突变体类似的表型（图 9.16）。

拟南芥 *ERECTA* 基因家族，包括 *ER*、*ERL1*、*ERL2* 三个基因，均编码 LRR（leucine rich repeat）受体激酶。*er erl1 erl2* 三突变体中 PIN1 蛋白在 SAM 和新的叶原基中的分布异常，SAM 表层 L1 和 L2 细胞纵向延伸受阻，细胞横向膨大，SAM 明显小于野生型，叶原基产生速度变慢，叶序发生变异（图 9.17，Chen et al., 2013）。ER 受体激酶对 *WUS* 基因具负向调控作用，这种作用与 CLV1-CLV3 对 *WUS* 的调控是并行的，在 *HD-ZIP* Ⅲ 与 *ER*

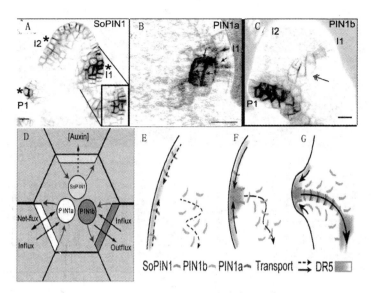

图9.15 SoPIN 与 PIN1、PIN2 共同参与 SAM 中生长素运输
(O'Connor et al., 2014, ⓒASPB)(严海燕修饰)

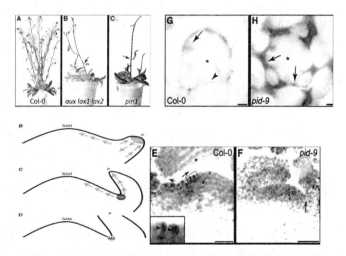

图9.16 AtPID9 对侧生原基分生组织生长素分布的调控
(Wang et al., 2014, ⓒASPB)严海燕修饰)

的双突变体中，由于 WUS 基因的显著上调造成 SAM 的显著增大和花序分生组织中细胞命运的改变，这进一步证明 WUS 在顶端分生组织发育和侧生器官形成中的关键作用(Mandel et al., 2014)(参见第一章)。

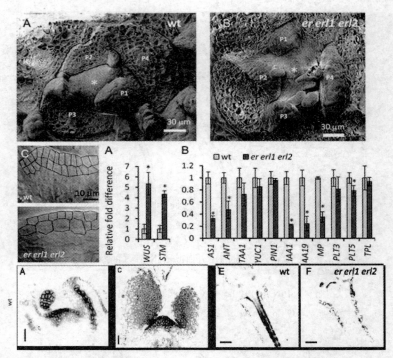

图9.17 ERECTA家族基因影响PIN1的表达和SAM及叶原基的发育(Chen et al., 2013, ©ASPB)

第二节 叶发育及叶形态建成

在自然界中不同的植物类型具有不同的叶，形态上千姿百态，各种各样，结构上有所差别，功能上也不尽相同。但是叶由三个基本部分组成：叶片、叶柄和叶基部。还有的植物的叶具有一些附加结构如小叶、托叶、卷须，例如玉米的叶附加结构包括叶耳、叶舌、叶鞘。在植物生长发育中，叶起源于叶原基。双子叶植物的叶原基最初在茎尖上形成一个脊，随着它的生长延伸，基部包围茎尖一周。叶的发育过程具有背腹性，这一发育特性是早在叶原基形成时就决定的。叶原基在组织结构上可以分为不同的层(layer)和区(zone)。在叶片发育过程中，L1层细胞通常发育成无叶绿素的表皮细胞，覆盖在叶的表面。L2层细胞产生叶片中央栅栏组织和中央海绵组织的叶肉细胞以及周围海绵组织的细胞，而大部分的叶脉微管束和内层组织的叶肉细胞来源于L3层细胞。叶发育过程中涉及不同方向的细胞分裂和分化，特别是背腹轴(近轴-远轴)、中边轴(中心-边缘)和基顶轴(顶端-基部)的建立。所有这些过程都在严密的调控网络之下，通过许多信号的整合过程，在形态上经过极性确定、组织分化、叶脉网络逐步进行生长和扩张，发育形成叶片。成熟的叶组织由表皮(包括气孔、表皮毛、表皮细胞的分化)、叶肉细胞(海绵组织-远轴、栅栏组织-近轴)、维管束组成。在这些过程中，在特定的时间、空间、特定的基因表达调控以及各种激素(auxin、CK、GA、BR)合成、降解、分布的调控下进行有序的细胞分裂和分化活动

(图 9.18, Tsukaya, 2013; 参见第一章、第二章)。在各种激素影响下, 促进细胞分裂的 KNOXI 类转录因子基因(*SHOOT APICAL MERISTEMLESS*; *STM*; *AT1G62360*、*KNAT1*、*KNAT2*; *AT1G70510*、*KNAT6*; *AT1G23380*)和其边界因子 CUC 以及抑制 KNOXI 的 *ASYMMETRIC LEAVES1* (*AS1*; *AT2G37630*)、*AS2* (*AT1G65620*)、*BLADE-ON-PETIOLE1* (*BOP1*; *AT3G57130*)、*BOP2* (*AT2G41370*)、*SAWTOOTH1* (*BEL1-LIKE HOMEODOMAIN* (*BHL*)*2/SAW1*; *AT4G36870*)、*BHL4/SAW2* (*AT2G23760*)、*JAGGED* (*JAG*; *AT1G68480*)、*JAGGED LATERAL ORGANS* (*JLO*; *AT4G00220*)、*TCP2* (*AT4G18390*)、*TCP3* (*AT1G53230*)、*TCP10* (*AT2G31070*), 在叶片发育中特定时空有序的表达分布, 决定细胞分裂、延展和分化活动的分布类型(图 9.19, Tsukaya, 2013; Koyama *et al.*, 2010; Kumar *et al.*, 2007; 参见第一章、第二章)。

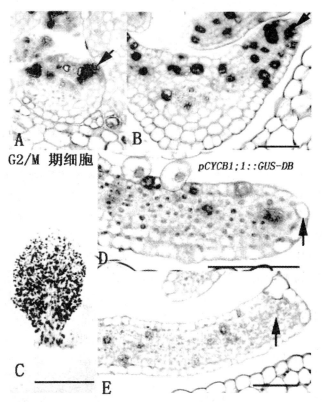

图 9.18　叶片发育中细胞分裂的部位(Tsukaya, 2013, ©ASPB)

一、叶脉网络的定位和形成

叶脉是叶片中支持叶结构、提供营养物质的维管束网络, 是植物叶结构的基本骨架, 决定了叶片的形状。叶脉网络结构的发育和建成从叶原基开始, 始终伴随着叶的发育和形态建成, 是叶片发育和形态建成的关键组成(Scarpella *et al.*, 2010)。

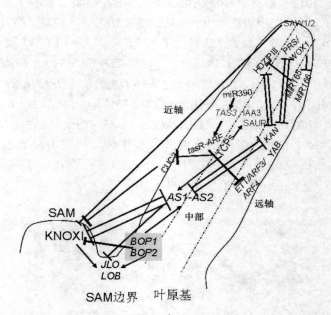

图 9.19 参与调控叶片发育的因子及其作用网络（Tsukaya，2013；Koyama et al.，2010；Kumar et al.，2007）（严海燕绘）

生长素是维管束形成的关键因素。从叶原基开始生长素决定维管束形成是通过叶原基表皮和幼叶边缘表皮中生长素会聚点及已存在的维管束相对位置决定的。生长素的分布通过生长素运出载体和运入载体及生长素合成、分解和转化的酶共同调控。在几种生长素运出载体中，只有 PIN1 的表达分布与维管束定位、分布和形成的完全一致，时间上早于维管束前原形成层标记基因 *ATHB8* 和原形成层标记基因 *ET1335* 的表达，因此 PIN1 在叶中表达可作为叶脉形成的预标记，来研究叶脉的形成机制（Scarpella et al.，2006）。生长素反应因子在叶中原分生组织中表达，叶维管束形成过程中在前原形成层和原形成层中表达，决定叶中维管束网络的形成和类型（图 9.20，Mattsson et al.，2003）。

叶近轴远轴信号在 SAM 原基处就开始出现，但至今未被确定。而维管束中木质部和韧皮部分别位于中心为轴的近轴和远轴处，由相应的互相拮抗的近轴特性基因和远轴特性基因决定其特性（图 9.21，参见第一章及本章）。

5 个与叶脉形成相关的 HD-ZIP Ⅲ 转录因子中，PHB、PHV 和 REV 只在维管、茎尖和花序分生组织，以及侧生器官的背侧表达，而 ATHB8 和 ATHB15 则只在维管组织中表达，并且受到 miR165/166 的负调控，后者又受到 SHR-SCR 2 个 GRAS 家族转录因子的调控。*athb8* 和 *athb15* 的突变体并无明显表型，*phb-6 phv-5 rev-9* 三突变体形成辐射状的子叶，切片显示木质部被环状韧皮部包围（Prigge et al.，2005）。*KAN* 家族包括至少 4 个基因（*KAN1~4*），四突变体的表型与 *phb phv rev* 三突变体类似（Emery et al.，2003）。APL、VND6、VND7 对木质部细胞的分化至关重要（Bonke et al.，2003；Kubo et al.，2005）。在韧皮部和木质部的发育中生长素的流向和分布都是决定性的信号，但是越来越多的证据表

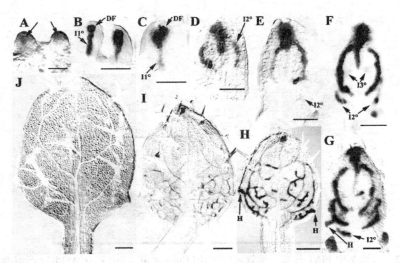

图 9.20　DR5：GUS 作为维管束形成的指示基因(Mattsson et al., 2003，ⓒASPB)

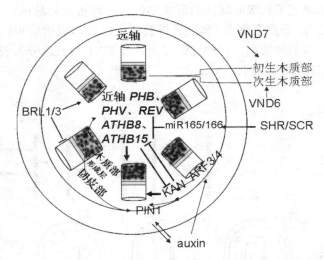

图 9.21　叶片维管束系统形成中的调控(Kalve et al., 2014)(严海燕重绘)

明 BR 信号途径和与生长素信号的交叠在叶脉和维管系统发育中的协同作用(Ibanñs et al., 2009)。

1. 叶原基中主脉的形成

原基中生长素分布在 L1 层，由叶原基表皮中生长素汇聚点决定生长素运输方向朝向亚表皮和原基内部中心，及生长素外运载体 PIN1 在汇聚点下原基内基本组织细胞中向基分布，确定未来维管束形成部位(图 9.22)。

2. 次级叶脉的形成

在存在维管束的情况下，PIN1 表达分布列在表皮的汇聚点和主脉维管束之间 1/2 距

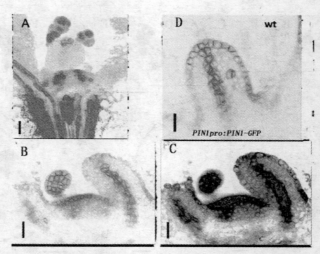

图 9.22 叶原基中 PIN1 分布与维管束的定位(Chen et al., 2013, ⓒASPB)(严海燕修饰)

离处形成,这种分布决定了初级叶脉区的形成部位,这种初级叶脉区首先在叶基部形成,随后在上端同样叶边缘(表皮会聚点)和主脉维管束或已经形成维管束的下部初级维管束之间进一步形成次一级的维管束,这种过程完全通过 PIN1 的表达分布表现出来(Scarpella et al., 2006;图 9.22,图 9.23)。

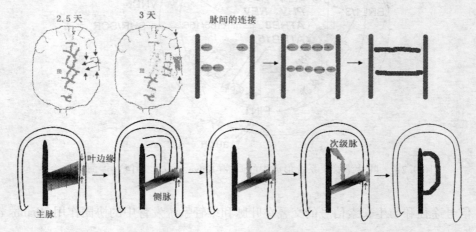

图 9.23 PIN1∷GFP 标示的叶脉发育过程(Scarpella et al., 2006)

更高一级的叶脉也是在叶边缘表皮生长素汇聚点和已存在叶脉之间确定新的 PIN1 表达目标,并延伸形成连续的生长素运输通道和维管束预定位(Scarpella et al., 2006)。无论是次级叶脉还是更高级的叶脉预定位过程中,PIN1 最初都在较大范围分布,一定时间后才缩小范围,聚集到未来维管束分布的区域,表现出未来维管束的轮廓(图 9.22,

Scarpella et al., 2006)。

二、叶片生长、极性的确定和组织分化

叶的生长分化建立在细胞分裂和分化的基础之上。生长素在器官发生中起主要作用，细胞分裂素在生长素诱导的器官发生中起修饰作用。生长素通过抑制细胞分裂素合成迅速抑制细胞分裂素的水平，相反，细胞分裂素对生长素的水平调控很缓慢。细胞分裂素在茎端可以大量合成（Nordström et al., 2004）。生长素诱导细胞分裂素反应基因除 *ARR3* 以外的其他 A 类 *ARR* 表达，细胞分裂素受体 AHK4、AHK3、AHK2 在这个过程中起依次重要的介导作用。器官发生中细胞分裂素通过影响生长素运出载体的分布改变生长素的分布，从而改变生长素反应的区域。细胞分裂素氧化酶 2 和 3 的过量表达下调 PIN2、PIN3、PIN4、PIN7 的表达（Pernisová et al., 2009）。

生长素受体除了 TIR1 外还有 ABP1，在胚后茎顶端分生组织发育过程中，对细胞分裂频率、细胞板的形成、细胞形状、细胞内分裂类型、细胞扩张都有影响（Braun et al., 2008）。生长素运入载体 AUX1 和其相似的 LAX1、LAX2、LAX3 在气生器官的分布和生长素的渗透补充 PIN1 介导的极性机制，以适应环境和发育需要（图 9.4E～H、K～N，Bainbridge et al., 2008）。*AUX1::GUS* 在幼叶边缘、SAM 两侧、新生侧生原基表达。*LAX1::GUS* 在幼叶顶端表面、SAM 周围区域新生原基突起处表达。*LAX2::GUS* 在幼叶叶肉、SAM 周围区域内部特定区域表达。*LAX3::GUS* 在 SAM 和幼叶没有显示，可能在叶序类型形成中没有作用。野生型 SAM 中生长素反应在侧生原基起始具有高峰，而在四突变体的 SAM 表达呈弥散状，或表达很弱。野生型生长素反应集中在 SAM 的 L1 层，下面没有反应，而四突变体顶端分生组织内部也有信号。PIN1 的分布在野生型和四突变体与 *DR5::GFP* 的表现一致（Bainbridge et al., 2008）。

生长素提高几种 *KNOX* I 类基因的表达（Souček et al., 2007）。*KNOX* I 类基因具有促进细胞分裂和延长的特性（Lenhard et al., 2002；Douglas et al., 2002）。在叶中不同部位，不同的因子与 *KNOX* I 类基因相互作用，抑制和调节细胞分裂和分化活动。

叶原基起始时期，决定侧生原基特性的 ASYMMETRIC LEAVES1 在叶原基中表达上调，同时 *KNAT1* 基因表达下调，玉米 ROUGH SHEATH2（RS2）、金鱼草的 PHANTASTICA（PHAN）与拟南芥的 AS1 类似，统称 ARP，属于 MYB 类转录因子，与 DNA 结合蛋白（具亮氨酸拉链和半胱氨酸重复序列）AS2、RNA 结合蛋白（RIK）、染色质修饰蛋白 HIRA 形成复合体，抑制 *KNOX* I 类基因的表达，其表达分布与 KNOX 互补。KNOX 的下调表达引起 AS1 的起始表达，标志叶分生组织与茎顶端分生组织与叶原基的分离（Phelps-Durr et al., 2005）。AS1 AS2 复合体在叶片发育过程中与其他不同类型的基因产物在不同的部位抑制 *KNOX* I 类基因的表达（Xu et al., 2003），*as1* 和 *as2* 基因的突变导致叶发育过程中细胞分裂周期分布的改变，*as2* 突变体变化更为显著。这种变化可以通过决定细胞分裂的周期蛋白 *CYCB1;1::GUS* 的分布表现出来（图 9.24，Zgurski et al., 2005）。*as1* 和 *as2* 突变体中生长素反应部位也发生显著变化（图 9.25，Zgurski et al., 2005）。

生长素分布将维管束原形成层预先定位，但由原形成层分化形成各种专一类型的细胞还需要多种其他因子的共同作用。叶片近远轴建立，表现在维管束木质部分布在近轴端，

第九章 植物茎顶端和叶的发育

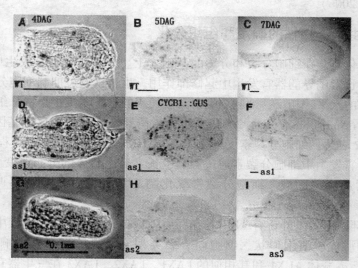

图 9.24 *as1* 和 *as2* 对叶片中细胞分裂部位分布的影响（Zgurski *et al.*，2005，©ASPB）

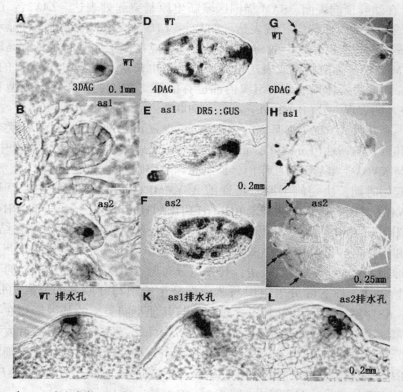

图 9.25 *as1* 和 *as2* 对叶片中生长素反应（DR5∷GUS）分布的影响（Zgurski *et al.*，2005，©ASPB）

而韧皮部分布在远轴端。此外，叶近轴远轴极性由近轴-远轴叶表皮细胞的形态、叶肉细胞中海绵组织、栅栏组织分布和结构、维管束木质部和韧皮部背脊的分化表现出来。

1. 近轴远轴极性的决定

叶的背腹性在发育过程的早期就被决定了，最早发现的叶片背腹轴决定因子为金鱼草中突变体 phan，缺少决定背腹性发育的功能（Waites et al. 1998）。正常金鱼草的叶片从背面到腹面依次是不同的细胞层：被表皮细胞、栅栏叶绿素、海绵叶绿素和腹部表皮，中脉微管束也具有极性。突变体 phan 突变体中叶片没有背腹性，植株突变体上部的叶片基本上只由腹部的细胞组成。在突变体植株的叶片背上苞叶和花瓣突起有不同程度的抑制。PHAN 基因已经被克隆，它编码一个 MYB 家族转录因子，对于叶片背部细胞的分化是必需的。

决定叶原基和叶片中近轴-远轴极性的因子有远轴特性 KANADI（KAN1、KAN2、KAN3）和 YABBY、近轴特性 HD ZIP Ⅲ 类的 PHABULOSA（PHB）、PHAVOLUTA（PHV）、REVOLUTA（REV）和 AS1（Kumaran et al.，2002；Eshed et al.，2004）。近轴-远轴极性因子相互抑制，与其他调控因子如 LEU、LUH、SEU 和 SLK 等一起，调控促进细胞分裂延长的 KNOX 等类型的基因在特定的时间和部位表达，使叶子表现出近轴远轴的极性。

(1) -YABBY

YABBY（YAB）家族基因编码锌指和 bHLH 蛋白，参与侧生器官远轴端的形成（图 9.26，Williams et al.，2005；Siegfried et al.，1999；Izhaki and Bowman，2007）。该基因家族成员包括 FILAMENTOUS FLOWER（FIL）、YABBY3（YAB3），它们的作用重叠，单突变表型变异不明显，使叶中 KNOX 类基因（STM、KNAT1、KNAT2）去抑制，并使 stm 表型部分恢复。双突变体叶没有远轴端特性。偶尔在远轴中肋形成茎分生组织。双突变在子叶和叶片的近轴表面形成异常分生组织，因此 YAB 类基因将 KNOX 的表达限制在茎顶端和叶片的特定区域，同时保证远轴叶面特性的形成（Kumaran et al.，2002）。YAB 类蛋白与 LEU、LUH、SEU 和 SLK 蛋白按一定组合形成复合体。SEU 编码 metazoan Lim 结合的转录因子，与 LEUNIG 转录共调节基因结合。拟南芥有三个 SEUSS-LIKE（SLK）基因，是转录因子适配子，它们之间功能冗余。SLK2 和 SEU 对生长素信号传导、STM 和 PHB 的表达都具有促进作用（Bao et al.，2010）。

(2) -KANADI

KANADI（KAN）编码的蛋白含有一个保守的 GARP 区域，与 DNA 特定序列结合，包括4个基因（KAN1～4）。KAN 在叶和花原基的远轴端表达，蛋白的亚细胞定位为核定位。KAN 的组成型表达造成胚轴缺乏 SAM 和维管组织。kan 突变体的片层生长依赖 YABBY 的功能，KAN1、KAN2、KAN3 在器官发生中具有重叠作用，共同抑制 HD ZIP Ⅲ 类 PHB、PHV、REV 的近轴功能，决定远轴特性（Eshed et al.，2004）。KAN 也与生长素响应有关，KAN1、KAN2、KAN3 突变体中 PIN1 分布异常，导致侧生原基（图 9.7）形成，植株形态异常（Izhaki and Bowman，2007）。反之，生长素反应因子 ARF3（ETT）也影响 KAN 的活性，ett 突变体 KAN 活性受到抑制，arf3 arf4 的双突变导致所有气生组织远轴组织转变成近轴组织，与 kan 突变体相似（Pekker et al.，2005）。

第九章 植物茎顶端和叶的发育

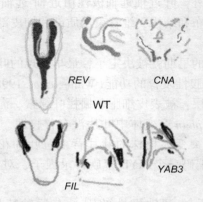

图 9.26 近远轴特性基因的特异表达(Williams et al., 2005; Siegfried et al., 1999, Izhaki and Bowman, 2007)(严海燕绘)

(3)-REV、PHV/PHB 等

REV 基因编码一个同源盒亮氨酸拉链(HD-ZIP Ⅲ)转录因子,含有 START 甾醇脂类结合区(Sterol-Lipid Binding Domain)。与 REV 相似的 HD ZIP Ⅲ 类基因还有 PHB、PHV、CNA(ATHB15)、ATHB8。PHB、PHV、REV、CNA、ATHB8 几个 HD ZIP Ⅲ 基因在拟南芥发育过程中的作用具有重叠、拮抗、独特的作用特点。PHB、PHV、REV 重叠的作用与 PHB、PHV、CNA 重叠的作用不同。CNA、ATHB8 的作用在某些组织与 REV 作用拮抗,在另一些组织与 REV 作用重叠(Prigge et al., 2005)。REV 在侧生茎端分生组织和花分生组织最早时期表达,该基因决定侧生分生组织和叶原基分生组织活性以及维管组织类型(Otsuga et al., 2001)。PHB 在叶原基早期整体表达,后期在近轴端表达并增强。PHB 控制 SAM 与叶原基相邻区域和叶原基近轴端的基因表达。ATHB8、ATHB9、ATHB14、ATHB15、REV 都在维管束中表达,ATHB15(CNA)是早期维管束发育中专一决定维管束前形成层细胞特性的关键转录因子(Ohashi-Ito and Fukuda, 2003), athb-15 突变体木质部在韧皮部外侧(Green et al., 2005)。生长素正调控 ATHB-8 的表达(Baima et al., 1995), ATHB-8 也在拟南芥发育中限制在前维管束细胞中表达,但 ATHB-8 的增强表达促进木质部的发育(Baima et al., 2001)。

(4)-HD-Zip Ⅲ 转录因子

Turchi 等(2013)发现部分与 REV、PHB 等 HD-Zip Ⅲ 转录因子具有相似结构域的 HD-Zip Ⅲ 转录因子,其成员也参与 SAM 的发育和叶片的极性建成。拟南芥有 10 个 HD-Zip Ⅲ 转录因子,其中 3 个基因 hat3 athb4 athb2 的三突变体同时表现叶片极性的缺陷和 SAM 的缺失。上述 3 个基因在胚胎发育早期即有表达,突变体中生长素转运蛋白 PIN1 的表达区域受到影响。ATHB2 受到 HAT3 的直接调控,在胚胎发育中的极性建成、子叶发育、侧生器官的发育和叶片极性调控上与 HAT3 和 ATHB4 功能冗余。在三突变体中 YABBY 等基因的表达区域发生明显改变, phb 和 rev 的突变对表型具有增强作用。CHIP 实验表明 ATHB-2 是 REV 的直接靶基因, rev 突变体中 ATHB-2 的表达明显升高(Turchi et al., 2013)。

(5)-microRNA

HD ZIP Ⅲ类蛋白除了受相似小分子 ZIP 蛋白反馈调控外，还受小分子 RNA 的调控，*MiRNA165* 和 *MiRNA166* 与 HD ZIP Ⅲ 中 START 区域互补，*MiRNA165* 调控 PHB、PHV、REV、ATHB8 的蛋白水平，*MiRNA166* 调控 CNA（ATHB15）的水平。RNA 依赖的 RNA 聚合酶（RdRP）催化双链 RNA 的合成，*RDR6* 基因增强 AS2 的功能，*rdr6as2* 双突变体中 *MiRNA165* 和 *MiRNA166* 水平提高，而 PHB、REV、ATHB8、ATHB15 水平下降，但 ATHB15 下降不显著，BP 表达异常。说明 RDR6AS2 通过 miRNA 调控 HD ZIP Ⅲ 的蛋白水平（Li *et al.*，2005）。

miRNA165/166 基因在胚胎发育中的表达具有保守性，而且这种表达模式不受 SHR/SCR 信号途径的反馈调控（Miyashima，2013）。*miRNA165/166* 不仅在成年植株叶片中负调控 PHB/PHV 等叶片背腹轴关键基因的表达，这种调控在胚胎发育早期就已经开始（图 9.27，Miyashima，2013）。

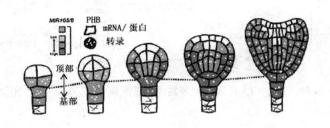

图 9.27　MiR165/6 与 PHB 表达和作用模式（严海燕根据 Miyashima *et al.*，2013 年绘制）

(6) 其他调控

Zhou 等人（2014）发现拟南芥 *eif2h*（翻译起始因子）突变体具有 SAM 膨大和叶背腹极性丧失等表型。研究中发现不仅与 SAM 发育有关的 WUS、CLV1、CLV3 的蛋白水平在突变体中高于野生型，AS1 和 ARFs 蛋白水平也发生改变，因此可以解释生长素分布异常和对叶片极性的影响（图 9.28）。

综上所述，幼叶叶片背腹轴极性建立涉及的关键基因包括：*YABBY* 和与之互作的与生长素相关的 *ARF3/4*、*KANADI*、与之拮抗的 *WOX1* 以及 *HD-ZIP III* 基因（包括 *PHB*、*PHV*、*REV* 等），另外还有包括 *AGO1* 和 *miR165*、*166*，以及 *AGO7* 和 *ta-si-ARF* 在内的转录和翻译水平调控。简单来说，背面（近轴）的细胞受 *PHB* 等 *HD-ZIP III* 基因的表达直接指引，腹面（远轴）的细胞则依赖 *KANADI* 和 *YABBY* 基因的表达。显而易见这两类基因之间的表达相互抑制，例如 *KAN* 在细胞中的表达抑制 *PHB/PHV/REV* 的表达，反之亦然。*miR165* 及 *ta-siR-ARF* 通过反义互补于 *HD-ZIP III* 基因的 mRNA 而间接影响叶片的背腹极性的建立（图 9.29）。除了背腹轴的分化，在背腹轴交接处（中部）表达的特异转录因子 WOX1 和 PRS/WOX3 也被分离出来（Nakata *et al.*，2012；2014），这些基因的正确表达对于边界的确立和极性的维持具有重要作用。

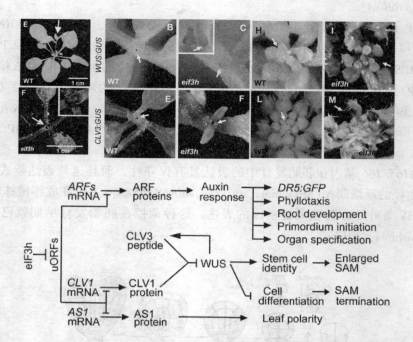

图 9.28　eiF3h 对 WUS、CLV3、CLV1 等翻译水平的调控（Zhou et al.，2014，ⓒASPB）

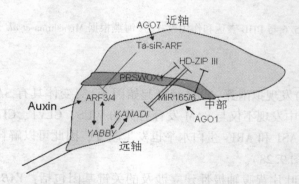

图 9.29　叶片发育中的极性决定机制（Kalve et al.，2014）（严海燕重绘）

2. 顶端-基部极性的决定

KNATM 是一类只含有 Myeloid ecotropic viral integration site（MEIS）-KNOX（MEINOX）的区域，不含同源（homeodomain）序列的转录因子，与 BELL TALE 通过 MEINOX 区域结合，与 KNOX 蛋白通过酸性线圈区域、不依赖同源区域结合。KNATM 在器官原基基部侧面和成熟器官边缘表达，具有决定叶基部-顶部极性的功能（Magnani and Hake，2008）。

近轴-远轴特性基因本身影响叶片中近轴和远轴方向细胞的分化，如近轴表皮和远轴表皮结构、近轴栅栏组织、远轴海绵组织的分化。

三、叶型的决定

植物种类中,有的植物是单叶,而有的产生复叶。复叶的类型又有不同的区别,大致可以分为羽状复叶、掌状复叶、三出叶和单身复叶。各种各样的不同大小、不同形状的叶片首先取决于叶片的长与宽,叶片的大小是由表层细胞分裂导致的,追根究底还是由细胞发育过程中起作用的基因控制的。在双子叶植物中,叶的发育沿着基部-茎尖的轴分化,分化顺序遵循以下原则:先分化中脉,然后分化叶片;从中脉向边缘。叶型首先决定于叶面细胞的长与宽;还决定于叶面细胞停止分裂的早晚。

叶型的内容包括单叶、复叶,叶边缘圆滑或锯齿、深裂或浅裂、叶柄有或无,叶柄或长或短,叶宽或窄,大或小。尽管各个物种成熟的叶各种各样,但是叶原基和薄层组织没有延伸的幼小叶形态上在各个物种之间却没有多大的区别,叶的形态发生是在叶原基形成,薄层组织延伸之后的发育阶段。叶结构是由细胞分布决定的,锯齿和裂槽的凹陷是由于细胞分裂的缺乏造成的。各种与细胞分裂与分化有关的基因表达强度和分布以及与极性决定相关基因之间的作用可以对叶形造成的千变万化的影响。

KNAT1 和 AS1、AS2 及 SE 基因直接的互作影响叶型的形成。图 9.30、图 9.31 显示了拟南芥叶片发育中 *KNAT1* 基因的过量表达造成叶片形状的改变,叶边缘形成突起和裂片。分生组织活动异常,叶柄缩短或消失(Lincoln *et al.*, 1994;Chuck *et al.*, 1996)。侧生器官决定基因 *AS1/2*、*SE* 的突变同样造成叶片形状的改变(图 9.32)。AS1 和 AS2 抑制 KNAT1 在叶脉的表达。*se* 和 *as1* 或 *as2* 的双突变在叶子大部分区域失去对 KNAT1 的抑制作用,在叶子凹槽处对 KNAT1 的表达抑制消失。说明 SE 也影响 KNAT1 的表达(图 9.33)(Ori *et al.*, 2000)。AS2 具有近轴表达特性,在叶中抑制 KNAT1、KNAT2、KNAT6 的表达,但对 STM 的表达没有影响。过量表达 AS2 使远轴特性转变成近轴特性(图 9.34,Lin *et al.*, 2003)。

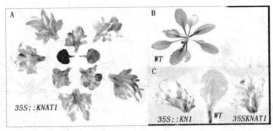

图 9.30 KNOX I 类基因对叶型的影响(Lincoln *et al.*, 1994,ⒸASPB)(严海燕修饰)

BLH(BEL1-LIKE HOMEODOMAIN)成员有 13 个,都可以与 KNOX1 类蛋白形成复合物,包括 KNAT1 和 STM,SAWTOOTH1(BLH2/SAW1)和 SAWTOOTH2(BLH4/SAW2)在侧生器官表达,负调控 KNAT1 表达。单突变表型不明显,双突变叶锯齿和卷边在较晚期(第八片叶以上)增多,KNAT1 表达异常(图 9.35,from Kumar *et al.*, 2007)。

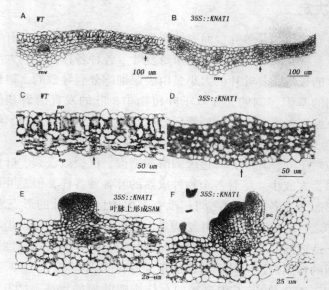

图 9.31　KNAT1 对叶片组织发育的影响（Chuck et al., 1996, ©ASPB）

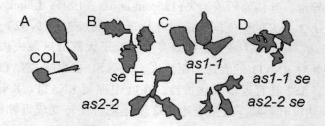

图 9.32　AS1/2/SE 对叶型的影响（Ori et al., 2000）（严海燕绘）

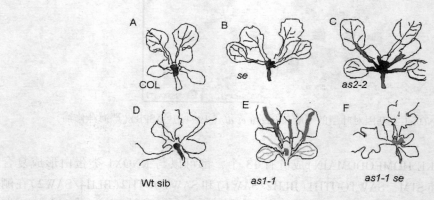

图 9.33　AS1/2/SE 对 KNAT1 在叶片中表达分布的影响（Ori et al., 2000）（严海燕绘）

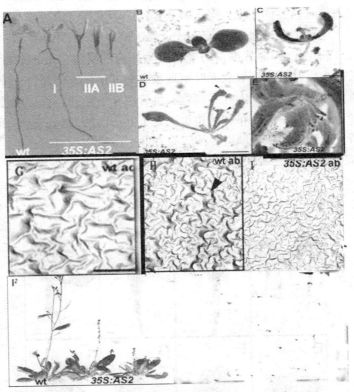

图 9.34 AS2 过量表达对叶型的影响（Lin *et al.*, 2003，ⓒASPB）

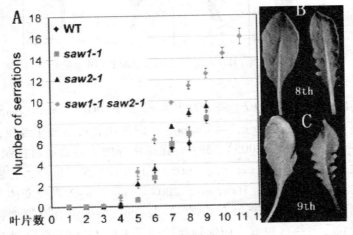

图 9.35 *BLH* 基因 *SAW*1/2 对叶型的影响（Kumar *et al.*, 2007，ⓒASPB）

KNOX 基因对分生组织的功能是必需的，然而叶原基中 KNOX 功能的抑制也是叶形态建成必需的。在 35S 启动子控制下，KN1 与肾上腺皮质激素受体区域连接，恒定共表达，

没有甾醇激素时该融合蛋白在细胞质中，一旦施加甾醇激素 DEX(steroid dexamethasone)，融合蛋白可以进入细胞核发挥作用，但这时其作用能否进行，取决于与之相互作用的各种因子的存在状态。这种情况排除了对 KN1 转录表达控制的调节作用。处于 2~7 部位的叶原基对 DEX 的处理敏感，并随着剂量的变化发生相应的反应。处理后叶出现裂生，缺乏叶柄、叶片生长减少，叶柄变宽导致无叶柄现象，而叶柄变宽的部位，除了中心维管束外还有平行的小维管束。在叶柄以上叶片部位，维管束分支散开，每支维管束通向一个叶边缘的突出点。叶边缘维管束的分布和结构也决定了叶边缘的形状。一般而言，维管束在叶边缘的连接圆滑，叶边缘形状也圆滑，维管束在叶边缘呈尖状突出连接，叶边缘也呈现齿状突出(图 9.36，Hay et al., 2003)。

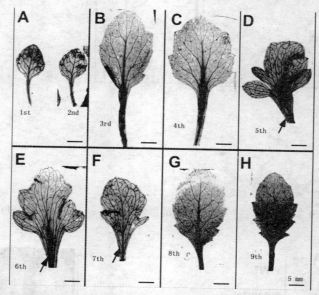

图 9.36 叶脉、叶型与 KN1 的关系(Hay et al., 2003, ⓒASPB DEX 诱导后的 35S：KN1-GR 叶片)

BLADE-ON-PETIOLE1 (BOP1) 和 BOP2 编码 BTB/POZ (Broad-Complex, Tramtrack, Bric-a-Brac/POX virus Zinc finger)，与 Cullin-3 蛋白作用，可能属于经蛋白质降解酶途径降解的蛋白(Hepworth et al., 2005)。BOP1 在拟南芥侧生器官通过抑制 KNOX I 类基因的活性控制侧生器官的发育(Ha et al., 2003)，BOP1/2 作用重叠，它们单独过量表达都引起叶形态的异常(图 9.37，Ha et al., 2007)，bop1 bop2 双突变体 b1b2 叶柄变宽，叶型细长，与侧生器官极性因子 AS1/AS2 (a1/a2) 的三突变组合叶型变化多样，一部分叶子的部分成线状，另一些较宽。而远轴极性因子 KAN1KAN2 双突变 k1k2 与 a1 或 a2 的三突变组合叶型变化最为急剧，叶子成为窄带状。b1b2 与 k1k2 四突变叶型不规则(图 9.38，Ha et al., 2007)。从不同组合突变体的叶柄维管束分布和极性看，AS1/2 (a1/a2) 和 BOP1 BOP2 (b1/b2) 都影响木质部和韧皮部在叶柄中的两侧对称性，a1a2k1/k2 三突变组合导致木质部为中心、韧皮部围绕木质部的辐射对称，而 b1b2k1k2

导致木质部韧皮部相间排列，或木质部内韧皮部外、或韧皮部外木质部内多个维管束（3个）平均围绕中心分散分布，成辐射对称，有些类似于单子叶茎中维管束的分布（图9.39，Ha et al.，2007）。

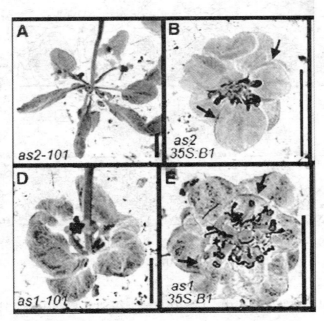

图9.37　BOP1过量表达的叶型变化（Ha et al.，2007，©ASPB）（严海燕修饰）

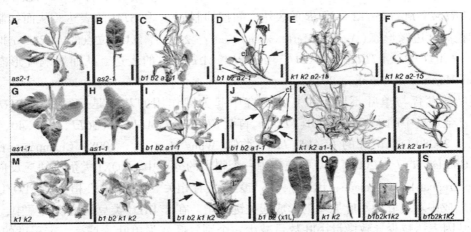

图9.38　BOP1/2、AS1/2、KAN1/2突变体不同组合对叶型的影响
（Ha et al.，2007，©ASPB）（严海燕修饰）

TCP家族转录因子是最近发现的在植物发育多个阶段和器官发生中起重要作用的调控因子（参见第一章）。在分生组织范围和特性上是负调控因子（Aguilar-Martínez and Sinha，

第九章 植物茎顶端和叶的发育

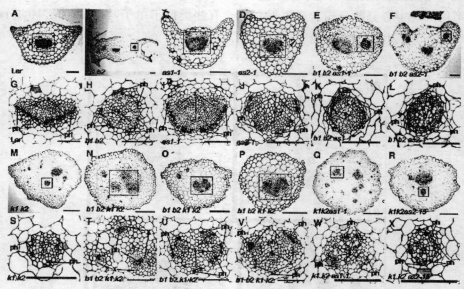

图 9.39 BOP1/2、AS1/2、KAN1/2 突变体不同组合对叶柄维管束分布和极性的影响(Ha et al., 2007, ⒸASPB)

2013)。在叶子的起始和发生过程中，Ⅰ类 TCP 结合在 STM 启动子上，抑制 *STM*、*KNAT1*、*KNAT2*、*CYCA1;1*、*CYCA2;3*、*AS1* 表达，影响叶子的起始。Ⅱ类 TCP3 抑制边缘特性基因 *CUC2*、*CUC3* 的表达，与 AS2 相互作用，调控 *KNAT1* 和 *KNAT2* 的表达。TCP3 还激活 *AS1*、*MiR164*、*IAA3/SHY2*、*SAUR* 的表达，间接抑制 *CUC* 和 *STM* 的表达，从而抑制细胞分裂和控制叶边缘形态(Aguilar-Martínez and Sinha, 2013)。JAW 位点的 *MiR319a* 抑制Ⅱ类 TCP 中 *AtTCP2*、*AtTCP3*、*AtTCP4*、*AtTCP10*、*AtTCP24* 的表达，从而影响叶形态建成(Aguilar-Martínez and Sinha, 2013)。

复叶的发育与单叶不同。在复叶发育中起关键作用的基因是豌豆的 *UNIFOLIATA*(*UNI*)，金鱼草中的 *FLORICAULA*(*FLO*)，苜蓿 *SINGLE LEAFLET1*(*SGL1*，图 9.40，Wang H et al., 2008)与拟南芥的 *LEAFY*(*LFY*)类似(Wang H et al., 2008; Champagne et al., 2007; Gourlay et al., 2000)。豆科植物中一个很大的分支中 KNOXⅠ类蛋白缺乏反向重复(inverted repeat-lacking clade, IRLC)，不与复叶发育相关。这类 IRLC 植物中 FLO/UNI 在复叶的形成中对复叶中小叶原基的形成起关键作用。在非 IRLC 类豆科植物大豆中，*FLO/LFY* 类基因表达减少导致微量小叶数目减少，个别复叶变为单叶，具有一定程度的作用，不影响全局。而 KNOXⅠ基因在非 IRLC 中起主要作用(图 9.41, Champagne et al., 2007)。KNOXⅠ在 IRLC 植物苜蓿中过量表达导致小叶数目增加(Champagne et al., 2007)。说明一些 FLO 在复叶的植物中对 KNOX 也有一定作用(Tattersall et al., 2005)。番茄叶也是复叶，番茄 KNOXⅠ类基因 *LeT6* 在复叶形成中起关键作用，过量表达 *LeT6* 导致多重复叶的形成(Janssen et al., 1998)。LeT6 的功能需要 *AS1* 类基因 *LePHAN* 的作用

(Kim M. et al., 2003)。这种 KNOX I-ASI 类因子的相互作用也体现在其他植物。Zhou 等(2014)在紫花苜蓿中通过突变体杂交和基因表达分析等发现,与叶背腹极性密切相关的 *PHAN* 基因不受 *STM* 和 *BP* 等 *KNOX* I 基因的影响,反过来 *phan* 突变体中 *KNOX* 基因在叶原基和叶柄中的表达与野生型有明显差异(图 9.42)。这说明不同类型的植物中,KNOX 和 FLO 的作用程度不同,与进化和环境适应性有关。

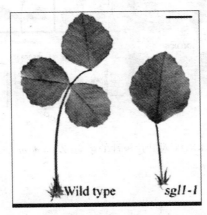

图 9.40 SG1 决定复叶性状(Wang et al., 2008, ⓒASPB)

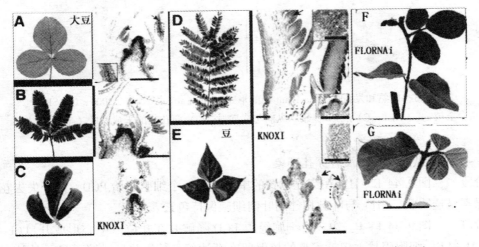

图 9.41 KNOX 基因在非 IRLC 复叶中的表达分布(A-E)和大豆 FLO 类基因 RNAi 抑制后的叶型(F、G)(Champagne et al., 2007, ⓒASPB)

另一类特殊的中空叶的形成则是通过细胞程序化死亡完成。细胞程序化死亡在叶发育过程中装饰叶边缘(Gunawardena et al., 2004)。水生植物 Laceplant 成熟叶片纵向与横向叶脉之间都是空洞(图 9.43, Gunawardena et al., 2004)。

图 9.44 显示了 Laceplant 叶经过细胞程序化死亡形成中空网状叶的过程。阶段一,图

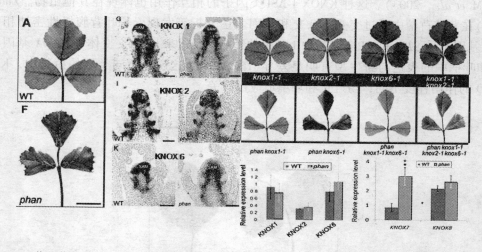

图 9.42　紫花苜蓿中 PHAN 与 KNOX 对叶片极性的影响（Zhou et al., 2014, ⓒASPB）（严海燕修饰）

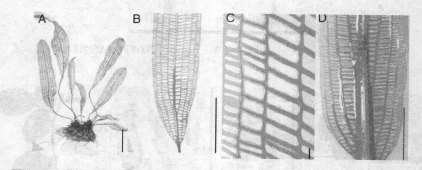

图 9.43　成熟和发育中 Lace Plant 叶的形态（Gunawardena et al., 2004, ⓒASPB）
（A）全植物、（B）和（C）成熟叶 显示纵向与横向脉。（D）穿孔前的未成熟叶（stage 2）

9.43A~D，叶纵向卷曲，没有穿孔迹象。

阶段二，图 9.44 E~H，在穿孔位置的中心，第一个细胞起始 PCD，由于失去花青素和叶绿素呈透明状。（H）与叶脉相邻的叶肉细胞保持色素。

阶段三，图 9.44 I~P。第一个细胞经历 PCD 降解并在孔位点中心形成开口（I~K）。在 L、M 和 P，细胞碎片，包括完整的核保留在孔边缘。L 相差显微镜下显示的核。（M）用 4,6-diamidino-2-phenylindole 染色的同一核。（N）到（P）是扫描电镜早期孔形成图片。一些孔延伸成片。（O）表皮细胞壁降解的早期阶段。（P）表皮层降解后的完整核。

阶段四，图 9.44 Q~T。叶子扩张时穿孔变大。穿孔边缘可见细胞碎片和完整的核。

阶段五，图 9.44 U~X。成熟叶 V 和 W 显示穿孔边缘的叶肉细胞转化成为延长的表皮细胞。X 显示穿孔边缘残留的细胞壁填充了酚类褐色化合物。

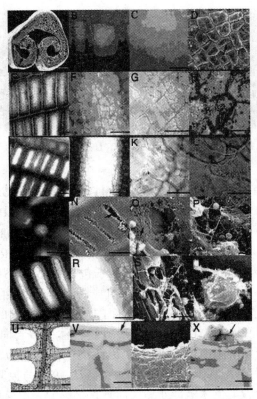

图 9.44　Lace Plant 叶发育阶段 Gunawardena *et al.* , 2004, ⓒASPB

第三节　叶表皮毛和气孔的发育

叶表皮由基本表皮细胞、气孔、表皮毛相间组成。各类细胞的数目和位置在叶的上表皮和下表皮都有一定规律，也受环境因素的影响和调控。本节着重介绍表皮毛和气孔的发育形成的分子机制。

一、表皮毛的发育

在植物的叶片上通常产生一些特化的结构，这是它发挥生理功能的需要。表皮毛(trichome)和气孔(stomata)就是这样的特化结构。拟南芥发育中叶表皮上发育中和成熟的表皮毛、气孔之间由表皮细胞(pavement cell)相间。表皮毛(trichome)和气孔在表皮上的分布有一定的空间距离(图 9.45, Larkin *et al.* , 1997)。在拟南芥和烟草中，叶的表皮毛细胞在叶原基形成之后紧接着出现。拟南芥叶的表皮毛是由一个细胞发育而来。成熟的叶表皮毛有三到四个分支，发育阶段有起始阶段、原表皮细胞分裂停止阶段、细胞扩张延伸分化阶段(Hülskamp *et al.* , 1994; Szymanski *et al.* , 1998; Marks *et al.* , 2009)。

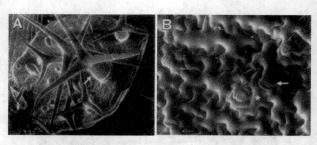

图9.45 拟南芥叶表皮和子叶的结构(Larkin et al., 1997, ⓒASPB)

叶表皮毛的发育由一些基因包括 R2R3 MYB 转录因子 *GLABRA*1(*GL*1)、*MYB*23 (Oppenheimer et al., 1991; Kirik et al., 2001, 2005)、bHLH 转录因子 *GBLABRA3* (*GL3*)、*ENHENCER OF GLABRA3*(*EGL3*)等调控(Payne et al., 2000; Zhang et al., 2003; Bernhardt et al., 2005)。按照表皮细胞是否能分化成为表皮毛(trichome cell/hair cell), 可以将这些基因分为促进因子和抑制因子。促进因子包括上述基因中的 GL1、bHLH 转录因子 GL3、WD40-repeat protein TTG1, 它们可以组成一个异源蛋白复合体并促进 TTG2 和 GL2 表达。负调控因子包括 CPC、TRY、ETC1、ETC2、ETC3 和 TCL1, 它们都是 R3 MYB 转录因子家族成员, 也可以与 TTG1 和 GL3 形成复合体, 抑制向表皮毛细胞的分化(图 9.46)。表皮毛细胞进行 4 次胞内 DNA 复制, 因此染色体倍性为 32, 而旁边的表皮细胞正常分裂。细胞周期相关调控基因 *SIM*、*TRY*、*SlCycB2* 等参与控制表皮毛胞内 DNA 复制过程, *sim* 突变体不仅细胞染色体倍性变异, 而且直接影响表皮毛的发育。GA 和 SA 激素对表皮毛的发育具有拮抗作用: 高浓度 GA 和 JA 可以提高表皮毛的数量, 高浓度 SA 则起到抑制作用(Traw et al., 2003)。下面就每个表皮毛发育关键基因分别介绍。

GL1 在表皮毛的起始发育上起到重要作用, 是控制表皮毛发育的一个重要基因。WD4 重复蛋白 TRANSPARENT TESTA GLABRA1(TTG1)被认为与表皮毛形成有关(Galway et al., 1994; Walker et al., 1999), 但是 Pang 等人的实验结果与之不一致(2009)。对突变体的研究表明, 表皮毛的形成涉及遗传上很明显的过程, 例如细胞核的扩大、初级表皮毛的产生、次级表皮毛的产生, 然后形成一个坚硬的结构。单一重复 R3 MYB 转录因子 TRIPTYCHON(TRY)部分抑制过量表达 GL1 的作用。GL1 是表皮毛形成的正调控因子, TRY 防止表皮毛的相邻细胞也形成表皮毛(Hülskamp et al., 1994)。TRY 和 GL1 也调控细胞内复制循环数, TRY 是细胞内复制的负调控因子(Schnittger et al., 1998), GL1 过量表达也引起细胞繁殖和核内复制的异常(图 9.47, Szymanskia and Marks, 1998)。叶表皮毛类型在叶基部确立, 该处上述基因表达如图 9.46 所示(Bramsiepe et al., 2010; Schliep et al., 2010.)。

拟南芥中共有 6 个单一重复 R3MYB 转录因子 TRY、CAPRICE(CPC)、TRICHOMELESS1(TCL1)、ENHANCER of TRY、CPC1、CPC2、CPC3(ETC1、ETC2、ETC3), 都与 GL3 作用。在 GL3 bHLH 转录调控因子诱导后 4 小时, 表皮毛开始形成, GL3 至少结合到 *GL2*、*CPC*、*ETC1* 三个基因的启动子上, 激活它们的转录, 体外实验证

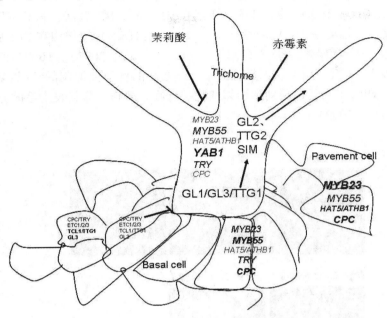

图 9.46　叶表皮毛的命运决定（Kalve et al.，2014；Schliep et al.，2010）（严海燕绘）
斜体是 RNA 表达，字体大小代表表达的量。正体是蛋白。

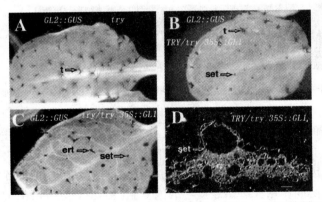

图 9.47　拟南芥叶中 *GL2*∷*GUS* 报告基因在不同 *try/GL1* 背景下的表达（Szymanskia and Marks，1998，ⓒASPB）

明 GL3 与这些基因启动子的结合需要 R2R3-MYB 因子 GL1 的共结合，证明了 GL1-GL3 复合物作为增强因子的假说。GL3 还以不依赖 GL1 的形式结合到自身基因的启动子上，减少 *GL3* 转录表达，表明 GL3 蛋白与其转录形成自反馈负调控循环。ENHANCER OF GL3（EGL3）与 GL3 在作用目标上有部分重叠，也与 *GL2* 启动子结合，但它们之间的作用是相互独立的（Morohashi et al.，2007）。上述基因在不同的器官分工控制表皮毛的形成。彼此之间存在作用重叠，共同调控表皮毛的空间分布（图9.48，Wang S et al.，2008）。其中 TRY、CPC、ETC1、ETC3可被GL1或WER和GL3或EGL3激活，只有ETC1在 gl3egl3 双突变体中表达大幅度减少（Wang S et al.，2008）。TCL1直接作用在 GL1 启动子部位抑制 GL1 的表达，从而负调控表皮毛的形成（Wang S et al.，2007）。TRY与GL3一样也能在细胞之间移动。TRY与GL3的结合是与GL1之间的竞争性抑制的结果（Digiuni et al.，2008）。TRY、CPC可能通过移动到相邻细胞进行侧向抑制，抑制表皮毛的分化（图9.49，Schellmann et al.，2002）。

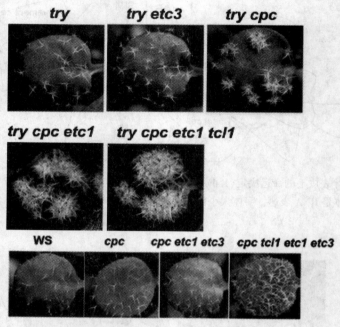

图9.48 拟南芥叶中 R3MYB 基因的重叠作用控制叶表皮毛的空间分布（Wang S et al.，2008，ⒸASPB）

叶表皮毛在延伸生长中进行细胞内复制，细胞内复制的抑制使表皮毛数目减少，一些表皮毛脱分化恢复有丝分裂，返回普通表皮细胞特性（Bramsiepe et al.，2010）。编码周期蛋白依赖激酶抑制因子的拟南芥 SIAMESE（SIM）基因与有丝分裂后期促进复合物激活因子 CDH1/FZR 类蛋白协同作用，起始表皮毛的内复制（Kasili et al.，2010）。在表皮毛发育过程中，一些基因表达受到 GL3、SIM 抑制，如 GL3、SIM 失去功能，至少有4个基因 HDG2、BLT、PEL3、SVB 的上调表达显著改变表皮毛的结构（Marks et al.，2009）。

叶表皮毛的形成过程在起始阶段主要是调控因子进行发育方向的决定，细胞分裂停止后，与细胞内 DNA 复制有关的细胞内循环有关的活动增加，使表皮毛具有足够的 DNA 容量，支持即将进行的大细胞体积的生长和分支活动，此外与细胞生长有关的细胞骨架、细胞壁合成和有关次生物质合成的有关代谢活动旺盛进行，保证叶表皮毛的有效和有序正常进行（Kryvych et al.，2008）。叶表皮毛的形成是对逆境的适应。人为伤害和茉莉酸都增加叶表皮毛的数目。水杨酸负调控叶表皮毛的形成，并抑制茉莉酸的效果。赤霉素与茉莉酸

第三节 叶表皮毛和气孔的发育

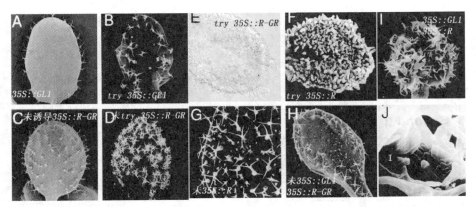

图9.49 拟南芥叶中 TRY、GL1、次生物质合成（R 基因）控制叶表皮毛的
空间分布（Schnittger et al.，1999，ⓒASPB）

有协同促进叶表皮毛形成的作用（Traw and Bergelson J，2003；Perazza et al.，1998）。赤霉素和光周期共同作用，差异调节叶近轴表皮和远轴表皮毛的形成（图 9.50）（Chien and Sussex，1996）。

二、气孔发育机理

保卫细胞是植物与大气交流气体、水分蒸发的通道，在不同的器官和不同的部位密度不同。因为保卫细胞随环境变化而开合，保卫细胞之间一般至少有一个细胞的间隔。保卫细胞的起始、分布类型和数目受到密切调控。

陆生植物保卫细胞的发育具有保守性。都通过保卫细胞前体母细胞分裂形成两个保卫细胞。单子叶植物和双子叶植物在由前体衍生形成保卫细胞的过程中都需要三个关键 bHLH 转录因子调控三个保卫细胞形成的关键步骤（Peterson et al.，2010）。

拟南芥保卫细胞和气孔的发育需要三种前体细胞：类分生细胞母细胞（meristemoid mother cell，MMC）、类分生细胞（meristemoid）、保卫细胞前体母细胞（guard mother cell，GMC）（Nadeau and Sack，2002；Nadeau，2009）。

类分生细胞母细胞 MMC 不对称分裂形成类分生细胞，类分生细胞继续两次同样但不同方向的不对称分裂。不对称分裂产物小细胞成为更新的类分生细胞 SLGCs（stomatal lineage ground cells），位于远离保卫细胞的一侧，或转变成保卫细胞前体母细胞 GMC 后对称分裂形成保卫细胞，或继续类似的分裂（图 9.51）（Peterson et al.，2010；Nadeau and Sack，2002；Nadeau，2009）。

气孔发育的三个关键步骤分别由三个 bHLH 转录因子 SPEECHLESS（SPCH）、MUTE、FAMA 控制（图 9.51），第一个关键步骤是类分生细胞母细胞 MMC 不对称分裂形成类分生细胞，SPCH 在这个步骤控制不对称分裂，失去功能的 spch 突变体只有表皮细胞和表皮毛（图 9.52，Lampard and Bergmann，2007；Kanaoka et al.，2008）。SPCH 有至少五个丝或苏氨酸位点可以被磷酸化，MPK3/6 对 SPCH 磷酸化都是必需的（Lampard，2009）。MUTE 控制由类分生组织到保卫细胞母细胞（GMC）的转变。失去功能的 mute 突变体类分生组织

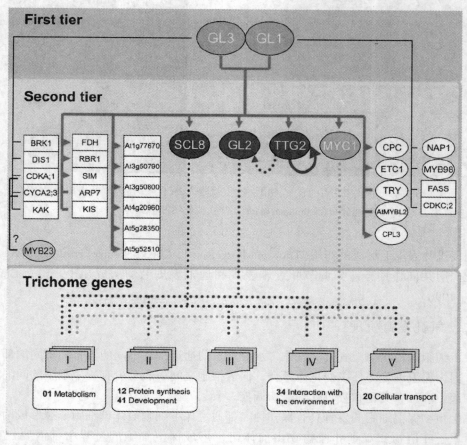

图9.50 表皮毛中含有 GL1 和 GL3 作用启动子的基因网络（Morohashi and Grotewold，2009，PLOS）

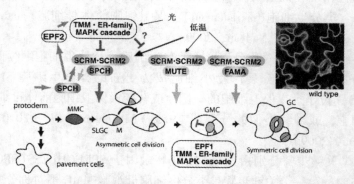

图9.51 拟南芥叶气孔发育过程和调控机制示意图（Peterson et al.，2010，ⓒASPB）

过度不对称分裂，造成类分生组织被不完全分化的细胞包围（图9.52，Lampard and Bergmann，2007；Kanaoka et al.，2008）。MUTE 过度表达或功能过强，导致所有表皮细胞转变形成保卫细胞（Lampard and Bergmann，2007）。FAMA 促进 GMC 到保卫细胞的分化，抑制 GMC 自身的繁殖，突变体保卫细胞重复形成（图 9.52，Kanaoka et al.，2008；Ohashi-Ito and Bergmann，2006；Lampard and Bergmann，2007）。

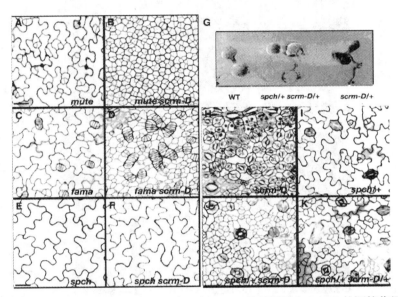

图 9.52　拟南芥叶气孔发育过程中三个 BHLH 转录因子和 SCRM 的调控作用
（Kanaoka et al.，2008，ⒸASPB）（严海燕修饰）

在叶表皮细胞发育过程中，气孔的数目和位置受到整体大环境和自身小环境的调控，目前发现大环境调控信号有冷调控有关的关键基因 *SCREAM*（*SCRM*）和 *SCRM2*，又称 *ICE1*（*INDUCER OF CBF EXPRESSION 1*），编码亮氨酸拉链蛋白。一个半显性突变体 *SCRM-D* 直接使表皮细胞分化形成保卫细胞，*scrm-D* 纯合体所有表皮细胞都是保卫细胞。ICE1 和 SCRM2 与三个 bHLH 转录因子 SPCH、MUTE、FAMA 形成异源复合体，在气孔发育的三个阶段起调控作用。SCRM1 在所有气孔发育衍生细胞中表达。SCRM 很可能在 SPCH 下游作用（图 9.51，Kanaoka et al.，2008）。

蓝光、红光、远红光通过其受体 CRY、PHYB、PHYA 以及连接这些光信号的 COP1 控制气孔的发育。*cry*、*phyb*、*phya* 突变体中在相应光下气孔发育受到抑制。COP1 在几种光受体下游、MAPKKK YDA 和三个 bHLH 蛋白 SPEECHLESS、MUTE、FAMA 上游作用，与富含亮氨酸重复的细胞膜受体 TOO MANY MOUTHS（TMM）作用平行。在 *cop1* 和 *yda* 突变体中，气孔无论在光下还是黑暗中都能形成。几种光受体都参与气孔的形成，各自在相应的光条件下作出对气孔数目和分布的贡献（图 9.53，Kang et al.，2009）。

光信号通过一系列激酶介导的磷酸化反应影响气孔发育。这个系列是 YDA-MKK4/MKK5/MKK7/9-MPK3/MPK6/激酶系列（Wang H et al.，2007；Lampard et al.，2009）。这个激酶系列始终在衍生保卫细胞系列表达，控制调整非对称分裂和分裂的方向，使保卫细胞按一定比例与表皮细胞形成间隔，失去功能（LOF）导致保卫细胞过量形成。激酶表达过

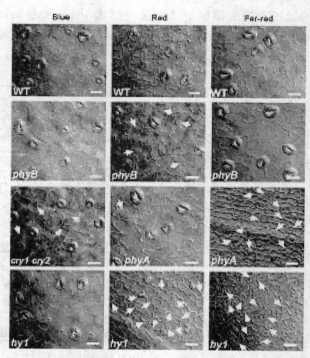

图9.53 拟南芥叶气孔发育过程中光信号传导组分的影响(Kang et al., 2009, ⓒASPB)

量(GOF),抑制非对称分裂和改变分裂方向,只形成表皮细胞(图 9.54,Wang H et al., 2007)。MAPKKK YODA 是这个激酶系列 MKK4/MKK5 /MKK7/9-MPK3/MPK6/的上游 (Wang et al., 2007)。MKK4/5 抑制类分生组织的更新,MKK7/9 正调控 GMC 到 G 的转变,磷酸化 MPK3/6。FLP 和 MYB88 是 MPK3/6 的底物,但 FAMA 和 MUTE 不是 MPK3/6 的底物(Lampard et al., 2008,2009)。FLP 和 MYB88 是 MYB 类转录因子,与 FAMA 在同一时期作用,双突变不能形成保卫细胞(Lai et al., 2005)。

除了光信号,MAPK 信号传导系列对上游信号细胞表面 LRR 受体激酶 TOO MANY MOUTHS(TMM)受体和相应配体,以及在类分生细胞、保卫细胞母细胞和保卫细胞中形成的小分子细胞内负调控因子 EPIDERMAL PATTERNING FACTOR1(EPF1/2)和叶肉细胞形成的正调控因子 STOMAGEN 反应,行使其位置效应的功能(Geisler et al., 2000; Peterson et al., 2010; Umbrasaite et al., 2010)。

为了保证气孔开合运动和适当的气流交换、防止水分过度流失和微生物入侵,气孔之间至少间隔一个表皮细胞,并保持与环境和生长需求相应的密度,气孔发育过程中衍生保卫细胞系列自身具有信号形成、识别和反应机制。LRR 受体样激酶 TMM,在气孔发育过程中始终在衍生保卫细胞系列表达(图 9.55,Kanaoka et al., 2008;),与相应的配体小分子分泌多肽 EPF1/2 共同控制气孔形成过程中的不对称分裂部位、方向和次数。过量表达 EPF1/2 气孔减少,突变体气孔数目增加且成簇排列,没有间隔(Hara et al., 2007; Hunt

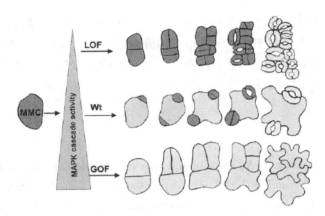

图9.54 拟南芥叶气孔发育过程中激酶系列磷酸化的影响(Wang H et al.,2007,ⒸASPB)

and Gray,2010)。BREAKING OF ASYMMETRY IN THE STOMATAL LINEAGE(BASL)蛋白在类分生细胞中合成,突变体发生大量对称分裂。BASL 的作用独立于 EPF2(Hunt and Gray,2010)。气孔衍生系列细胞中的多肽信号和受体为气孔分布和发育提供了自身小环境指导的信号,结合光和温度等因素,保证了表皮中气孔的分布与环境和自身功能相适宜。

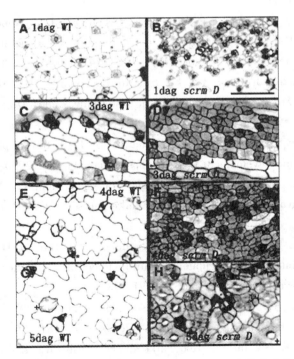

图9.55 拟南芥叶气孔发育过程中 TMM∷GFP 的表达分布
(Kanaoka et al.,2008,ⒸASPB)(严海燕修饰)

第九章 植物茎顶端和叶的发育

叶表皮形成中两种主要结构表皮毛和气孔的发育的共同点是都通过细胞通讯传递信号，指导发育。不同点是表皮毛不经过不对称分裂，但需经过细胞内遗传物质加倍，以适应大体积和结构、组成特异的细胞生长需要，而气孔的发育过程经过一系列不对称分裂，以区别表皮细胞和保卫细胞以及使保卫细胞之间有表皮细胞间隔。

☞ 参考文献

Aguilar-Martínez JA, Sinha N. Analysis of the role of Arabidopsis class I*TCP* genes *AtTCP*7, *AtTCP*8, *AtTCP*22, and *AtTCP*23 in leaf development. Front Plant Sci. 2013, 4, 406.

Aida, M., Ishida, T., and Tasaka, M. Shoot apical meristem and cotyledon formation during Arabidopsis embryogenesis: Interaction among the *CUP-SHAPED COTYLEDON* and *SHOOT MERISTEMLESS* genes. Development. 1999, 126, 1563-1570.

Aida M, Vernoux T, Furutani M, Traas J, Tasaka M. Roles of PIN-FORMED1 and MONOPTEROS in pattern formation of the apical region of the Arabidopsis embryo. Development. 2002, 129, 3965-3974

Baima S, Nobili F, Sessa G, Lucchetti S, Ruberti I, Morelli G. The expression of the ATHB-8 homeobox gene is restricted to provascular cells in Arabidopsis thaliana. Development, 1995, 121, 4171-4182.

Baima S, Possenti M, Matteucci A, Wisman E, Altamura MM, Ruberti I, Morelli G. The Arabidopsis ATHB-8 HD-Zip protein acts as a differentiation-promoting transcription factor of the vascular meristems. Plant Physiol. 2001, 126, 643-655.

Bainbridge K, Guyomarc'h S, Bayer E, Swarup R, Bennett M, Mandel T, Kuhlemeier C. Auxin influx carriers stabilize phyllotactic patterning. Genes Dev. 2008, 22(6), 810-823.

Bao F, Azhakanandam S, Franks RG. SEUSS and SEUSS-LIKE transcriptional adaptors regulate floral and embryonic development in Arabidopsis. Plant Physiol. 2010, 152(2), 821-836.

Belles-Boix E, Hamant O, Witiak SM, Morin H, Traas J, Pautot V. KNAT6: An Arabidopsis homeobox gene involved in meristem activity and organ separation. Plant Cell. 2006, 18(8): 1900-1907.

Bernhardt C, Zhao M, Gonzalez A, Lloyd A, Schiefelbein J. The bHLH genes GL3 and EGL3 participate in an intercellular regulatory circuit that controls cell patterning in the Arabidopsis root epidermis. Development. 2005, 132, 291-298.

Bonke M, Thitamadee S, Mähönen AP, Hauser MT, Helariutta Y. APL regulates vascular tissue identity in Arabidopsis. Nature. 2003, 426(6963), 181-186.

Bramsiepe J, Wester K, Weinl C, Roodbarkelari F, Kasili R, Larkin JC, Hülskamp M, Schnittger A. Endoreplication controls cell fate maintenance. PLoS Genet. 2010, 6(6), e1000996.

Brand U, Grünewald M, Hobe M, Simon R. Regulation of CLV3 expression by two homeobox genes in Arabidopsis. Plant Physiol. 2002, 129(2), 565-575.

Braun N, Wyrzykowska J, Muller P, David K, CouchD, Perrot-Rechenmann C, Fleming AJ. Conditional repression of AUXIN BINDING PROTEIN1 reveals that it coordinates cell division and cell expansion during postembryonic shoot development in arabidopsis and tobacco. Plant Cell. 2008, 20(10), 2746-2762.

Champagne CEM, Goliber TE, Wojciechowski MF, Mei RW, Townsley BT, Wang K, Paz MM, Geeta R, Sinha NR. Compound leaf development and evolution in the legumes. Plant Cell. 2007, 19(11), 3369-3378.

Chen MK, Wilson RL, Palme K, Ditengou FA, Shpak ED. *ERECTA* family genes regulate auxin transport in the shoot apical meristem and forming leaf primordia. Plant Physiol. 2013, 162(4), 1978-1991.

Chien HJC, Sussex lM. Differential regulation of trichome formation on the adaxial and abaxial leaf surfaces by gibberellins and photoperiod in *Arabidopsis fhaliana* (1.) Plant Physiol. 1996, 11 1, 1321-1328.

Chuck G, Lincoln C, Hake S. KNAT1 induces lobed leaves with ectopic meristems when overexpressed in Arabidopsis. Plant Cell. 1996, 8(8), 1277-1289.

Cole M, Nolte C, Werr W. Nuclear import of the transcription factor SHOOT MERISTEMLESS depends on heterodimerization with BLH proteins expressed in discrete sub-domains of the shoot apical meristem of Arabidopsis thaliana. Nucleic Acids Res. 2006, 34(4), 1281-1292.

Digiuni S, Schellmann S, Geier F, Greese B, Pesch M, Wester K, Dartan B, Mach V, Srinivas BP, Timmer J, Fleck C, Hulskamp M. A competitive complex formation mechanism underlies trichome patterning on Arabidopsis leaves. Mol Syst Biol. 2008, 4, 217.

Douglas SJ, Chuck G, Dengler RE, Pelecanda L, Riggs CD. KNAT1 and ERECTA regulate inflorescence architecture in Arabidopsis. Plant Cell. 2002, 14(3), 547-558.

Emery JF, Floyd SK, Alvarez J, Eshed Y, Hawker NP, Izhaki A, Baum SF, Bowman JL Radial patterning of Arabidopsis shoots by class III HD-ZIP and KANADI genes. Curr Biol. 2003, 13(20), 1768-1774.

Eshed Y, Izhaki A, Baum SF, Floyd SK, Bowman JL. Asymmetric leaf development and blade expansion in Arabidopsis are mediated by KANADI and YABBY activities. Development, 2004, 131, 2997-3006.

Fang Y, Hu J, Xu J, Yu H, Shi Z, Xiong G, Zhu L, Zeng D, Zhang G, Gao Z, Dong G, Yan M, Guo L, Wang Y, Qian Q. Identification and characterization of *Mini*1, a gene regulating rice shoot development. J Integr Plant Biol. 2014, doi: 10.1111/jipb.12230.

Galway ME, Masucci JD, Lloyd AM, Walbot V, Davis RW, Schiefelbein JW. The TTG gene is required to specify epidermal cell fate and cell patterning in the Arabidopsis root. Dev Biol. 1994, 166, 740-754.

Geisler M, Nadeau J, Sack FD. Oriented asymmetric divisions that generate the stomatal spacing pattern in arabidopsis are disrupted by the too many mouths mutation. Plant Cell. 2000, 12 (11), 2075-2086.

Gordon SP, Heisler MG, Reddy GV, Ohno C, Das P, Meyerowitz EM. Pattern formation during de novo assembly of the Arabidopsis shoot meristem. Development, 2007, 134, 3539-3548.

Gordon SP, Chickarmane VS, Ohno C, Meyerowitz EM. Multiple feedback loops through cytokinin signaling control stem cell number within the Arabidopsis shoot meristem. PNAS. 2009, 106(38), 16529-16534.

Gourlay CW, Hofer JMI, Ellis THN. Pea Compound leaf architecture is regulated by interactions among the genes UNIFOLIATA, COCHLEATA, AFILA, and TENDRIL-LESS. Plant Cell. 2000, 12, 1279-1294.

Grandjean O, Vernoux T, Laufs P, Belcram K, Mizukami Y, Traas J. In vivo analysis of cell division, cell growth, and differentiation at the shoot apical meristem in Arabidopsis. Plant Cell. 2004, 16(1), 74-87.

Green KA, Prigge MJ, Katzman RB, Clark SE. CORONA, a Member of the Class III Homeodomain Leucine Zipper gene family in Arabidopsis, regulates stem cell specification and organogenesis. Plant Cell. 2005, 17(3), 691-704.

Gunawardena AHLAN, Greenwood JS, Dengler NG. Programmed cell death remodels lace plant leaf shape during development. Plant Cell, 2004, 16, 60-73.

Ha CM, Jun JH, Nam HG, Fletcher JC. BLADE-ON-PETIOLE1 and 2 control arabidopsis lateral organ fate through regulation of LOB Domain and adaxial-abaxial polarity genes. Plant Cell. 2007, 19(6), 1809-1825.

Ha CM, Kim GT, Kim BC, Jun JH, Soh MS, Ueno Y, Machida Y, Tsukaya H, Nam HG. The BLADE-ONPETIOLE1 gene controls leaf pattern formation through the modulation of meristematic activity in Arabidopsis. Development. 2003, 130, 161-172.

Hamann T, Benkova E, Bäurle I, Kientz M, Jürgens G. The Arabidopsis BODENLOS gene encodes an auxin response protein inhibiting MONOPTEROS-mediated embryo patterning. GENE DEV. 2002, 16, 1610-1615.

Hara K, Kajita R, Torii KU, Bergmann DC, Kakimoto T. The secretory peptide gene EPF1 enforces the stomatal onecell-spacing rule. Genes Dev. 2007, 21, 1720-1725.

Hay A, Jackson D, Ori N, Hake S. Analysis of the Competence to Respond to KNOTTED1 Activity in Arabidopsis Leaves Using a Steroid Induction System. Plant Physiol. 2003, 131 (4), 1671-1680.

Hepworth SR, Zhang Y, McKim S, Li X, Haughn GW. BLADE-ON-PETIOLE-dependent signaling controls leaf and floral patterning in Arabidopsis. Plant Cell. 2005, 17(5), 1434-1448.

Hülskamp, M., Misera, S, Jürgens, G. Genetic dissection of trichome cell development in

Arabidopsis. Cell. 1994, 76, 555-566.

Hunt L, Gray JE. BASL and EPF2 act independently to regulate asymmetric divisions during stomatal development. Plant Signal Behav. 2010, 5(3), 278-280.

Ibañes M1, Fàbregas N, Chory J, Caño-Delgado AI. Brassinosteroid signaling and auxin transport are required to establish the periodic pattern of Arabidopsis shoot vascular bundles. Proc Natl Acad Sci U S A. 2009, 106(32), 13630-13635.

Izhaki A, Bowman JL. KANADI and Class III HD-Zip gene families regulate embryo patterning and modulate auxin flow during embryogenesis in Arabidopsis. Plant Cell. 2007, 19(2), 495-508.

Janssen B, Lund L, Sinha N. Overexpression of a Homeobox Gene, *LeT6*, reveals indeterminate features in the tomato compound leaf. Plant Physiol. 1998. 117(3), 771-786.

Jun SE, Okushima Y, Nam J, Umeda M, Kim GT. Kip-related protein 3 is required for control of endoreduplication in the shoot apical meristem and leaves of Arabidopsis. Mol Cells. 2013, 35(1), 47-53.

Kanaoka MM, Pillitteri LJ, Fujii H, Yoshida Y, Bogenschutz NL, Takabayashi J, Zhu J, Torii KU. SCREAM/ICE1 and SCREAM2 specify three cell-state transitional steps leading to arabidopsis stomatal differentiation. Plant Cell. 2008, 20(7), 1775-1785.

Kang C, Lian H, Wang F, Huang J, Yang H. Cryptochromes, Phytochromes, and COP1 regulate light-controlled stomatal development in Arabidopsis. Plant Cell. 2009, 21(9), 2624-2641.

Kasili R, Walker JD, Simmons LA, Zhou J, De Veylder L, Larkin JC. SIAMESE Cooperates With the CDH1-like Protein CCS52A1 to Establish Endoreplication in Arabidopsis thaliana Trichomes. Genetics. 2010, 185(1), 257-268.

Kessler S, Townsley B, Sinha N. L1 division and differentiation patterns influence shoot apical meristem maintenance. Plant Physiol. 2006, 141(4), 1349-1362.

Kim JY, Yuan Z, Cilia M, Khalfan-Jagani Z, Jackson D. Intercellular trafficking of a KNOTTED1 green fluorescent protein fusion in the leaf and shoot meristem of Arabidopsis. PNAS. 2002, 99(6), 4103-4108.

Kim JY, Yuan Z, Jackson D. Developmental regulation and significance of KNOX protein trafficking in Arabidopsis. Development. 2003, 130, 4351-4362.

Kim JY, Rim Y, Wang J, Jackson D. A novel cell-to-cell trafficking assay indicates that the KNOX homeodomain is necessary and sufficient for intercellular protein and mRNA trafficking. Genes Dev. 2005, 19(7), 788-793.

Kim M, PhamT, Hamidi A, McCormick S, Kuzoff RK, Sinha N. Reduced leaf complexity in tomato wiry mutants suggests a role for PHAN and KNOX genes in generating compound leaves. Development. 2003, 130, 4405-4415.

Kim Y, Kim S, Lee M, Lee I, Park H, Seo PJ, Jung J, Kwon E, Suh SW, Paek K, Park C. HD-ZIP III activity is modulated by competitive inhibitors via a feedback loop in

Arabidopsis shoot apical meristem development. Plant Cell. 2008, 20, 920-933.

Kirik V, Lee MM, Wester K, Herrmann U, Zheng Z, Oppenheimer D, Schiefelbein J, Hulskamp M Functional diversification of MYB23 and GL1 genes in trichome morphogenesis and initiation. Development. 2005, 132, 1477-1485

Kirik V, Schnittger A, Radchuk V, Adler K, Hulskamp M, Baumlein H Ectopic expression of the Arabidopsis AtMYB23 gene induces differentiation of trichome cells. Dev Biol. 2001, 235, 366-377.

Knauer S, Holt AL, Rubio-Somoza I, Tucker EJ, Hinze A, Pisch M, Javelle M, Timmermans MC, Tucker MR, Laux T. A protodermal miR394 signal defines a region of stem cell competence in the Arabidopsis shoot meristem. Dev Cell. 2013, 24(2), 125-132.

Koyama T, Mitsuda N, Seki M, Shinozaki K, Ohme-Takagi M. TCP transcription factors regulate the activities of ASYMMETRIC LEAVES1 and miR164, as well as the auxin response during differentiation of leaves in *Arabidopsis*. Plant Cell. 2010, 22, 3574-3588.

Kryvych S, Nikiforova V, Herzog M, Perazza D, Fisahn J. Gene expression profiling of the different stages of Arabidopsis thaliana trichome development on the single cell level. Plant Physiol Biochem. 2008, 46, 160~173.

Kubo M, Udagawa M, Nishikubo N, Horiguchi G, Yamaguchi M, Ito J, Mimura T, Fukuda H, Demura T. Transcription switches for protoxylem and metaxylem vessel formation. Genes Dev. 2005, 19(16), 1855-1860.

Kumar R, Kushalappa K, Godt D, Pidkowich MS, Pastorelli S, Hepworth SR, Haughn GW. The Arabidopsis BEL1-LIKE HOMEODOMAIN proteins SAW1 and SAW2 act redundantly to regulate *KNOX* expression spatially in leaf margins. Plant Cell. 2007, 19(9), 2719-2735.

Kumaran MK, Bowman JL, Sundaresan V. YABBY polarity genes mediate the repression of KNOX Homeobox Genes in Arabidopsis. Plant Cell. 2002, 14(11), 2761-2770.

Lai LB, Nadeau JA, Lucas J, Lee EK, Nakagawa T, Zhao L, Geisler M, Sack FD. The Arabidopsis R2R3 MYB proteins FOUR LIPS and MYB88 restrict divisions late in the stomatal cell lineage. Plant Cell, 2005, 17, 2754-2767.

Lampard GR, Lukowitz W, Ellis BE, Bergmann DC. Novel and expanded roles for MAPK signaling in arabidopsis stomatal cell fate revealed by cell type-specific manipulations. Plant Cell. 2009, 21(11), 3506-3517.

Lampard GR, MacAlister CA, Bergmann DC. Arabidopsis stomatal initiation Is controlled by MAPK-mediated regulation of the bHLH SPEECHLESS. Science, 2008, 322, 1113-1116.

Lampard GR. The missing link?: Arabidopsis SPCH is a MAPK specificity factor that controls entry into the stomatal lineage. Plant Signal Behav. 2009, 4(5), 425-427.

Lampard GR, Bergmann DC. A Shout-Out to Stomatal Development How the bHLH Proteins SPEECHLESS, MUTE and FAMA regulate cell division and cell fate. Plant Signaling & Behavior. 2007, 2(4), 290-292.

Larkin JC, Marks MD, Nadeau J, Sack F. Epidermal cell fate and patterning in leaves. Plant Cell. 1997, 9, 1109-1120.

Lee B, Johnston R, Yang Y, Gallavotti A, Kojima M, Travençolo BAN, Costa LF, Sakakibara H, Jackson D. Studies of aberrant phyllotaxy1 mutants of maize indicate complex interactions between auxin and cytokinin signaling in the shoot apical meristem. Plant Physiol. 2009, 150, 205-216.

Lee JE, Lampugnani ER, Bacic A, Golz JF. SEUSS and SEUSS-LIKE 2 coordinate auxin distribution and KNOXI activity during embryogenesis. Plant J. 2014, 80(1), 122-35.

Lenhard M, Jürgens G, Laux T. The WUSCHEL and SHOOTMERISTEMLESS genes fulfil complementary roles in Arabidopsis shoot meristem regulation. Development, 2002, 129, 3195-3206.

Li H, Xu L, Wang H, Yuan Z, Cao X, Yang Z, Zhang D, Xu Y, Huang H. The Putative RNA-Dependent RNA Polymerase RDR6 Acts Synergistically with ASYMMETRIC LEAVES1 and 2 to Repress BREVIPEDICELLUS and MicroRNA165/166 in Arabidopsis Leaf Development. Plant Cell. 2005, 17(8), 2157-2171.

Lin W, Shuai B, Springer PS. The arabidopsis LATERAL ORGAN BOUNDARIES -domain gene ASYMMETRIC LEAVES2 functions in the repression of KNOX gene expression and in adaxial-abaxial patterning. Plant Cell. 2003, 15, 2241-2252.

Lincoln C, Long J, Yamaguchi J, Serikawa K, and Hake S. A knotted1-like homeobox gene in Arabidopsis is expressed in the vegetative meristem and dramatically alters leaf morphology when overexpressed in transgenic plants. Plant Cell. 1994, 6(12), 1859-1876.

López-Juez E, Dillon E, Magyar Z, Khan S, Hazeldine S, de Jager SM, Murray JAH, Beemster GTS, Bögre L, Shanahan H. Distinct light-initiated gene expression and cell cycle programs in the shoot apex and cotyledons of Arabidopsis. Plant Cell. 2008, 20(4), 947-968.

Magnani E, Hake S. KNOX Lost the OX: The Arabidopsis KNATM Gene Defines a Novel Class of KNOX Transcriptional Regulators Missing the Homeodomain. Plant Cell. 2008, 20(4), 875-887.

Marks D, Wenger JP, Gilding E, Jilk R, Dixon RA. Transcriptome analysis of Arabidopsis wild-type and gl3-sst sim trichomes identifies four additional genes required for trichome development. M. Mol Plant. 2009, 2(4), 803-822.

Mattsson J, Ckurshumova W, Berleth T. Auxin signaling in arabidopsis leaf vascular development. Plant Physiol, 2003, 131, 1327-1339.

Mandel T, Moreau F, Kutsher Y, Fletcher JC, Carles CC, Eshed Williams L. The ERECTA receptor kinase regulates *Arabidopsis* shoot apical meristem size, phyllotaxy and floral meristem identity. Development. 2014, 141(4), 830-841.

Miyashima S, Honda M, Hashimoto K, Tatematsu K, Hashimoto T, Sato-Nara K, Okada K, Nakajima K. A comprehensive expression analysis of the *Arabidopsis MICRORNA*165/6 gene family during embryogenesis reveals a conserved role in meristem specification and a non-cell-autonomous function. Plant Cell Physiol. 2013, 54(3), 375-384.

Morohashi K, Zhao M, Yang M, Read B, Lloyd A, Lamb R, Grotewold E. Participation of the Arabidopsis bHLH factor GL3 in trichome initiation regulatory events. Plant Physiol. 2007, 145(3), 736-746.

Morohashi K, Grotewold E. A systems approach reveals regulatory circuitry for *Arabidopsis* trichome initiation by the GL3 and GL1 selectors. PLoS Genet. 2009, 5(2), e1000396.

Müller R, Borghi L, Kwiatkowska D, Laufs P, Simon R. Dynamic and compensatory responses of *Arabidopsis* shoot and floral meristems to *CLV3* signaling. Plant Cell. 2006, 18, 1188-1198.

Nadeau JA, Sack FD. Stomatal development in Arabidopsis. The Arabidopsis Book, 2002. American Society of Plant Biologists.

Nadeau JA. Stomatal development: new signals and fate determinants. Curr Opin Plant Biol. 2009, 12(1), 29-35.

Nakata M, Matsumoto N, Tsugeki R, Rikirsch E, Laux T, Okada K. Roles of the middle domain-specific *WUSCHEL-RELATED HOMEOBOX* genes in early development of leaves in *Arabidopsis*. Plant Cell. 2012, 24(2), 519-535.

Nakata M, Okada K. The three-domain model: a new model for the early development of leaves in *Arabidopsis thaliana*. Plant Signal Behav. 2012, 7(11), 1423-1427.

Nole-Wilson S and Krizek BA. AINTEGUMENTA contributes to organ polarity and regulates growth of lateral organs in combination with YABBY genes. Plant Physiol. 2006, 141, 977-987.

Nordström A, Tarkowski P, Tarkowska D, NorbaekR, Åstot C, Dolezal K, Sandberg G. Auxin regulation of cytokinin biosynthesis in Arabidopsis thaliana: A factor of potential importance for auxin-cytokinin-regulated development. PNAS. 2004, 101(21), 8039-8044.

O'Connor DL, Runions A, Sluis A, Bragg J, Vogel JP, Prusinkiewicz P, Hake S. A division in PIN-mediated auxin patterning during organ initiation in grasses. PLoS Comput Biol. 2014, 10(1), e1003447.

Ohashi-Ito K, Fukuda H. HD-Zip III homeobox genes that include a novel member, ZeHB-13 (Zinnia)/ATHB-15 (Arabidopsis), are involved in procambium and xylem cell differentiation. Plant Cell Physiol. 2003, 44(12), 1350-1358.

Ohashi-Ito K, Bergmann DC. Arabidopsis FAMA controls the final proliferation/differentiation switch during stomatal development. Plant Cell. 2006, 18(10), 2493-2505.

Oppenheimer DG, Herman PL, Sivakumaran S, Esch J, Marks MD. A myb gene required for leaf trichome differentiation in Arabidopsis is expressed in stipules. Cell. 1991, 67, 483-493.

Ori N, Eshed Y, Chuck G, Bowman JL, Hake S. Mechanisms that control knox gene expression in the Arabidopsis shoot. Development. 2000, 127, 5523-5532.

Otsuga D, DeGuzman B, Prigge MJ, Drews GN, Clark SE. REVOLUTA regulates meristem initiation at lateral positions. The Plant Journal, 2001, 25(2), 223-236.

Pang Y, Wenger JP, Saathoff K, Peel GJ, Wen J, Huhman D, Allen SN, Tang Y, Cheng X, Tadege M, Ratet P, Mysore KS, Sumner LW, Marks MD, Dixon RA. A WD40 repeat protein from medicago truncatula is necessary for tissue-specific anthocyanin and proanthocyanidin biosynthesis but not for trichome development. Plant Physiol. 2009, 151(3), 1114-1129.

Payne CT, Zhang F, Lloyd AM. GL3 encodes a bHLH protein that regulates trichome development in Arabidopsis through interaction with GL1 and TTG1. Genetics. 2000, 156, 1349-1362.

Pekker I, Alvarez JP, Eshed Y. Auxin response factors mediate Arabidopsis organ asymmetry via modulation of KANADI activity. Plant Cell. 2005, 17, 2899-2910.

Perazza D, Vachon G, Herzog M. Gibberellins promote trichome formation by up-regulating GLABROUS1 in Arabidopsis. Plant Physiol. 1998, 117, 375-383.

Pernisová M, Klíma P, Horák J, Válková M, Malbeck J, Souček P, Reichman P, Hoyerová K, DubováJ, Friml J, Zažímalová E Hejátko J. Cytokinins modulate auxin-induced organogenesis in plants via regulation of the auxin efflux. PNAS. 2009, 106(9), 3609-3614.

Peterson KM, Rychel AL, Torii KU. Out of the mouths of plants: The molecular basis of the evolution and diversity of stomatal development. Plant Cell. 2010, 22(2), 296-306.

Phelps-Durr TL, Thomas J, Vahab P, Timmermans MCP. Maize rough sheath2 and Its Arabidopsis Orthologue ASYMMETRIC LEAVES1 interact with HIRA, a predicted histone chaperone, to maintain knox gene silencing and determinacy during organogenesis. Plant Cell. 2005, 17(11), 2886-2898.

Prigge MJ, Otsuga D, Alonso JM, Ecker JR, Drews GN, Clark SE. Class III Homeodomain-Leucine Zipper gene family members have overlapping, antagonistic, and distinct roles in arabidopsis development. Plant Cell. 2005, 17(1), 61-76.

Ragni L, Belles-Boix E, Günl M, Pautot V. Interaction of KNAT6 and KNAT2 with BREVIPEDICELLUS and PENNYWISE in Arabidopsis Inflorescences. Plant Cell. 2008, 20(4), 888-900.

Reddy GV, Heisler MG, Ehrhardt DW, Meyerowitz EM Real-time lineage analysis reveals oriented cell divisions associated with morphogenesis at the shoot apex of *Arabidopsis thaliana*. Development. 2004, 131, 4225-4237.

Sakamoto T, Kamiya N, Ueguchi-Tanaka M, Iwahori S, Matsuoka M. KNOX homeodomain protein directly suppresses the expression of a gibberellin biosynthetic gene in the tobacco shoot apical meristem. Genes Dev. 2001, 15(5), 581-590.

Scarpella E, Barkoulas M, Tsiantis M. Control of leaf and vein development by auxin. Cold Spring Harb Perspect Biol. 2010, 2(1), a001511.

Scarpella E, Marcos D, Friml J, Berleth T. Control of leaf vascular patterning by polar auxin transport. Genes Dev. 2006, 20(8), 1015-1027.

Schellmann S, SchnittgerA, KirikV, WadaT, OkadaK, Beermann A, ThumfahrtJ, Jürgens G, Hülskamp M. TRIPTYCHON and CAPRICE mediate lateral inhibition during trichome and root hair patterning in Arabidopsis. EMBO J. 2002, 21(19), 5036-5046.

Schliep M, Ebert B, Simon-Rosin U, Zoeller D, Fisahn J. Quantitative expression analysis of selected transcription factors in pavement, basal and trichome cells of mature leaves from *Arabidopsis thaliana*. Protoplasma. 2010, 241(1-4), 29-36.

SchnittgerA, Folkers U, Schwab B, JürgensG, Hülskamp M. Generation of a Spacing Pattern: The Role of TRIPTYCHON in Trichome Patterning in Arabidopsis. Plant Cell, 1999, 11, 1105-1116.

Schnittger A, Jürgens G, Hülskamp M. Tissue layer and organ specificity of trichome formation are regulated by GLABRA1 and TRIPTYCHON in Arabidopsis. Development. 1998, 125, 2283-2289.

Schuetz M, Berleth T, Mattsson J. Multiple MONOPTEROS-Dependent pathways are involved in leaf initiation. Plant Physiol. 2008, 148, 870-880.

Schuster C, Gaillochet C, Medzihradszky A, Busch W, Daum G, Krebs M, Kehle A, Lohmann JU. A regulatory framework for shoot stem cell control integrating metabolic, transcriptional, and phytohormone signals. Dev Cell. 2014, 28(4), 438-449.

Scofield S, Dewitte W, Nieuwland J, Murray JA. The Arabidopsis homeobox gene*SHOOT MERISTEMLESS* has cellular and meristem-organisational roles with differential requirements for cytokinin and CYCD3 activity. Plant J. 2013, 75(1), 53-66.

Siegfried KR, Eshed Y, Baum SF, Otsuga D, Drews GN, Bowman JL. Members of the YABBY gene family specify abaxial cell fate in Arabidopsis. Development, 1999, 126, 4117-4128.

Smith RS, Guyomarc' hS, Mandel T, Reinhardt D, Kuhlemeier C, Prusinkiewicz P. A plausible model of phyllotaxis. PNAS. 2006, 103(5), 1301-1306.

Souček P, Klíma P, Reková A, Brzobohatý B. Involvement of hormones and KNOXI genes in early Arabidopsis seedling development. J Exp Bot. 2007, 58, (13), 3797-3810.

Spinelli SV, Martin AP, Viola IL, Gonzalez DH, Palatnik JF. A mechanistic link between*STM* and *CUC*1 during Arabidopsis development. Plant Physiol. 2011, 156, 1894-1904.

Stahle MI, Kuehlich J, Staron L, von Arnim AG, Golza JF. YABBYs and the transcriptional corepressors LEUNIG and LEUNIG_ HOMOLOG maintain leaf polarity and meristem activity in Arabidopsis. Plant Cell, 2009, 21, 3105-3118.

Szymanskia DB, Marks MD. GLABROUS1 overexpression and TRIPTYCHON alter the cell cycle and trichome cell fate in Arabidopsis. Plant Cell. 1998, 10, 2047-2062.

Tattersall AD, Turner L, . Knox MR, Ambrose MJ, Ellis THN, Hofer JMI. The mutant crispa reveals multiple roles for PHANTASTICA in pea compound leaf development. Plant

Cell. 2005, 17(4), 1046-1060.

Traw MB, Bergelson J. Interactive effects of jasmonic acid, salicylic acid, and gibberellin on induction of trichomes in Arabidopsis. Plant Physiol. 2003, 133, 1367-1375.

Tsuda K, Kurata N, Ohyanagi H, Hake S. Genome-wide study of KNOX regulatory network reveals brassinosteroid catabolic genes important for shoot meristem function in rice. Plant Cell. 2014,

Tucker MR, Roodbarkelari F, Truernit E, Adamski NM, Hinze A, Lohmüller B, Würschum T, Laux T. Accession-specific modifiers act with ZWILLE/ARGONAUTE10 to maintain shoot meristem stem cells during embryogenesis in Arabidopsis. BMC Genomics. 2013, 14, 809.

Turchi L, Carabelli M, Ruzza V, Possenti M, Sassi M, Peñalosa A, Sessa G, Salvi S, Forte V, Morelli G, Ruberti I. Arabidopsis HD-Zip II transcription factors control apical embryo development and meristem function. Development. 2013, 140(10), 2118-2129.

Umbrasaite J, Schweighofer A, Kazanaviciute V, Magyar Z, Ayatollahi Z, Unterwurzacher V, Choopayak C, Boniecka J, Murray JAH, Bogre L, Meskiene I. MAPK Phosphatase AP2C3 induces ectopic proliferation of epidermal cells leading to stomata development in Arabidopsis. PLoS One. 2010, 5(12), e15357.

Vroemen CW, Mordhorst AP, AlbrechtC, Kwaaitaal MACJ, de Vries SC. The *CUP-SHAPED COTYLEDON*3 gene is required for boundary and shoot meristem formation in Arabidopsis. Plant Cell. 2003, 15, 1563-1577.

Waites R, Selvadurai HR, Oliver IR, Hudson A. The*PHANTASTICA* gene encodes a MYB transcription factor involved in growth and dorsoventrality of lateral organs in *Antirrhinum*. Cell. 1998, 93(5), 779-789.

Walker AR, Davison PA, Bolognesi-Winfield AC, James CM, Srinivasan N, Blundell TL, Esch JJ, Marks MD, Gray JC. The TRANSPARENT TESTA GLABRA1 locus, which regulates trichome differentiation and anthocyanin biosynthesis in Arabidopsis, encodes a WD40 repeat protein. Plant Cell. 1999, 11, 1337-1349.

Wang H, Chen J, Wen J, Tadege M, Li G, Liu Y, Mysore KS, Ratet P, Chen R. Control of compound leaf development by FLORICAULA/LEAFY ortholog SINGLE LEAFLET1 in *medicago truncatula*. Plant Physiol. 2008, 146(4), 1759-1772.

Wang H, Ngwenyama N, Liu Y, Walker JC, Zhang S. Stomatal development and patterning are regulated by environmentally responsive mitogen-activated protein kinases in Arabidopsis. Plant Cell. 2007, 19(1), 63-73.

Wang S, Hubbard L, Chang Y, Guo J, Schiefelbein J, Chen J. Comprehensive analysis of single-repeat R3 MYB proteins in epidermal cell patterning and their transcriptional regulation in Arabidopsis. BMC Plant Biol. 2008, 8, 81.

Wang S, Kwak S, Zeng Q, Ellis BE, Chen X, Schiefelbein J, Chen J. TRICHOMELESS1 regulates trichome patterning by suppressing GLABRA1 in Arabidopsis. Development. 2007,

134, 3873-3882.

Wang Q, Kohlen W, Rossmann S, Vernoux T, Theres K. Auxin depletion from the leaf axil conditions competence for axillary meristem formation in *Arabidopsis* and *Tomato*. Plant Cell. 2014, 26(5), 2068-2079.

Werner T, Motyka, V, Laucou V, Smets R, Van Onckelen H, Schmülling T. Cytokinin-deficient transgenic Arabidopsis plants show multiple developmental alterations indicating opposite functions of cytokinins in regulating shoot and root meristem activity. Plant Cell, 2003, 15, 2532-2550.

Williams L, Grigg SP, Xie M, Christensen S, Fletcher JC. Regulation of Arabidopsis shoot apical meristem and lateral organ formation by microRNA miR166g and its AtHD-ZIP target genes. Development, 2005, 132, 3657-3668.

Xu L, Xu Y, Dong A, Sun Y, Pi L, Xu Y, Huang H. Novel as1 and as2 defects in leaf adaxial-abaxial polarity reveal the requirement for ASYMMETRIC LEAVES1 and 2 and ERECTA functions in specifying leaf adaxial identity Development 2003, 130, 4097-4107.

Yoshida S, Mandel T, Kuhlemeier C. Stem cell activation by light guides plant organogenesis. Genes Dev. 2011, 25(13), 1439-1450.

Zgurski JM, Sharma R, Bolokoski DA, Schultz EA. Asymmetric auxin response precedes asymmetric growth and differentiation of asymmetric leaf1 and asymmetric leaf2 arabidopsis leaves. Plant Cell. 2005, 17(1), 77-91.

Zhang F, Gonzalez A, Zhao M, Payne CT, Lloyd A. A network of redundant bHLH proteins functions in all TTG1-dependent pathways of Arabidopsis. Development. 2003, 130, 4859-4869.

Zhou C, Han L, Li G, Chai M, Fu C, Cheng X, Wen J, Tang Y, Wang ZY. STM/BP-Like KNOXI Is Uncoupled from ARP in the Regulation of Compound Leaf Development in *Medicago truncatula*. Plant Cell. 2014, 26(4), 1464-1479.